高频环节逆变器

陈道炼　著

科 学 出 版 社

北　京

内 容 简 介

高频环节逆变器是应用电力半导体器件将直流电能变换成交流电能并且具有 20kHz 以上高频电气隔离的一类静止变流装置，在以直流发电机、蓄电池等为主直流电源的二次电能逆变场合具有重要的应用价值。本书按变换器的拓扑结构性质、连接方式、模块数和相数划分方式，提出并系统深入地论述级联直流变换器型、级联直流斩波器型、单级周波变换器型、差动直流变换器型、差动直流斩波器型、并联与三相高频环节逆变器以及输入直流与输出交流滤波器、控制和驱动缓冲电路。本书集新概念、系统性、理论性和工程性于一体，是一本内容翔实、理论与工程紧密结合的著作。

本书可作为高等学校电气工程、控制科学与工程等学科（专业）研究生和教师的参考书，也可供从事高频环节逆变器研发的工程技术人员参考使用。

图书在版编目（CIP）数据

高频环节逆变器 / 陈道炼著. -- 北京 ：科学出版社, 2025. 3. -- ISBN 978-7-03-081988-8

Ⅰ. TM464

中国国家版本馆CIP数据核字第20257BX319号

责任编辑：耿建业　纪四稳 / 责任校对：王萌萌
责任印制：师艳茹 / 封面设计：无极书装

科学出版社 出版
北京东黄城根北街 16 号
邮政编码: 100717
http://www.sciencep.com
北京市金木堂数码科技有限公司印刷
科学出版社发行　各地新华书店经销
*
2025 年 3 月第　一　版　开本：720 × 1000　1/16
2025 年 9 月第二次印刷　印张：21 3/4
字数：430 000

定价：150.00 元

（如有印装质量问题，我社负责调换）

前　言

随着电力电子学的迅速发展，逆变器广泛应用于电气电子、信息通信、交通运输、工业控制、新能源等工业与民用领域，以及航空、航天、航海等国防领域。特别是在石油、煤炭和天然气等不可再生化石能源日益紧张、环境污染日趋严重的背景下，能源短缺与环境污染已成为21世纪人类所面临的重大问题。太阳能、风能、氢能等新能源具有清洁无污染、廉价、可靠、丰富等优点，其开发和利用越来越受到人们的高度重视，逆变器在其中占有至关重要的地位。

用高频变压器替代低频环节逆变器的工频变压器，有效克服了低频环节逆变器的体积与重量大、变压器铜铁用量大、音频噪声大、成本高以及非隔离型逆变器输出与输入无隔离、电压增益小、电磁干扰严重、用电安全性弱等缺陷，显著提高了逆变器的特性。因此，高频环节逆变器引起人们浓厚的研究兴趣，并取得显著研究成果。随着铜、铁原材料和能源的日益紧张及其价格的急剧增长，高频环节逆变器越来越展现出独特的优势。

本书按照变换器的拓扑结构性质、连接方式、模块数和相数进行划分，在论述逆变技术发展与现状的基础上，提出并系统深入地论述级联直流变换器型、级联直流斩波器型、单级周波变换器型、差动直流变换器型和差动直流斩波器型五类高频环节逆变器以及并联单相/三相逆变器、输入直流与输出交流滤波器、控制与驱动缓冲等相关内容，对逆变器电路结构的构建规律、电路拓扑衍生推导、调制与控制策略、稳态原理特性、主要电路参数设计准则等研究内容进行深入的理论分析、仿真与实验研究，获得重要研究结论。渴望读者从中有所受益，并获得新的创新思路，进一步推动高频环节逆变器的发展。

本书共12章，第1章绪论，系统地论述逆变技术的现状与发展，以及逆变器的技术指标与应用领域；第2章拓宽和深化级联直流变换器Buck型高频环节逆变理论与方法；第3章提出并研究消除级联直流变换器Buck型高频环节逆变器输出波形畸变的两种变换理论与方法，即双向Buck和Buck-Boost直流变换器法以及并接反激式能量回馈电路法；第4章提出并研究级联直流变换器Buck型高频环节逆变器实现软开关的变换理论与方法，即级联Buck直流斩波器型高频环节逆变器；第5章拓宽和深化单级Buck周波变换器型并提出研究单级Boost周波变换器型高频环节逆变理论与方法；第6章拓宽和深化单级Buck-Boost周波变换器型高频环节逆变理论与方法；第7章提出并研究差动Buck、Boost和Buck-Boost

直流变换器型高频环节逆变理论与方法；第 8 章提出并研究差动 Buck 直流斩波器型高频环节逆变理论与方法；第 9 章提出并研究差动 Buck-Boost 直流斩波器型高频环节逆变理论与方法；第 10 章论述并联高频环节逆变器产生不均流的原因、均流方式和输出电压同步策略，并从提高带三相不对称负载能力的角度论述三相高频环节逆变器负载侧并接变压器、直流侧并接电容桥臂、直流侧并接开关桥臂和三个独立单相逆变器负载端连成公共端的四种中点形成方法；第 11 章论述输入直流滤波器和输出交流滤波器的组成与特性，分别从限制滤波器的动态谐振峰值和抑制扰动振荡谐波的角度提出并研究可控谐振阻尼两级 *LC* 输入直流滤波器和可控谐振阻尼单级 *LC* 输出交流滤波器的设计方法，并对其进行谐波分析；第 12 章论述电压型与电流型控制策略、电流控制型器件与电压控制型器件的驱动电路、电力半导体器件的开通和关断及复合三类缓冲电路的构成原理，创新地作出三类变换器缓冲电路的电力半导体器件开关过程轨迹。第 2～9 章论述的是高频环节逆变理论与方法，包括逆变器电路结构的构建规律、电路拓扑衍生推导、调制与控制策略、稳态原理特性、关键电路参数设计准则等内容。

著者自 1982 年 9 月至 1986 年 7 月在南京航空学院航空电气工程专业就读本科并获工学学士学位；1986 年 9 月开始师从该校庄心复教授和沈冬珍教授、严仰光教授，并在胡育文教授的合作指导下致力于高频环节逆变器的研究，先后获工学硕士学位、博士学位和博士后证书，其间赵修科教授也给予了指导。40 年来，著者与高频环节逆变器结下了不解之缘，具有十分浓厚的感情，主持与高频环节逆变器主题密切相关的国家自然科学基金重点和面上项目计 4 项、山东省泰山学者攀登计划专家项目 1 项、福建省自然科学基金重点项目 1 项、航空科学基金和教育部高等学校博士学科点专项科研基金项目计 4 项、台达电力电子科教发展基金项目 1 项、中国博士后科学基金和江苏省博士后科研资助计划项目各 1 项以及成果转化项目 8 项，取得了一批高水平的单输入直流源型、单输入交流源型和多输入直流源型高频环节逆变器研究成果。著者指导的福州大学和南京航空航天大学博士和硕士研究生中，有 20 多名研究生以单输入直流源型高频环节逆变器为学位论文题目开展研究，获得工学博士、硕士学位。

本书是著者主持上述项目所取得的单输入直流源型高频环节逆变器的研究成果和科研体会的总结，是在精简著者于 2003 年 11 月在机械工业出版社出版的《DC-AC 逆变技术及其应用》编著作的基础上，新增后来取得的研究成果和科研体会并引用一定数量他人的研究成果由著者独著而成的。在此，向本书所引用的研究成果的作者表示衷心的感谢。单输入交流源型和多输入直流源型高频环节逆变器的研究成果，在参考文献[68]和[69]有详细论述。

将多年的研究成果和积累加以总结，并将本书奉献给广大读者，是著者的夙愿。如果本书有助于提高广大读者的理论水平和研发能力，对高频环节逆变器的发展和应用起到积极的促进作用，著者将甚感欣慰。谨以本书献给导师、著者指导的相关研究生、被引用文献的作者以及关心和支持著者的所有人。

书稿的部分绘图工作，由著者指导的研究生邱胜男、姚绍杰、张同磊、佘晔、段博航、刘浚江、孙博、刘帅等同学完成，对他们的辛勤劳动，致以诚挚的谢意。

由于著者水平有限，加之高频环节逆变器仍处于研究发展之中，书中难免有不足之处，恳请广大读者批评指正。

陈道炼

2024 年 11 月

目　　录

第1章 绪　　论

1.1 引　　言

1.1.1 电力电子变换的类型

电力电子学(power electronics)是电力学(发电机、变压器等各种电力设备和处理电能的电力网络)、电子学(各种电子器件和处理信息的电子电路)和控制理论(模拟控制和数字控制理论)三者结合的新兴交叉学科，如图1-1所示。

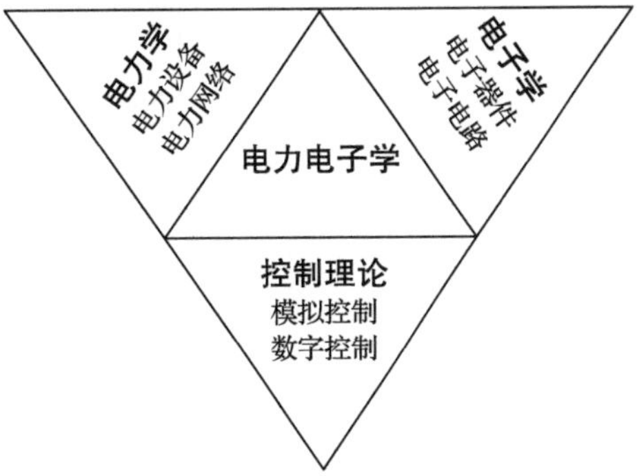

图1-1　电力电子学与其他学科的关系

自1957年美国通用电气公司发明晶闸管器件至今已有60多年，电力电子学在器件、电路、装置与应用诸方面均取得很大的发展。

按照供电电源和用电负载的种类，电力电子变换器可分为DC-DC变换器、AC-DC变换器、DC-AC逆变器和AC-AC变换器四类，如图1-2所示。通过直流电动机-交流发电机组来实现这种电能的逆变，则称为旋转变流机；通过电力半导体器件来实现这种电能的逆变，则称为静止变流器。静止变流器在体积、重量、变换效率、可靠性、电性能等方面均比旋转变流机优越，故静止变流器必将并且正在逐步取代旋转变流机。

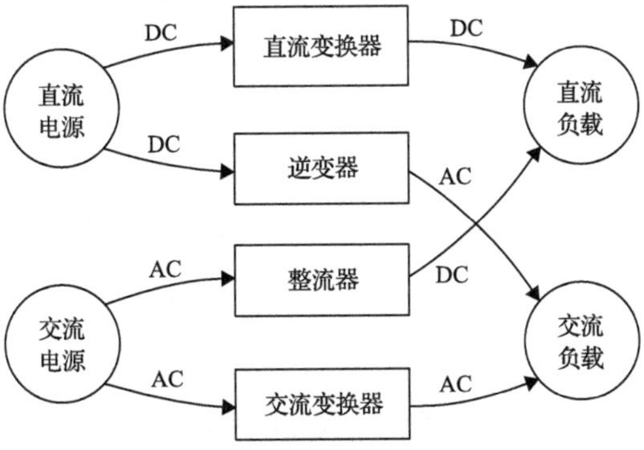

图1-2　电力电子变换的类型
DC指直流，AC指交流

1.1.2 逆变器的类型

逆变器的种类繁多，但大致可按照交流输出能量去向、功率流动方向、输入直流电源性质、输出与输入电气隔离、电路拓扑结构、组成功率电路的器件、占空比调制方式、输出交流电压电平、输出交流电压波形、输出交流电相数、输出交流电频率、功率开关工作方式、输入直流电源的路数等方面加以分类，如图 1-3 所示。

- 逆变器
  - 按交流输出能量去向
    - 无源逆变
    - 有源逆变
  - 按功率流动方向
    - 单相逆变
    - 双向逆变
  - 按输入直流电源性质
    - 电压源逆变
    - 电流源逆变
  - 按输出与输入电气隔离
    - 非隔离型逆变
    - 低频环节逆变
    - 高频环节逆变
  - 按电路拓扑结构
    - 推挽式逆变
    - 半桥式逆变
    - 全桥式逆变
  - 按组成功率电路的器件
    - SCR逆变
    - GTR逆变
    - GTO逆变
    - MOSFET逆变
    - IGBT逆变
    - IGCT逆变
    - 混合器件逆变
  - 按占空比调制方式
    - 脉宽调制逆变
    - 脉频调制逆变
  - 按输出交流电压电平
    - 二电平逆变
    - 多电平逆变
  - 按输出交流电压波形
    - 正弦波逆变
    - 非正弦波逆变
  - 按输出交流电相数
    - 单相逆变
    - 三相逆变
    - 多相逆变
  - 按输出交流电频率
    - 工频逆变
    - 中频逆变
    - 高频逆变
  - 按功率开关工作方式
    - 硬开关逆变
    - 软开关逆变
  - 按输入直流电源的路数
    - 单输入逆变
    - 双输入逆变
    - 多输入逆变

图 1-3 逆变器种类

SCR 指逆阻型晶闸管，GTR 指双极结型晶体管，GTO 指可关断晶闸管，MOSFET 指金属-氧化物半导体场效应晶体管，IGBT 指绝缘门极双极型晶体管，IGCT 指集成门极换流晶闸管

1.1.3　何谓高频环节逆变器

逆变器中的变压器起到输出与输入电压匹配和电气隔离的作用。如果变压器的工作频率等于输出电压频率，如工频 50Hz、400Hz，那么这类逆变器称为低频环节逆变器，或低频环逆变器、低频链逆变器；如果变压器的工作频率高于输出电压频率，一般为音频 20kHz 以上，那么这类逆变器称为高频环节逆变器，或高频环逆变器、高频链逆变器。

而非电气隔离型逆变器通常可看成电气隔离型逆变器在变压器匝比等于 1:1 的特殊情形。下面以此划分来论述逆变技术的现状与发展[1,2]。

1.2　逆变技术的现状与发展

1.2.1　低频环节逆变器

矩形波、阶梯波合成、正弦脉宽调制波逆变器的共同特点是，用来实现电气隔离和调整电压比的变压器的工作频率等于输出电压频率，其体积和重量大，音频噪声也大，故称为低频环节逆变器。低频环节逆变器的电路结构由逆变电路、工频变压器以及输入、输出滤波器构成，如图 1-4 所示。图 1-4 中的输出滤波电感也可与工频变压器的原边绕组串接，如此还可吸收工频变压器的原边漏感。

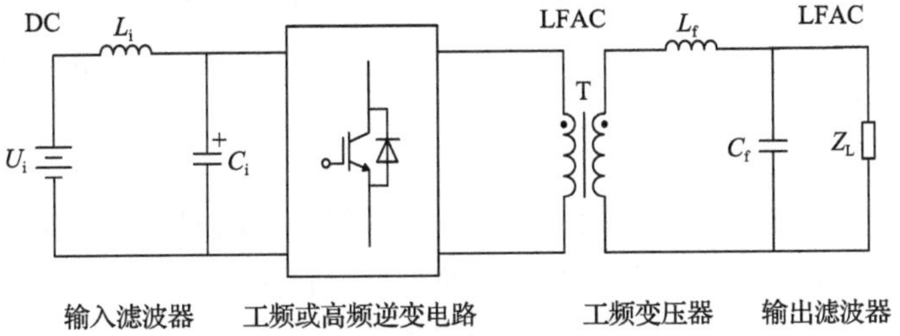

图 1-4　低频环节逆变器电路结构

LFAC 指低频交流

需要强调的是，本书的“单级功率变换”是指一个完整的直流-直流(DC-DC)变换器、直流-交流(DC-AC)变换器，是由单个或多个单元变换组成的。例如，一个完整的 DC-DC 变换器既可看成单级功率变换，也可看成由单个 DC-AC 单元变换和单个 AC-DC 单元变换的级联；一个完整的 DC-AC 变换器既可看成单级功率变换，也可看成单个 DC-AC 单元变换。

1. 矩形波逆变器

矩形波逆变器的输出电压为矩形波，是最简单、出现最早的一种逆变器，其电路拓扑主要有推挽式、半桥式和全桥式三种。

矩形波逆变器具有如下特点：①拓扑结构简洁，单级功率变换(DC-LFAC)即一单元功率变换，双向功率流，变换效率高；②功率器件开关频率等于输出电压频率；③工频变压器的体积、重量大；④脉宽等于180°的矩形波，即方波的输出电压总谐波畸变(THD)达48%，输出滤波器的体积和重量大；⑤对于电源电压和负载的波动，系统的动态响应特性差；⑥变压器和输出滤波电感的音频噪声大；⑦为了确保输出电压不超过负载额定电压，应采用输出电压有效值而不是平均值反馈控制策略。

2. 阶梯波合成逆变器

为了降低矩形波逆变器输出波形的谐波含量，可将多个矩形波逆变器进行移相叠加，从而构成阶梯波合成逆变器。阶梯波的阶高按正弦规律变化，若每个周期阶梯波的阶梯数为 $2N$，则需要 N 台单相方波逆变器或 $N/3$ 台三相方波逆变器。每个单相功率电路相同，可采用推挽、桥式或三相桥式电路。

阶梯波合成逆变器具有如下特点：①拓扑结构复杂、功率开关数多，单级功率变换即一单元功率变换、双向功率流、变换效率高；②功率器件的开关频率等于输出电压频率，开关损耗小；③工频变压器的体积、重量大；④输出电压 THD 和输出滤波器的体积、重量较大，如阶梯数为 18 时，THD 为 9.48%；⑤对于电源电压和负载的波动，系统动态响应特性较差；⑥变压器和输出滤波电感的音频噪声较大；⑦逆变器输出电压的调节难度较大，整机的体积、重量仍较大。

3. 正弦脉宽调制逆变器

阶梯波合成逆变器改善了输出电压波形质量，但同时增加了拓扑结构的复杂程度。正弦参考波与高频三角形载波交截生成的正弦脉宽调制信号用来控制驱动逆变桥的功率开关，逆变器就可输出谐波含量小的正弦脉宽调制电压。如果合理地解决功率器件的开关损耗，那么正弦脉宽调制逆变器将同时兼有矩形波逆变器和阶梯波合成逆变器二者之优点。

正弦脉宽调制逆变器具有如下特点：①拓扑结构简洁，单级功率变换即一单元功率变换，双向功率流，变换效率高；②变压器仍工作在工频，体积大且笨重，其体积和重量仅与输出电压频率有关，与逆变器的开关频率无关；③输出电压 THD 和输出滤波器的体积、重量小；④对于电源电压和负载的波动，系统的动态响应特性快；⑤变压器和输出滤波电感的音频噪声小；⑥功率器件的开关频率高，开关损耗增加，降低了变换效率。

1.2.2　高频环节逆变器

为了克服低频环节逆变器的缺陷，文献[3]提出了可变高频环节逆变器新概念。该电路拓扑由并联逆变电路和十二个晶闸管组成的周波变换电路构成，具有简单的自适应换流、高频电气隔离、独立的有功能量和无功能量控制、固有的四象限工作能力等优点，如图 1-5 所示。受当时电力半导体器件的限制，谐振储能电路工作频率局限在 2～4kHz 范围，未完全体现出高频环节逆变器的优越性。

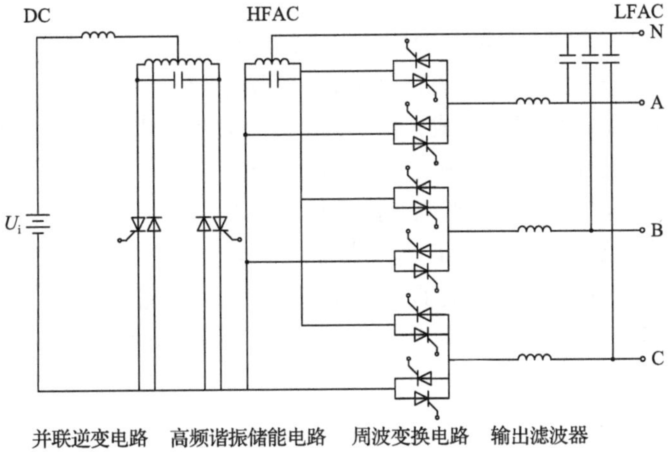

图 1-5　可变高频环节逆变器电路拓扑

用高频变压器替代低频环节逆变器的工频变压器，有效克服了低频环节逆变器存在的体积与重量大、变压器铜铁用量大、音频噪声大、成本高，以及非隔离型逆变器存在的输出与输入无隔离、电压增益小、电磁干扰严重、用电安全性弱等缺陷，显著提高了逆变器的特性。因此，高频环节逆变器会引起人们浓厚的研究兴趣，并取得显著的研究成果。随着铜、铁原材料和能源的日益紧张及其价格的急剧增长，高频环节逆变器越来越展现出独特的优势，在电气、电子通信、新能源发电等工业领域和航空、航天、航海等国防领域均具有重要应用价值。

按照功率传输的方向，高频环节逆变器可分为单向功率流型(unidirectional power flow type)和双向功率流型(bi-directional power flow type)两类；按照功率变换器的连接方式，高频环节逆变器可分为级联式(cascade type)、独立式(stand alone type)、差动式或差分式(differential type)三类；按照功率变换的级数，高频环节逆变器可分为两级(two-stage)、准两级(quasi two-stage)和单级(single-stage)三类；按照变换器的拓扑结构性质，高频环节逆变器可分为降压型(Buck type)即电压源(voltage source)、升压型(Boost type)即电流源(current source)、升降压型(Buck-Boost type)三类，或直流变换器型(DC-DC converter type)、直流斩波器型

(DC-DC chopper type)和周波变换器型(cycloconverter type)三类，其中直流变换器型、直流斩波器型高频环节逆变器又可分为级联式和差动式两类；按照输入电源的路数，高频环节逆变器可分为单输入源型(single-input source type)和多输入源型(multi-input source type)两类。由此可见，高频环节逆变器的种类颇多，划分起来也较复杂。对此，本书将高频环节逆变器细分为级联直流变换器型、级联直流斩波器型、单级周波变换器型、差动直流变换器型和差动直流斩波器型五类。

1. 级联直流变换器Buck型高频环节逆变器

级联直流变换器Buck型高频环节逆变器是在直流电源和Buck型DC-AC变换器之间加入一级隔离型单向直流变换器，即由隔离型单向直流变换器与Buck型DC-AC变换器两级级联构成，使用高频变压器实现电压比调整和电气隔离，省掉了体积庞大且笨重的工频输出变压器，降低了音频噪声，其拓扑结构和控制策略如图1-6所示[4-10]。前置直流变换器将输入电源电压U_i变换成后级所需的直流电压U_{dc}，后置Buck型DC-AC变换器通过三态准PWM(脉宽调制)电流滞环或SPWM(正弦脉宽调制)控制再将直流电压U_{dc}变换成负载所需的正弦交流电压u_o。这类逆变器的拓扑性质是由后置Buck型DC-AC变换器决定的，与前置直流变换器无关，故称为“Buck型”或“电压型”。

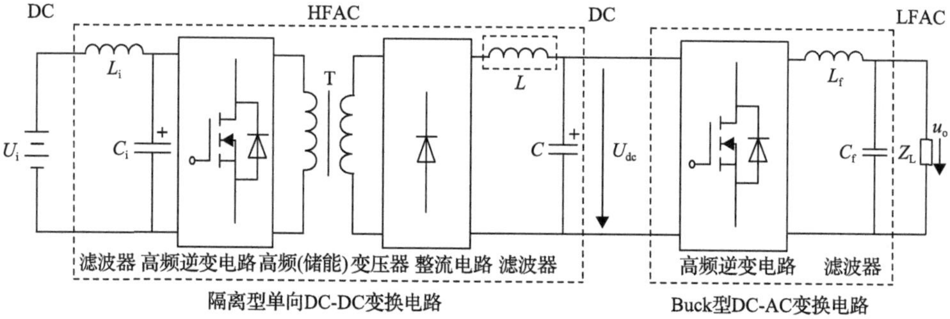

(a) 电路结构(HFAC指高频交流)

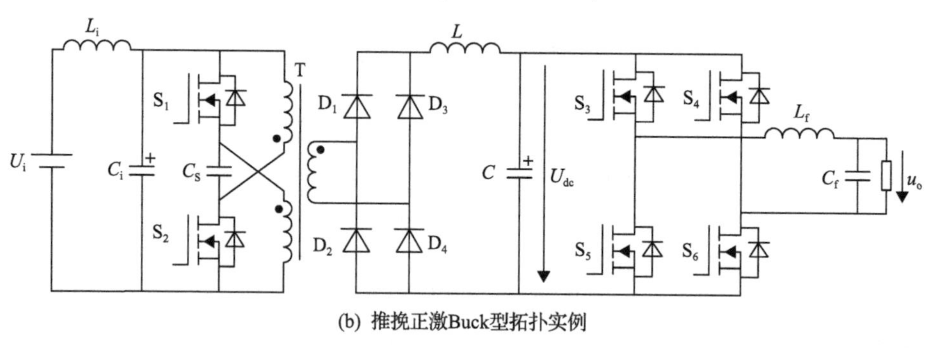

(b) 推挽正激Buck型拓扑实例

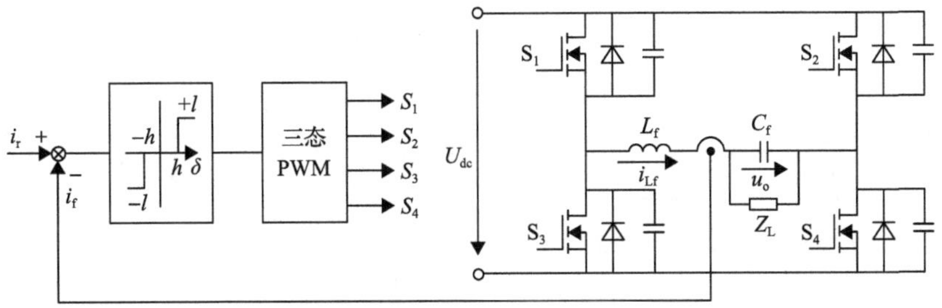

(c) 三态准PWM电流滞环控制框图

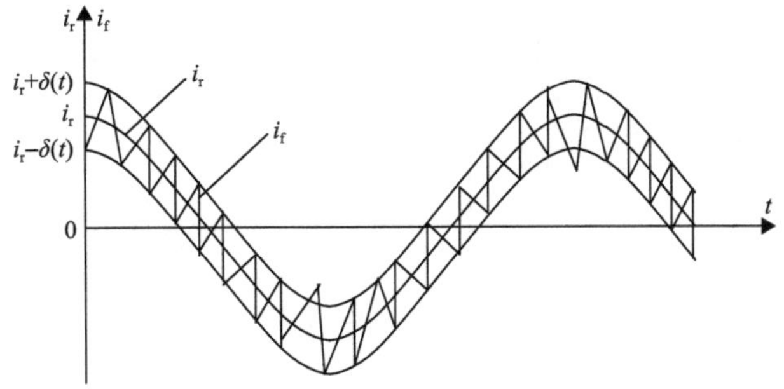

(d) 三态准PWM电流滞环控制波形

图 1-6　级联直流变换器 Buck 型高频环节逆变器拓扑结构与控制策略

级联直流变换器 Buck 型高频环节逆变器具有单向功率流、两级功率变换(DC-DC-LFAC)即三单元功率变换(DC-HFAC-DC-LFAC)、变换效率较高、输出电压纹波小等特点，获得了广泛应用。

2. 级联 Buck、Buck-Boost 直流变换器型高频环节逆变器

对级联直流变换器 Buck 型高频环节逆变器的前级进行双半波 SPWM 调制并去除后级的输出滤波器，即可形成一类级联单向 Buck、Buck-Boost 直流变换器型高频环节逆变器，其拓扑结构与双半波 SPWM 控制策略如图 1-7 所示[11]。这类逆变器采用电压瞬时值反馈双半波 SPWM 控制策略，前置直流变换器输出工频正弦双半波电压，后置逆变桥工作在工频极性反转状态，逆变桥的开关频率低、电压应力低。这类逆变器属于准两级功率变换(DC-LFPDC-LFAC)即准三单元功率变换(DC-HFAC-LFPDC-LFAC)，拓扑结构的类型由前置直流变换器决定，由于前置直流变换器输出正弦双半波电压，故只能为 Buck、Buck-Boost 型拓扑结构。

这类逆变器在阻性轻载、空载、容性和感性负载时输出波形严重畸变，仅在阻性重载时输出波形质量高，即仅适用于阻性满载逆变场合，原因是前置 DC-DC 变换器只能单向传递功率，输出电容端电压在空载、容性负载甚至轻载时放电难，输出电压波形畸变严重。

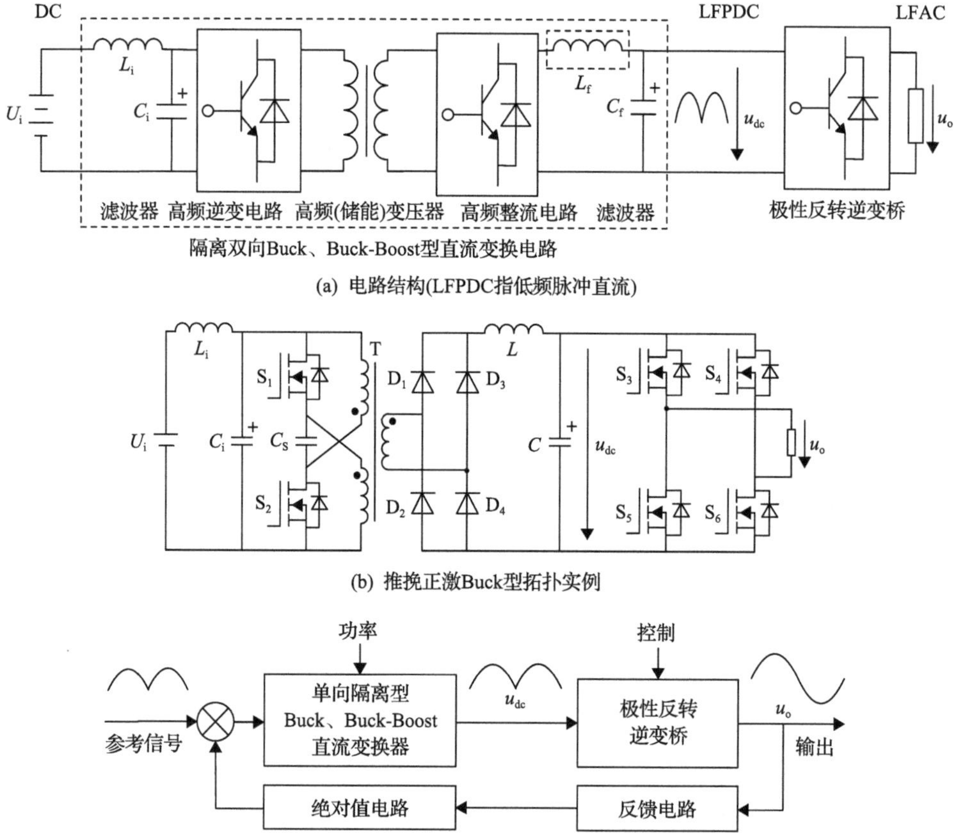

(a) 电路结构(LFPDC指低频脉冲直流)

(b) 推挽正激Buck型拓扑实例

(c) 双半波SPWM控制策略

图 1-7　级联单向直流变换器型高频环节逆变器拓扑结构与双半波 SPWM 控制策略

针对图 1-7 逆变器存在的输出波形畸变，文献[1]和[12]提出消除逆变器输出波形畸变的两种变换理论与方法，如图 1-8 所示。图 1-8(a)、(b)是用隔离双向 Buck、Buck-Boost 直流变换器分别代替隔离单向 Buck、Buck-Boost 直流变换器，解决交流侧无功能量没有回馈路径的问题，从而形成级联双向 Buck、Buck-Boost 直流变换器型高频环节逆变器。

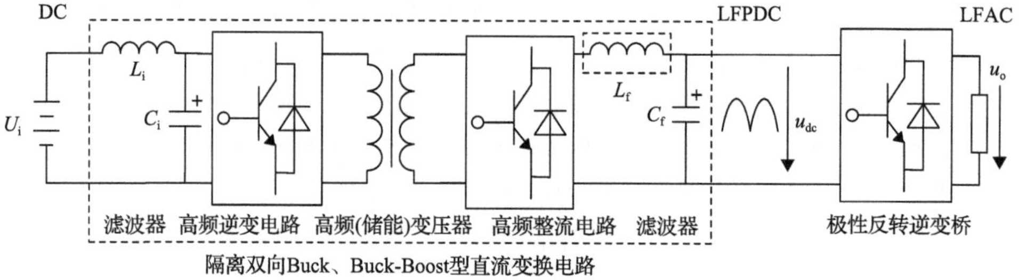

(a) 隔离双向直流变换器方案

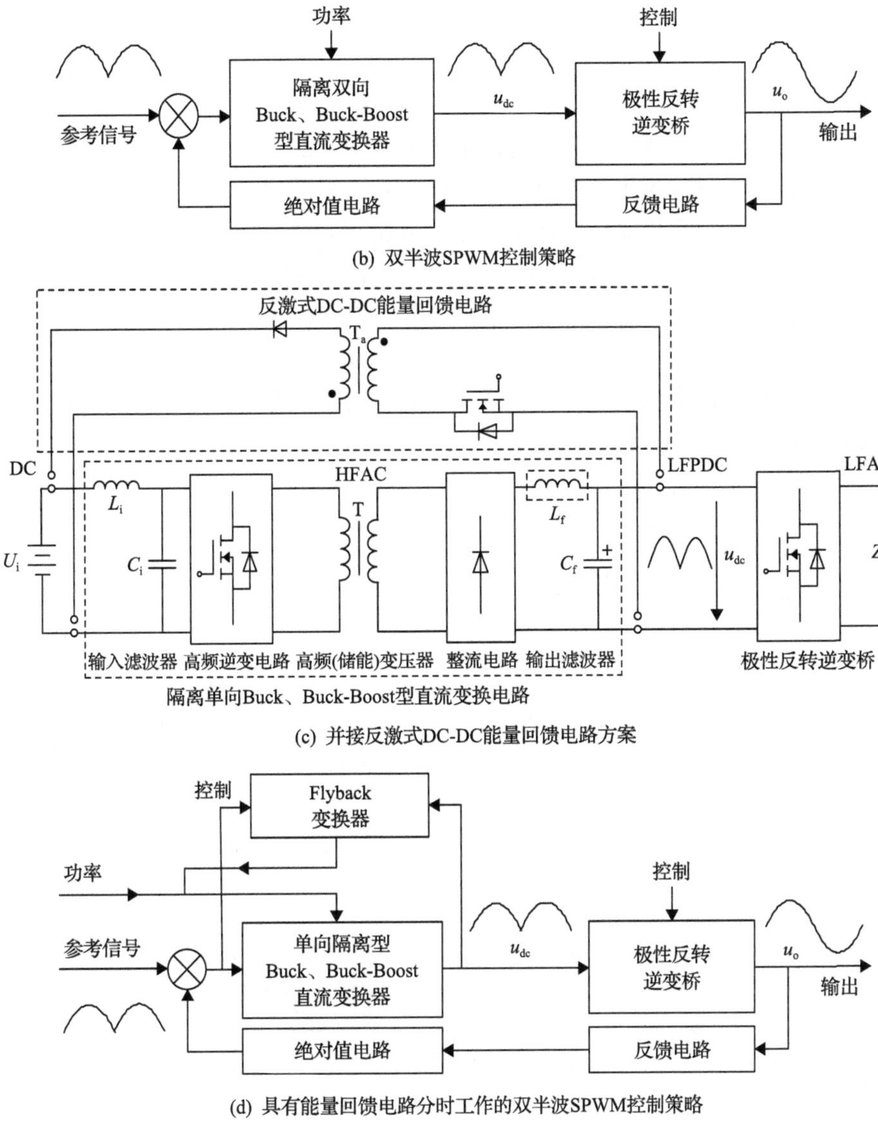

(b) 双半波SPWM控制策略

(c) 并接反激式DC-DC能量回馈电路方案

(d) 具有能量回馈电路分时工作的双半波SPWM控制策略

图 1-8　级联单向直流变换器型高频环节逆变器输出波形畸变的两种消除方法

图 1-8(c)、(d)方案是在隔离单向 Buck、Buck-Boost 直流变换器的输出端与输入端间并接一个小功率反激式 DC-DC 能量回馈电路，实现任意负载下交流侧无功能量的回馈和滤波电容能量的抽流。两个并接的变换器均采用恒频 SPWM 控制，二者交替工作。当输出电压反馈的绝对值信号$|u_{of}|$小于基准电压绝对值信号$|u_r|$时，隔离单向 Buck、Buck-Boost 型直流变换器工作，电源向负载传送能量；当$|u_{of}|>|u_r|$时，反激式 DC-DC 变换能量回馈电路工作，输出电压 u_o 跟踪基准正

弦电压 u_r。

3. 级联 Buck 直流斩波器型高频环节逆变器

随着开关频率的升高，级联单向直流变换器 Buck 型高频环节逆变器的开关损耗和 EMI(电磁干扰)越来越严重。为了解决开关损耗和 EMI 问题，文献[13]～[21]提出一类级联 Buck 直流斩波器型高频环节逆变器及其高频脉冲直流电压占空比的扩展方法，其电路结构由输出端并接无功吸收支路的单向隔离型 Buck 直流斩波电路和 Buck 型逆变电路级联而成，如图 1-9 所示。单向隔离型 Buck 直流斩波器采用输入电压前馈 PWM 控制策略，Buck 型逆变器采用三态离散脉冲调制(DPM)电流滞环控制策略，单向隔离型 Buck 直流斩波电路输出的高频脉冲直流电压波为 Buck 型逆变电路实现 ZVS(零电压开关)创造了条件。

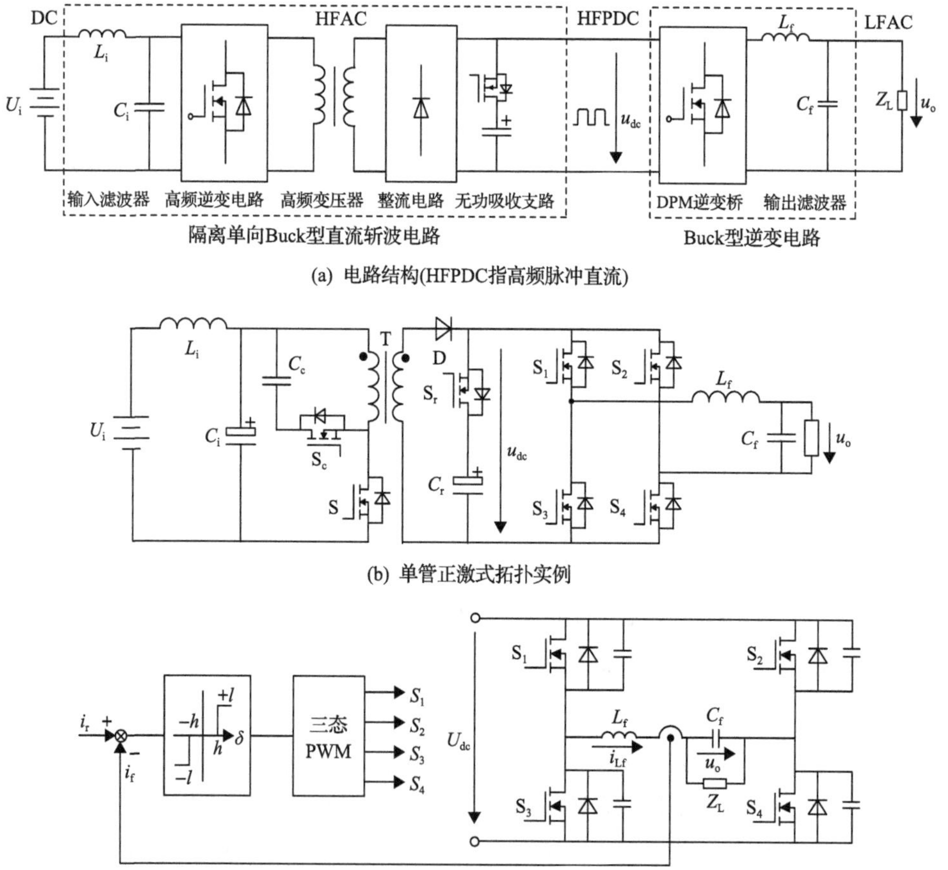

(a) 电路结构(HFPDC指高频脉冲直流)

(b) 单管正激式拓扑实例

(c) 三态DPM电流滞环控制框图

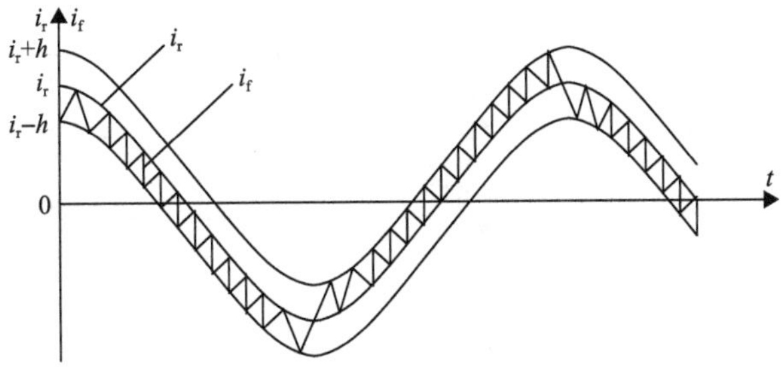

(d) 三态DPM电流滞环控制波形

图 1-9　级联 Buck 直流斩波器型高频环节逆变器拓扑结构与控制策略

这类逆变器具有单向功率流、准两级功率变换（DC-HFPDC-LFAC）即准三单元功率变换（DC-HFAC-HFPDC-LFAC）、逆变桥非完全 ZVS 且变频控制等特点。由于逆变桥的电压应力随输入电压的变化而变化，宽变化范围的输入电压需选用更高电压应力的功率器件，从而增加器件成本和通态损耗，故这类软开关逆变器在输入电源电压变化范围窄的逆变场合更能展现出优越性，以确保高变换效率。

4. 单级 Buck、Boost 周波变换器型高频环节逆变器

为了减少功率变换级数和提高变换效率，文献[22]、[23]提出单级 Buck 周波变换器型高频环节逆变器的推挽式单相电路拓扑与双极性移相控制，文献[24]提出这类逆变器的全桥式三相电路拓扑与具有周波变换器换流重叠的双极性移相控制策略，文献[1]拓宽和深化了这类逆变器的拓扑结构，如图 1-10 所示。输入电源电压 U_i 经高频逆变器调制成高频脉冲交流电压，高频脉冲交流电压经高频变压器电气隔离和电压匹配、周波变换器解调成低频交流脉冲电压以及输出滤波后得到低频正弦交流电压 u_o。这类逆变器具有双向功率流、单级功率变换（DC-LFAC）即两单元功率变换（DC-HFAC-LFAC）、变换效率和可靠性高等优点，特别适用于如交流微网供电系统中储能单元的充放电装置等需要双向功率流的逆变场合。然而，这类逆变器中的 PWM 周波变换器换流时由于切断了高频变压器连续的漏感电流，从而使高频变压器和周波变换器之间产生电压过冲现象，并且周波变换器工作时 2 个或 4 个功率器件同时导通，损耗较大。

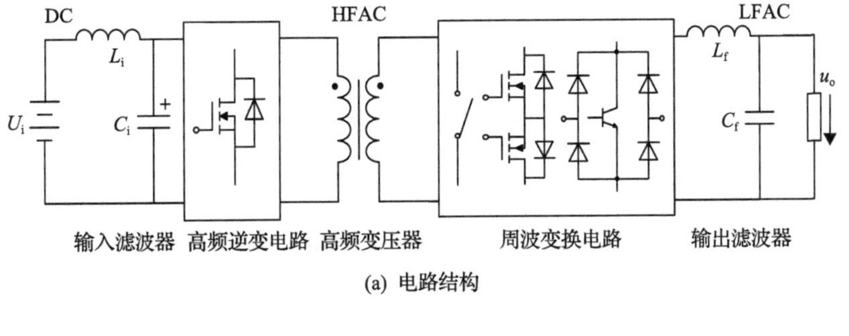

(a) 电路结构

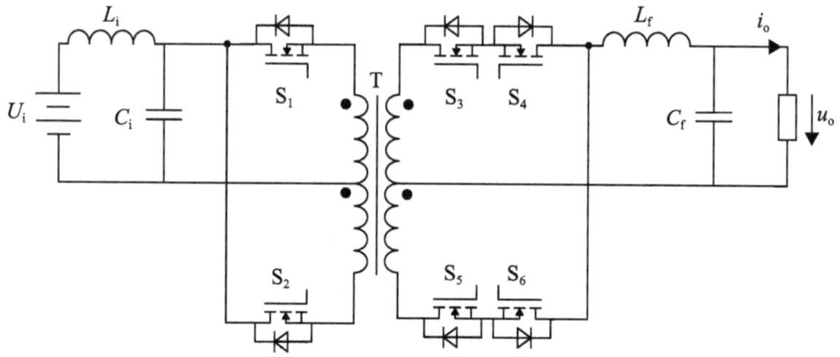

(b) 单相拓扑实例

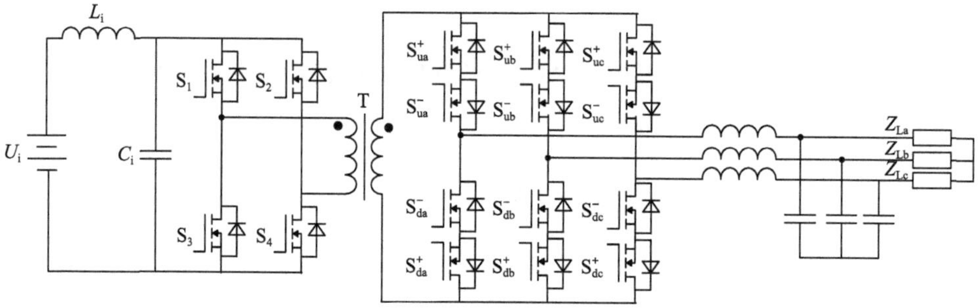

(c) 三相拓扑实例

图 1-10　单级 Buck 周波变换器型高频环节逆变器电路结构与拓扑实例

为了克服这类逆变器存在的固有缺陷，通常需要在周波变换器中增添缓冲电路或有源电压箝位电路来吸收存储在漏感中的能量，如图 1-11 所示。显然，这种方案是以增加功率器件数和控制电路复杂性为代价的，故不十分理想。文献[25]～[29]深入开展具有输出电感电流极性选择和周波变换器换流重叠的双极性移相控制、具有高频变压器绕组端电压为零期间实现周波变换器换流的单极性移相控制单级 Buck 周波变换器型高频环节逆变器，取得明显成效。

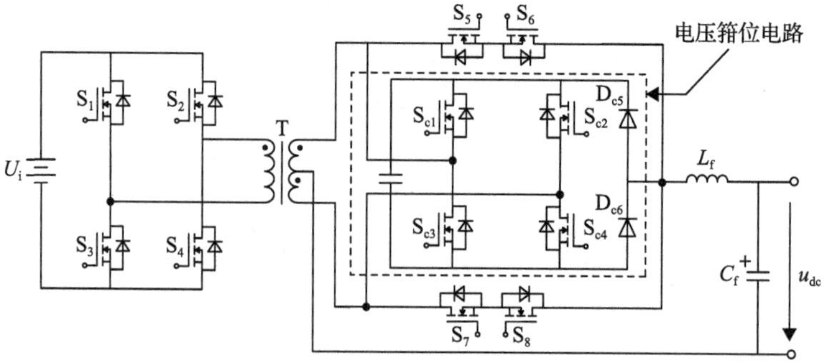

图 1-11　有源电压箝位单级 Buck 周波变换器型高频环节逆变器电路拓扑

根据电路对偶原理，文献[30]、[31]提出一类单级 Boost 周波变换器型高频环节逆变器，其电路结构由输入滤波器、储能电感、高频逆变电路、高频变压器、周波变换电路和输出滤波器依序级联构成，并在输出交流负载与输入直流电源之间并接一个小功率的高频隔离 Buck-Boost 型 AC-DC 变换能量回馈电路，如图 1-12

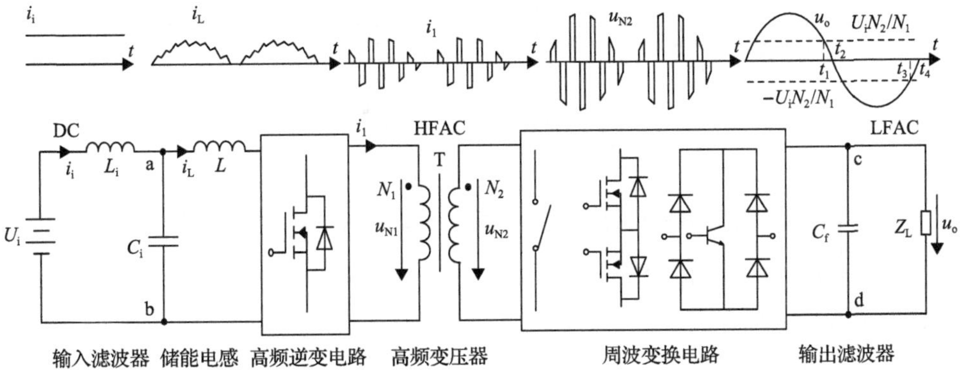

(a) 电路结构

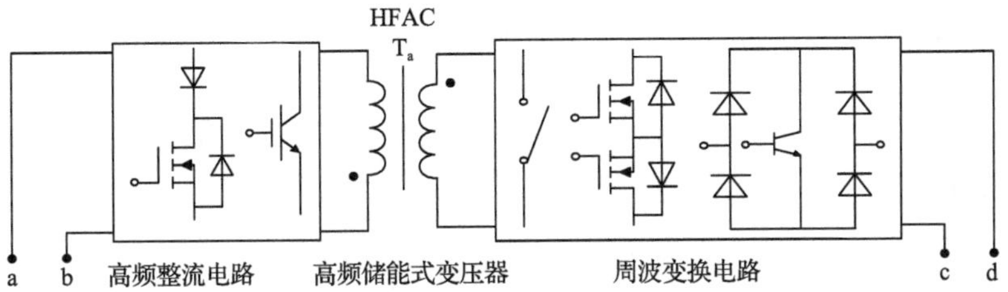

(b) 反激式变换能量回馈电路

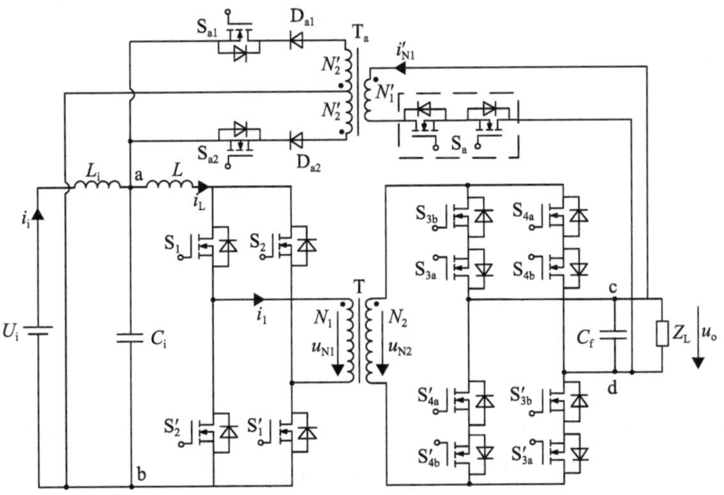

(c) 单相拓扑实例

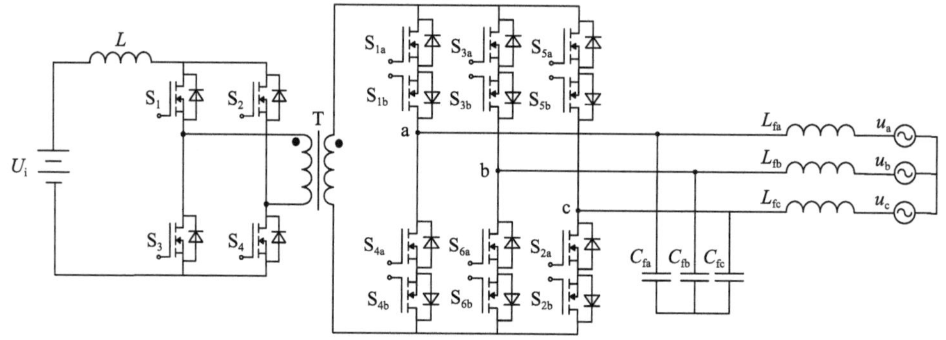

(d) 三相拓扑实例

图 1-12　单级 Boost 周波变换器型高频环节逆变器电路结构与拓扑实例

所示。这类变换器采用输出电压瞬时值反馈移相控制策略，为了确保 Boost 型变换器输出电压下降且绝对值$|u_o| < U_iN_2/N_1$期间的输出正弦波形质量，即解决这一期间输出滤波电容和交流负载无功能量的去向问题，需要附加一个由周波变换电路、高频储能式变压器和高频整流电路依序级联构成的能量回馈电路。

文献[32]提出单级 Boost 周波变换器型三相高频环节逆变器电路拓扑和电流空间矢量控制策略，如图 1-12(d)所示。由于在任意区间总存在输出线电压大于U_iN_2/N_1，故可直接获得优质的三相正弦输出波形，不需附加反激式 AC-DC 变换能量回馈电路。

5. 单级 Buck-Boost 周波变换器型高频环节逆变器

文献[33]～[35]提出单级 Buck-Boost 周波变换器型高频环节逆变器，其拓扑结构由输入滤波器、高频逆变电路、高频储能式变压器、周波变换电路和输出滤波器依序级联构成，如图 1-13 所示。

这类逆变器采用输出电压瞬时值反馈控制策略，在一个输出周期内具有四种工作模式，每一种工作模式相当于一个反激 DC-DC 变换器。这类逆变器具有拓扑结构简洁、双向功率流、单级功率变换(DC-LFAC)即两单元功率变换(DC-HFAC-LFAC)、变换效率高、负载过载和短路时可靠性高、输出容量小等特点，在小功率逆变场合具有重要的应用价值。

6. 差动直流变换器型高频环节逆变器

文献[36]～[38]以差动电路结构连接方式提出差动 Buck、Boost 和 Buck-Boost 直流变换器型高频环节逆变器，其电路结构分别由两个隔离双向 Buck、Boost 和 Buck-Boost 直流变换器输入侧并联、输出侧反向串接构成，电路结构与拓扑实例如图 1-14 所示。这类逆变器具有双向功率流、准两级功率变换(DC-LFAC-DC)即

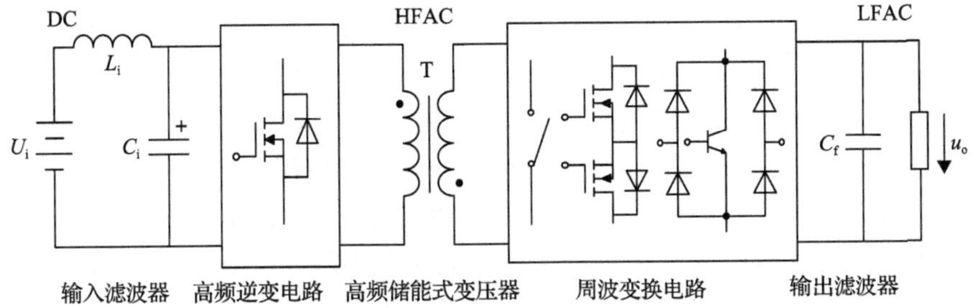

(a) 电路结构

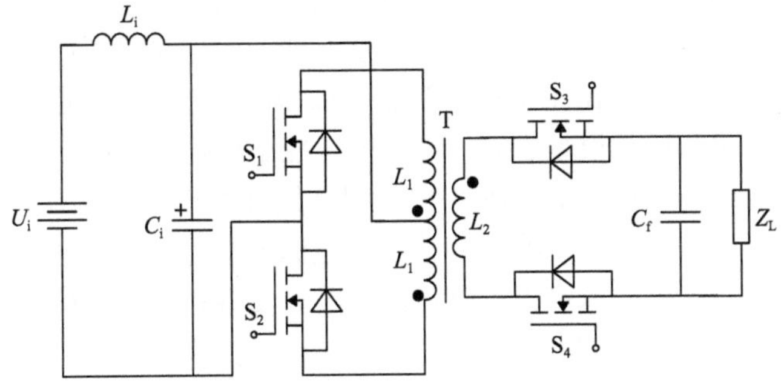

(b) 拓扑实例

图 1-13　单级 Buck-Boost 周波变换器型高频环节逆变器电路结构与拓扑实例

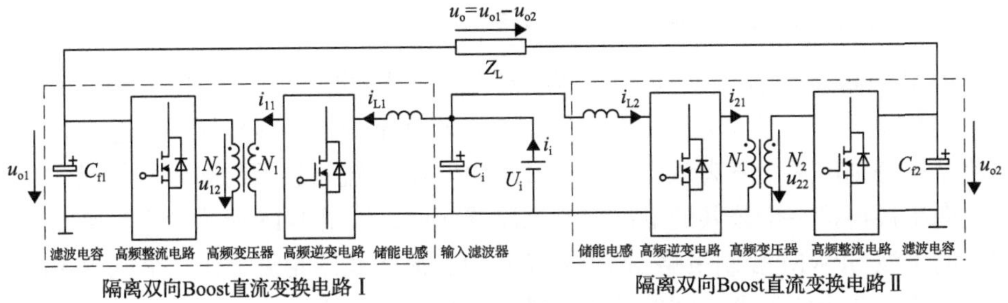

(a) Boost型电路结构

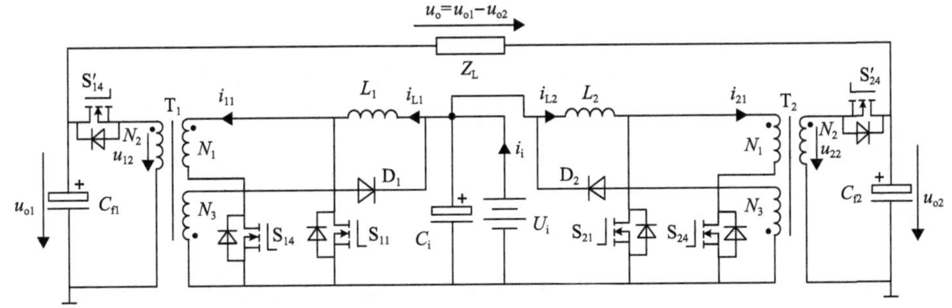

(b) Boost型电路拓扑

图 1-14　差动直流变换器型高频环节逆变器电路结构与拓扑实例

准四单元功率变换(DC-HFAC-LFAC-HFAC-DC)、输入电流纹波小等特点。

这类逆变器采用同时控制策略时，两个隔离双向直流变换器同时工作，任意时间总有一个变换器反向回馈能量，对变换效率产生较大影响[39-41]。互补同时控制是以逆变器的输出正弦电压为控制目标，两个隔离双向直流变换器处于相同位置的功率开关在任何时刻均处于相反的开关状态；而独立同时控制以两个隔离双向直流变换器分别输出的具有相同直流偏置的反相低频正弦脉动直流电压为控制目标，两个隔离双向直流变换器处于同一位置的功率开关在任何时刻无明确相反的开关状态。差动直流变换器型高频环节逆变器采用分时控制策略时，两个隔离双向直流变换器分时工作半个低频输出周期，变换效率得到了改善，但前提条件是确保 $u_o=u_{o1}-u_{o2}\approx u_{o1}$(输出正半周)或 $u_o\approx -u_{o2}$(输出负半周)，这对于固定参数的滤波器和适时变化的负载很难成立，输出电压控制也很不精确。

然而，如果借鉴文献[42]～[46]提出的附加极性选择开关的方法，即每个隔离双向 Buck、Buck-Boost 直流变换器的输出直流滤波电容两端并接一个极性选择开关且采用分时控制策略，就可以解决环流问题和实现输出电压的精确控制。而对于差动 Boost 直流变换器型高频环节逆变器，极性选择开关应并接在输入直流电源和输出直流滤波电容之间。尽管如此，逆变器中的输出直流滤波电解电容可靠性低的问题仍未解决。

7. *差动直流斩波器型高频环节逆变器*

为了提高差动直流变换器型高频环节逆变器的变换效率和可靠性，文献[42]～[46]提出了一类差动 Buck、Buck-Boost 直流斩波器型高频环节逆变器，其电路结构分别由两个隔离双向 Buck、Buck-Boost 直流斩波器的输入端并联、输出端反向串接再接一个公共的输出交流滤波器而成，如图 1-15 所示。这类逆变器采用分时半波 SPWM 控制策略，两个隔离双向直流斩波器轮流工作半个低频输出周期，解决了两个斩波器之间的环流问题，提高了变换效率。

这类逆变器具有双向功率流、单级功率变换(DC-LFAC)即两单元功率变换(DC-HFAC-LFAC)、变换效率高、体积和重量小、无输出滤波电解电容、可靠性高等优点，是一类具有很高变换效率的单级高频环节逆变器。

需要补充的是，由于 Boost 型拓扑结构具有升压特性，利用两个 Boost 直流斩波器的差动连接构建而成的高频环节逆变器是无法输出正弦交流电的。

1.2.3　逆变器的相关技术

以上按变换器的连接方式和拓扑结构性质，论述了级联直流变换器型、级联直流斩波器型、单级周波变换器型、差动直流变换器型和差动直流斩波器型五类高频环节逆变器。这里需要补充三点：①逆变器的扩容，包括单相并联和三相逆

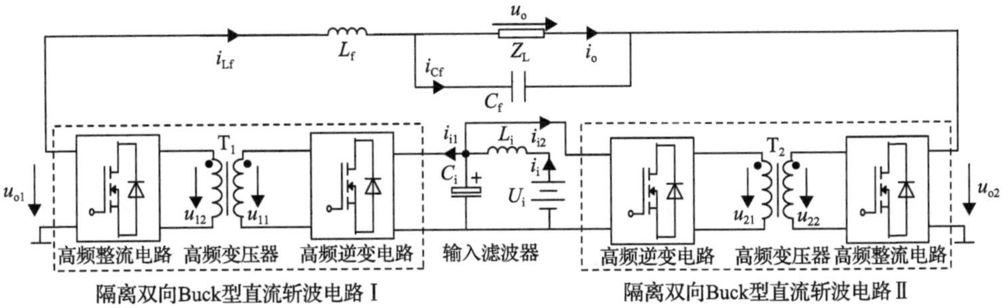

(a) Buck型电路结构

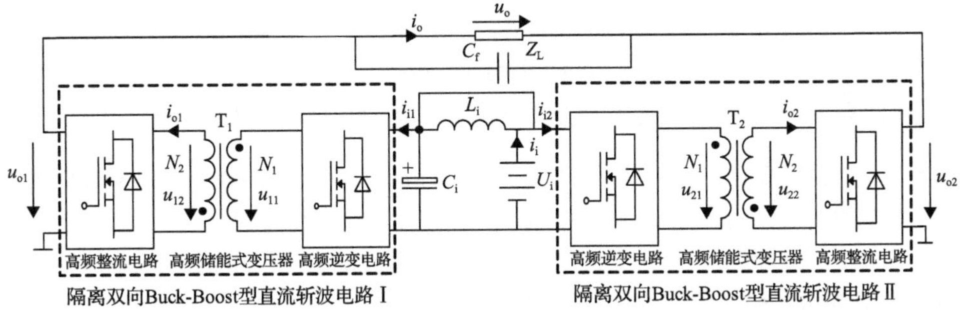

(b) Buck-Boost型电路结构

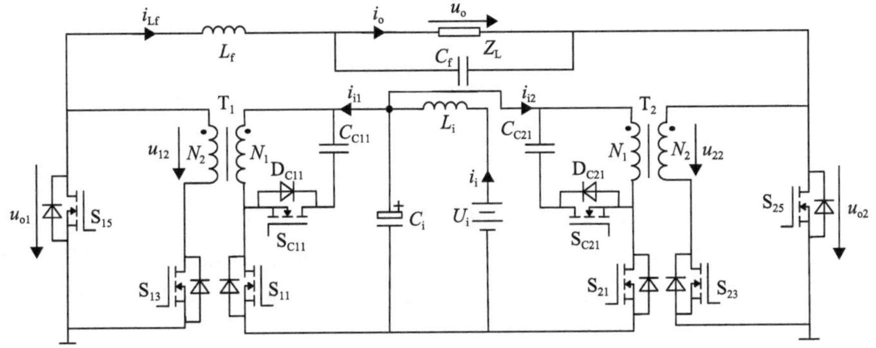

(c) Buck型拓扑实例

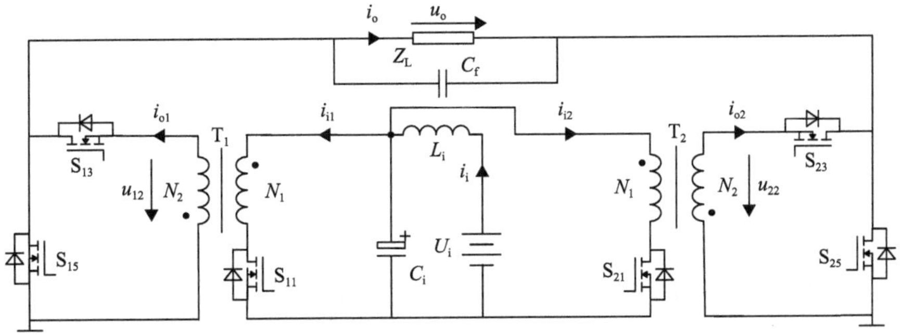

(d) Buck-Boost型拓扑实例

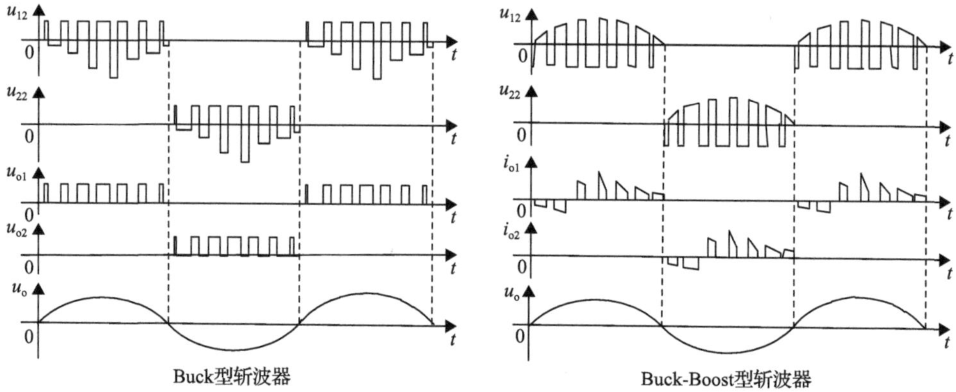

(e) 分时半波SPWM控制策略

图 1-15　差动双向直流斩波器型高频环节逆变器拓扑结构与分时半波 SPWM 控制策略

变器，将在第 10 章论述[9,47-56]；②输入直流和输出交流滤波器，将在第 11 章论述[10,11,57-62]；③控制、驱动与缓冲电路，将在第 12 章论述[62-67]。

以上论述的高频环节逆变器均属于单输入直流源型，而单输入交流源型和多输入直流源型高频环节逆变器参考相关文献[68,69]。

1.3　逆变器的技术指标与应用领域

1.3.1　逆变器的技术指标

通常用额定容量、变换效率、功率密度(功率/体积、功率/重量)、输入电压范围、输入电流纹波峰峰值、输出电压静态精度、输出电压频率精度、输出电压直流分量、负载功率因数、输出电压波形质量、过载能力、短路能力、MTBF(平均无故障间隔时间)等指标来衡量逆变器的性能。其中，输出电压波形质量可用如下参数来评价。

1. 谐波因子(harmonic factor, HF)

第 n 次谐波因子 HF_n 定义为第 n 次谐波分量有效值与基波分量有效值之比，即

$$\mathrm{HF}_n = \frac{U_n}{U_1} \tag{1-1}$$

2. 总谐波畸变(total harmonic distortion, THD)

总谐波畸变定义为各次谐波分量有效值平方之和的开方与基波分量有效值的

比值，即

$$\mathrm{THD}=\frac{1}{U_1}\left(\sum_{n=2,3,\cdots}^{\infty}U_n^2\right)^{\frac{1}{2}} \tag{1-2}$$

式中，U_1、U_n 为基波分量、n 次谐波分量的有效值。THD 表征了一个实际波形同其基波分量接近的程度，理想正弦波的 THD 为零。

3. 畸变因数(distortion factor, DF)

总的谐波畸变因数指明了总的谐波含量，但未告知每一次谐波分量的影响程度。为了表征每一次谐波分量引起波形畸变的程度，引入畸变因数，并定义为

$$\mathrm{DF}=\frac{1}{U_1}\left[\sum_{n=2,3,\cdots}^{\infty}\left(\frac{U_n}{n^2}\right)^2\right]^{\frac{1}{2}} \tag{1-3}$$

第 n 次谐波的畸变因数 DF_n 可定义为

$$\mathrm{DF}_n=\frac{U_n}{U_1 n^2} \tag{1-4}$$

4. 最低次谐波(lowest-order harmonic, LOH)

最低次谐波被定义为与基波频率最接近的谐波。

1.3.2 逆变器的应用领域

随着石油、煤和天然气等化石能源的日益紧张，新能源的开发和利用越来越受到各国政府的重视。逆变器作为利用新能源的关键技术，可以将蓄电池、太阳能电池和燃料电池等其他新能源转化的电能变换成交流电能供给交流负载使用或与交流电网并网发电，故逆变器在新能源的开发和利用领域有着至关重要的地位。

逆变器具有广泛的应用领域：①以直流发电机、蓄电池、太阳能电池和燃料电池为主直流电源的场合，如航空静止变流器(27V 或 270VDC/115V400HzAC)、通信逆变器(48VDC/220V50HzAC)、光伏逆变器(380VDC/220V50HzAC)等；②以变频或恒频交流电为主交流电源且采用交-直-交电能变换方案的场合，如新型风力发电电源(变频交流电/直流/220V50HzAC)、飞机变速恒频电源(变频交流电/直流/115V400HzAC)和变频电源(220V50HzAC/直流/115V400HzAC 或 115V400HzAC/直流/220V50HzAC)等；③UPS(不间断电源)的核心环节——逆变器；④交流电机调速系统的核心环节——逆变器。

本 章 小 结

本章在简述矩形波、阶梯波合成、正弦脉宽调制波等低频环节逆变器的基础上，按级联直流变换器型、级联直流斩波器型、单级周波变换器型、差动直流变换器型和差动直流斩波器型高频环节逆变器以及高频环节逆变器的扩容、滤波、控制、驱动、缓冲等相关内容的次序论述了逆变技术的现状与发展。其中，高频环节逆变器的类型是按变换器的连接方式和拓扑结构的性质来划分的。低频环节逆变器适用于对变换效率和成本有高的要求、对体积和重量要求不高的逆变场合；而高频环节逆变器则适用于对体积和重量有高的要求、对变换效率和成本要求不太高的逆变场合。

逆变器输出电压波形的质量，通常可用谐波因数、总的谐波畸变度、畸变因数和最低次谐波等指标来评价。逆变技术正朝着高功率密度、高变换效率、高可靠性、无污染、智能化的方向发展，在以直流发电机、蓄电池、太阳能电池和燃料电池为主直流电源的场合，具有重要的应用价值。

第 2 章　级联直流变换器 Buck 型高频环节逆变器

2.1　引　　言

矩形波、阶梯波、正弦脉宽调制波低频环节逆变器虽然具有双向功率流、单级功率变换(DC-LFAC)即一单元变换(DC-LFAC)、技术成熟可靠和应用广泛等优点，但仍存在实现电气隔离和调整电压比功能的工频变压器体积大、笨重和音频噪声大等缺陷，难以满足对体积、重量要求较高的逆变场合。

高频环节逆变器是用高频变压器替代低频环节逆变器中的工频变压器，有效克服了低频环节逆变器存在的体积与重量大、变压器铜铁用量大、音频噪声大、成本高，以及非隔离型逆变器存在的输出与输入无隔离、电压传输比小、电磁干扰严重、用电安全性弱等固有缺陷，显著提高了逆变器的特性。

本章拓宽和深化级联直流变换器 Buck 型高频环节逆变器的变换理论与方法，包括逆变器电路结构的构建规律、电路拓扑衍生推导、调制与控制策略、稳态原理特性分析等研究内容，给出重要研究结论和逆变装置的实验结果[1,4-10]。

2.2　级联直流变换器 Buck 型高频环节逆变器电路结构与拓扑族

2.2.1　电路结构

级联直流变换器 Buck 型高频环节逆变器是在输入电源电压 U_i 和 Buck 型 DC-AC 变换器之间加入一级隔离型单向直流变换器，即由隔离型单向直流变换器与 Buck 型 DC-AC 变换器两级级联构成，使用高频变压器实现电压比调整和电气隔离，省掉了体积庞大且笨重的工频输出变压器，降低了音频噪声，其电路结构如图 2-1 所示。前置直流变换器将输入电源电压 U_i 变换成后级所需的平滑直流电压 U_{dc}，后置三态准 PWM 电流滞环或 SPWM 控制 Buck 型 DC-AC 变换器再将平滑的直流电压 U_{dc} 变换成负载所需的正弦交流电压 u_o。这类逆变器的拓扑性质是由后置 Buck 型 DC-AC 变换器决定的，与前置直流变换器无关，故称为“Buck 型”或“电压型”。

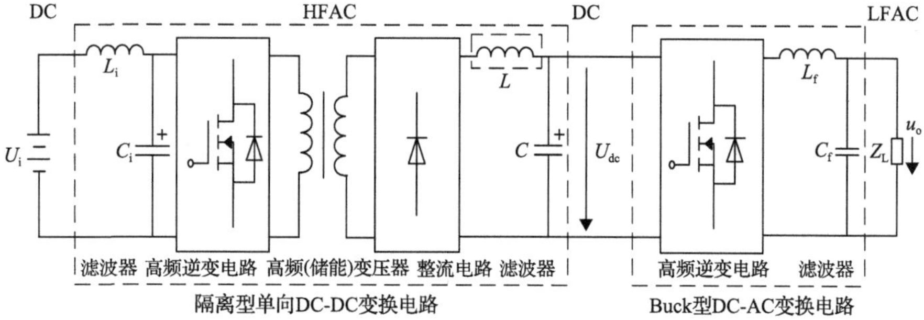

图 2-1　级联直流变换器 Buck 型高频环节逆变器电路结构

2.2.2　电路拓扑族

按照前置 DC-DC 变换器的拓扑结构划分，级联直流变换器电压型高频环节逆变器可分为 Buck、Boost、Buck-Boost、Boost-Buck、Zeta 和 Sepic 直流变换器型六种，前三种应用较多。

1. Buck 直流变换器型

级联 Buck 直流变换器电压型高频环节逆变器电路拓扑族，如图 2-2 所示。其中，前四个电路拓扑适用于低压输入逆变场合，后三个电路拓扑适用于高压输入逆变场合。

2. Boost 直流变换器型

级联 Boost 直流变换器电压型高频环节逆变器电路拓扑族，如图 2-3 所示。

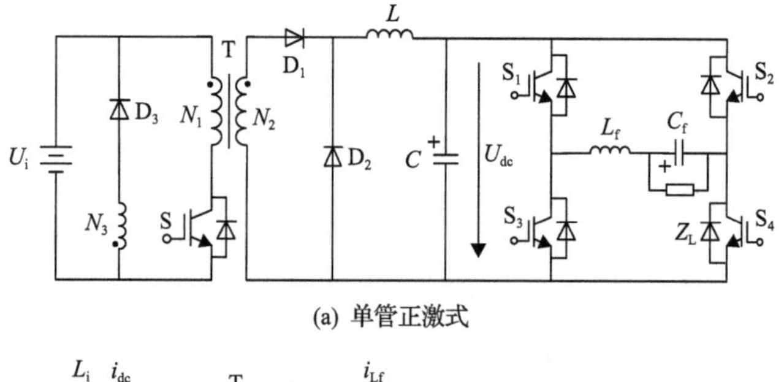

(a) 单管正激式

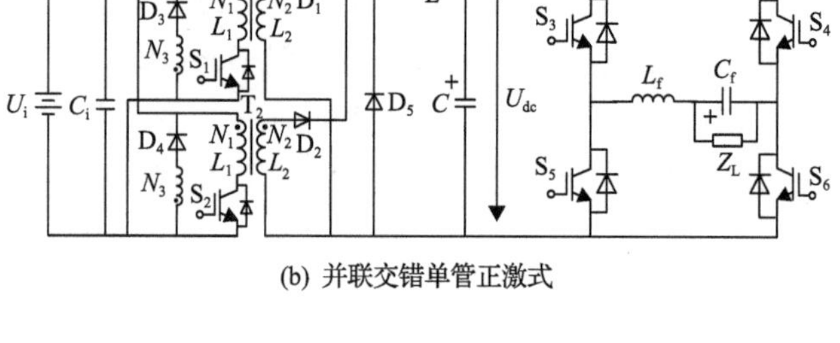

(b) 并联交错单管正激式

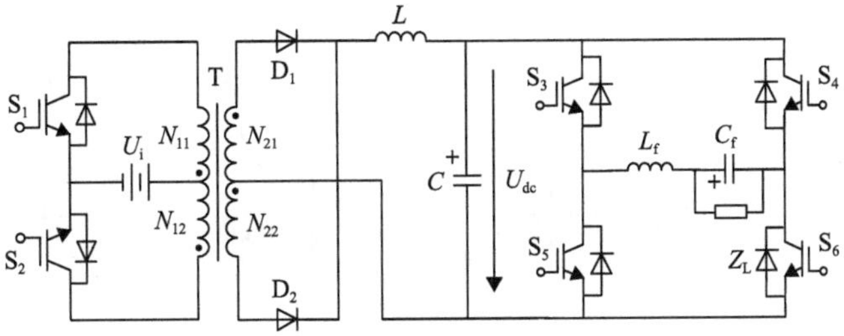

(c) 推挽式

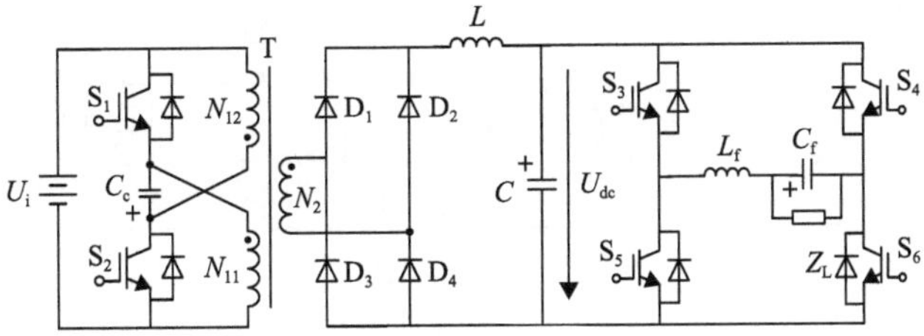

(d) 推挽正激式

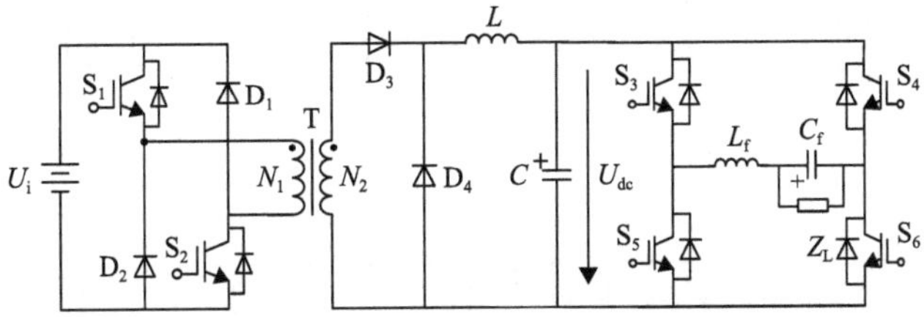

(e) 双管正激式

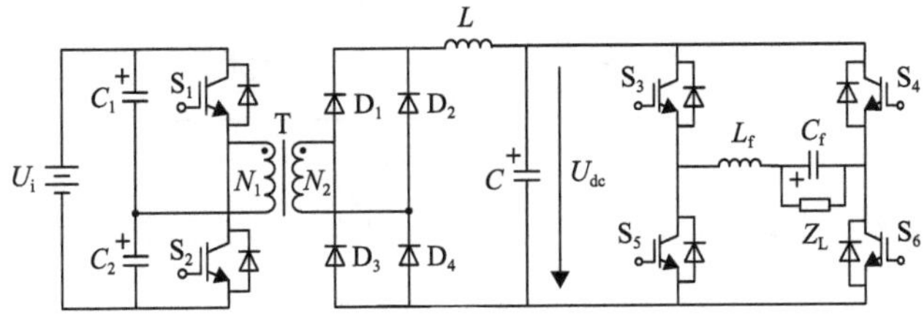

(f) 半桥式

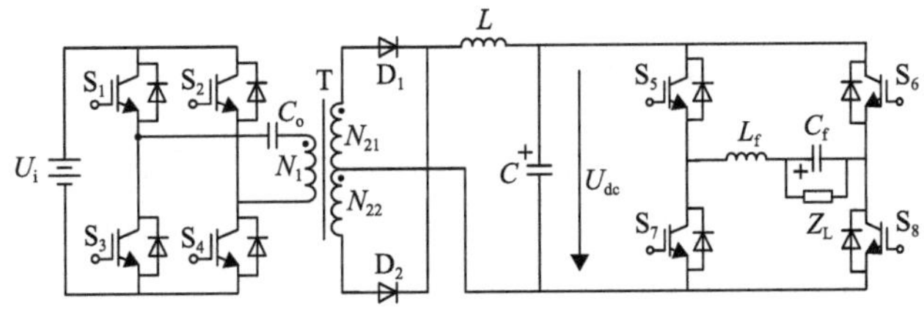

(g) 全桥式

图 2-2　级联 Buck 直流变换器电压型高频环节逆变器电路拓扑族

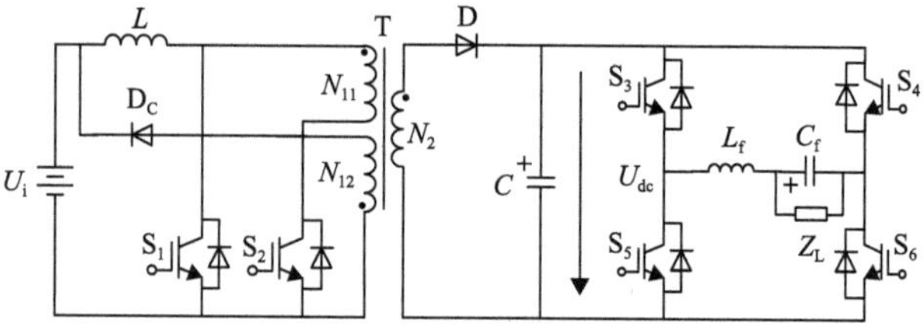

(a) 单端式

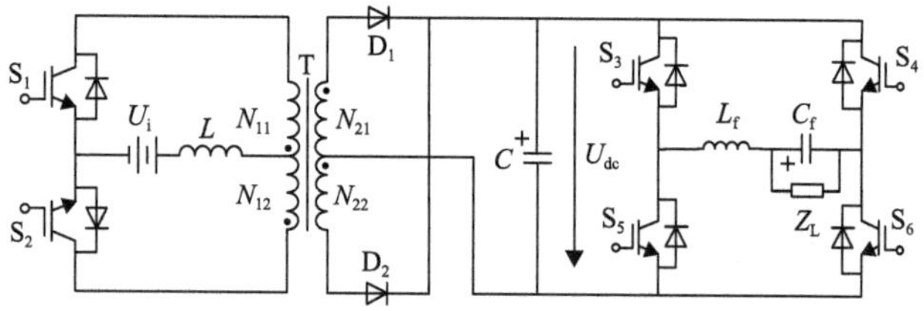

(b) 推挽式

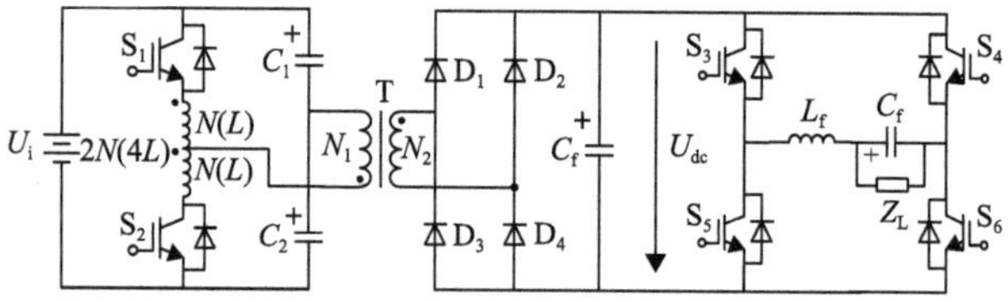

(c) 半桥式

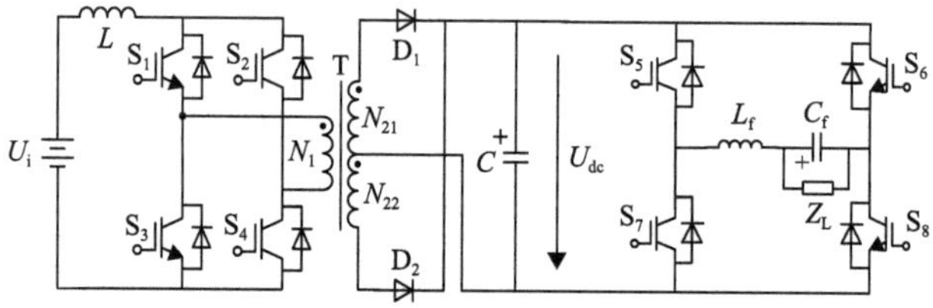

(d) 全桥式

图 2-3　级联 Boost 直流变换器电压型高频环节逆变器电路拓扑族

其中，单端式电路适用于低压输入、低压输出逆变场合，推挽式和半桥式电路适用于低压输出逆变场合，而全桥式电路适用于高压输出逆变场合。

3. Buck-Boost 直流变换器型

级联 Buck-Boost 直流变换器电压型高频环节逆变器电路拓扑族，如图 2-4 所示。其中，前两个电路拓扑适用于低压输入逆变场合，而后两个电路拓扑适用于高压输入逆变场合。

4. Boost-Buck 直流变换器型

级联 Boost-Buck 直流变换器电压型高频环节逆变器电路拓扑,如图 2-5 所示。

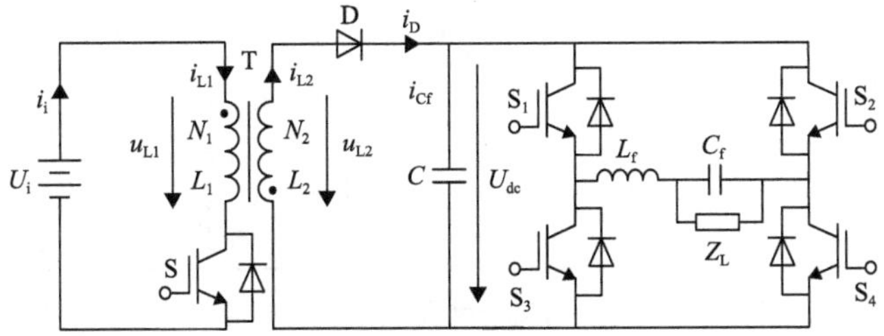

(a) 单管反激式

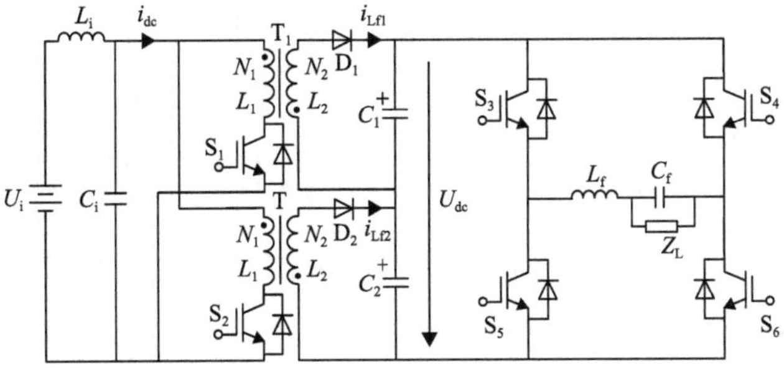

(b) 并联交错单管反激式

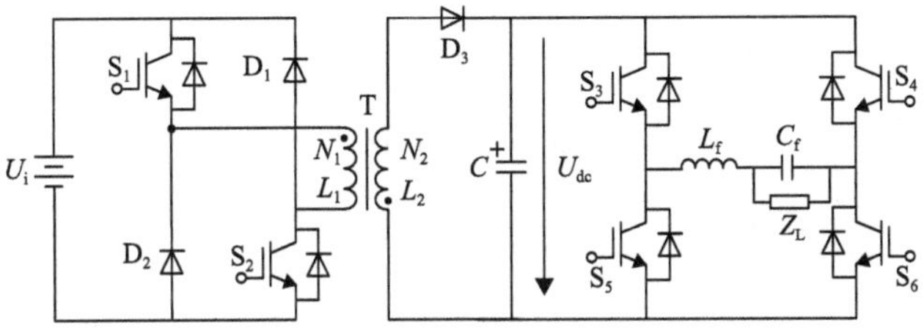

(c) 双管反激式

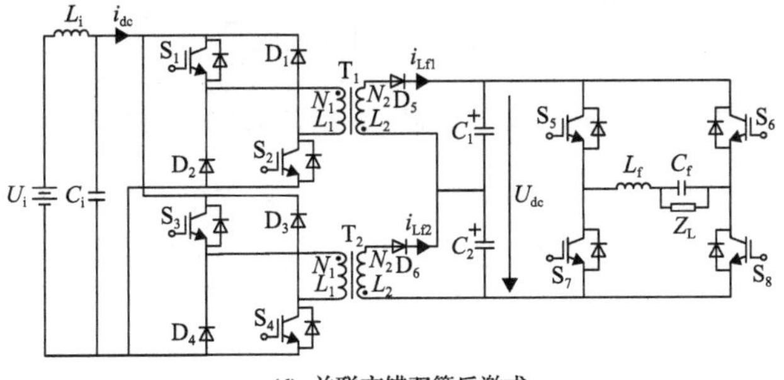

(d) 并联交错双管反激式

图 2-4　级联 Buck-Boost 直流变换器电压型高频环节逆变器电路拓扑族

这种逆变器适用于输入直流电源对电流纹波要求较高的场合。

5. Zeta 直流变换器型

级联 Zeta 直流变换器电压型高频环节逆变器电路拓扑，如图 2-6 所示。这种

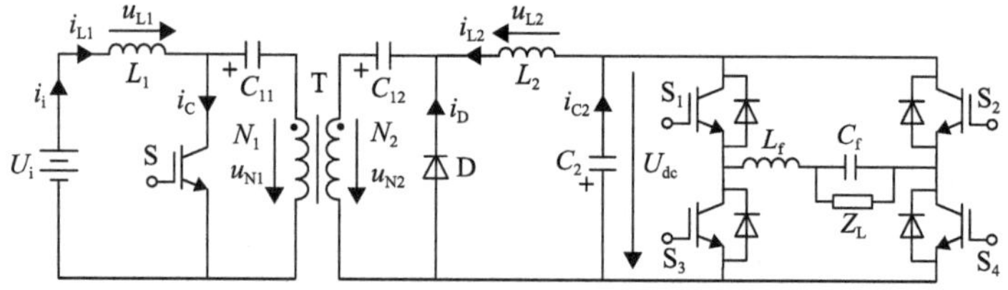

图 2-5　级联 Boost-Buck 直流变换器电压型高频环节逆变器电路拓扑

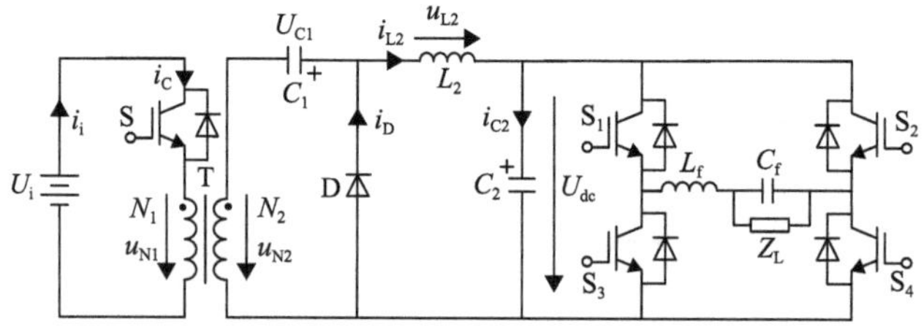

图 2-6　级联 Zeta 直流变换器电压型高频环节逆变器电路拓扑

逆变器适用于后置 DC-AC 变换器对前置 DC-DC 变换器输出纹波要求较高的场合。

6. Sepic 直流变换器型

级联 Sepic 直流变换器电压型高频环节逆变器电路拓扑，如图 2-7 所示。这种逆变器适用于输入直流电源对电流纹波要求较高的场合。

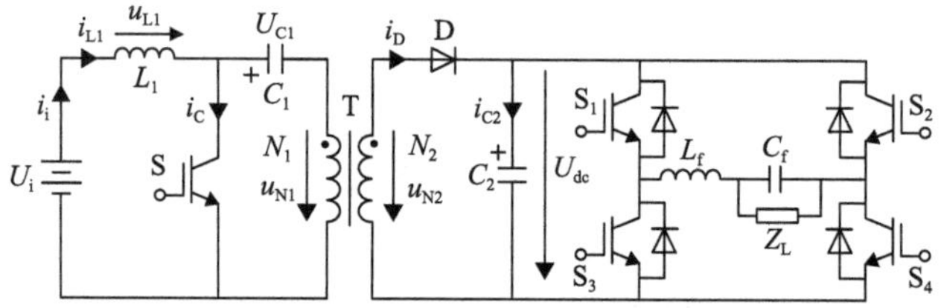

图 2-7　级联 Sepic 直流变换器电压型高频环节逆变器电路拓扑

级联直流变换器 Buck 型高频环节逆变器具有单向功率流、两级功率变换(DC-DC-LFAC)即三单元功率变换(DC-HFAC-DC-LFAC)、变换效率较高等特点，获得了广泛的应用。

2.3　级联直流变换器 Buck 型高频环节逆变器控制策略

2.3.1　电压型控制策略

级联直流变换器Buck型高频环节逆变器由隔离直流变换器与Buck型DC-AC变换器两级级联构成，前后级各自构成闭环控制回路，其电压型 PWM 控制策略如图 2-8 所示。输出反馈电压 U_{dc} 与基准电压 U_r 比较，经 PI(比例-积分)或 PID(比例-积分-微分)误差放大器后输出 u_e，u_e 再与载波 u_c 交截并经适当的逻辑变换后输出功率开关的控制信号 u_{GE}。

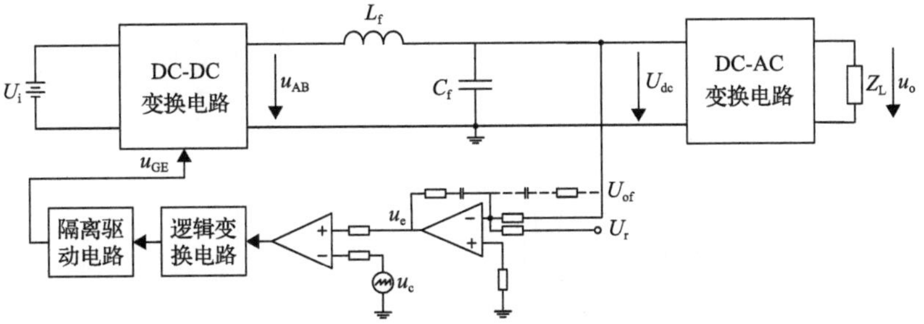

(a) 前置DC-DC变换器

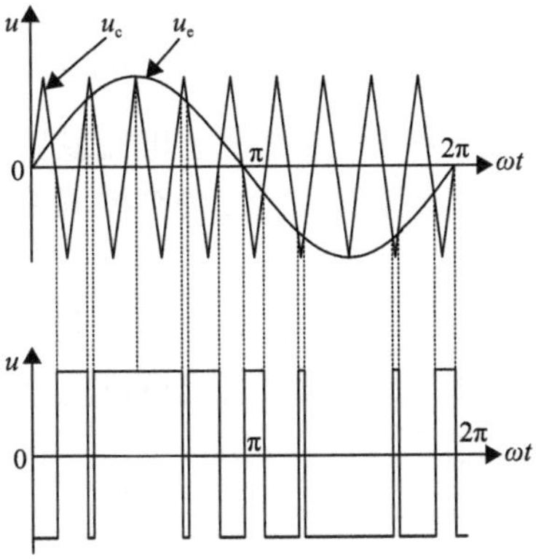

(b) 后置DC-AC变换器

图 2-8　级联直流变换器 Buck 型高频环节逆变器的电压型控制策略

前置 DC-DC 变换器采用 UC1525/1527 系列电压型 PWM 集成控制器芯片，UC1527 与 UC1525 的电路结构相同，只是输出级不同。UC1525 输出正脉冲，适用于驱动 NPN 型晶体管和 N 沟道 P-MOSFET；UC1527 输出负脉冲，适用于驱动 PNP 型晶体管和 P 沟道 P-MOSFET。UC2525 和 UC3525 也属于这个系列，内部电路和功能相同，仅工作电压和工作温度不同。

2.3.2　电流型控制策略

前置 DC-DC 变换器和后置 DC-AC 变换器，还可采用滞环峰谷值电流型控制策略和平均值电流型控制策略。这里讨论滞环峰谷值电流型控制策略，如图 2-9 所示。将电流反馈信号 i_{Lf} 与电流给定信号 $i_r(u_e)$ 经迟滞比较器比较，当 $i_e = i_r - i_{Lf} < h_2$ 时，功率开关关断，i_{Lf} 下降；当 $i_e = i_r - i_{Lf} > h_1$ 时，功率开关开通，i_{Lf} 上升。功率开关的截止时间或开通时刻，不是由单稳态触发器设置的恒定低电平时间或恒频时钟脉冲的到来时刻决定的，而是由迟滞比较器的滞环宽度 h_1–h_2 决定的。开关频率由输入电压、输出电压、L_f、滞环宽度 h_1–h_2 等决定，当滞环宽度恒定时，每个 T_s 内功率开关的 T_{off}、T_{on} 和开关频率均发生变化。

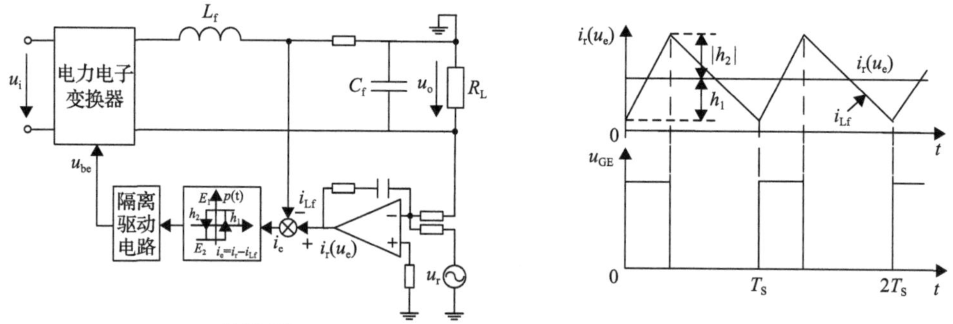

(a) 控制系统　　(b) 调制策略

图 2-9　恒定滞环峰谷值电流型控制策略

滞环峰谷值电流型控制策略设置了电感电流或功率开关电流的最大值和最小值，滞环宽度恒定时属于变频脉频调制(PFM)控制策略，或称为电流控制两态调制策略，下面对其进行分析。

基本的两态调制系统，如图 2-10 所示。两态调制就是调制电路的输出只有高电平和低电平两个状态，两态调制系统是将调制电路本身的输出脉冲经由反馈网络产生的谐波函数作为载波。

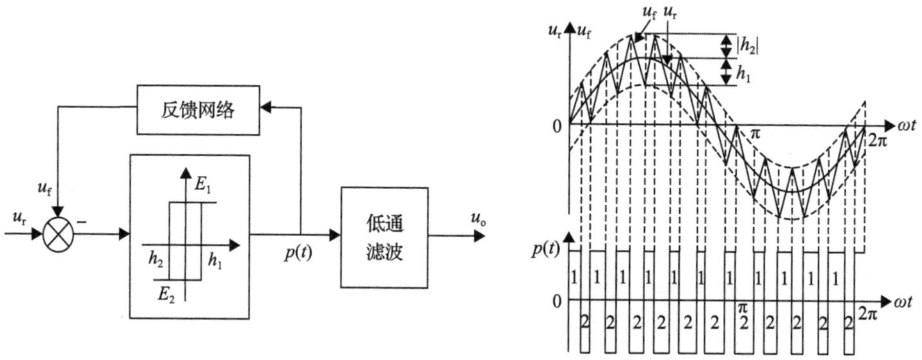

(a) 系统框图　　(b) 两态调制策略

图 2-10　基本两态调制系统

图 2-10 两态调制与图 2-8(b) 正弦脉宽调制策略有很大区别。参考信号 u_r 与反馈信号 u_f 经迟滞比较器比较，当 $u_r - u_f > h_1$ 时，调制电路的输出达到一个状态，$p(t)=1$，u_f 增大；当 $u_r - u_f < h_2$ 时，调制电路的输出改变到另一状态，$p(t)=0$，u_f 减小。如此不断地调节，可以保证 u_f 始终跟随 u_r 变化，最大瞬时误差小于等于 $\max\{h_1, |h_2|\}$。

设 $h_1=-h_2=h$，$E_1=-E_2=E$，反馈网络为 $\tau=RC$ 的一阶 RC 环节和时间常数 T_d 延迟环节。系统开关周期 $(T_1+T_2)/\tau$ 随参数 h/E、T_d/τ 和参考输入 U_r/E 变化的曲线如图 2-11 所示[1]，由图可见，迟滞开关的工作频率随着输入信号或输出信号的增大而降低。当输入信号较小时，频率随输入信号的变化较小，此时的两态调制系统类似于脉宽调制系统；当输入信号较大时，频率随着它的增大而迅速降低，窄脉冲的宽度变得固定，此时的两态调制系统则与恒定截止时间、可变导通时间的占空比控制方式相似。这就是说，两态调制同时兼有脉宽调制和脉频调制两种特点。此外，T_d 对开关周期的影响很大，T_d 越大，开关周期也越大，即系统调制频率越低。

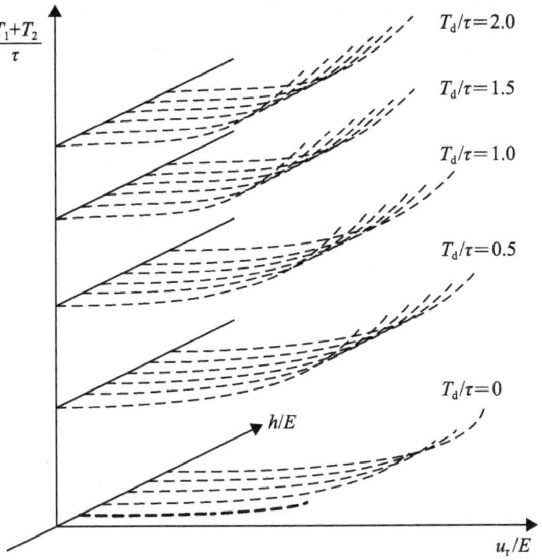

图 2-11　系统开关周期与电路参数的关系

具有输出电压反馈的两态调制系统，如图 2-12 所示。该系统是一个非线性控

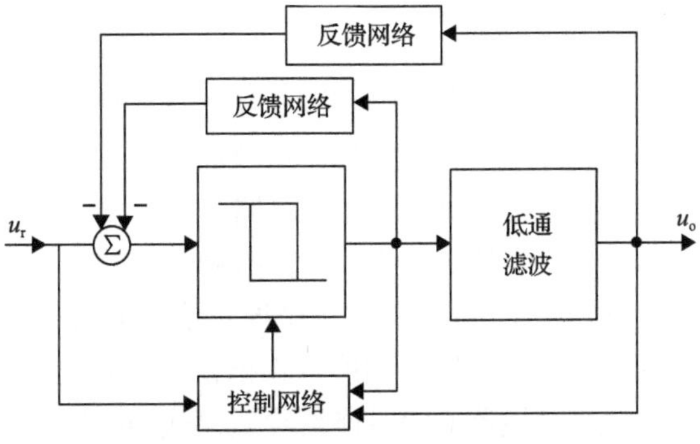

图 2-12　应用两态调制的非线性控制系统

制系统，具有良好的性能，这不仅是因为两态调制系统本身的缘故，而且“控制电路”也起到了改变迟滞比较器滞环宽度的作用。改变迟滞比较器的滞环宽度不但能调节并稳定调制频率，还能提高系统的静、动态性能。如果采用反馈网络为固定电阻的迟滞比较器，则迟滞比较器的滞环宽度是固定的，而开关频率在变化；如果采用反馈网络不是固定电阻的迟滞比较器，即采用一恒定频率的时钟信号及鉴相电路来控制迟滞比较器反馈量大小，改变其滞环宽度，从而保持开关频率恒定。

调制器的输出是脉冲信号，经输出滤波在滤波器内部产生谐波函数。如果用这个谐波函数取代反馈网络产生的谐波函数而使系统自激振荡，则反馈网络可简化为单位反馈。输出滤波电感电流作为调制器谐波函数的电流控制两态调制系统，如图 2-13 所示。该系统通过双环结构和两态调制策略的联合应用，获得了优良的电性能。

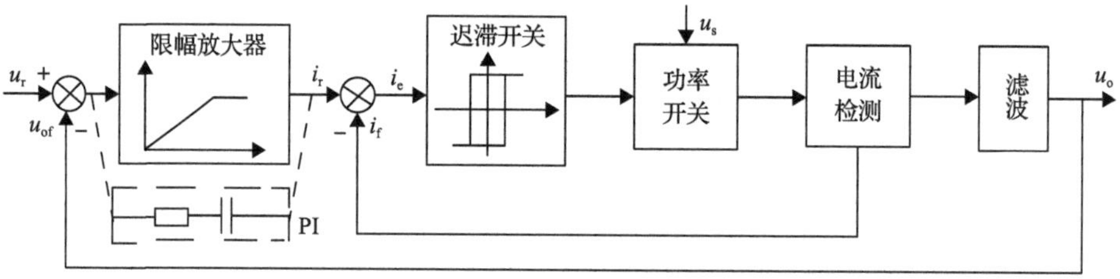

图 2-13 电流控制两态调制系统

2.4 前级 DC-DC 变换器的稳态原理特性

2.4.1 Buck 型 DC-DC 变换器

以推挽正激 Buck 型电路为例，论述 Buck 型直流变换器的稳态原理特性。

1. 稳态原理

为了抑制推挽 Buck 型电路存在的高频变压器漏感引起的功率开关关断电压尖峰和高频变压器的偏磁问题，需要对其原边电路的连接进行调整并插入一个箝位电容 C_c 以构成推挽正激 Buck 型直流变换电路，如图 2-14 所示。功率开关 S_1、S_2 的导通相位相差 180°，占空比 D 小于 0.5，高频变压器 T 的匝数 $N_{11}=N_{12}=N_1$、$N_{21}=N_{22}=N_2$，S_1 或 S_2 导通时 C_c 都与其中一个原边绕组并接，或在 U_i、N_{12}、C_c、N_{11} 的回路中由稳态时 u_{N11}、u_{N12} 的平均值为零推得 u_{Cc} 为下正上负的电压 U_i。

推挽正激 Buck 型直流变换器 CCM（连续导通模式）时的开关状态电路和稳态波形，如图 2-15 所示。

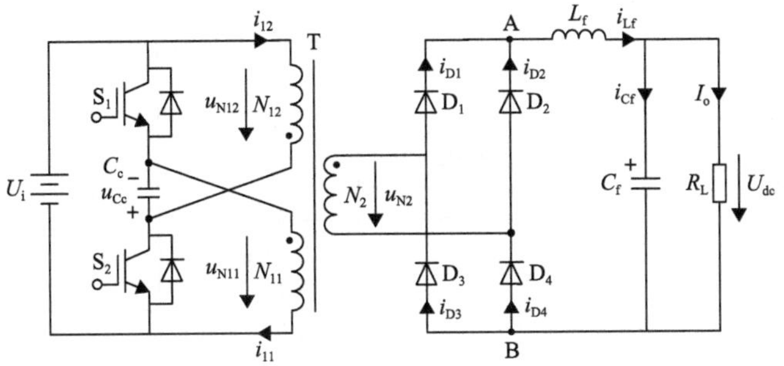

图 2-14　推挽正激 Buck 型直流变换电路

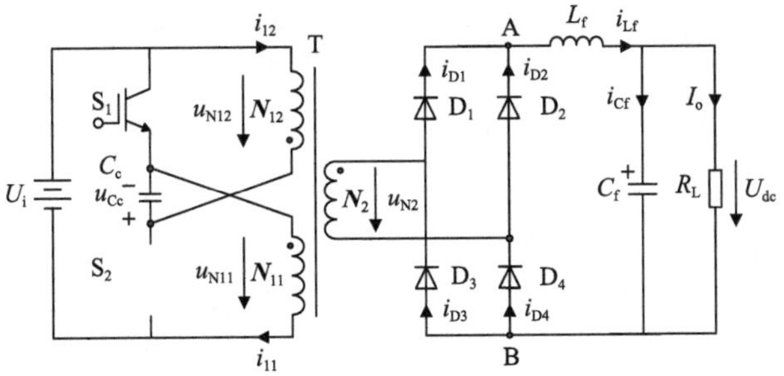

(a) t_0～t_1区间电路

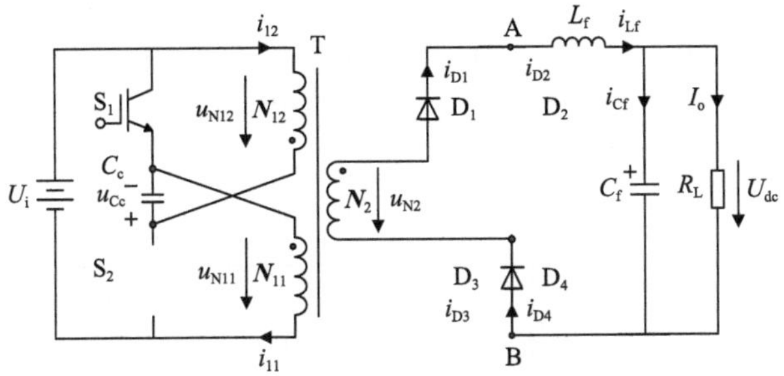

(b) t_1～t_2区间电路

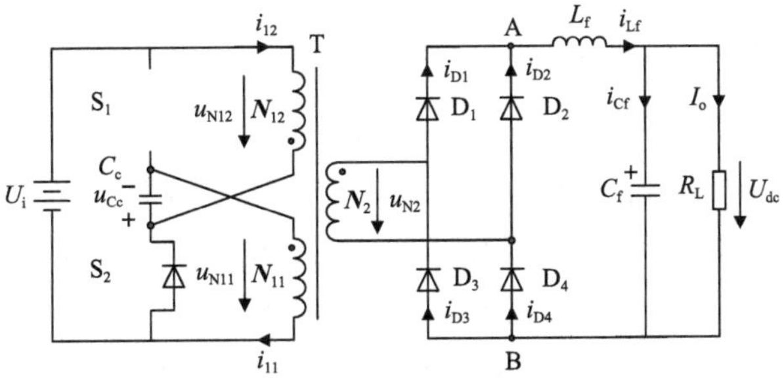

(c) t_2～t_3区间电路

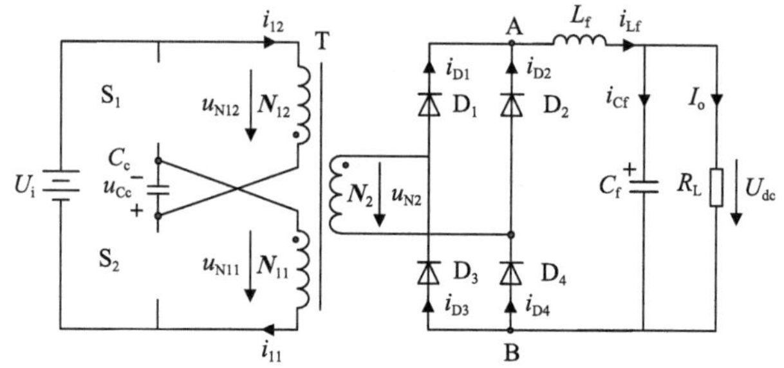

(d) t_3～t_4区间电路

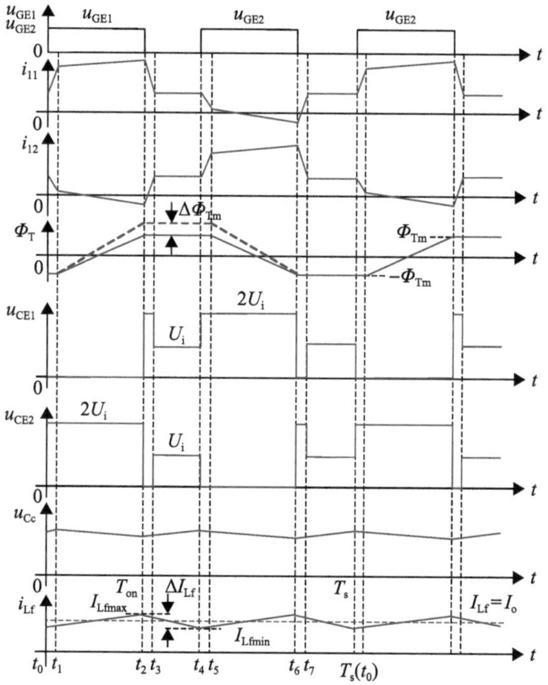

(e) 稳态波形

图 2-15　推挽正激 Buck 型直流变换器 CCM 时的开关状态电路和稳态波形

1) t_0～t_1

t_0时刻前，S_1、S_2截止，U_i、N_{12}、C_c、N_{11}形成回路环流，四个整流二极管导通，$i_{D1}=i_{D2}=i_{D3}=i_{D4}=i_{Lf}/2$，T 的绕组短路；$t_0$时，$S_1$开通，$U_i$加在$N_{11}$上使$i_{11}$迅速上升，$u_{Cc}$加在$N_{12}$上使$i_{12}$迅速减小，$i_{D1}$、$i_{D4}$逐渐增大，$i_{D2}$、$i_{D3}$逐渐减小；$t_1$时，$i_{D1}$增大到$i_{Lf}$、$i_{D2}$减小到 0，等效电路如图 2-15(a)所示。

2) t_1～t_2

U_i、u_{Cc}分别加在N_{11}、N_{12}上，相当于两个单端正激电路并联工作，N_{11}、N_{12}

各承担一半励磁电流和一半副边折算到原边的电流，i_{11} 正向增大，i_{12} 减小到 0 并反向增大，$u_{AB}=U_iN_2/N_1$，等效电路如图 2-15(b)所示。

3) $t_2 \sim t_3$

t_2 时，S_1 关断，N_{11} 的漏感 $L_{11\sigma}$ 能量沿 N_{11}、S_2 的反并联二极管、C_c 回路释放，将 S_1 的集射电压钳位在 U_i+u_{Cc}，消除了电压尖峰，二极管 D_2、D_3 正偏导通；该区间，U_i 加在 N_{12} 的漏感 $L_{12\sigma}$ 上，u_{Cc} 加在 N_{11} 漏感 $L_{11\sigma}$ 上，i_{11} 迅速减小、i_{12} 迅速反向减小到 0 并正向增大，i_{D1}、i_{D4} 减小，i_{D2}、i_{D3} 增大，直至 $i_{11}= i_{12}$，等效电路如图 2-15(c)所示。

4) $t_3 \sim t_4$

S_1、S_2 截止，U_i、N_{12}、C_c、N_{11} 形成回路环流，四个整流二极管导通，$i_{D1}=i_{D2}=i_{D3}=i_{D4}=i_{Lf}/2$，变压器绕组短路，$S_1$、$S_2$ 的电压为 U_i，励磁电流在变压器副边绕组流动，等效电路如图 2-15(d)所示。

5) $t_4 \sim t_5$、$t_5 \sim t_6$、$t_6 \sim t_7$、$t_7 \sim T_s$

变换器工作在下半个开关周期，工作模式和上半个开关周期类似，只是变压器完成反向磁化过程。S_1 关断、S_2 的反并联二极管续流期间($t_2 \sim t_3$)，箝位电容 C_c 吸收漏感 $L_{11\sigma}$ 上的能量，其电压升高了 ΔU_{Cc}，由 $C_c[u_{Cc}^2(t_3)-u_{Cc}^2(t_2)]/2=L_{11\sigma}[i_{11}^2(t_2)-i_{11}^2(t_3)]/2$，即

$$C_c = L_{11\sigma}(I_o+\Delta I_{Lf}/2)(I_o+3\Delta I_{Lf}/2)(N_2/N_1)^2/(2\Delta U_{Cc}U_i) \tag{2-1}$$

由式(2-1)可知，为了减小功率开关的电压应力，ΔU_{Cc} 不应太大，C_c 不宜太小。设 S_1 的导通压降小于 S_2，则 N_{11} 上的伏秒积增大，在半开开关周期内变压器的磁通幅值 Φ_{Tm}(励磁电流幅值 I_{Lm})增加 $\Delta\Phi_{Tm}(\Delta I_{Lm})$，即

$$i_{11}(t_2)=(I_o+\Delta I_{Lf}/2)N_2/N_1+i_{Lm}/2+\Delta i_{Lm} \tag{2-2}$$

当 S_1 关断后，S_2 的反并联二极管续流，电容 C_c 上的电压增量为

$$\Delta U_{Cc}=L_{11\sigma}(I_o+\Delta I_{Lf}/2+\Delta i_{Lm})(I_o+3\Delta I_{Lf}/2+\Delta i_{Lm})(N_2/N_1)^2\big/(2C_cU_i) \tag{2-3}$$

下半个开关周期 S_2 导通时，N_{11} 上的电压为 $U_i+\Delta U_{Cc}$，变压器的磁通幅值 Φ_{Tm}(励磁电流幅值 I_{Lm})在此期间的下降量比原来增加了 $\Delta\Phi_{Tm}(\Delta I_{Lm})$，使磁通和励磁电流回到起始点。因此，$C_c$ 端电压 u_{Cc} 具有浮动特性，确保变压器在一个开关周期内有相等的正、反向伏秒积和磁心的双向对称磁化。

2. 输出外特性

Buck 型直流变换器的外特性是指输入电压 U_i 恒定时输出电压的标幺值 $U_{dc}^* = U_{dc}/(U_i N_2/N_1)$ 与变换器占空比 D、负载电流标幺值 $I_o^*=I_o/I_{ocmax}$ 的关系，其在理想情形下 CCM、临界 CCM 和电流断续模式(DCM)时的外特性方程分别为

$$U_{dc}/(U_i N_2/N_1)=D \tag{2-4}$$

$$I_{oc}=4I_{ocmax}D(1-D) \tag{2-5}$$

$$U_{dc}/(U_iN_2/N_1)=4D^2/(4D^2+I_o/I_{ocmax}) \tag{2-6}$$

式(2-5)和式(2-6)中，$I_{ocmax}=T_sU_iN_2/(8N_1L_f)$ 为最大临界负载电流；D 为变换器的占空比。图 2-16 实线为理想情形下的外特性曲线，虚线为实际情形下(含内阻)的外特性曲线。

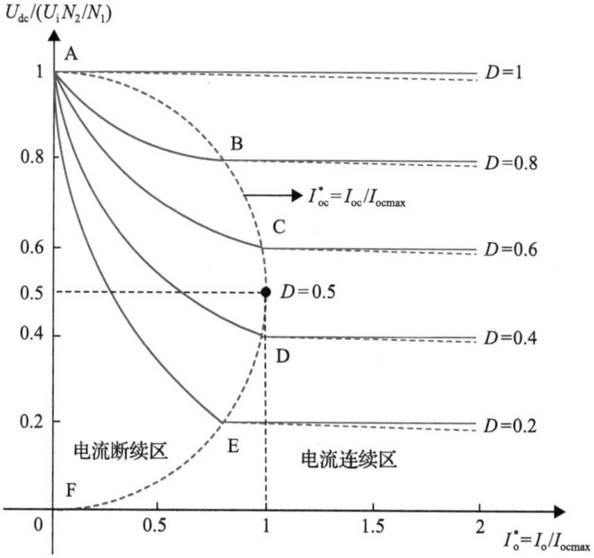

图 2-16　Buck 型直流变换器的外特性曲线

当 $I_o^* > I_{oc}^*$ 时，Buck 型直流变换器工作在电感电流连续区，理想变换器的电压增益 G 由外特性方程(2-4)决定，G 和 U_{dc} 的大小仅由占空比 D 确定，而与负载电流无关，控制特性是线性的，而实际变换器的 G、U_{dc} 的大小会随负载电流的增大稍微下降。当 $I_o^* < I_{oc}^*$ 时，Buck 型直流变换器工作在电感电流断续区，理想变换器的 G 在 U_i 恒定不变时由外特性方程(2-6)决定，G 的大小与占空比 D 和负载

电流有关，G 大于 D，控制特性是非线性的；对于相同的占空比 D，负载减小时 G 和 U_{dc} 增大，空载时 G 等于 1、$U_{dc}=U_i$，负载增大时 G 减小并逐渐接近占空比 D，变换器从电流断续区逐渐向电流连续区过渡。当 $I_o^*=I_{oc}^*$ 时，理想的 Buck 型直流变换器工作在电感电流临界连续曲线 ABCDEF，它是外特性从线性到非线性的转折点，是由 U_i 恒定不变时的临界负载电流特性方程(2-5)决定的，此时 G 等于 D。

由图 2-16 所示外特性曲线以及式(2-4)～式(2-6)外特性方程中相同占空比 D 时 U_{dc} 随 I_o 的变化规律和相同 I_o 时 U_{dc} 随占空比 D 的变化规律可知，该外特性相当于 Buck 型直流变换开环控制时的外特性。根据变换器在 DCM 下的 G 的表达式 $2\Big/\left\{1+\sqrt{1+(4/D^2)I_o/[U_{dc}/(2L_f f_s)]}\right\}$ 还可推导出占空比 D 与 G、I_o 之间的关系，由临界负载电流 $I_{oc}=(1-D)DU_iN_2/(2N_1L_f f_s)$ 可求得 U_{dc} 恒定不变时最大的临界负载电流 I_{ocmax}(占空比 D=0 时取得)，在此基础上求出 U_{dc} 恒定不变时不同 G 下电流临界连续和电流断续的占空比 D，连同电流连续时的占空比式(2-4)一起构成了 Buck 型直流变换器的另一特性；该特性表征的是在 U_{dc} 恒定不变和不同 G 下 Buck 型直流变换器占空比 D 与负载电流标幺值 I_o^* 之间的关系，从相同 G 时占空比 D 随 I_o 的变化规律和相同 I_o 时占空比 D 随 G 的变化规律可知，该特性相当于 Buck 型直流变换闭环控制时的调节特性。

与传统的推挽式电路相比，推挽正激式电路增添了两大优点：①功率开关的关断电压尖峰被有效抑制；②高频变压器双向对称磁化。但也要看到，S_1、S_2 截止时存在较大的环流，增大了高频变压器的铜损。

2.4.2　Boost 型 DC-DC 变换器

以全桥式电路为例，论述 Boost 型直流变换器的稳态原理特性。

1. 稳态原理

Boost 型直流变换器电路拓扑、开关状态电路与控制策略，如图 2-17 所示。图 2-17(f)、(g)、(h)分别为四个功率开关的占空比均保持 0.5 的下桥臂对上桥臂的移相控制策略、四个功率开关占空比可调且大于 0.5 的 PWM 控制策略、下桥臂功率开关占空比保持 0.5 上桥臂功率开关占空比可调且大于 0.5 的 PWM 控制策略，图 2-17(f)为下桥臂滞后上桥臂 θ 角的移相控制 Boost 型直流变换器在忽略变压器 T 的漏感和电感电流 CCM 时的稳态波形。为了抑制变压器 T 的漏感阻碍储能电感 L 的能量释放所产生的功率开关电压尖峰，需要在逆变桥直流侧两端并接一个由 S_c 和 C_c 构成的有源箝位电路，图中用虚线表示。

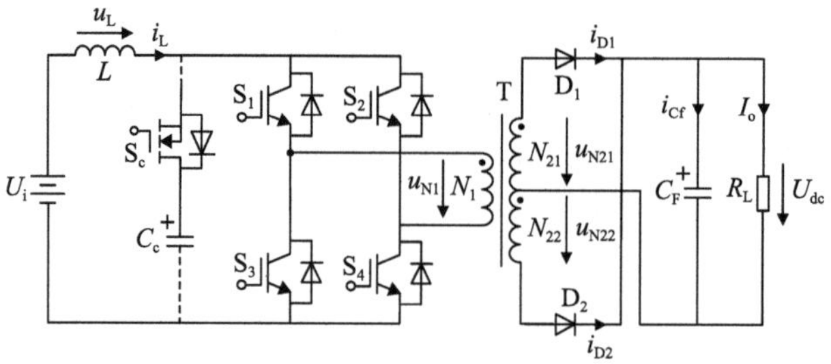

(a) 电路拓扑

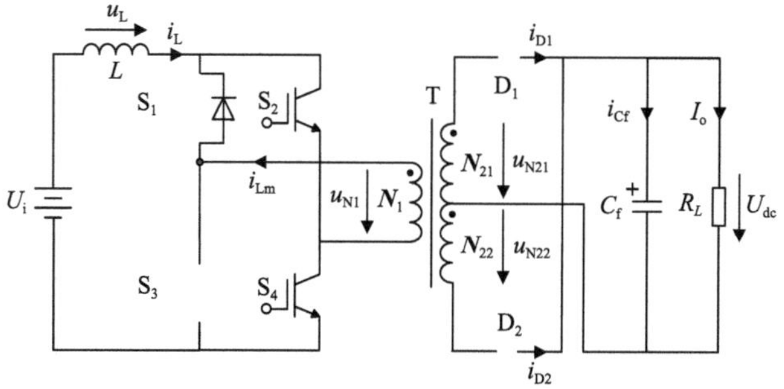

(b) $t_0 \sim t_1$ 区间

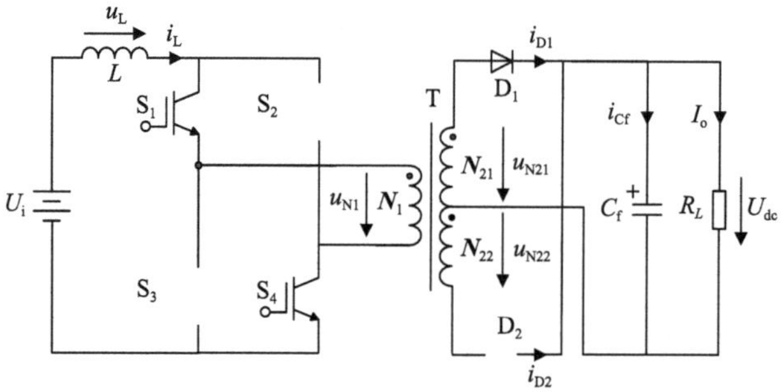

(c) $t_1 \sim T_s/2$ 区间

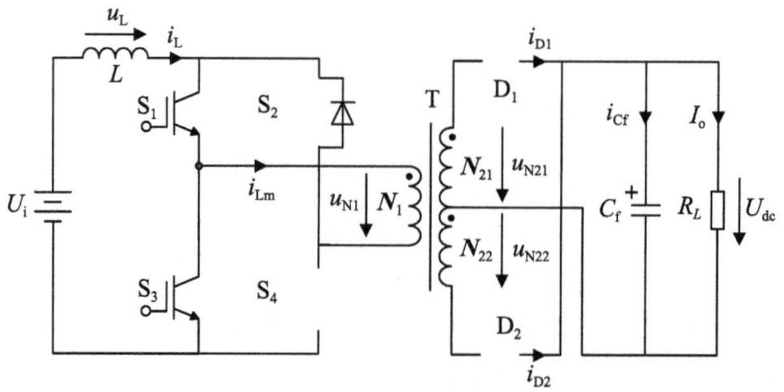

(d) $T_s/2 \sim t_3$ 区间

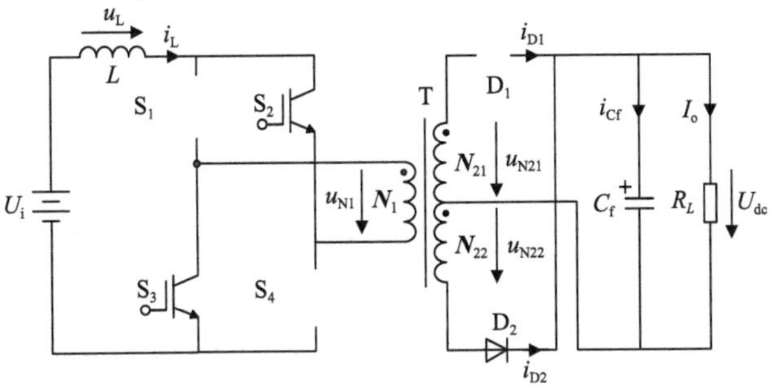

(e) $t_3 \sim T_s$区间

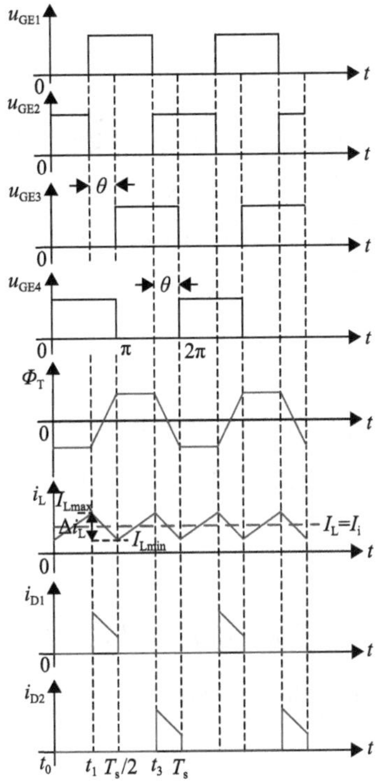

(f) 移相控制和电感电流连续

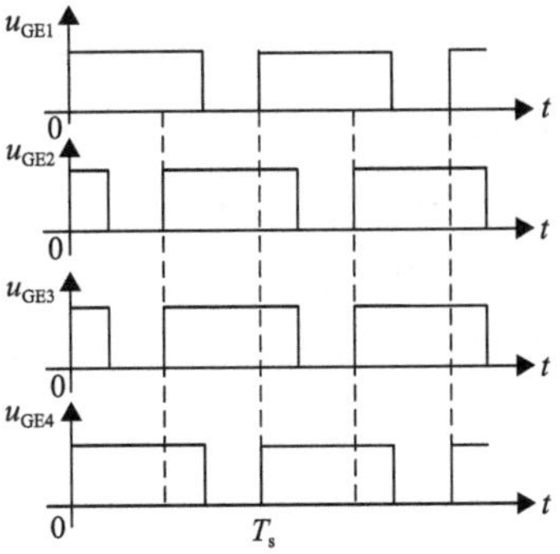

(g) 四个功率开关占空比可调且大于0.5的PWM控制策略

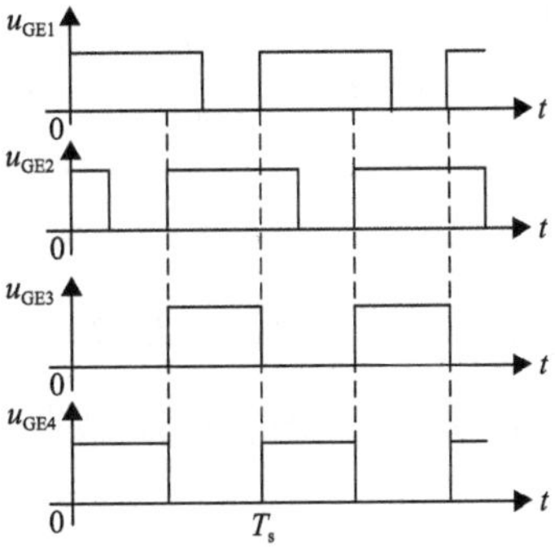

(h) 上桥臂开关占空比可调且大于0.5的PWM控制策略

图 2-17　全桥 Boost 型直流变换器电路拓扑、开关状态电路与稳态波形

移相控制全桥 Boost 型直流变换器在一个开关周期存在四个工作区间。

1) $t_0 \sim t_1$

功率开关 S_2 和 S_4 导通、S_1 和 S_3 截止，S_2 和 S_4 的共同导通时间为 T_{com}、共同导通占空比 $D/2 = T_{com}/T_s = (\pi - \theta)/(2\pi) \leqslant 0.5$（$D$ 为变换器占空比），L 两端施加电源电压 U_i 而储能，电感电流 i_L 以斜率 U_i/L 线性增长，变压器 T 的负值磁化电流 i_{Lm} 通过 S_1 的反并联二极管和 S_2 流动，绕组电压 u_{N1}、u_{N21}、u_{N22} 为零，二极管 D_1 和 D_2 截止，C_f 向负载供电，开关状态电路如图 2-17(b) 所示，在此期间 i_L 的增量

Δi_{L+}为

$$\Delta i_{L+} = U_i D T_s / (2L) \tag{2-7}$$

2) $t_1 \sim T_s/2$

S_1和S_4导通、S_2和S_3截止，U_i和L的反向电动势共同作用使得u_{N1}、u_{N21}、u_{N22}均大于零，T正向磁化，二极管D_1导通、D_2截止，并向C_f和负载供电，L在S_1和S_4导通期间$T_s/2 - T_{com} = T_s(1/2 - D/2)$释能，$i_L$以斜率$(U_i - U_{do}N_1/N_2)/L$线性下降，开关状态电路如图2-17(c)所示，$i_L$在此期间的减少量$\Delta i_{L-}$为

$$\Delta i_{L-} = (U_{do} N_1 / N_2 - U_i)(1 - D) T_s / (2L) \tag{2-8}$$

3) $T_s/2 \sim t_3$

S_1和S_3导通、S_2和S_4截止，L两端施加U_i而储能，i_L以斜率U_i/L线性增长，T的正值磁化电流i_{Lm}通过S_2的反并联二极管和S_1流动，u_{N1}、u_{N21}、u_{N22}为零，整流二极管D_1和D_2反偏截止，C_f向负载供电，开关状态电路如图2-17(d)所示，S_1和S_3的T_{com}、共同导通占空比和Δi_{L+}与$t_0 \sim t_1$区间相同。

4) $t_3 \sim T_s$

S_2和S_3导通、S_1和S_4截止，U_i和L的反向电动势共同作用使得u_{N1}、u_{N21}、u_{N22}均小于零，T反向磁化，二极管D_1截止、D_2导通，并向C_f和负载供电，L在S_2和S_3导通期间$T_s/2 - T_{com} = T_s(1/2 - D/2)$释能，开关状态电路如图2-17(e)所示，在此期间i_L的减少量Δi_{L-}与式(2-8)相同。

由式(2-7)和式(2-8)可得，稳态时

$$\Delta i_L = \Delta i_{L+} = \Delta i_{L-} = U_i D T_s / (2L) = (U_{dc} N_1/N_2 - U_i)(1-D) T_s / (2L) \tag{2-9}$$

由式(2-9)可推得，全桥Boost型直流变换器在CCM时的输出电压U_{dc}为

$$U_{dc} = (U_i N_2 / N_1) / (1 - D) \tag{2-10}$$

2. 输出外特性

Boost型直流变换器的输出外特性是指U_i恒定时输出电压标幺值的倒数$1/U_{dc}^* = (U_i N_2 / N_1) U_{dc}$与占空比$D$、负载电流标幺值$I_o^* = I_o / I_{ocmax}$的关系，其理想情形下CCM时的外特性方程如式(2-10)所示，临界CCM和DCM时的外特性方程分别为

$$I_{oc}^* = I_{oc} / I_{ocmax} = 4D(1 - D) \tag{2-11}$$

$$(U_i N_2 / N_1) / U_{dc} = 1 / [1 + 4D^2 / (I_o / I_{ocmax})] = 1 / (1 + 4D^2 / I_o^*) \tag{2-12}$$

式(2-11)和式(2-12)中，$I_{ocmax}=T_sU_iN_2/(8N_1L)$为最大临界负载电流；$D$ 为变换器的占空比。对于单端式电路，D 为功率开关的占空比 T_{on}/T_s；对于推挽式、全桥式电路，D 为两个功率开关或左(右)桥臂功率开关的共同导通时间 T_{com} 所对应的占空比 T_{com}/T_s 的 2 倍；对于半桥式电路，D 为两个功率开关的共同导通时间 T_{com} 所对应的占空比 T_{com}/T_s 的 2 倍再减去 1。图 2-18 所示实线、虚线分别为理想和实际情况下(含内阻)的外特性曲线。

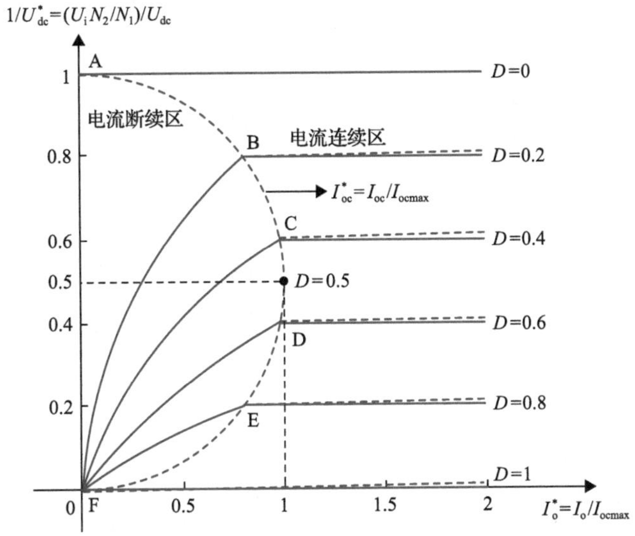

图 2-18　Boost 型直流变换器的外特性曲线

2.4.3　Buck-Boost 型 DC-DC 变换器

以单管 Flyback 电路为例，论述 Buck-Boost 型直流变换器的稳态原理特性。Buck-Boost 型直流变换器电路拓扑、开关状态电路和稳态波形，如图 2-19 所示。图中，L_1、L_2 分别为储能式变压器 T 的原、副边绕组 N_1 和 N_2 的电感，Φ 为 T 的磁心磁通，电阻 r_1 为包括 N_1 的电阻、S 通态电阻在内的等效电阻，电阻 r_2 为包括 N_2 的电阻、二极管 D 的正向压降在内的等效电阻，$r_1=r_2/(N_2/N_1)^2$。

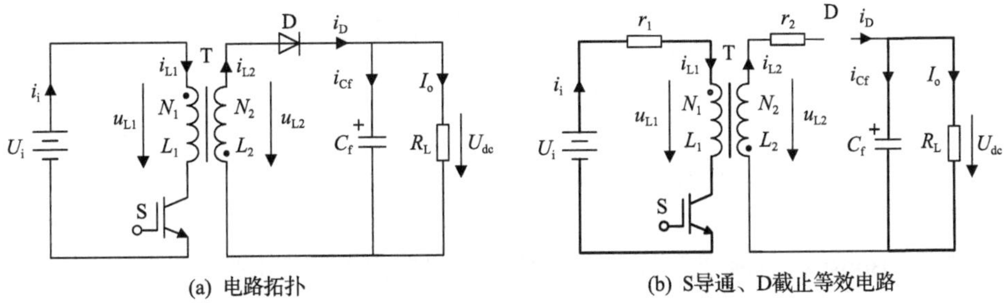

(a) 电路拓扑　　(b) S导通、D截止等效电路

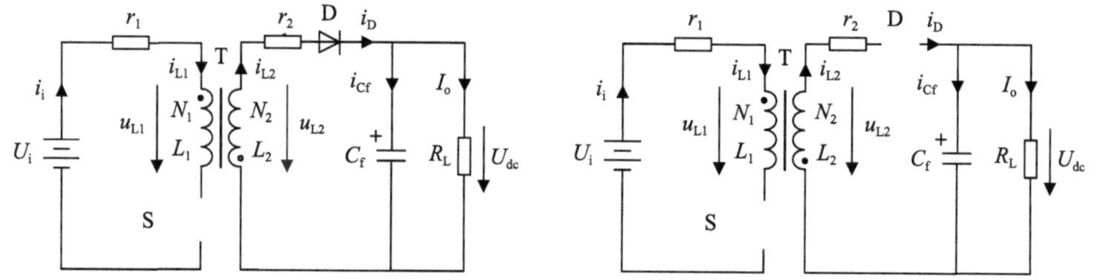

(c) S截止、D导通等效电路　　(d) S截止、D截止等效电路

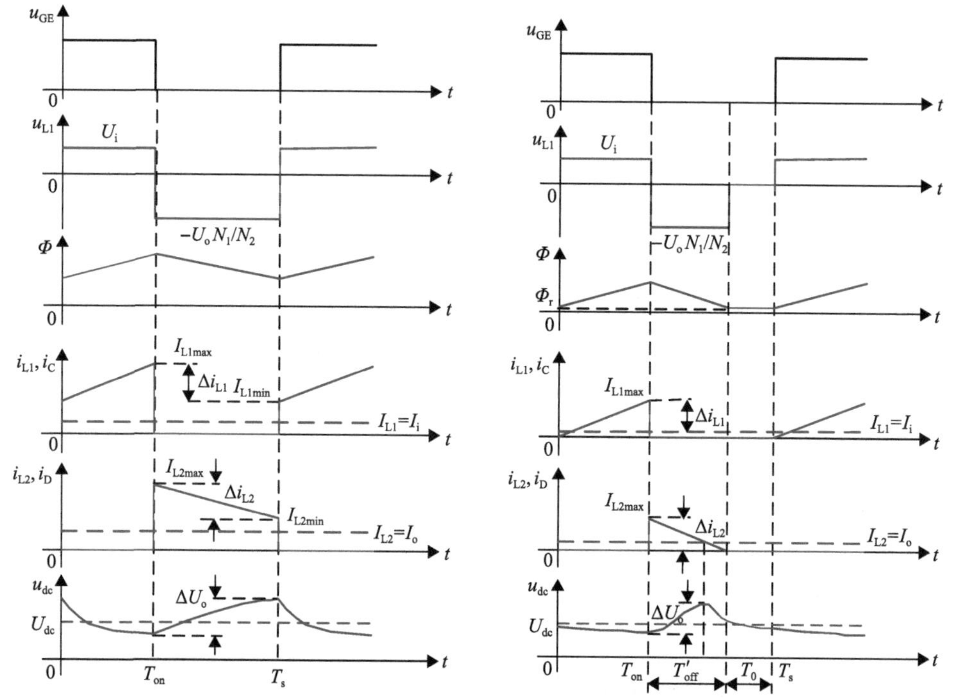

(e) 电感电流处于CCM　　(f) 电感电流处于DCM

图 2-19　Buck-Boost 型直流变换器电路拓扑、开关状态电路与稳态波形

采用状态空间平均法可推得

$$
\begin{aligned}
U_{dc} &= \frac{U_i D(N_2/N_1)}{1-D+r_2/R_L+r_1 D(N_2/N_1)^2/[(1-D)R_L]} \\
&= \frac{U_i D(N_2/N_1)}{1-D+r_2/(1-D)R_L} \\
&= U_i DN_2/[N_1(1-D)] - I_o r_2/(1-D)^2
\end{aligned}
\tag{2-13}
$$

Buck-Boost 型直流变换器在 U_i 恒定不变时输出电压标幺值 $U_{dc}^* = U_{dc}/(U_i N_2/$

N_1) 在不同占空比 D 下与负载电流标幺值 I_o^* 的关系即外特性，其理想情况下电感电流处于 CCM、临界 CCM 和 DCM 时的外特性方程分别为

$$U_o / (U_i N_2 / N_1) = D / (1 - D) \tag{2-14}$$

$$I_{oc}^* = I_{oc} / I_{ocmax} = 4D(1 - D) \tag{2-15}$$

$$\frac{U_o}{U_i N_2 / N_1} = 4D^2 / (I_o / I_{ocmax}) = 4D^2 / I_o^* \tag{2-16}$$

式(2-15)和式(2-16)中，最大临界负载电流 $I_{ocmax} = (U_i N_1 / N_2) / (8L_1 f_s)$。图 2-20(a)实线、虚线分别为理想情形($r_1$=$r_2$=0)和实际情形(含内阻)下的外特性曲线。

由 CCM 时变换器的稳态值即式(2-13)求极值可得，当占空比 D 满足式(2-17)时，输出电压 U_{dc} 最大。

$$D = 1 + r_2 / R_L - \sqrt{(r_2 / R_L)^2 + r_2 / R_L} \tag{2-17}$$

实际电路中，变换器的非线性输出电阻随占空比 D 的增大而逐渐增大，其外特性为类电流源特性，如图 2-20(b)所示。当 D=0、D=1 时输出均为零，即当输出短路时，输出电流并不能无限增大。

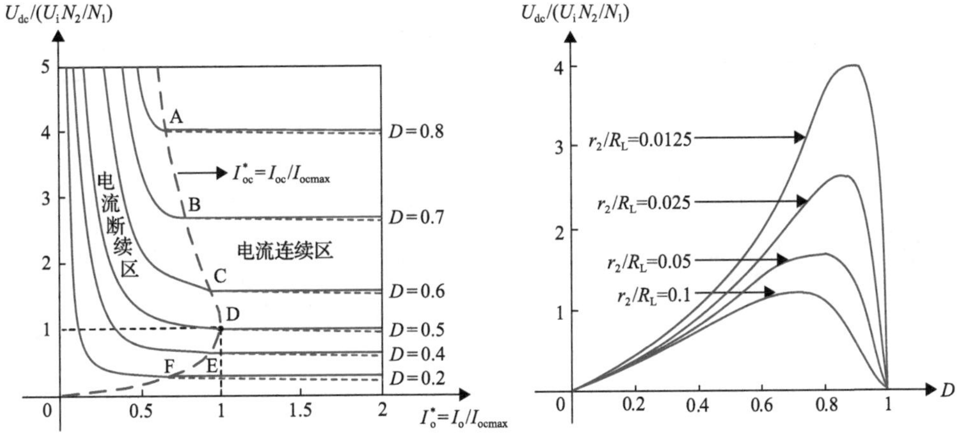

(a) 外特性曲线　　(b) 内阻对外特性的影响

图 2-20　单管 Flyback 变换器的外特性及其 CCM 下内阻对外特性的影响

2.4.4　Boost-Buck 型 DC-DC 变换器

以隔离 Boost-Buck 型电路为例，论述 Boost-Buck 型直流变换器的原理特性。Boost-Buck 型直流变换器电路拓扑与稳态波形，如图 2-21 所示。起能量转换用的电容 C_{11}、C_{12} 足够大，稳态时电感 L_1、L_2 和高频变压器原边、副边绕组端电压 u_{N1}、

u_{N2} 的平均值为零，故在 U_i、L_1、C_{11}、N_1 输入回路和 N_2、C_{12}、L_2、U_o 输出回路中的电容 C_{11}、C_{12} 的端电压分别为 U_i、U_o。

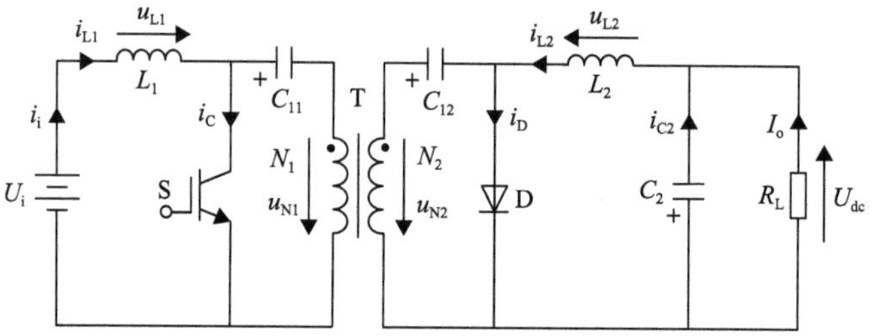

(a) 电路拓扑

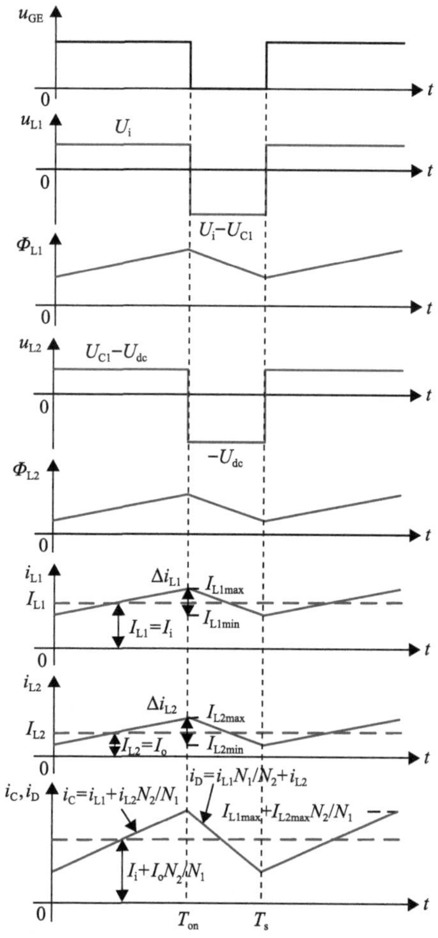

(b) 电流处于CCM

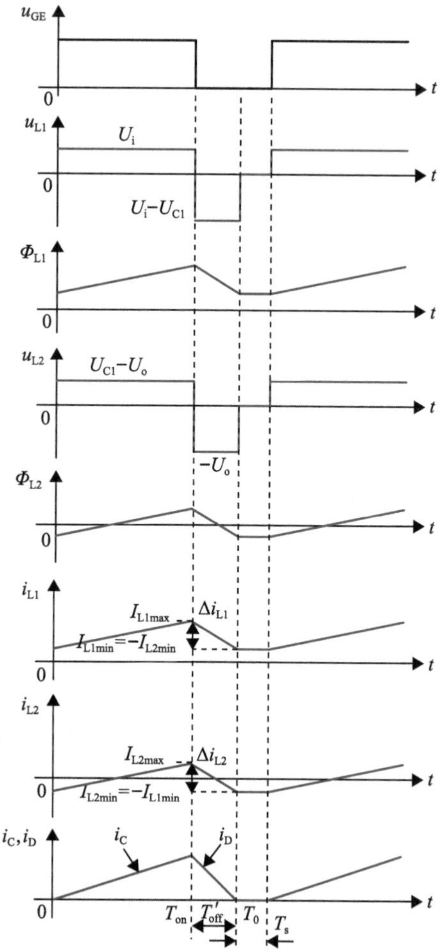

(c) 电流处于DCM

图 2-21　Boost-Buck 型直流变换器电路拓扑与稳态波形

按储能电感电流 $i_{L1}+i_{L2}$ 的工作情况，这种变换器可分为 CCM、临界 CCM 和 DCM 三种工作模式。可推得 Boost-Buck 型变换器在理想情况下电感电流 CCM、临界 CCM 和 DCM 时的外特性分别为

$$U_{dc}/(U_iN_2/N_1)=D/(1-D) \tag{2-18}$$

$$I_{oc}=(1-D)DU_i/(2L_ef_s)=U_{dc}(1-D)^2/(2L_ef_s) \tag{2-19}$$

$$G=U_{dc}/(U_iN_2/N_1)=D\Big/\sqrt{I_o/[U_{dc}/(2L_ef_s)]} \tag{2-20}$$

式(2-19)和式(2-20)中，D 为变换器的占空比；$L_e=L_1L_2/(L_1+L_2)$ 为等效电感。由式(2-19)可知，I_{oc} 与 U_i、等效电感 L_e、f_s 和占空比 D 都有关，U_i 越低、等效电感 L_e 越大、f_s 越高，I_{oc} 就越小，越易实现电流连续运行工况。当 $I_o>I_{oc}$ 时，电流 i_D 连续，此时 $U_{dc}/(U_iN_2/N_1)=D/(1-D)$，电压增益 G 与 I_o 无关；当 $I_o=I_{oc}$ 时，电流 i_D 临界连续，$U_{dc}/(U_iN_2/N_1)=D/(1-D)$；当 $I_o<I_{oc}$ 时，电流 i_D 断续，$G=U_{dc}/(U_iN_2/N_1)=D\Big/\sqrt{I_o/[U_{dc}/(2L_ef_s)]}$，$I_o$ 减小，G 增大。

2.4.5　Zeta 型、Sepic 型 DC-DC 变换器

以隔离 Zeta、Sepic 型电路为例，论述 Zeta、Sepic 型直流变换器的原理特性。

1. Zeta 型直流变换器

Zeta 型直流变换器电路拓扑与稳态波形，如图 2-22 所示。图中，Φ_{L1}、Φ_{L2} 分别为电感 $L_1(N_1)$ 和 $L_2(N_2)$ 的磁通，其波形与电感电流 i_{L1}、i_{L2} 相似。

Zeta 型直流变换器的工作模式按续流二极管电流 $i_D=i_{L1}+i_{L2}$ 是否连续来划分。Zeta 型直流变换器在理想情形下 CCM、临界 CCM 和 DCM 的外特性方程分别为

$$U_{dc}/(U_iN_2/N_1)=D/(1-D) \tag{2-21}$$

$$I_{oc}=(1-D)DU_iN_2/[N_1/(2L_ef_s)]=U_{dc}(1-D)^2/(2L_ef_s) \tag{2-22}$$

$$G=U_{dc}/U_i=D\Big/\sqrt{I_o/[U_{dc}/(2L_ef_s)]} \tag{2-23}$$

式(2-22)和式(2-23)中，等效电感 $L_e=L_1L_2/(L_1+L_2)$。式(2-21)表明，Zeta 型直流变换器 CCM 下具有升降压功能，当 $0<D\leqslant0.5$ 时，$G\leqslant1$，变换器工作在降压模式；当 $0.5\leqslant D<1$ 时，$G\geqslant1$，变换器工作在升压模式。由式(2-22)可知，I_{oc} 与 U_i、L_e、f_s 和占空比 D 都有关，U_i 越低、L_e 越大、f_s 越高，I_{oc} 就越小，电流越易连续。当 $I_o>I_{oc}$ 时，i_D 连续，$G=U_{dc}/(U_iN_2/N_1)=D/(1-D)$，$G$ 与 I_o 无关；当 $I_o=I_{oc}$ 时，

i_D 临界连续，$G=U_{dc}/(U_iN_2/N_1)=D/(1-D)$；当 $I_o<I_{oc}$ 时，i_D 断续，$G=U_{dc}/(U_iN_2/N_1)=D\Big/\sqrt{I_o/[U_{dc}/(2L_ef_s)]}>D/(1-D)$，$I_o$ 减小，G 增大。

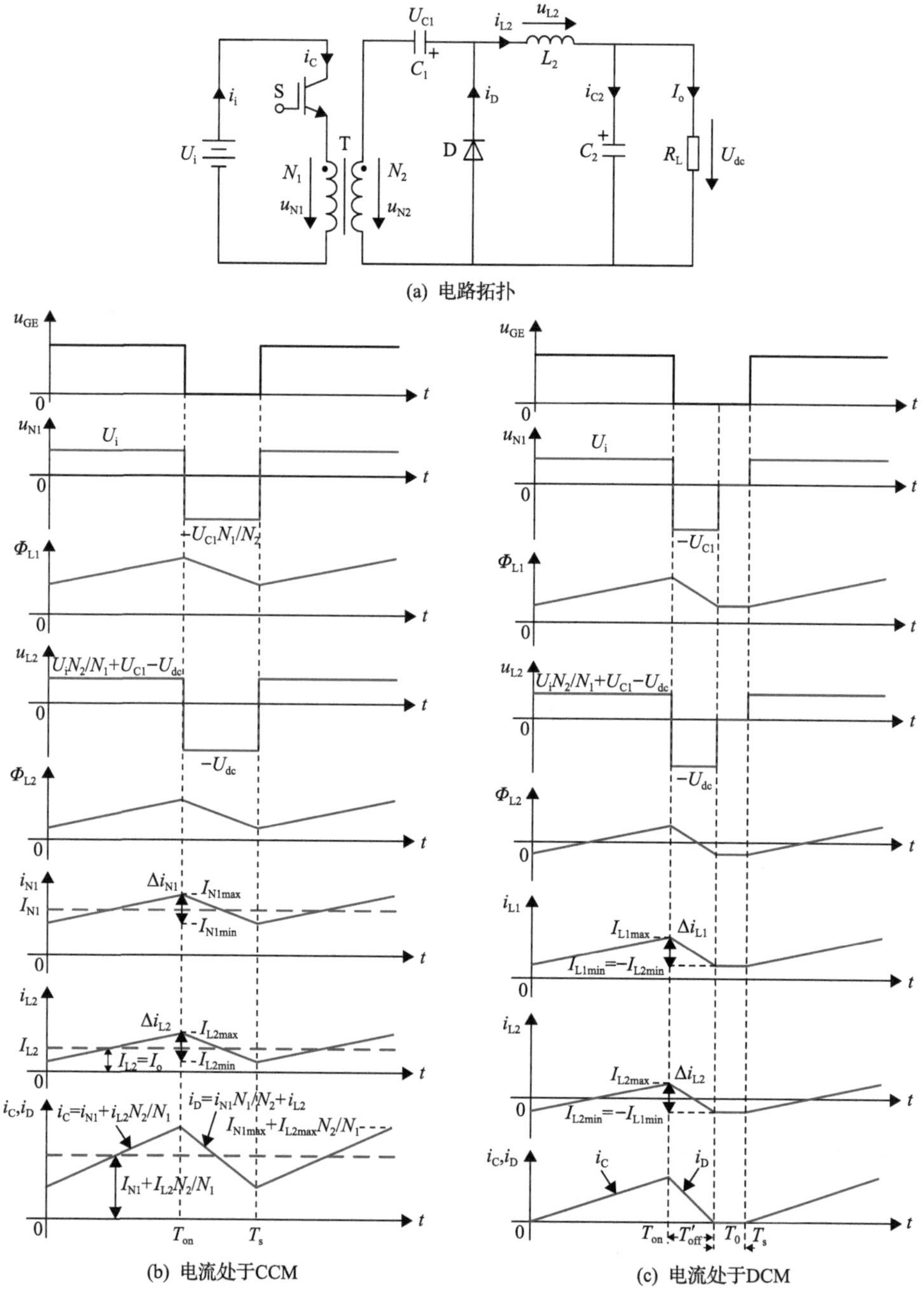

(a) 电路拓扑

(b) 电流处于CCM

(c) 电流处于DCM

图 2-22　Zeta 型直流变换器电路拓扑与稳态波形

2. Sepic 型直流变换器

Sepic 型直流变换器电路拓扑与稳态波形，如图 2-23 所示。图中，Φ_{L1}、Φ_{L2}

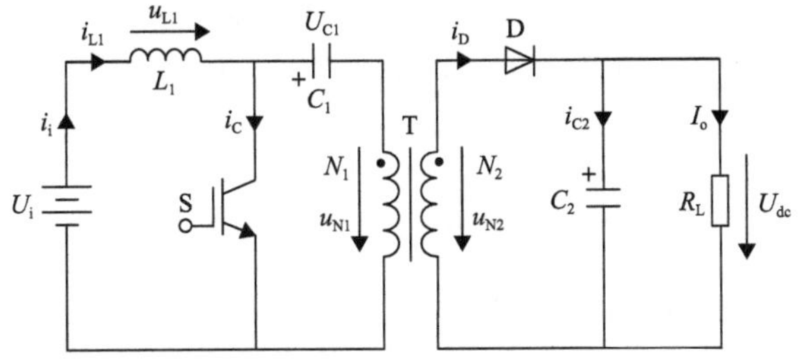

(a) 电路拓扑

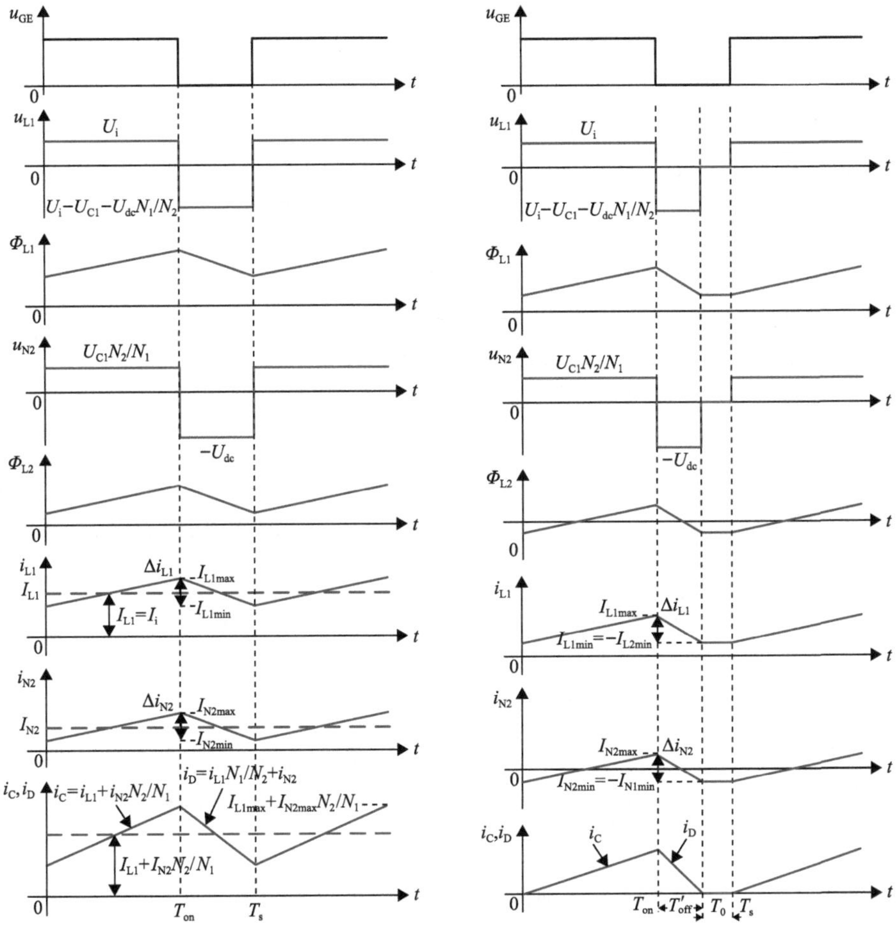

(b) 电流处于CCM　(c) 电流处于DCM

图 2-23　Sepic 型直流变换器电路拓扑与稳态波形

分别为电感 $L_1(N_1)$ 和 $L_2(N_2)$ 的磁通，其波形与电感电流 i_{L1}、i_{L2} 相似。

Sepic 型直流变换器与 Zeta 型变换器相似，其工作模式也是按续流二极管电流 $i_D=i_{L1}+i_{L2}$ 是否连续来划分。理想情形下 CCM、临界 CCM 和 DCM 的外特性方程也分别如式(2-21)～式(2-23)所示；同样具有升降压功能，当 $0<D\leqslant 0.5$ 时，$G\leqslant 1$，工作在降压模式；当 $0.5\leqslant D<1$ 时，$G\geqslant 1$，工作在升压模式；I_{oc} 与 U_i、L_e、f_s 和占空比 D 的关系也是如此。

2.4.6 前置 DC-DC 变换器的性能比较

六种前置 DC-DC 变换器的性能比较，如表 2-1 所示。

表 2-1 六种前置 DC-DC 变换器的性能比较

性能	类型					
	Buck	Boost	Buck-Boost	Boost-Buck	Buck-Boost-Buck (Zeta)	Boost-Buck-Boost (Sepic)
电路拓扑	中等	中等	简洁	复杂	复杂	复杂
传递能量元件	电感	电感	电感	电容	电感	电感
二极管电流连续 $U_{dc}/(U_iN_2/N_1)$	D	$1/(1-D)$	$-D/(1-D)$	$-D/(1-D)$	$D/(1-D)$	$D/(1-D)$
升降压	降压	升压	降升压	升降压	升降压	升降压
输入电流纹波	大	小	大	小	大	小
输出电压纹波	小	大	大	小	小	大
易控制的电流	输出电流	输入电流	—	输入、输出电流	输出电流	输入电流
输入电压范围	小	小	大	大	大	大

2.5 后级 Buck 型 DC-AC 变换器稳态原理特性

2.5.1 后级 Buck 型 DC-AC 变换器的稳态原理

以图 2-24(a)所示全桥 Buck 型电路为例，论述后级 Buck 型 DC-AC 变换器的稳态原理。这种逆变器的调制策略通常有单极性和双极性两种，SPWM 电压波 u_{AB} 为

$$u_{AB}=\begin{cases}+U_{dc}, & +1\text{态}(S_1、S_4\text{或}D_1、D_4\text{导通})(\text{单极性或双极性调制})\\ -U_{dc}, & -1\text{态}(S_2、S_3\text{或}D_2、D_3\text{导通})(\text{单极性或双极性调制})\\ 0, & 0\text{态}(S_3/D_4、S_4/D_3、S_1/D_2\text{或}S_2/D_1\text{导通})(\text{单极性调制})\end{cases} \tag{2-24}$$

式(2-24)表明，单极性调制属于三态调制（“1”、“0”、“–1”），只有当 $i_{Lf}u_{AB}<0$ 时，才有能量从交流侧回馈到直流侧；双极性调制属于两态调制（“1”、“–1”），每个开关周期均有能量从交流侧回馈到直流侧。因此，从提高变换效率、降低开关损耗、降低电感电流脉动、提高输出频谱特性、减小输出滤波器体积和重量等角度看，单极性 SPWM 逆变器将比双极性 SPWM 逆变器优越，如图 2-24(b)所示。

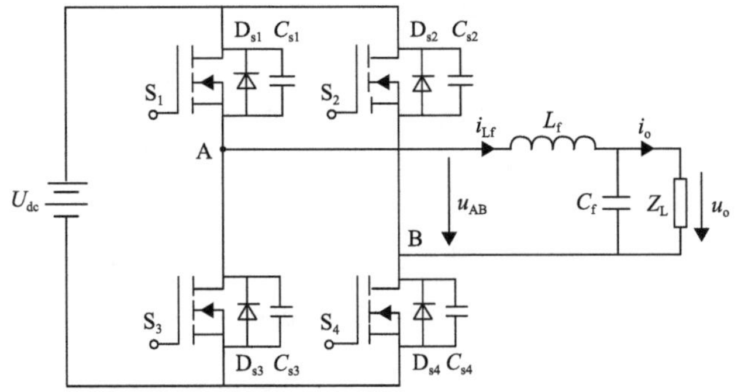

(a) 等效电路

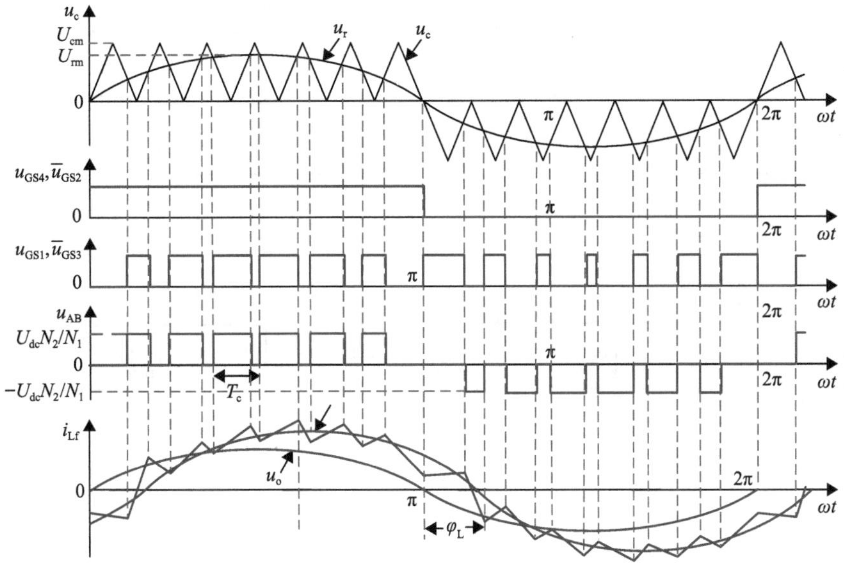

(b) 单极性调制

图 2-24　后级 DC-AC 变换器电路拓扑与单极性 SPWM 调制稳态波形

下面以 $u_{AB}>0$、$i_{Lf}>0$ 为例，分析单极性 SPWM DC-AC 变换器的高频开关工作过程。单极性 SPWM DC-AC 变换器一个开关周期可分为六个工作区间，其高频开关工作过程波形与开关状态电路如图 2-25 所示。

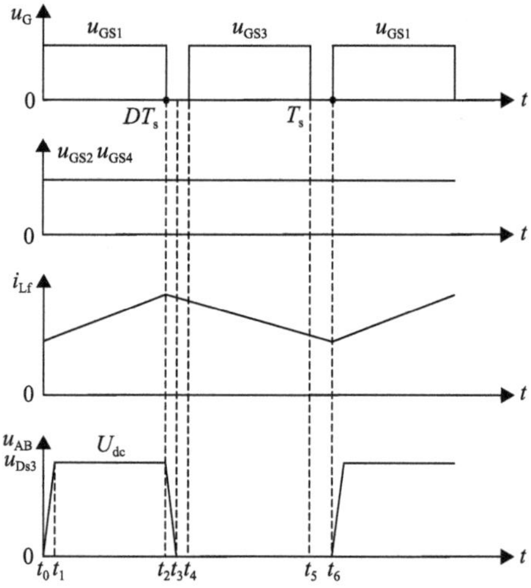

(a) 高频开关工作过程波形

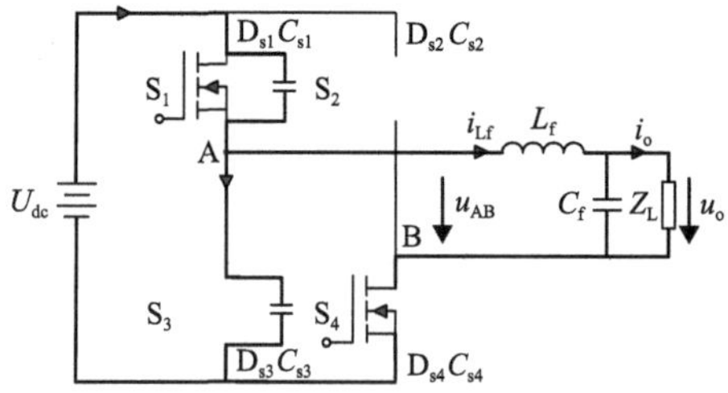

(b) $t_0 \sim t_1$

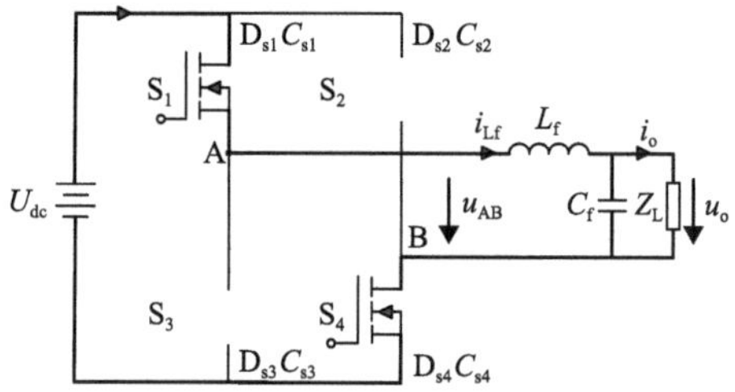

(c) $t_1 \sim t_2$

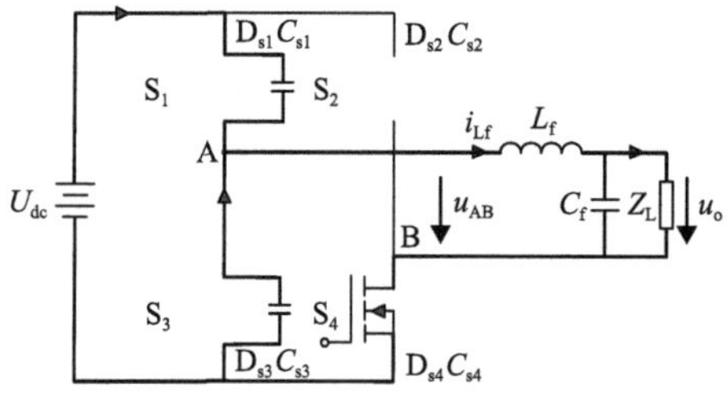

(d) $t_2 \sim t_3$

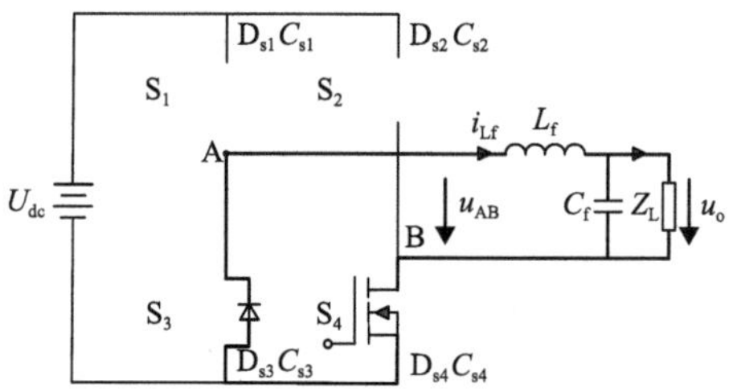

(e) $t_3 \sim t_4$

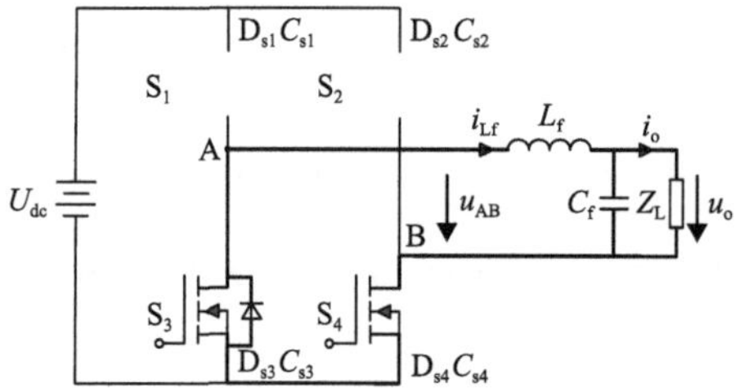

(f) $t_4 \sim t_5$

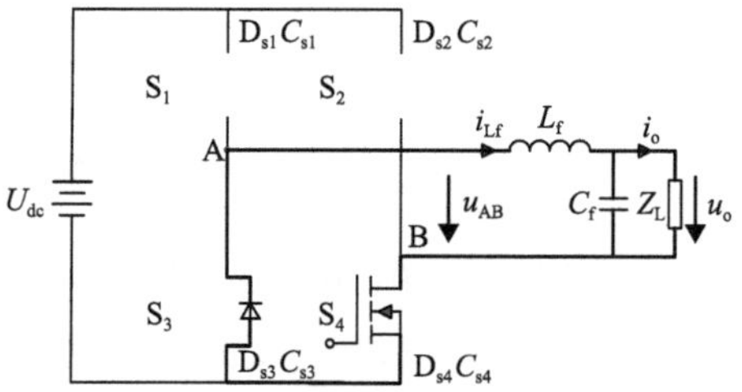

(g) $t_5 \sim t_6$

图 2-25　单极性 SPWM 逆变器的高频开关工作过程波形与开关状态电路

1. t_0～t_1

t_0时刻以前，S_1、S_2截止，D_{s3}、S_4导通，C_1端电压为 U_{dc}，滤波电感电流 i_{Lf}沿 D_{s3}、S_4回路续流；t_0时刻，S_1非 ZVS 开通，电容 C_1从 U_{dc}值开始放电，C_3从零开始充电，D_{s3}截止，如图 2-25(b)所示。

2. t_1～t_2

t_1时刻，u_{Ds3}=U_{dc}，在此期间，输入电源 U_{dc}沿 S_1、S_4回路对滤波电感和负载提供能量，滤波电感电流以斜率(U_{dc}–U_o)/L_f近似线性上升，u_{AB}=U_{dc}，如图 2-25(c)所示。

3. t_2～t_3

t_2时刻，S_1由于 C_1的缓冲作用实现了 ZVS 关断，在此期间，C_3从 U_{dc}值放电到零、C_1从零充电到 U_{dc}值，i_{Lf}基本保持不变，如图 2-25(d)所示。

4. t_3～t_4

t_3时刻，u_{AB}=0，在此期间，滤波电感电流 i_{Lf}沿 D_{s3}、S_4回路续流，且以斜–U_o/L_f近似线性下降，如图 2-25(e)所示。

5. t_4～t_5

t_4时刻，S_3实现了 ZVS 开通，为了确保这一点，S_3和 S_1与驱动信号的死区时间(t_4–t_2)应不小于 C_3的放电时间(t_3–t_2)；在此期间，滤波电感电流 i_{Lf}沿 S_3(D_{s3})、S_4回路续流，且以斜–U_o/L_f近似线性下降，如图 2-25(f)所示。

6. t_5～t_6

t_5时刻，S_3由于 Ds_3的续流实现了 ZVS 关断，在此期间，工作情况与 t_3～t_4期间相似，如图 2-25(g)所示。t_6时刻以后，开始了新的开关周期。

2.5.2　后级 Buck 型 DC-AC 变换器输出外特性

后级 Buck 型 DC-AC 变换器的滤波电感电流 i_{Lf}在一个开关周期内的波形，如图 2-26 所示。i_{Lf}的初值可分为大于零、等于零和小于零三种情况，其中电流初值小于零又可分为如曲线 3、4、5 所示的三种情况。因此，四象限运行的 DC-AC 变换器只有 CCM，没有 DCM。

后级单极性 SPWM Buck 型 DC-AC 变换器在任意 i_{Lf}初值时的开关状态等效电路，如图 2-27 所示。图中，r 为包括 DC-AC 变换器功率开关和二极管通态电阻、滤波电感寄生电阻等在内的等效电阻，D 为 DC-AC 变换器在一个开关周期内的等效占空比。

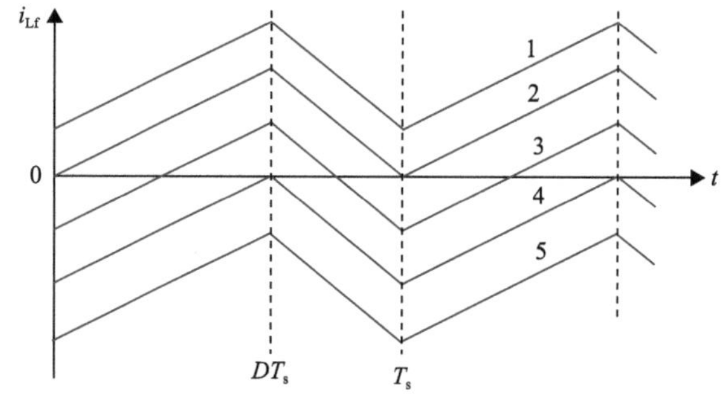

图 2-26　滤波电感电流 i_{Lf} 在一个开关周期内的波形

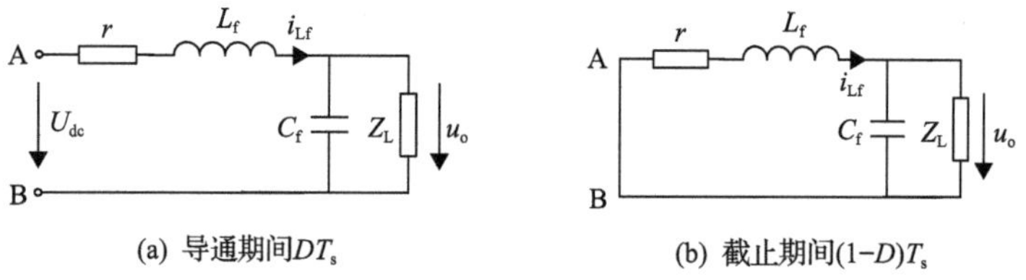

图 2-27　单极性 SPWM Buck 型 DC-AC 变换器在一个开关周期内的两种状态等效电路

由于开关频率 F_s 远大于输出滤波器的截止频率和输出电压频率，故可用状态空间平均法推导后级 Buck 型 DC-AC 变换器的外特性。以阻性负载 R_L 为例，图 2-27(a)所示开关状态等效电路的方程为

$$L_f \frac{di_{Lf}}{dt} = -ri_{Lf} + U_{dc} - u_o \tag{2-25a}$$

$$C_f \frac{du_o}{dt} = i_{Lf} - \frac{u_o}{R_L} \tag{2-25b}$$

图 2-27(b)所示开关状态等效电路的方程为

$$L_f \frac{di_{Lf}}{dt} = -ri_{Lf} - u_o \tag{2-26a}$$

$$C_f \frac{du_o}{dt} = i_{Lf} - \frac{u_o}{R_L} \tag{2-26b}$$

式(2-25)乘以 d 加上式(2-26)乘以 $1-d$，令 $\frac{di_{Lf}}{dt}=0$，$\frac{du_o}{dt}=0$，得稳态值为

$$I_{Lf} = DU_{dc} / (R_L + r) \tag{2-27a}$$

$$U_o = DU_{dc} / (1 + r / R_L) \tag{2-27b}$$

后级单极性 SPWM Buck 型 DC-AC 变换器在理想情况下(r=0)的外特性为

$$U_o = DU_{dc} \tag{2-28}$$

电感电流 i_{Lf} 的初值等于零时的负载电流为

$$I_C = I_o = [U_{dc} / (2L_f)]D(1-D)T_s \tag{2-29}$$

由式(2-29)可得，当 D=0.5 时，I_C 达到最大值，即

$$I_{Cmax} = T_s U_{dc} / (8L_f) \tag{2-30}$$

由式(2-29)和式(2-30)可得，后级单极性 SPWM Buck 型 DC-AC 变换器在理想情形且电感电流 i_{Lf} 的初值等于零时的外特性为

$$I_C = 4I_{Cmax}D(1-D) \tag{2-31}$$

后级单极性 SPWM Buck 型 DC-AC 变换器的四象限标幺外特性，如图 2-28 所示。当输出电压 u_o 大于零时，外特性曲线对应图 2-28 的上半平面，其中第一、二象限分别对应逆变桥的正向、反向功率流；当 u_o 小于零时，外特性曲线对应图 2-28 的下半平面，其中第三、第四象限分别对应逆变桥的正向、反向功率流。

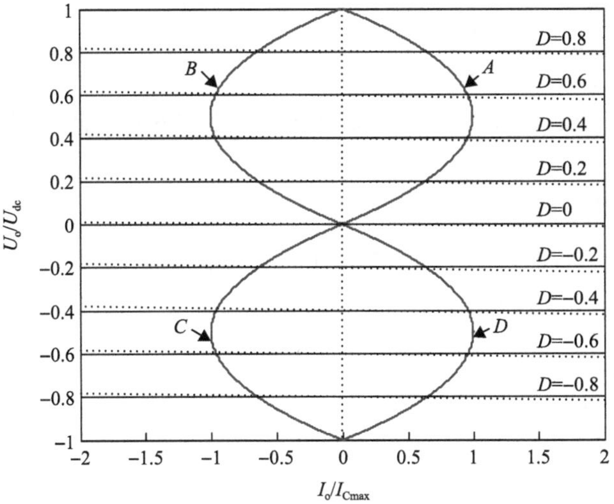

图 2-28　单极性 SPWM Buck 型 DC-AC 变换器的四象限标幺外特性

以第一象限为例，曲线 A 为电感电流 i_{Lf} 的初值等于零时的外特性，由式(2-31)决定；曲线 A 左、右两边分别为电感电流 i_{Lf} 的初值小于零、大于零时的外特性曲

线，实线为由式(2-28)决定的理想情形时的曲线，虚线为由式(2-27b)决定的实际情形时的曲线，随负载的增加输出电压在下降。

2.6 1kVA 级联直流变换器 Buck 型高频环节逆变装置实验

2.6.1 逆变装置构成

1kVA 27VDC/115V400HzAC 三态准 PWM 电流滞环控制级联推挽正激直流变换器 Buck 型高频环节逆变装置，是由功率电路、控制电路、机内辅助电源三部分构成的，如图 2-29 所示。

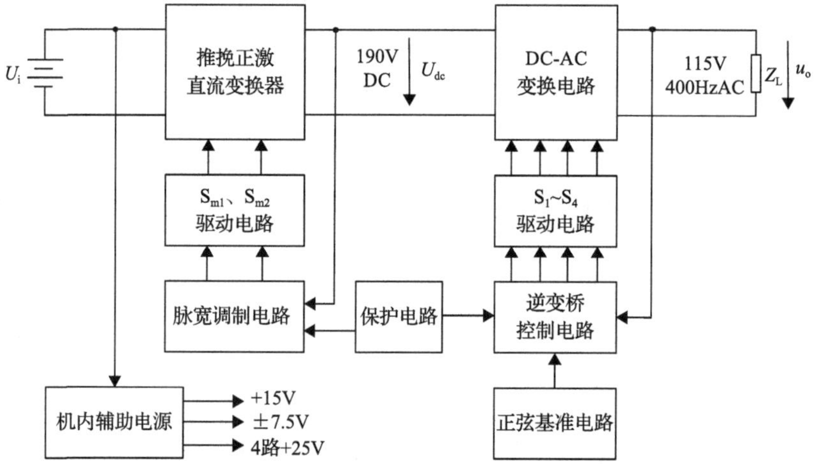

图 2-29 1kVA 三态准 PWM 电流滞环控制级联直流变换器 Buck 型高频环节逆变装置的构成

1. 功率电路

1kVA 逆变装置的功率电路由推挽正激式直流变换电路和 Buck 型 DC-AC 变换电路两级级联而成，如图 2-30 所示。输入滤波电容既用来抑制来自直流电源

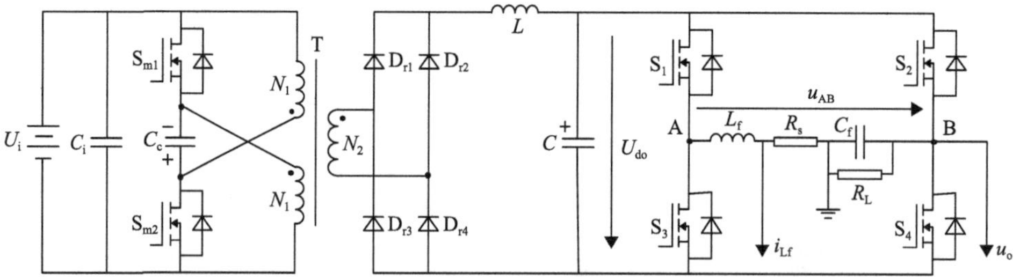

图 2-30 1kVA 级联推挽正激直流变换器 Buck 型高频环节逆变装置的功率电路

的瞬变量，又可抑制逆变器对直流电源产生的瞬变量和噪声；推挽正激式直流变换器将输入电压 18～32VDC 变换成稳定的直流电压 190V, DC-AC 变换电路再将 190VDC 变换成基波频率为 400Hz 的三态准 PWM 电压波 u_{AB}；输出滤波器将 u_{AB} 滤成优质的 115V400HzAC 正弦交流电供负载使用。

2. 控制电路

1kVA 逆变装置的前后级各自构成独立的闭环控制回路，前级采用电压型 PWM 控制策略，后级采用三态准 PWM 电流滞环控制策略。前级推挽正激直流变换器的控制电路包括光耦采样、UC1525 脉宽调制、隔离驱动等电路，如图 2-31 所示。

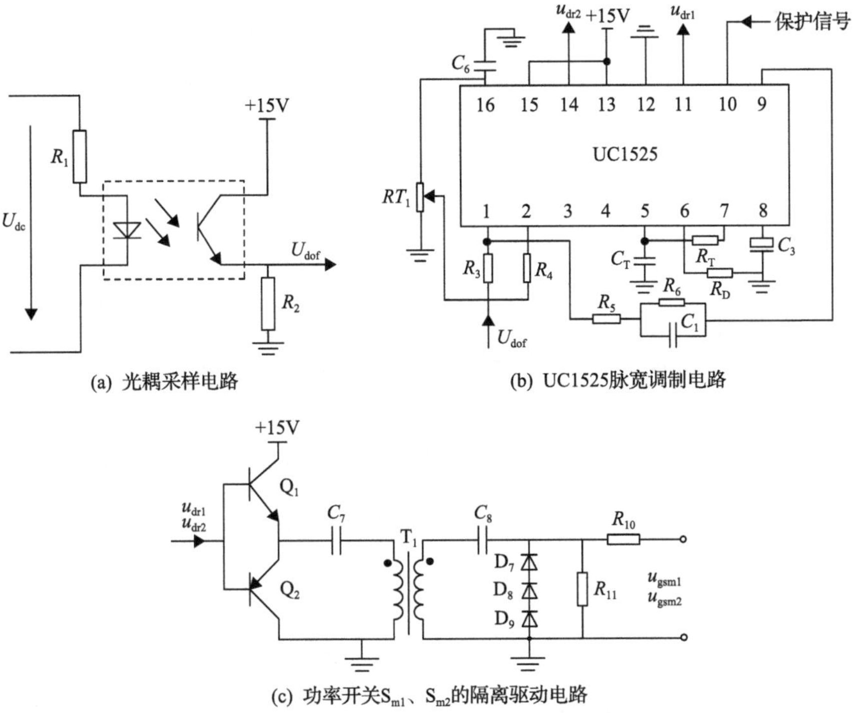

图 2-31　推挽正激直流变换器的控制电路

基于 UC1525 的脉宽调制电路的最大占空比限制在 0.46 左右，开关频率 f_s 为 80kHz，振荡频率 f 为 160kHz，电压调节器采用 PI 调节器、R_5 和 R_6 及 C_1 构成补偿网络，大阻值电阻 R_6 与 C_1 并联用来解决 PI 调节器的积分漂移，隔离驱动信号设置负压提高了抗干扰能力。

后置 Buck 型 DC-AC 变换器的控制框图与三态准 PWM 电流滞环控制电路，如图 2-32 所示。

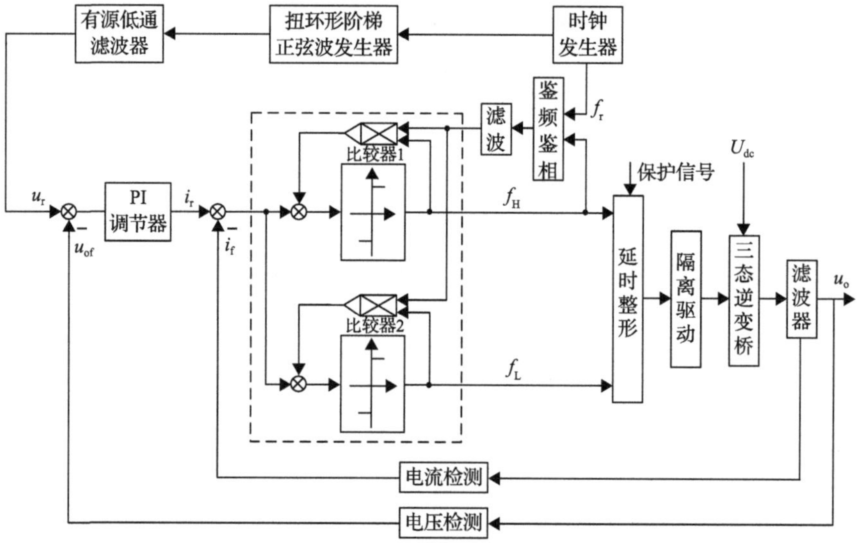

(a) 系统框图

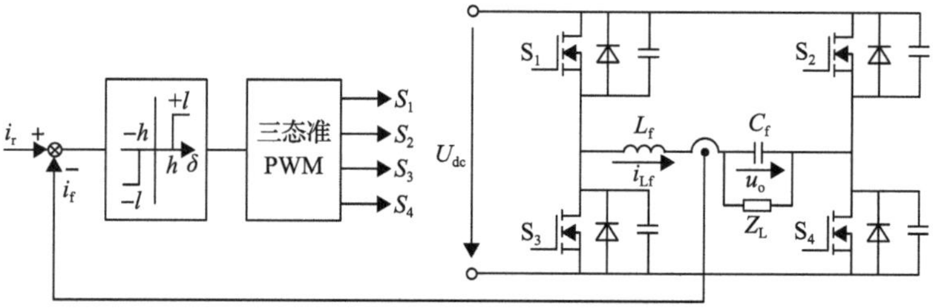

(b) 三态准PWM电流滞环控制框图

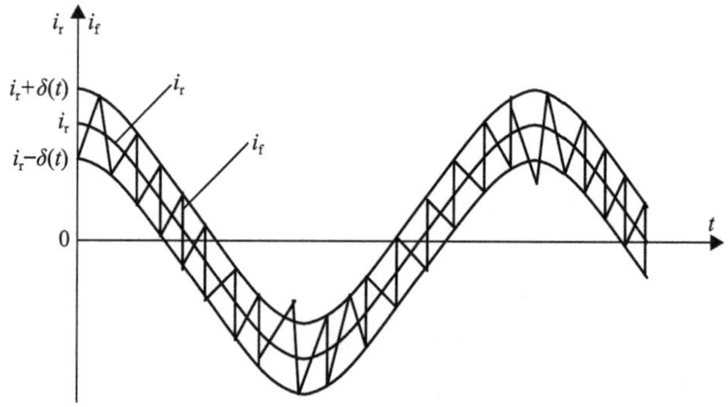

(c) 三态准PWM电流滞环控制波形

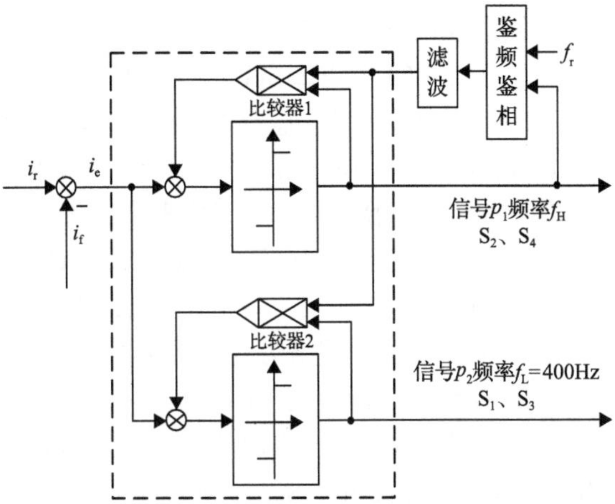

(d) 三态迟滞比较器和鉴频鉴相电路

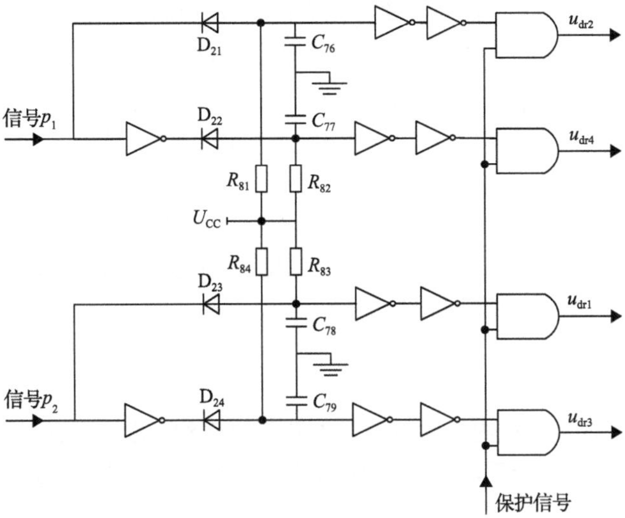

(e) 延时整形电路

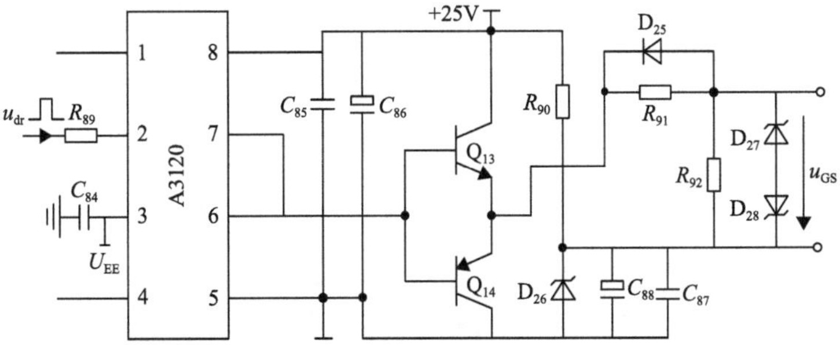

(f) 功率开关驱动电路

图 2-32　后置 Buck 型 DC-AC 变换器的控制框图与三态准 PWM 电流滞环控制电路

图 2-32(d)所示鉴频鉴相电路的时钟发生器产生的高频方波信号经扭环形阶梯正弦波发生器输出 18 级台阶的 400Hz 阶梯正弦波信号，再经二阶有源滤波器得到基准正弦波 u_r；输出电压反馈信号 u_{of} 与基准信号 u_r 比较经具有限幅特性的 PI 调节器输出电流内环的参考信号 i_r；电流反馈信号 i_f 与 i_r 比较后经虚框内的三态迟滞比较器产生脉宽调制信号，鉴频鉴相电路用来调节此脉宽调制信号的频率；此脉宽调制信号经延时、整形和隔离驱动得到 Buck 型 DC-AC 变换器的驱动信号，再经滤波即可得到正弦交流输出电压。三态迟滞比较器和鉴频鉴相电路是整个控制电路的核心，迟滞比较器的正反馈网络为一个乘法器，乘法器的一个输入是鉴频鉴相电路的输出，用以控制反馈量的大小即控制迟滞比较器的滞环宽度以实现逆变桥开关频率的调节，乘法器的另一个输入是迟滞比较器的输出。频率为 f_H 的输出信号 p_1 用来驱动高频功率开关 S_2、S_4，频率为 400Hz 信号 p_2 用来驱动低频功率开关 S_1、S_3。

图 2-32(e)所示延时整形电路是用来确保逆变桥同一桥臂上下管驱动信号的死区时间，以避免出现直通现象；延时整形电路的延迟时间取决于时间常数 $R_{81}C_{76}$、$R_{82}C_{77}$、$R_{83}C_{78}$、$R_{84}C_{79}$，时间常数越大，延迟时间也越大，功率开关就越安全，但延迟时间过长将使逆变器输出波形质量变差。因此，在确保功率开关安全的前提下，应尽量减小延迟时间。

图 2-32(f)所示功率开关驱动电路采用光耦隔离型 A3120 芯片实现。当输入信号为高电平时，A3120 输出高电平，NPN 型晶体管 Q_{13} 导通，驱动功率开关；当输入信号为低电平时，A3120 输出低电平，PNP 型晶体管 Q_{14} 导通，功率开关截止。

3. 机内辅助电源

1kVA 逆变装置的机内辅助电源是由基于 UC1843 芯片峰值电流型 PWM 控制 RCD(阻容二极管)箝位反激直流变换器实现的[1,20,21]，如图 2-33 所示。该机内辅

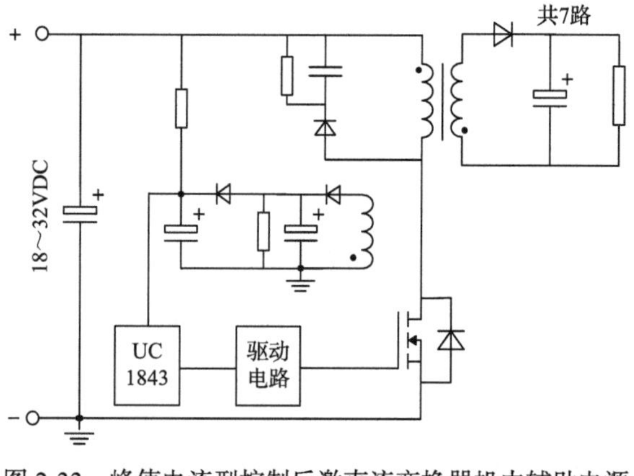

图 2-33　峰值电流型控制反激直流变换器机内辅助电源

助电源满足整个控制电路的需要，具体的性能指标为：输入电压 U_i=18～32VDC，开关频率 F_s=300kHz，7 路输出为+15V(1A)、7.5V(1A)、–7.5V(1A)、4×25V(0.1A)，输出电压纹波不大于 150mV。

2.6.2　逆变装置实验

设计实例：额定容量 1kVA，输入电压 U_i=18～32VDC，输出电压 U_o=115V400HzAC，110%额定负载 120min，150%额定负载 5min，250%额定负载(短路能力)5s，直流变换器开关频率 F_s=80kHz。

1kVA 级联推挽正激直流变换器 Buck 型高频环节逆变装置在额定输入电压 27VDC 和不同性质额定负载下的实验波形，如图 2-34 所示。图 2-34(d)～(i)中，Ch2 通道的纵轴为 20A/格。

1kVA 逆变装置的实验结果与理论分析一致，具体表现在：①功率开关 S_{m1}、S_{m2} 漏源极电压的最大值约为 $2U_i$，如图 2-34(a)、(b)所示；②电压 u_{AB} 为单极性三态准 PWM 波，频谱特性优，不同性质负载时输出电压 u_o 波形 THD 小，如图 2-34(c)所示；③逆变器负载适应能力强，带非线性负载时每半个输出周期有两

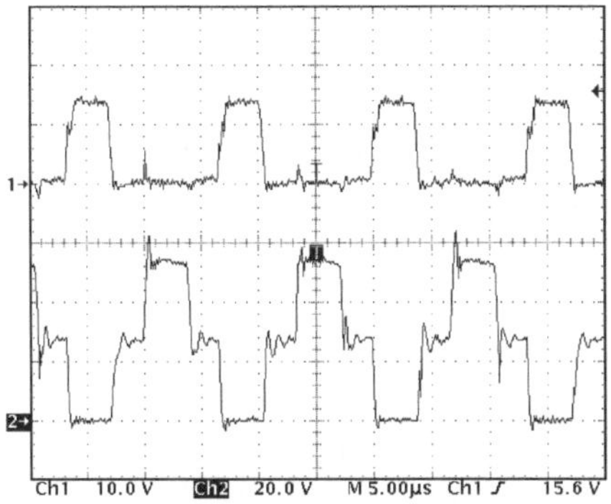

(a) S_{m1}驱动信号Ch1和漏源电压Ch2

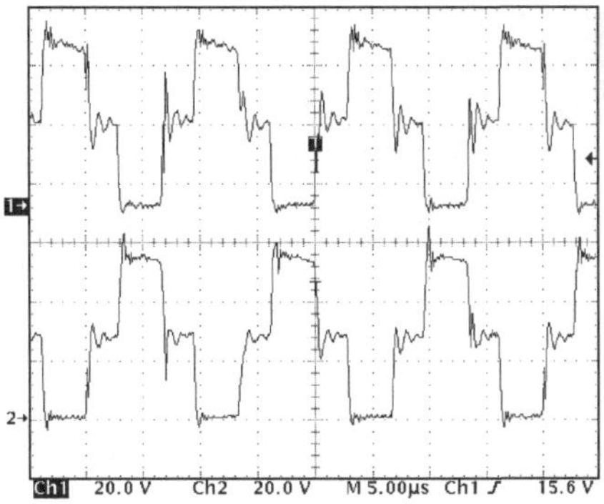

(b) S_{m1}、S_{m2}漏源电压Ch1、Ch2

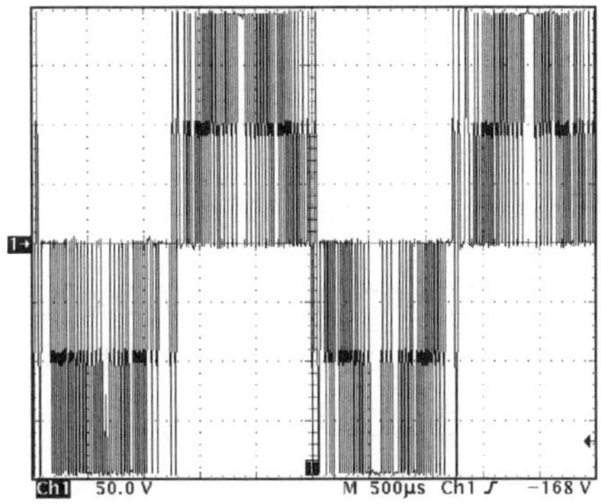

(c) 三态准PWM电压波u_{AB}

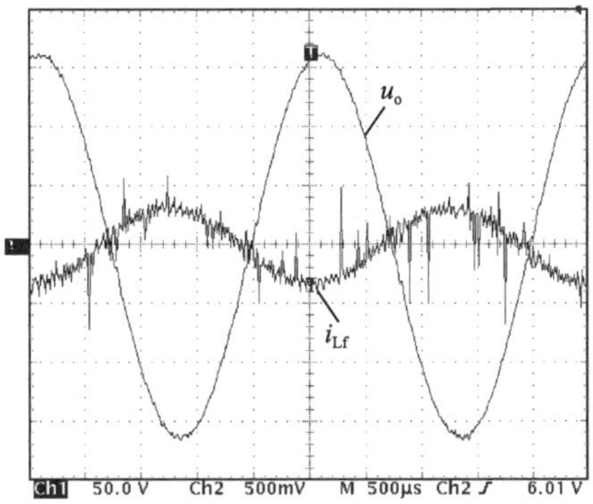

(d) 额定阻性负载时u_o和i_{Lf}波形

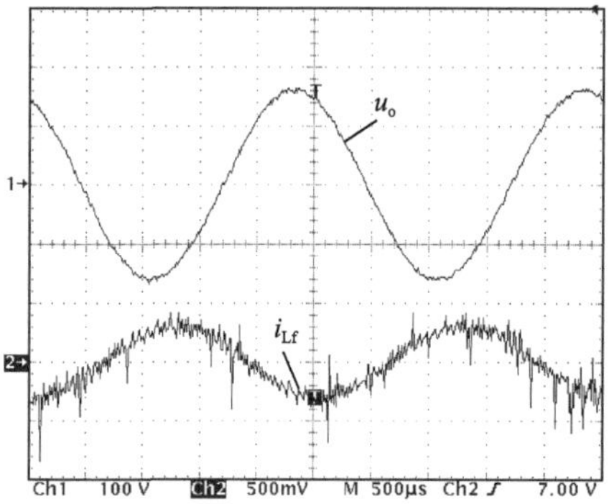

(e) 额定感性负载时u_o和i_{Lf}波形

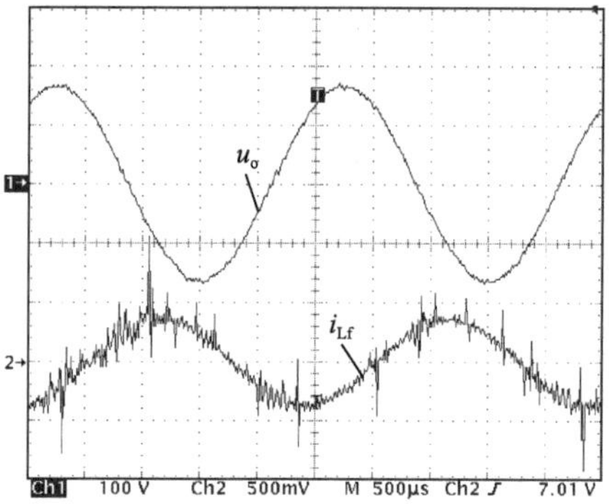

(f) 额定容性负载时u_o和i_{Lf}波形

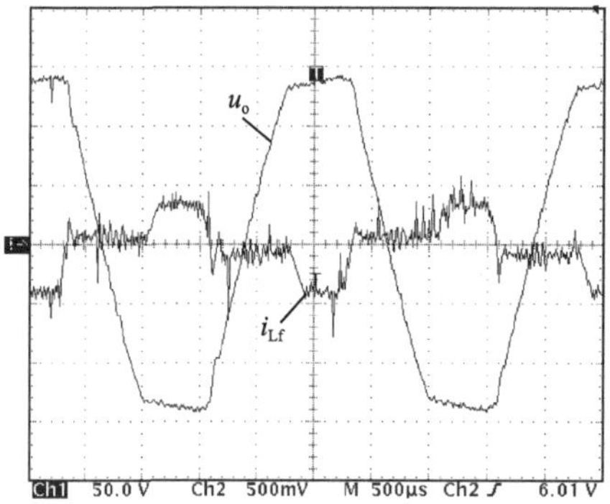

(g) 额定非线性负载时u_o和i_{Lf}波形

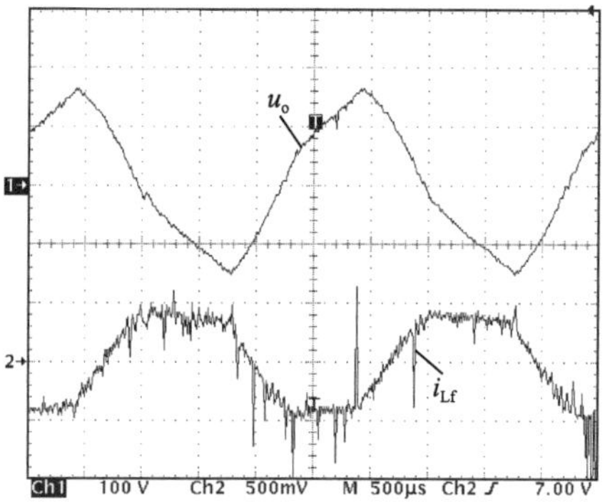

(h) 150%额定容性负载

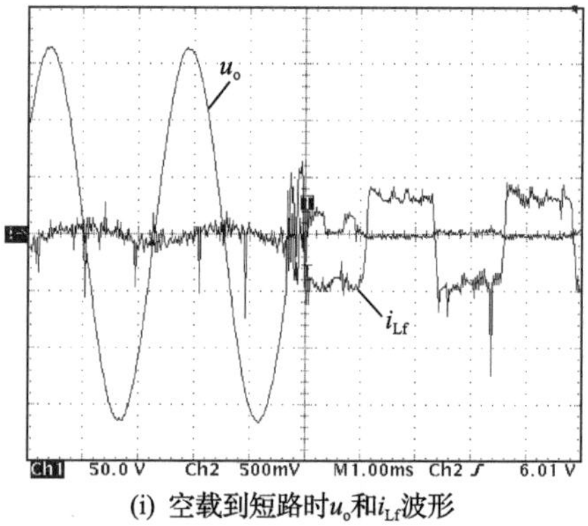

(i) 空载到短路时u_o和i_{Lf}波形

图 2-34　1kVA 逆变装置在额定输入电压 27VDC 和不同性质额定负载下的实验波形

个工作状态，输出电压u_o低于非线性负载的直流滤波电容端电压时逆变器相当于空载，u_o高于电容端电压时逆变器相当于带一个电容和Z_L并联的容性负载，如图 2-34(d)～(g)所示；④逆变器过载和短路能力很强，如图 2-34(h)、(i)所示。

本 章 小 结

级联直流变换器 Buck 型(电压型)高频环节逆变器，由隔离型单向直流变换器和 Buck 型 DC-AC 变换器两级级联而成，具有单向功率流、两级功率变换 DC-DC-LFAC(即三单元功率变换 DC-HFAC-DC-LFAC)、变换效率较高、输出电压纹波小等特点，适用于不需双向传递功率的逆变场合。

按照前级 DC-DC 变换器的拓扑结构划分，级联直流变换器电压型高频环节逆变器可分为 Buck、Boost、Buck-Boost、Boost-Buck、Zeta 和 Sepic 直流变换器型六种，前三种应用较多。在低输入电压逆变场合，优先选用推挽正激式和有源箝位正激式电路拓扑；在高输入电压逆变场合，优先选用并联交错双管和全桥正激式电路拓扑。

后级 Buck 型 DC-AC 变换器通常有单极性和双极性两种调制策略，分别属于三态和两态调制。与双极性调制 DC-AC 变换器相比，单极性调制 DC-AC 变换器有更高的变换效率、更小的开关损耗、更优的输出频谱特性和更小的输出滤波器。后级单极性 SPWM Buck 型 DC-AC 变换器具有四象限外特性，输出电压 u_o 大于零和小于零时外特性曲线分别对应上半平面、下半平面，其中第一(第三)、第二(第四)象限分别对应逆变桥的正向、反向功率流。

第3章 级联Buck和Buck-Boost直流变换器型高频环节逆变器

3.1 引 言

第2章论述的传统级联直流变换器Buck型高频环节逆变器是由隔离单向DC-DC变换器与Buck型DC-AC变换器两级级联构成的，其拓扑性质由后置Buck型DC-AC变换器决定，与前置DC-DC变换器无关，故称为Buck型或电压型。

文献[11]将传统的级联直流变换器Buck型高频环节逆变器的前级进行SPWM调制并去除后级输出滤波器，从而形成一类级联单向Buck、Buck-Boost直流变换器型高频环节逆变器。前级DC-DC变换器将直流电压变换成工频正弦双半波电压，而极性反转逆变桥将其变换成正弦交流电，其拓扑性质是由前级DC-DC变换器决定的，只能为Buck和Buck-Boost型。然而，这类逆变器负载适应性弱，即在空载、容性负载、感性负载和阻性轻载时输出波形畸变严重。

对此，本章提出消除逆变器输出波形畸变的双向Buck和Buck-Boost直流变换器、并接反激式能量回馈电路两种变换理论与方法，深入论述其电路结构构建规律、电路拓扑衍生推导、调制与控制策略、稳态原理特性分析、主要电路参数设计等研究内容，并给出重要研究结论和逆变装置的实验结果[1,12]。

3.2 级联单向Buck和Buck-Boost直流变换器型高频环节逆变器

3.2.1 电路结构与拓扑族

1. 电路结构

级联单向Buck和Buck-Boost直流变换器型高频环节逆变器电路结构，如图3-1所示。该电路结构由输入滤波器、高频逆变电路、高频(储能)变压器、二极管整流器、输出滤波器、工频极性反转逆变桥依序级联的规律构建而成，即由隔离单向Buck和Buck-Boost直流变换电路和工频极性反转逆变桥级联而成。前级DC-DC变换器将直流电压变换成工频正弦双半波电压，而工频极性反转逆变桥将其变换成正弦交流电，其拓扑性质是由前级 DC-DC 变换器决定的，只能为 Buck 和 Buck-Boost 型。

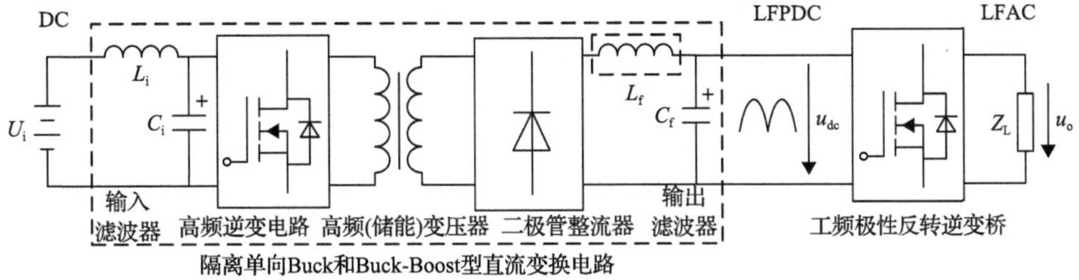

图 3-1　级联单向 Buck 和 Buck-Boost 直流变换器型高频环节逆变器电路结构

2. 电路拓扑族

级联单向 Buck 直流变换器型高频环节逆变器电路拓扑族包括单管正激式等八个电路，如图 3-2 所示。前四个电路拓扑适用于低压输入逆变场合，后四个电路拓扑适用于高压输入逆变场合。

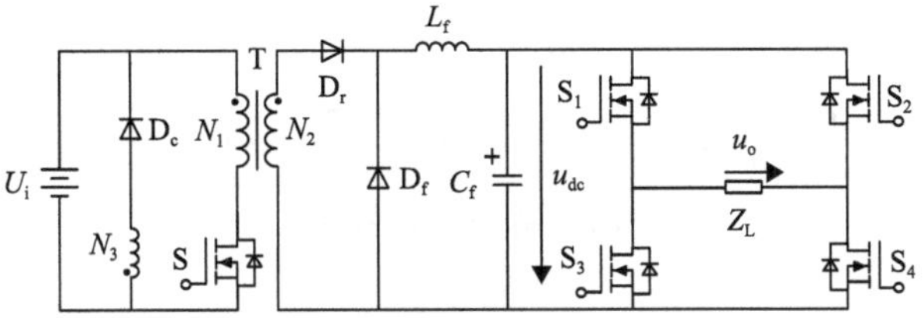

(a) 单管正激式

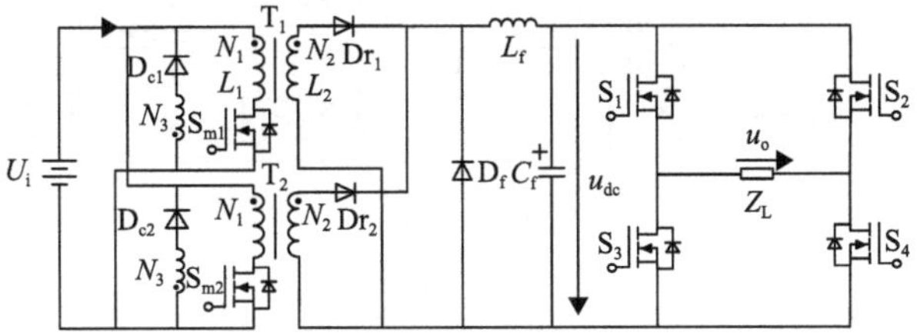

(b) 并联交错单管正激式

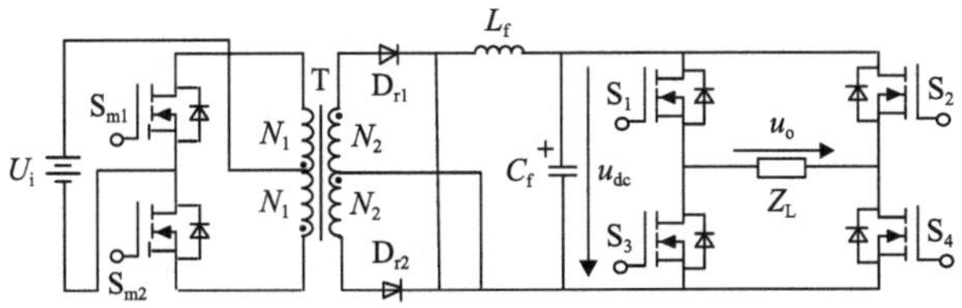

(c) 推挽式

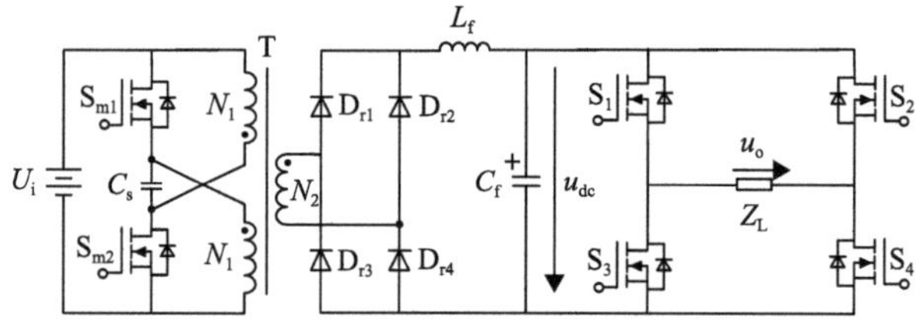

(d) 推挽正激式

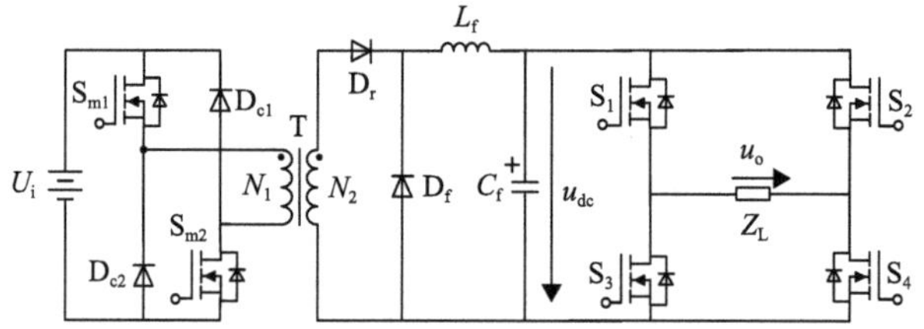

(e) 双管正激式

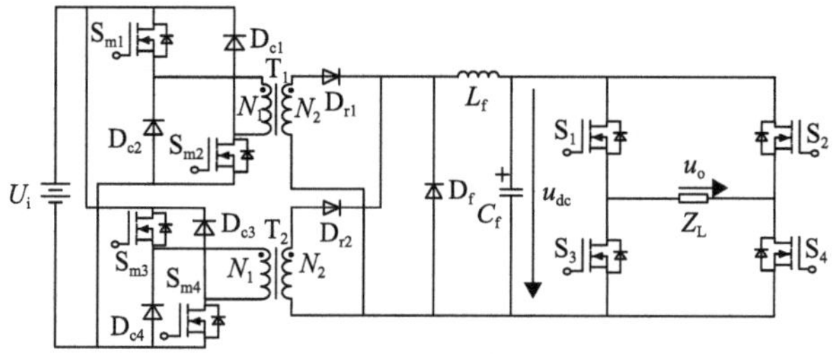

(f) 并联交错双管正激式

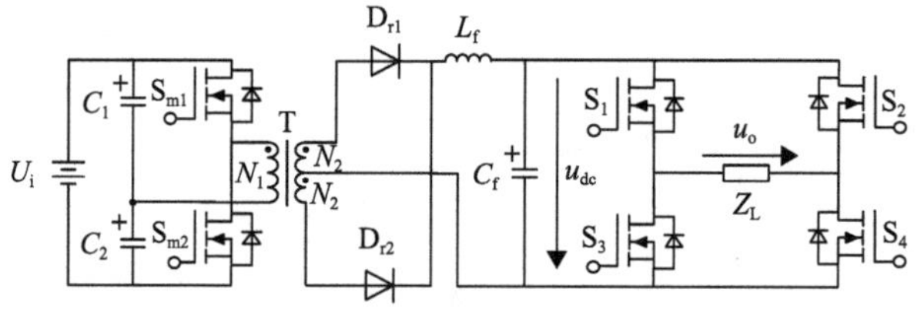

(g) 半桥式

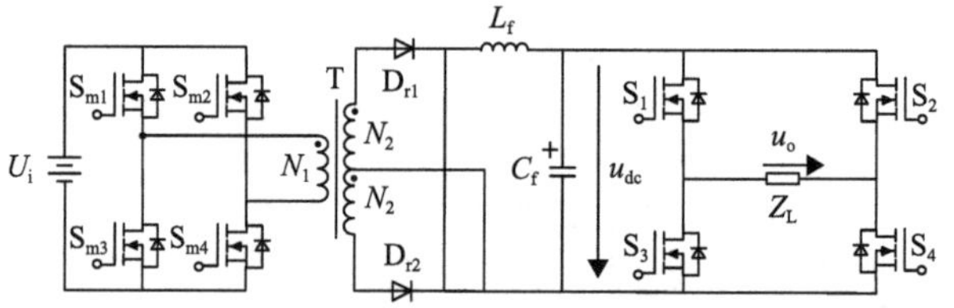

(h) 全桥式

图 3-2　级联单向 Buck 直流变换器型高频环节逆变器电路拓扑族

级联单向 Buck-Boost 直流变换器型高频环节逆变器电路拓扑族包括单管反激式等四个电路，如图 3-3 所示。前两个电路拓扑适用于低压输入逆变场合，后两个电路拓扑适用于高压输入逆变场合。

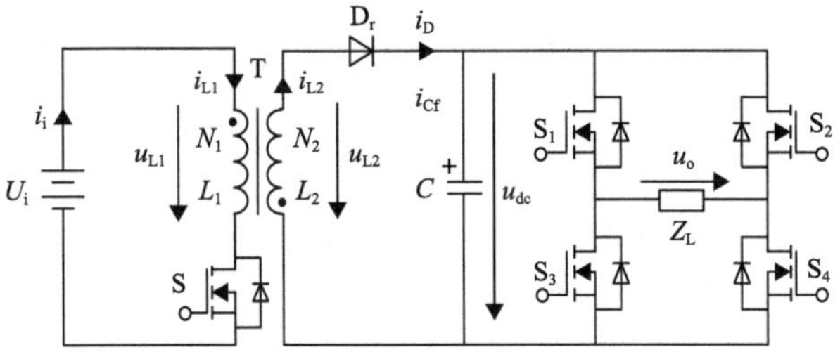

(a) 单管反激式

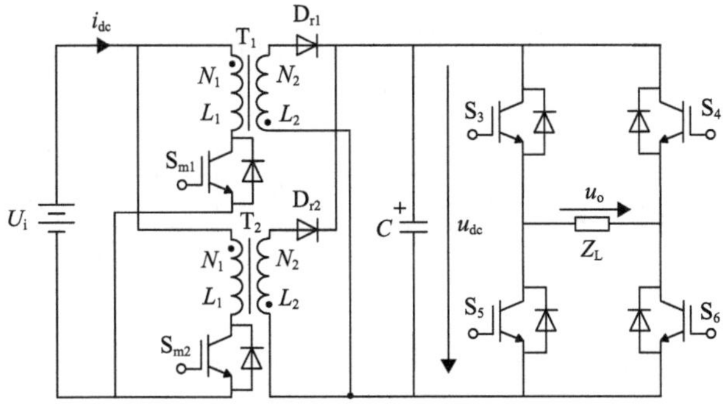

(b) 并联交错单管反激式

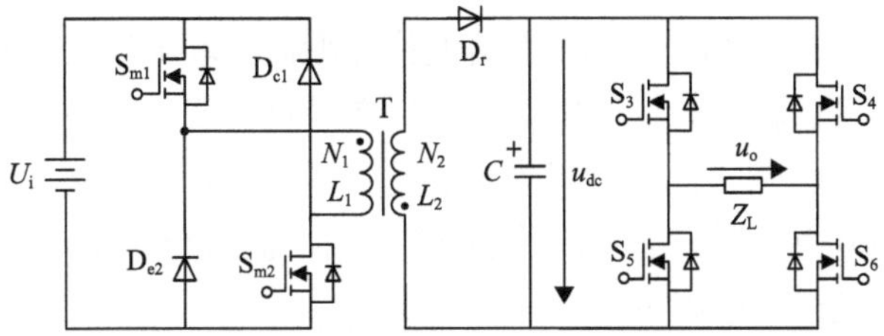

(c) 双管反激式

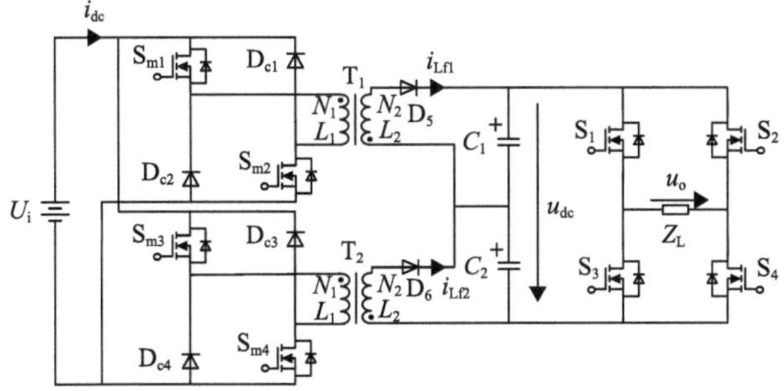

(d) 并联交错双管反激式

图 3-3　级联单向 Buck-Boost 直流变换器型高频环节逆变器电路拓扑族

级联单向 Buck 和 Buck-Boost 直流变换器型高频环节逆变器具有电路结构简

洁、单向功率流、准两级功率变换(DC-LFPDC-LFAC)即准三单元功率变换(DC-HFAC-LFPDC-LFAC)、极性反转逆变桥功率开关电压应力低且实现 ZVS、负载适应性弱等特点，适用于阻性重载时无源逆变和新能源并网逆变场合。

3.2.2 控制策略

级联单向 Buck 和 Buck-Boost 直流变换器型高频环节逆变器采用输出电压瞬时值反馈双半波 SPWM 控制策略，如图 3-4 所示。将工频极性反转逆变桥输出正弦电压波的绝对值作为电压反馈信号与基准正弦电压波的绝对值信号比较，经电压误差放大器后再与三角形载波交截产生功率开关的双半波 SPWM 控制信号；根据输出正弦电压波的极性选择信号直接产生工频极性反转逆变桥的控制信号。

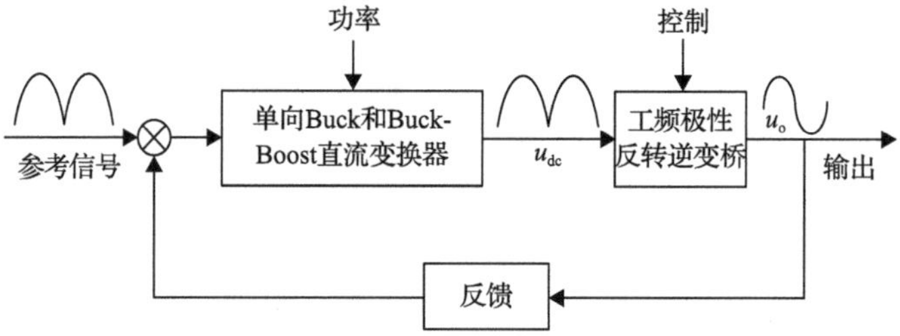

图 3-4 逆变器的输出电压瞬时值反馈双半波 SPWM 控制策略

级联单向 Buck 和 Buck-Boost 直流变换器型高频环节逆变器在空载、容性负载、感性负载和阻性轻载时输出电压波形存在严重畸变，仅在阻性满载时输出波形较好，即负载适应性弱。这种高频环节逆变器之所以存在这种缺陷，其原因主要是这种高频环节逆变器只能单向传递功率，输出滤波电容 C_f 在空载、容性负载、感性负载和阻性轻载时难以放电。

3.2.3 仿真分析

以图 3-2(a)所示单管正激式电路拓扑为例，开展级联单向 Buck 和 Buck-Boost 直流变换器型高频环节逆变器的仿真分析。1kVA 27VDC/115V400HzAC 级联单向单管正激直流变换器型高频环节逆变器在不同负载功率因数 $\cos\varphi_L = -0.75 \sim 0.75$ 时的输出电压仿真波形，如图 3-5 所示[12]。

仿真结果表明：①阻性满载时，输出电压波形质量高，如图 3-5(a)所示；②轻载或空载时，输出电压近似为一方波，其原因是空载或轻载时直流滤波电容 C_f 没有放电回路或放电时间常数很大，输出电压 u_o 的大小保持在幅值 U_{om}，如图 3-5(b)所示；③额定容性负载时输出电压在某区间保持恒定，直流滤波电容 C_f 和交流负载电容端电压相互平衡、均无放电回路，输出电压波形出现畸变，如图 3-5(c)

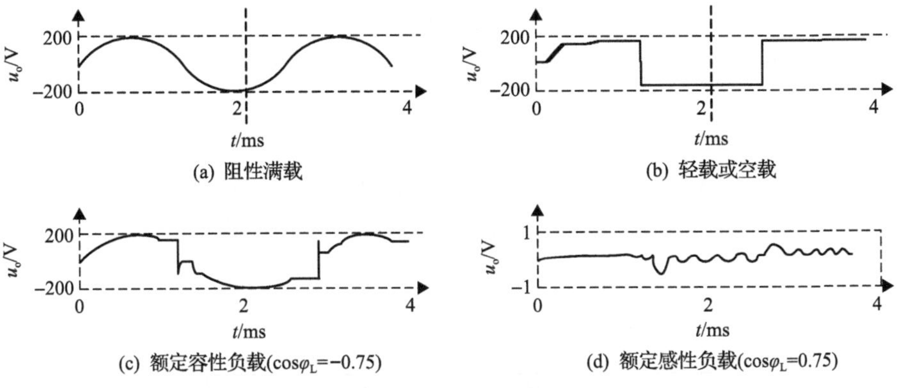

图 3-5　1kVA 27VDC/115V400HzAC 逆变器在不同负载时的输出电压仿真波形

所示；④额定感性负载时直流滤波电容 C_f 和交流负载电感发生谐振，如图 3-5(d)所示。因此，级联单向 Buck 和 Buck-Boost 直流变换器型高频环节逆变器在不同负载下的输出电压波形质量有很大差异，即负载适应能力弱，仅适用于阻性重载场合，不具有普遍适用性。

3.3　级联双向 Buck 和 Buck-Boost 直流变换器型高频环节逆变器

3.3.1　电路结构与拓扑族

1. 电路结构

为了消除上述逆变器的输出波形畸变，文献[1]提出了一种双向直流变换理论与方法。用双向 Buck 和 Buck-Boost 直流变换器代替逆变器中的单向 Buck 和 Buck-Boost 直流变换器，从而产生级联双向 Buck 和 Buck-Boost 直流变换器型高频环节逆变器电路结构，如图 3-6 所示。这种电路结构是由输入滤波器、高频逆变/整流电路、高频(储能)变压器、输出滤波器、工频极性反转逆变桥依序级联的

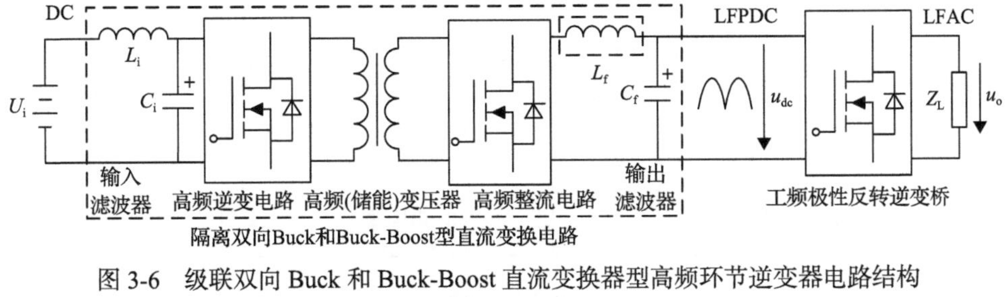

图 3-6　级联双向 Buck 和 Buck-Boost 直流变换器型高频环节逆变器电路结构

规律构建而成，即由 SPWM 控制双向 Buck 和 Buck-Boost 型直流变换电路与工频极性反转逆变桥级联而成。

2. 电路拓扑族

级联双向 Buck 直流变换器型高频环节逆变器电路拓扑族包括单管正激式等八个电路，如图 3-7 所示。其中，前四个电路适用于低压输入逆变场合，后四个电路适用于高压输入逆变场合。

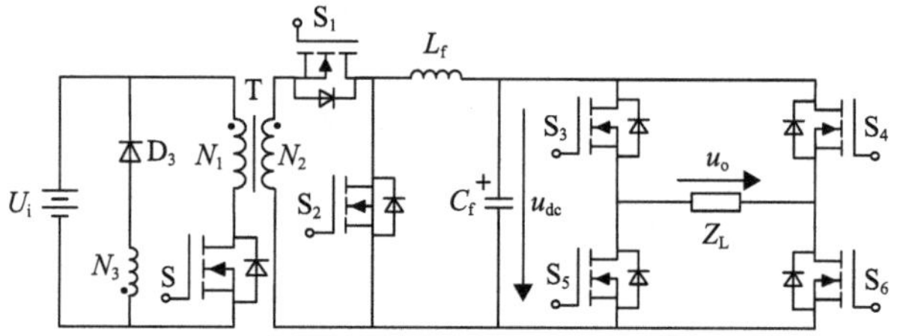

(a) 单管正激式

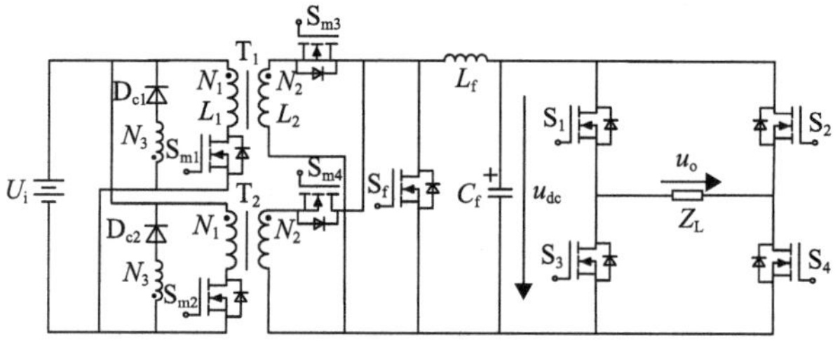

(b) 并联交错单管正激式

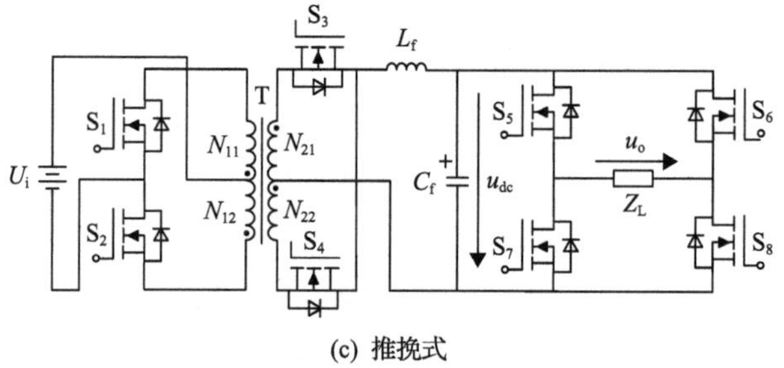

(c) 推挽式

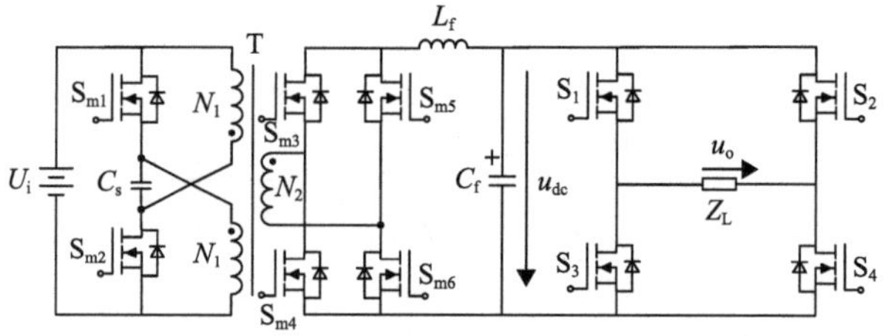

(d) 推挽正激式

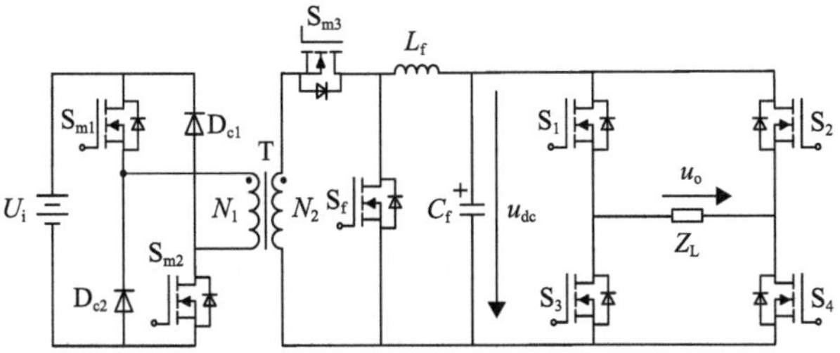

(e) 双管正激式

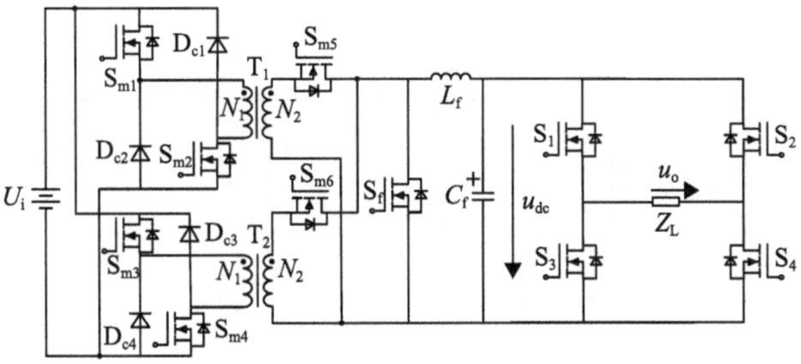

(f) 并联交错双管正激式

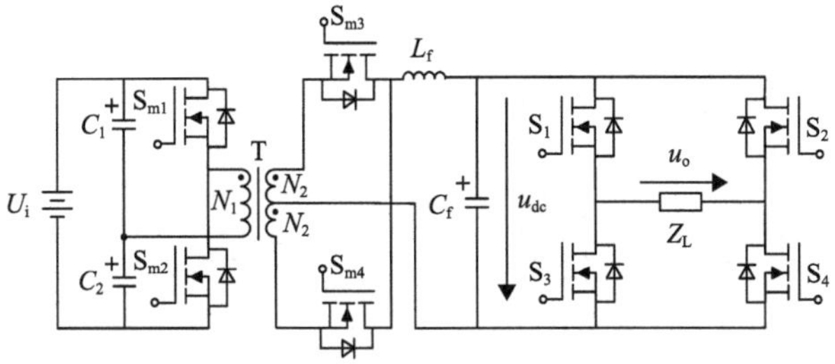

(g) 半桥式

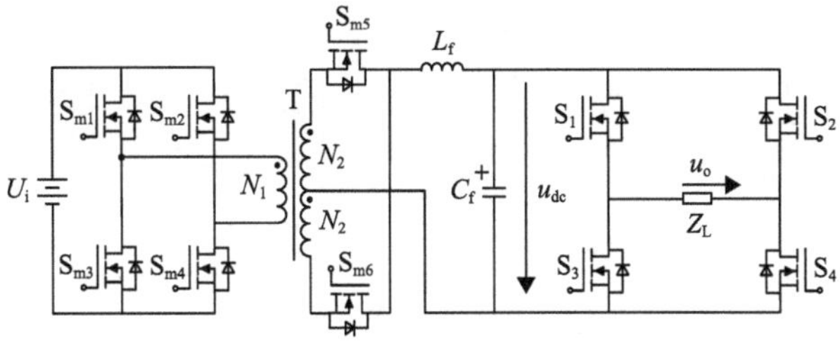

(h) 全桥式

图 3-7 级联双向 Buck 直流变换器型高频环节逆变器电路拓扑族

级联双向 Buck-Boost 直流变换器型高频环节逆变器电路拓扑族包括单管反激式等四个电路，如图 3-8 所示。其中，前两个电路适用于低压输入逆变场合，后两个电路适用于高压输入逆变场合。与级联双向 Buck 型逆变器相比，级联双向 Buck-Boost 直流变换器型高频环节逆变器有更简洁的电路拓扑、更高的可靠性和更小的输出容量。

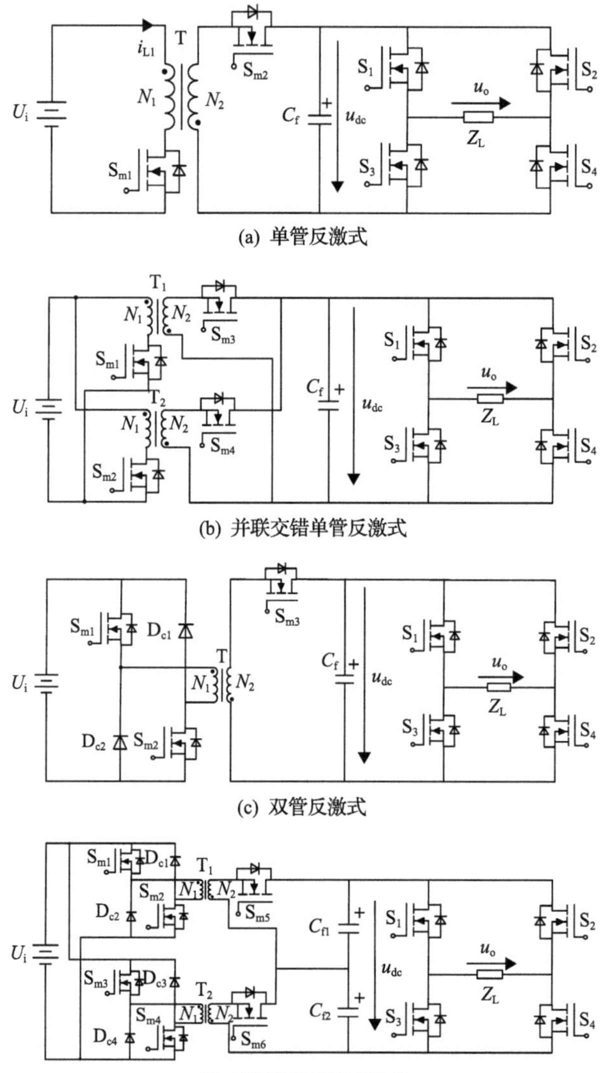

(a) 单管反激式

(b) 并联交错单管反激式

(c) 双管反激式

(d) 并联交错双管反激式

图 3-8 级联双向 Buck-Boost 直流变换器型高频环节逆变器电路拓扑族

级联双向 Buck 和 Buck-Boost 直流变换器型高频环节逆变器具有电路结构简洁、双向功率流、准两级功率变换(DC-LFPDC-LFAC)即准三单元功率变换(DC-HFAC-LFPDC-LFAC)、工频极性反转逆变桥电压应力低且实现 ZVS、负载适应性强等特点，适用于不同负载下的无源逆变场合。

3.3.2　控制策略

级联双向 Buck 和 Buck-Boost 直流变换器型高频环节逆变器采用输出电压瞬时值反馈双半波 SPWM 控制策略，如图 3-9 所示。将工频极性反转逆变桥输出正弦电压波的绝对值作为输出电压反馈信号与基准正弦电压波的绝对值信号比较，经电压误差放大器后再与三角形载波交截产生变换器功率开关的双半波 SPWM 控制信号；根据输出正弦电压波的极性选择信号直接产生工频极性反转逆变桥的控制信号。

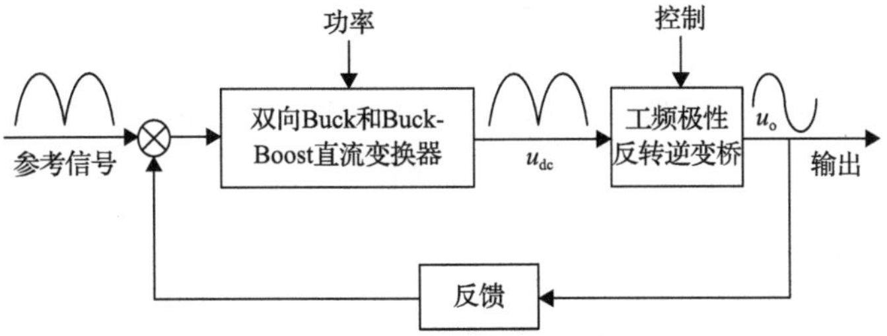

图 3-9　逆变器的输出电压瞬时值反馈双半波 SPWM 控制策略

级联双向 Buck 和 Buck-Boost 直流变换器型高频环节逆变器在不同负载下均可获得优质的输出波形质量，即负载适应性强。其原因主要是双向 Buck 和 Buck-Boost 直流变换器具有双向传递功率的能力，直流滤波电容 C_f 在空载、容性负载、感性负载和阻性负载时均存在放电回路并按一定规律放电。

3.4　并接反激式能量回馈电路的级联单向直流变换器型高频环节逆变器

3.4.1　电路结构与拓扑族

1. 电路结构

为了消除上述逆变器的输出波形畸变，文献[12]提出了一种并接反激式能量回馈电路的变换理论与方法。在直流滤波电容 C_f 与输入电源电压 U_i 间并接一个小功率反激式能量回馈电路以实现交流负载侧的能量回馈和 C_f 的抽流，从而产生并接反激式能量回馈电路的级联单向 Buck 和 Buck-Boost 直流变换器型高频环节逆变器电路结构，如图 3-10 所示。

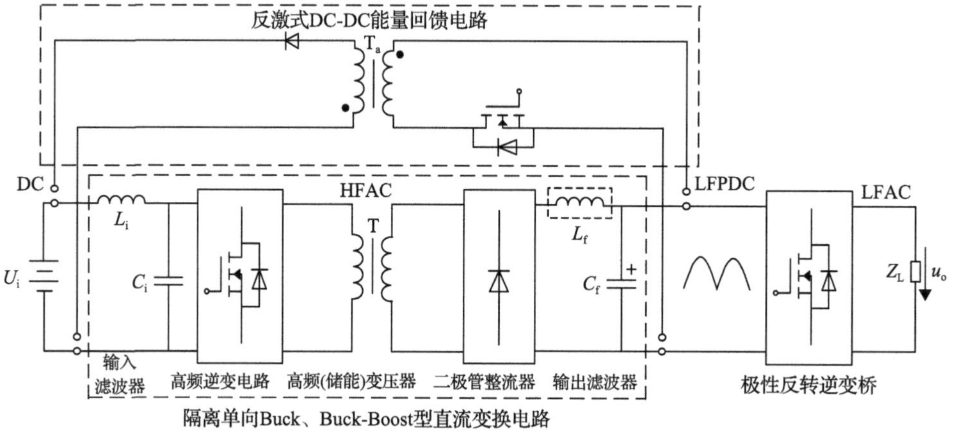

图 3-10 并接反激式能量回馈电路的级联单向 Buck 和 Buck-Boost 直流变换器型高频环节逆变器电路结构

2. 电路拓扑族

并接反激式能量回馈电路的级联单向 Buck 直流变换器型高频环节逆变器电路拓扑族包括单管正激式等八个电路，如图 3-11 所示。其中，前四个电路适用于低压输入逆变场合，后四个电路适用于高压输入逆变场合。需要说明的是，级联单向 Buck-Boost 直流变换器型高频环节逆变器的直流滤波电容 C_f 与输入电源电压 U_i 间并接一个小功率反激式能量回馈电路也是可行的，这里未给出。

3.4.2 控制策略

并接反激式能量回馈电路的级联单向直流变换器型高频环节逆变器采用输出电压瞬时值反馈双半波 SPWM 控制策略，图 3-12 所示。

输出电压瞬时值反馈双半波 SPWM 反馈控制电路如图 3-13 所示，基准正弦电压信号 u_r 经两个过零比较器后输出互为反相的极性选择信号，分别作为工频极

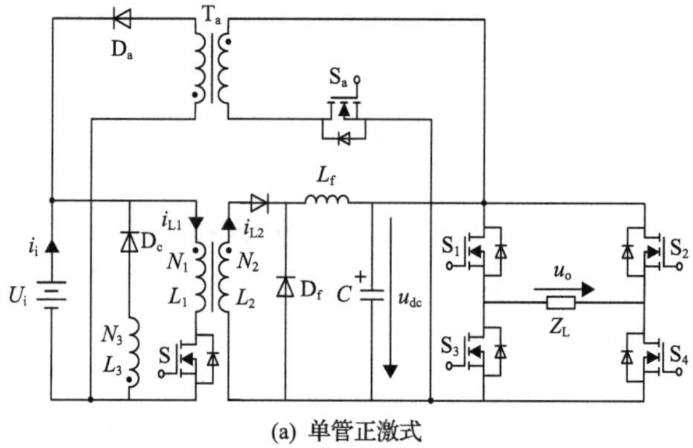

(a) 单管正激式

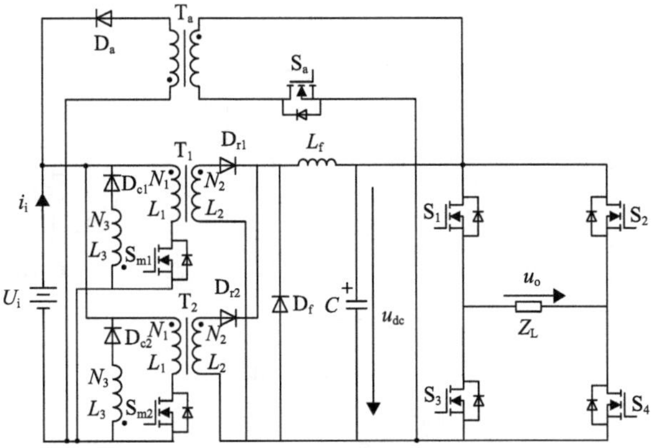

(b) 并联交错单管正激式

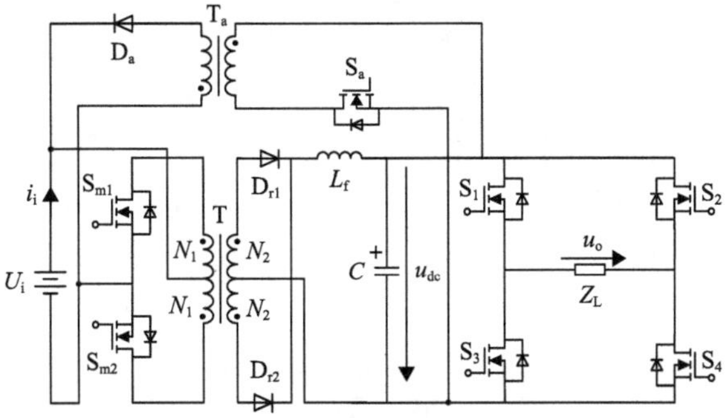

(c) 推挽式

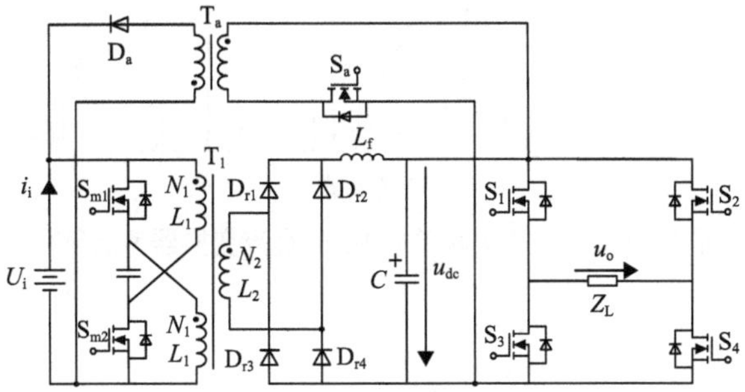

(d) 推挽正激式

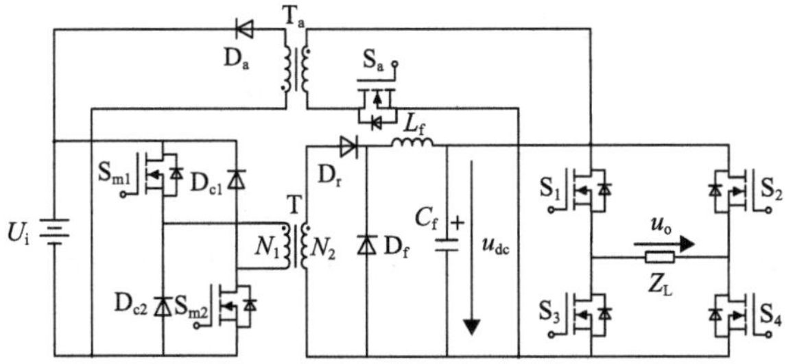

(e) 双管正激式

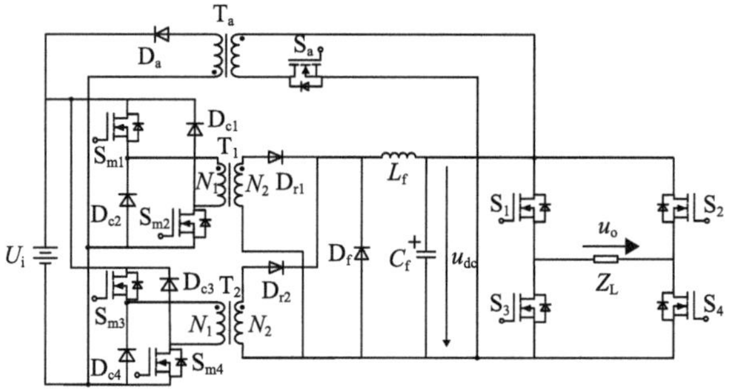

(f) 并联交错双管正激式

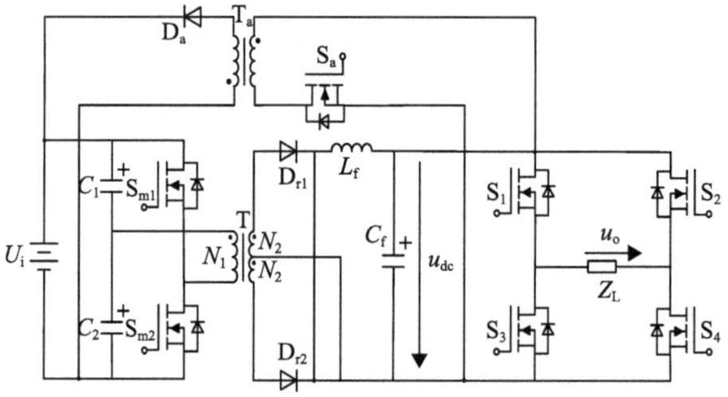

(g) 半桥式

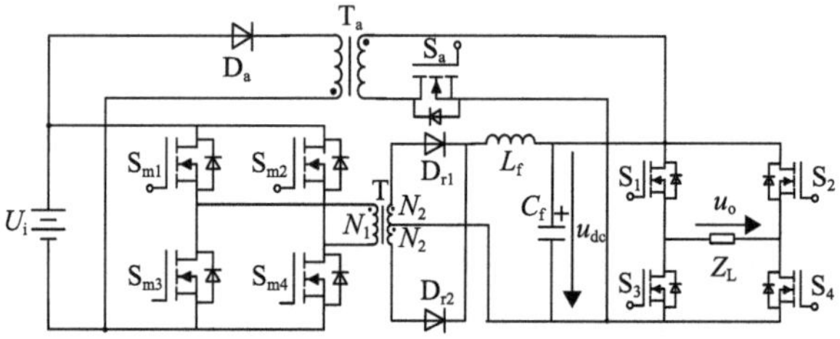

(h) 全桥式

图 3-11　并接反激式能量回馈电路的级联单向 Buck 直流变换器型高频环节逆变器电路拓扑族

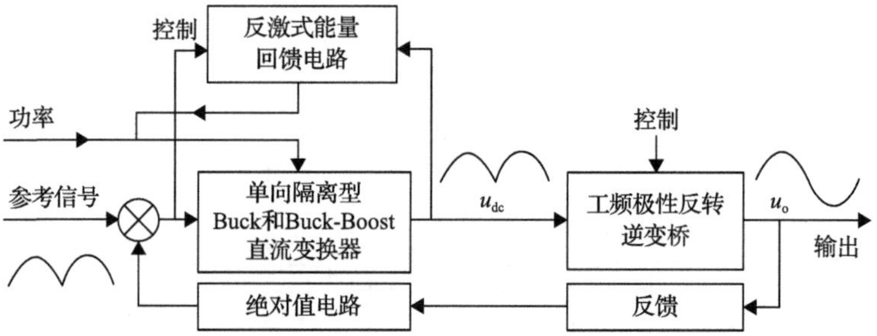

图 3-12　逆变器的输出电压瞬时值反馈双半波 SPWM 控制策略

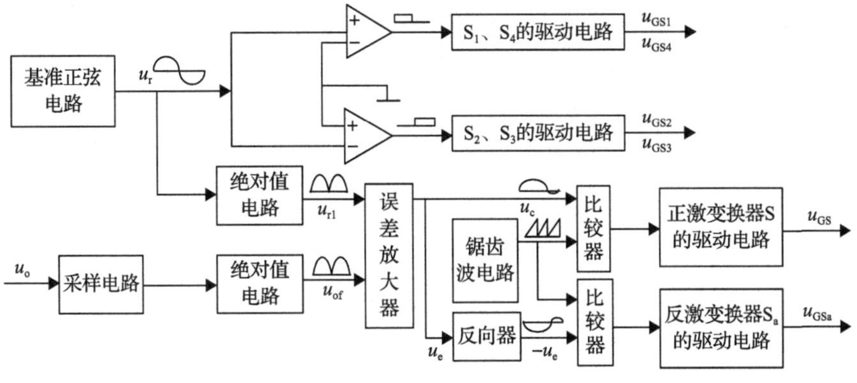

图 3-13 电压瞬时值反馈双半波 SPWM 控制策略的实现方案

性反转逆变桥功率开关 S_1 和 S_4、S_2 和 S_3 的控制信号；基准正弦信号 u_r 和逆变器输出电压分别经一个精密二极管全波整流电路输出绝对值信号 u_{r1} 和电压反馈信号 u_{of}，二者经电压误差放大器后输出包含正、负值的误差放大信号 u_e；u_e 与锯齿波 $u_c(>0)$ 交截得到隔离单向 Buck 和 Buck-Boost 型直流变换器的功率开关 S 的控制信号，u_e 经反向器后与锯齿波 u_c 交截得到反激式能量回馈电路的功率开关 S_a 的控制信号。

3.4.3 稳态原理与关键电路参数设计准则

以图 3-11(a)所示单管正激式电路拓扑为例，论述并接反激式能量回馈电路的级联单向直流变换器型高频环节逆变器的稳态原理与关键电路参数设计准则。

1. 稳态原理

隔离单向 Buck 和 Buck-Boost 型直流变换器和小功率反激式能量回馈电路均采用恒频 SPWM 控制，二者交替工作。当 $u_o<u_r$，$u_{of}<u_{r1}$ 时，隔离单向 Buck 和 Buck-Boost 型直流变换器工作，电源向负载传送能量；当 $u_o>u_r$，$u_{of}>u_{r1}$ 时，小功率反激式能量回馈电路工作，电容 C_f 上的电荷和交流负载的无功能量回馈到直流侧，$u_o(u_{do})$ 跟踪 $u_r(u_{r1})$。

当输出电压 $u_o(u_{dc})$ 不能跟踪基准电压 u_r 时，小功率反激式能量回馈电路可将交流负载侧无功能量或电容 C_f 上的电荷回馈到输入直流侧，使电压 $u_o(u_{dc})$ 在任何负载时都能跟踪 u_r 的变化，从而获得优质的输出电压波形。

2. 关键电路参数设计准则

以 1kVA 27VDC/115V400HzAC 逆变器为例，考虑交流侧能量回馈最多即额定容性负载 $\cos\varphi_L=-0.75$ 情形来设计反激式能量回馈电路的功率。输出电压 u_o、

双半波电压 u_{dc} 和负载电流 i_o 的波形，如图 3-14 所示。当 $\omega t_1=\pi-\varphi_L$ 时，$i_o=0$，u_{dc} 等于滤波电容电压 u_{CL}，反激式能量回馈电路开始工作；当 $\omega t_1<\omega t<\omega t_2$ 时，$i_o u_o<0$，工频极性反转逆变桥实现交流侧能量回馈，C_f 和 C_L 上都没有放电回路，反激式能量回馈电路将 C_f 上的电荷和交流侧的无功能量馈送到输入直流电源。

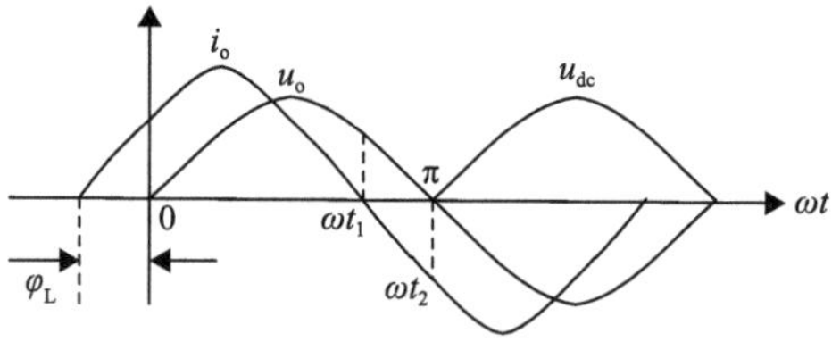

图 3-14　额定容性负载时 u_o、u_{dc} 和 i_o 波形

设输出电压频率为 f_o、角频率 $\omega_o=2\pi f_o$，则反激式能量回馈电路的功率为

$$P=2f_o(E_{Cf}+E_{回馈}) \tag{3-1}$$

式中，E_{Cf} 为滤波电容 C_f 需要抽取的能量；$E_{回馈}$ 为交流侧回馈的无功能量，即

$$E_{Cf}=\frac{1}{2}C_f\left[\sqrt{2}U_o\sin(\pi-\varphi_L)\right]^2 \tag{3-2}$$

$$E_{回馈}=\int_{t_1}^{t_2}u_o i_o \mathrm{d}t=\int_{(\pi-\varphi_L)/\omega_o}^{\pi/\omega_o}U_o I_o(\cos\varphi_L-\cos(2\omega_o t-\varphi_L))\mathrm{d}t \tag{3-3}$$

取 C_f=6μF，则 P=65W。考虑工作裕量，可按 P=80W 设计。

3.5　3kVA 级联 Buck 直流变换器型高频环节逆变装置实验

设计实例：图 3-11(h)所示并接反激式能量回馈电路的单向全桥 Buck 型电路拓扑，电压瞬时值反馈双半波 SPWM 控制策略，额定容量 3kVA，额定输入电压 220VDC，输出电压 220V50HzAC，开关频率 f_s=27kHz。

3kVA 并接反激式能量回馈电路的单向全桥 Buck 直流变换器型高频环节逆变器的实验波形，如图 3-15 所示。

逆变装置实验结果与理论分析一致，逆变器的固有缺陷被有效克服，具体表现在：①高频变压器绕组端电压为双极性三态的双半波 SPWM 波，如图 3-15(b)所示；②单向全桥 Buck 型直流变换器的输出电压 u_{dc} 为正弦双半波，如图 3-15(c)所示；③空载时反激式能量回馈电路在一个输出周期内工作半个周期，如图 3-15(d)所示；④带阻性负载时反激式能量回馈电路工作区间变得短暂，大部分区间是单

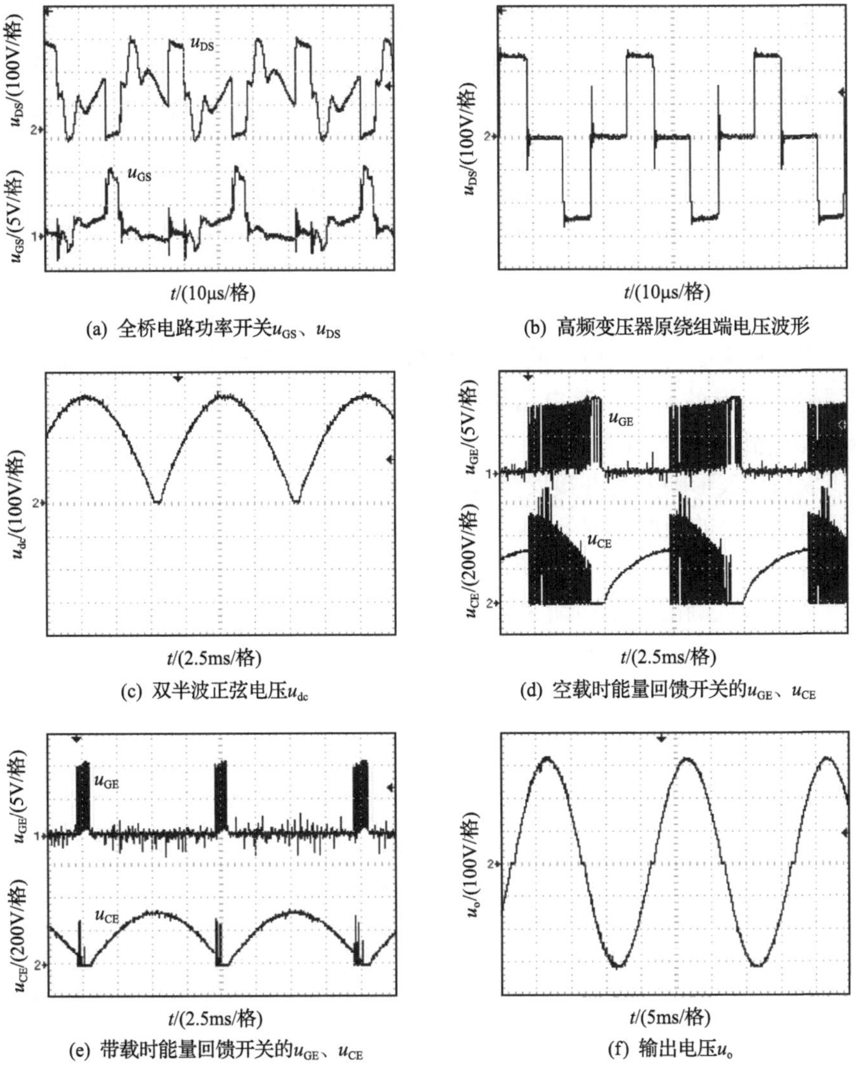

(a) 全桥电路功率开关u_{GS}、u_{DS}　(b) 高频变压器原绕组端电压波形

(c) 双半波正弦电压u_{dc}　(d) 空载时能量回馈开关的u_{GE}、u_{CE}

(e) 带载时能量回馈开关的u_{GE}、u_{CE}　(f) 输出电压u_o

图 3-15　3kVA 并接反激式能量回馈电路的单向全桥 Buck 直流变换器型高频环节逆变器的实验波形

向全桥 Buck 型直流变换器以双半波 SPWM 方式工作，这种情形随负载加重愈发明显，如图 3-15(e)所示；⑤输出电压 u_o 为低 THD 的优质正弦波，如图 3-15(f)所示。

本 章 小 结

级联单向直流变换器型高频环节逆变器由隔离单向直流变换器和极性反转逆

变桥级联而成，采用输出电压瞬时值反馈双半波 SPWM 控制策略，其拓扑性质是由前级 DC-DC 变换器决定的，只能为 Buck 和 Buck-Boost 型。然而，这类逆变器的负载适应性差，即在空载、容性负载、感性负载和阻性轻载时输出波形存在严重的畸变。

消除输出波形畸变的双向 Buck 和 Buck-Boost 直流变换理论与方法——级联双向 Buck 和 Buck-Boost 直流变换器型高频环节逆变器，由双向 Buck 和 Buck-Boost 直流变换器和工频极性反转逆变桥级联而成，具有电路结构简洁、双向功率流、准两级功率变换 DC-LFPDC-LFAC（即准三单元功率变换 DC-HFAC-LFPDC-LFAC）、工频极性反转逆变桥电压应力低且实现 ZVS、负载适应性强等特点，有效消除了逆变器输出波形的畸变，其电路拓扑族包括单管正激式等八个电路拓扑和单管 Buck-Boost 型等四个电路拓扑。

消除输出波形畸变的并接反激式能量回馈电路变换理论与方法——并接反激式能量回馈电路的级联单向 Buck 和 Buck-Boost 直流变换器型高频环节逆变器，是在直流滤波电容 C_f 与输入电源电压 U_i 间并接一个小功率反激式能量回馈电路以实现交流负载侧的能量回馈和 C_f 的抽流，有效消除了逆变器的输出波形畸变，其电路拓扑族包括单管 Buck 型等八个电路拓扑和单管 Buck-Boost 型等四个电路拓扑。

第 4 章　级联 Buck 直流斩波器型高频环节逆变器

4.1　引　　言

级联直流变换器 Buck 型高频环节逆变器具有两级功率变换(DC-DC-LFAC)即三单元功率变换(DC-HFAC-DC-LFAC)、变换效率较高等特点，随着开关频率的提高，其功率器件的开关损耗增大，EMI 也更加严重。级联 Buck 和 Buck-Boost 直流变换器型高频环节逆变器的工频极性反转逆变桥电压应力低且为 ZVS，但前级双向 Buck 和 Buck-Boost 直流变换器实现软开关的难度大。

谐振直流环节、谐振缓冲等非隔离软开关逆变器不适用于输出与输入需要电压匹配以及输入直流电源与输出交流负载共地(如飞机机壳)的逆变场合；相控谐振级联直流变换器 Buck 型高频环节逆变器实现了软开关，但却增加了拓扑结构的复杂程度。

本章提出级联直流变换器 Buck 型高频环节逆变器实现软开关的变换理论与方法，即级联 Buck 直流斩波器型高频环节逆变器及其占空比扩展方法，深入论述其电路结构构建规律、电路拓扑衍生推导、调制与控制策略、原理与特性分析、主要电路参数设计等研究内容，并给出重要研究结论和逆变装置的实验结果[13-18]。

4.2　级联 Buck 直流斩波器型高频环节逆变器电路结构与拓扑族

4.2.1　电路结构

级联 Buck 直流斩波器型高频环节逆变器即高频脉冲直流环节逆变器电路结构，如图 4-1 所示。该电路结构由输入滤波器、高频逆变电路、高频变压器、高频整流电路、无功吸收支路、DPM 逆变桥和输出滤波器依序级联构成，即由隔离单向 Buck 型直流斩波电路和 Buck 型逆变电路级联构成。隔离单向 Buck 型直流斩波电路输出的高频脉冲直流电压波 HFPDC 为三态 DPM 逆变电路实现 ZVS 创造了条件。

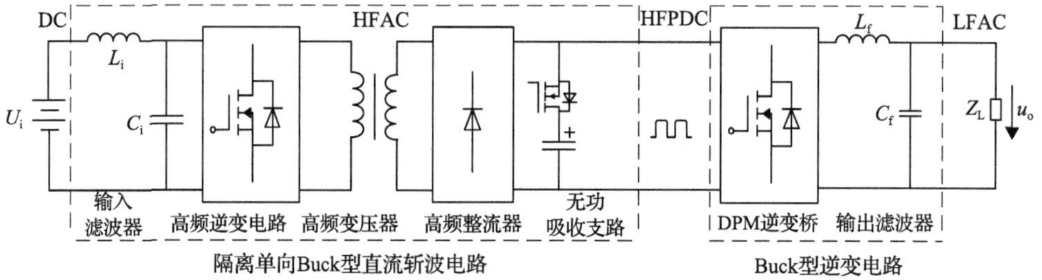

图 4-1　级联 Buck 直流斩波器型高频环节逆变器电路结构

4.2.2　电路拓扑族

级联 Buck 直流斩波器型高频环节逆变器电路拓扑族，如图 4-2 所示。图 4-2(a)～(d)电路拓扑适用于低压输入逆变场合，图 4-2(e)～(h)电路拓扑适用于高压输入逆变场合。

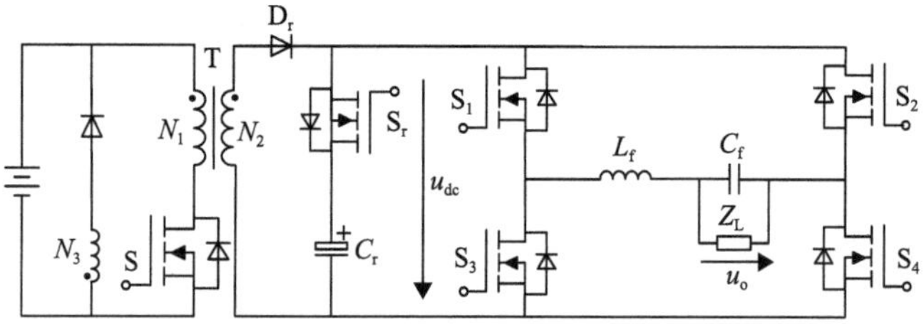

(a) 单管正激式

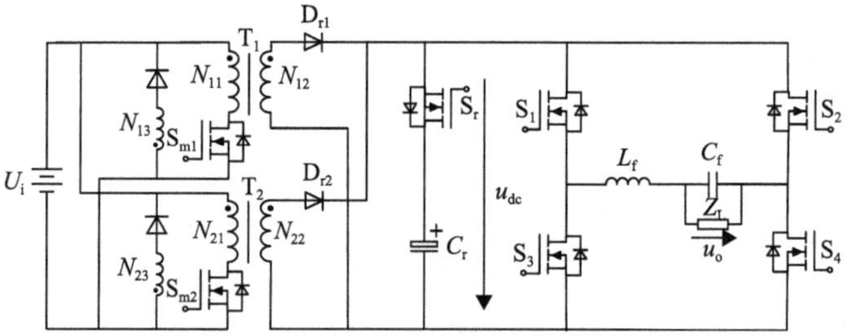

(b) 并联交错单管正激式

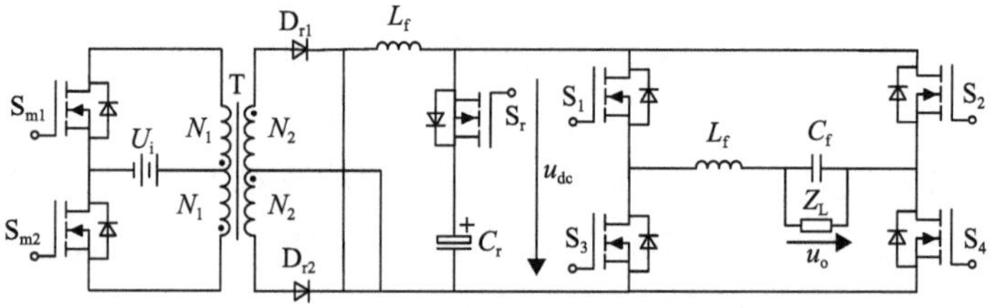

(c) 推挽式

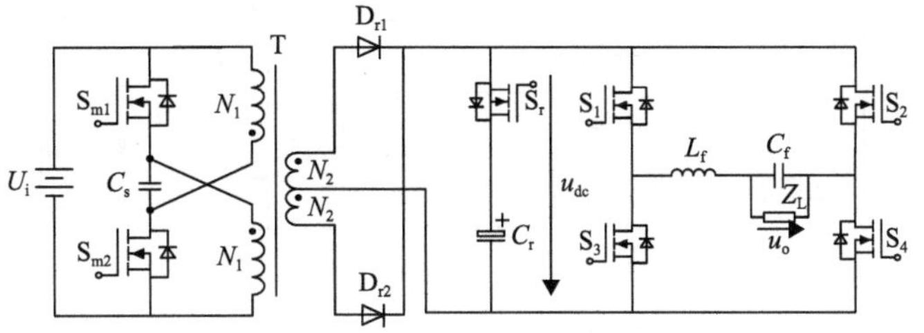

(d) 推挽正激式

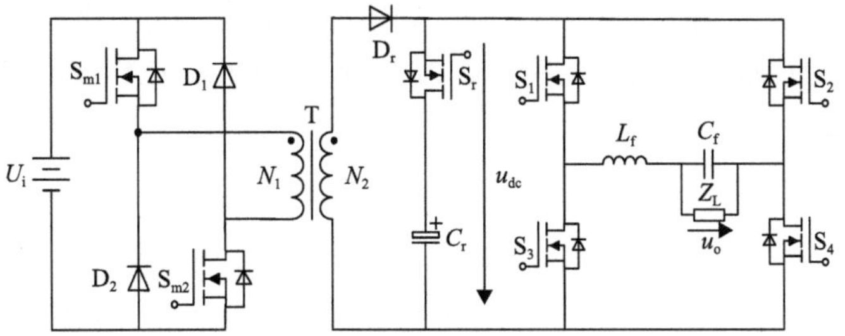

(e) 双管正激式

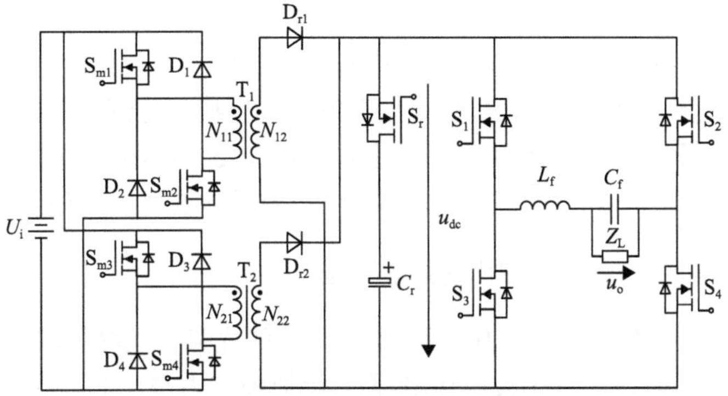

(f) 并联交错双管正激式

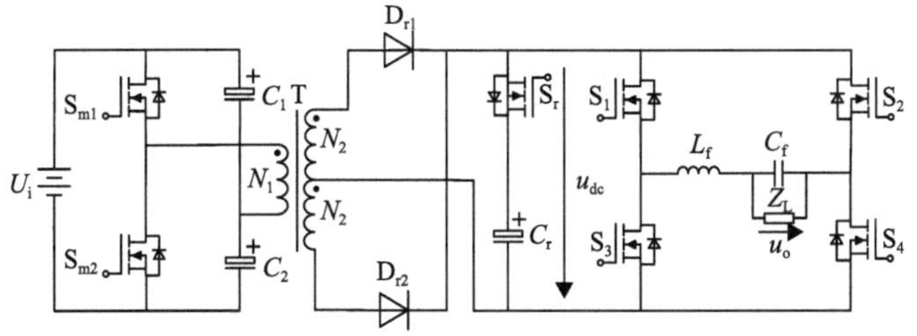

(g) 半桥式

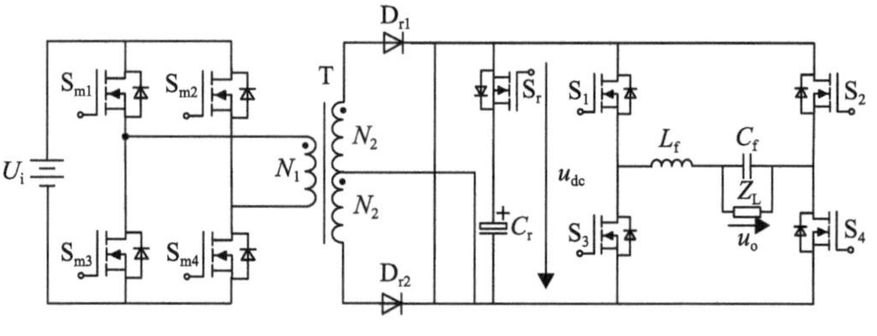

(h) 全桥式

图 4-2　级联 Buck 直流斩波器型高频环节逆变器电路拓扑族

设 N_1、N_2 分别为高频变压器的原、副边绕组匝数，U_o 为输出电压的有效值，D 为高频脉冲直流电压 u_{dc} 的占空比，为了确保输出正弦电压波形的质量，u_{dc} 的平均值应满足

$$U_{dcavg} = DU_iN_2 / N_1 \geqslant \sqrt{2}U_o \tag{4-1}$$

对于图 4-2(a)、(e)所示电路拓扑，D 为功率开关的占空比；对于图 4-2(b)～(d)、(f)～(h)所示电路拓扑，D 为功率开关占空比的 2 倍。相同的 U_i、U_o 时，增大占空比 D，将减小比值 N_2/N_1，从而降低逆变桥、无功吸收支路功率开关的电压应力 U_iN_2/N_1。

图 4-2(b)～(d)、(f)～(h)所示电路拓扑，u_{dc} 的占空比通常高达 0.9，适合于大容量逆变场合，而在中小容量逆变场合就显得拓扑与控制偏复杂、功率器件数偏多、体积重量偏大、可靠性偏低。图 4-2(a)、(e)所示电路拓扑十分简洁，但 u_{dc} 的占空比 D 通常又小于 0.5，故也不是中小容量逆变场合的理想拓扑。

4.2.3　高频脉冲直流电压占空比的扩展方法

为了充分显示图 4-2(a)、(e)所示电路拓扑的优势，应尽量增大 Buck 型直流斩波器占空比即 u_{dc} 的占空比 D。Buck 型直流斩波器占空比的扩展方法，如图 4-3

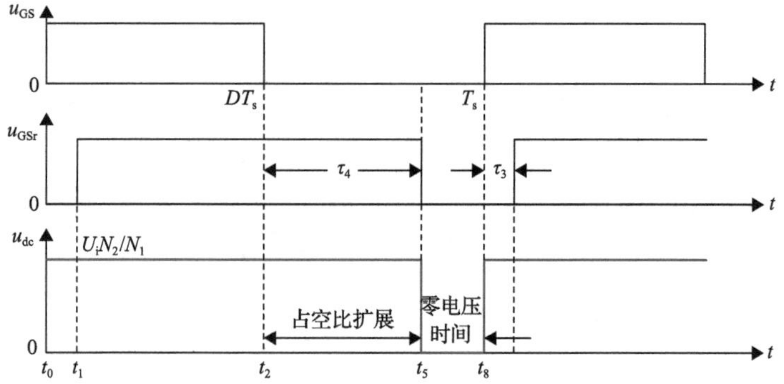

图 4-3　Buck 型直流斩波器占空比的扩展方法

所示。只要让无功吸收支路 S_r 稍延迟功率开关 S 的开通时刻 τ_3 时间，S_r 的关断时刻滞后 S 的关断时刻一段时间 τ_4，即可实现 u_{dc} 占空比的扩展。

级联 Buck 直流斩波器型高频环节逆变器具有单向功率流、准两级功率变换(DC-HFPDC-LFAC)即准三单元功率变换(DC-HFAC-HFPDC-LFAC)、逆变桥非完全 ZVS 且变频控制等特点。由于逆变桥的电压应力随输入电压的变化而变化，宽变化范围的输入电压需选用更高电压应力的功率器件，从而增加器件成本和通态损耗，故这类软开关逆变器在输入电源电压变化范围窄的逆变场合更能展现出优越性，以确保高变换效率。

4.3　级联 Buck 直流斩波器型高频环节逆变器的控制策略

4.3.1　隔离 Buck 直流斩波器的控制策略

级联 Buck 直流斩波器型高频环节逆变器由 Buck 型直流斩波器与 Buck 型 DC-AC 变换器级联而成，二者各自构成控制回路。前级为后级提供按正弦规律变化的输出电流，只能采用电压型 PWM 反馈控制策略或前馈控制策略。

4.3.2　Buck 型 DC-AC 变换器的三态 DPM 电流滞环控制策略

1. 三态 DPM 电流滞环控制策略

Buck 型 DC-AC 变换器的功率开关在 Buck 型直流斩波器输出的 u_{dc} 过零点进行切换，必须采用 DPM(离散脉冲调制)策略。Buck 型 DC-AC 变换器采用三态 DPM 电流滞环控制策略，如图 4-4 所示。输出电压反馈信号 u_{of} 与基准电压信号 u_r 比较，经电压误差放大器(PI 调节器)后的输出信号作为电流内环的给定信号 i_r；滤波电感电流反馈信号 i_f 与电流给定信号 i_r 比较经三态 DPM 电流滞环比较器，电流信号的比较结果经过零信号 u_c 采样控制功率开关 S_1、S_2、S_3、S_4 在 u_{dc} 的零电平期间开关转换；i_f 在滞环宽度 2δ 误差范围内跟踪 i_r 的变化，输出滤波器将逆变器输出的三态 DPM 电压波 u_{AB} 滤成正弦交流电。

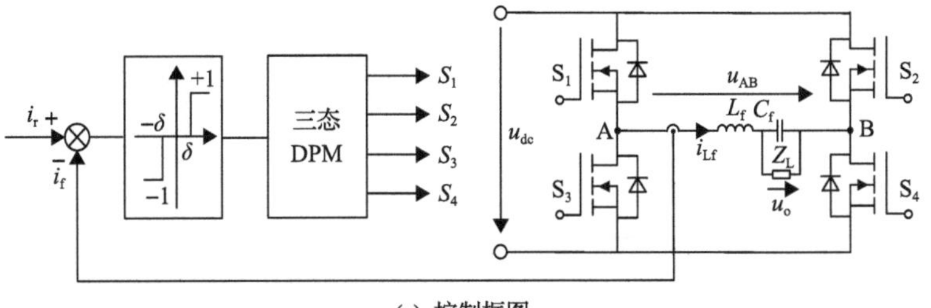

(a) 控制框图

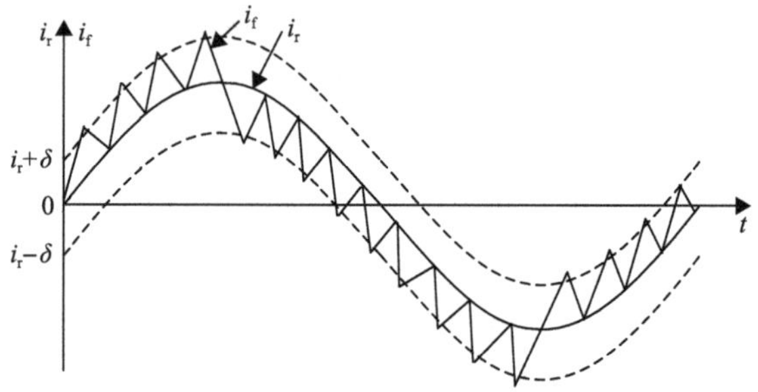

(b) 控制波形

图 4-4　Buck 型 DC-AC 变换器的三态 DPM 电流滞环控制策略

Buck 型 DC-AC 变换器输出的三态 DPM 电压波 u_{AB} 的控制规律为

$$u_{AB}=\begin{cases}+U_{dcm}, & +1\text{态}(i_r-i_f>\delta,\ S_1\text{、}S_4\text{导通})\\ -U_{dcm}, & -1\text{态}(i_r-i_f<-\delta,\ S_2\text{、}S_3\text{导通})\\ 0, & 0\text{态}(|i_r-i_f|<\delta,\ D_3\text{、}S_4\text{导通或}D_4\text{、}S_3\text{导通})\end{cases} \tag{4-2}$$

式中，δ 为半个滞环宽度；U_{dcm} 为 u_{dc} 的幅值。当 $i_r-i_f>\delta$ 时，S_1、S_4 导通，$u_{AB}=+U_{dcm}>u_o$，i_{Lf} 正向上升，此状态称为+1 态；当 $i_r-i_f<-\delta$ 时，S_2、S_3 导通，$u_{AB}=-U_{dcm}<u_o$，i_{Lf} 负向增长，此状态称为–1 态；当 $|i_r-i_f|<\delta$ 时，S_3、S_4 导通，$u_{AB}=0$，i_{Lf} 经 S_4、D_3 或 S_3、D_4 续流，输出电压 u_o 使 L_f 承受反向电压，i_{Lf} 下降，此状态称为 0 态。

2. 两种调制方式

Buck 型 DC-AC 变换器在+1(或–1)态和–1(或+1)态之间切换时工作在双极性调制方式，等效电路如图 4-5 所示。每个开关周期均存在能量回馈现象，线路损耗较大，电感电流的脉动和输出电压的纹波较大。例如，当 DC-AC 变换器从+1 态切换到–1 态，即由 S_1、S_4 导通切换到 S_2、S_3 导通时，能量从 DC-AC 变换器的

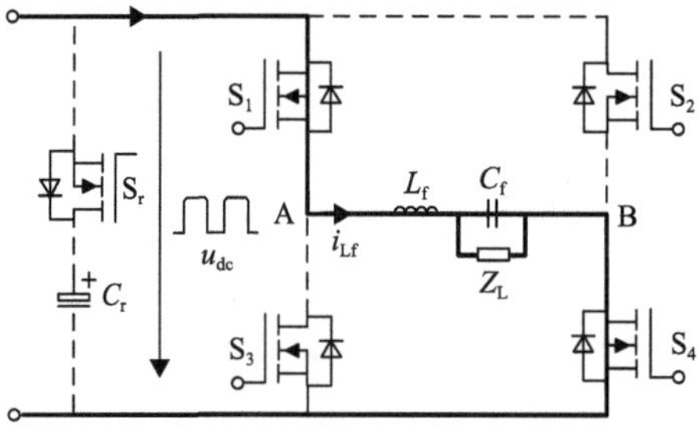

(a) S_1、S_4导通时正向传递能量

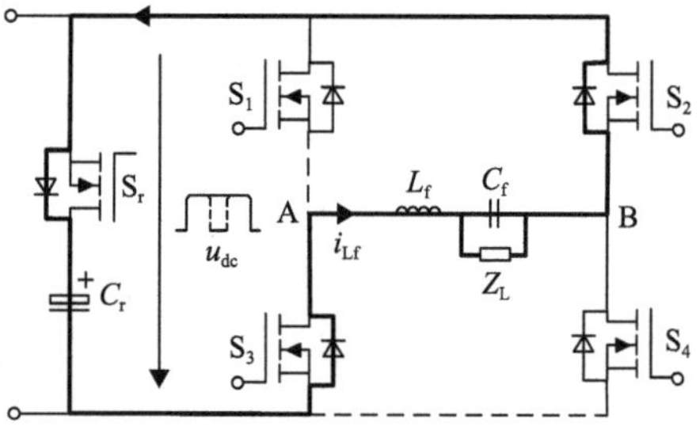

(b) S_2、S_3导通时反向回馈能量

图 4-5　Buck 型 DC-AC 变换器双极性调制方式时的等效电路

输出端回馈到吸收电容 C_r，u_{dc} 出现不回零现象。

Buck 型 DC-AC 变换器在+1（或–1）态和 0 态之间切换时工作于单极性调制方式，等效电路如图 4-6 所示。输出三态 DPM 电压波 u_{AB} 在正脉冲（负脉冲）和零电平之间变化，脉动量小，因而电感电流脉动和输出电压纹波小，只有当 $i_{Lf}u_{AB}<0$ 时才会有 DC-AC 变换电路交流侧无功能量的回馈现象。例如，当 DC-AC 变换器从+1 态切换到 0 态，即由 S_1、S_4 导通切换到 S_3、S_4 导通时，能量在 D_3、S_4 中续流。

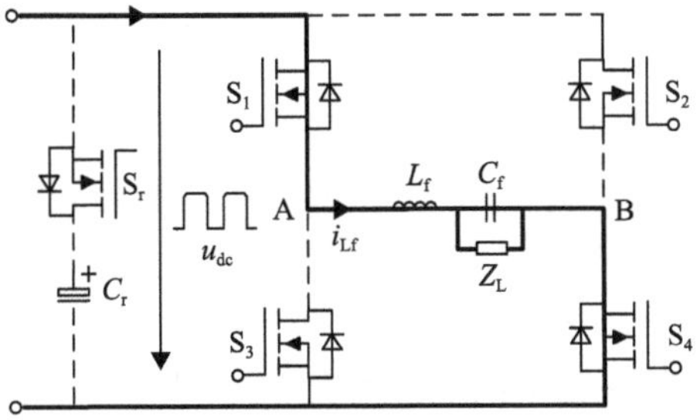

(a) S_1、S_4导通时正向传递能量

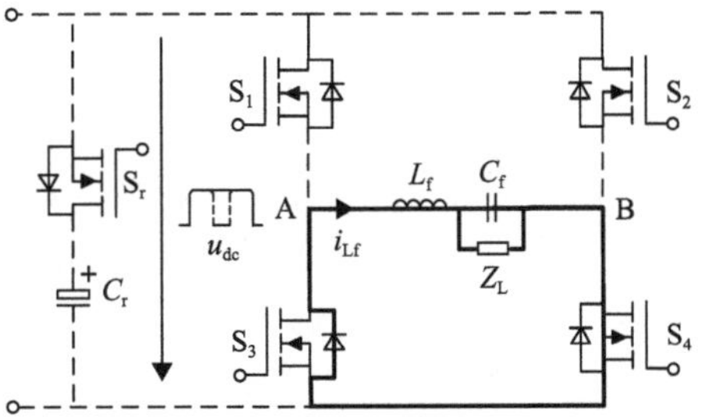

(b) S_3、S_4导通时桥臂续流能量

图 4-6 Buck 型 DC-AC 变换器单极性调制方式时的等效电路

因此，为了降低电感电流脉动和输出电压纹波，应合理设计输出滤波器的参数和滞环宽度，尽可能使 DC-AC 变换器工作在单极性调制方式。

4.4 级联 Buck 直流斩波器型高频环节逆变器原理特性

4.4.1 稳态原理分析

由于占空比扩展单管正激直流斩波电路具有拓扑简洁的优势，故这里以级联单管正激直流斩波器型高频环节逆变电路为例论述这类逆变器的原理特性。

1. 有源箝位正激直流斩波器的优越性

单管正激直流斩波器采用复位绕组、RCD 箝位、LCD 箝位、ZVT-PWM、有源箝位等方案均可实现变压器的磁复位，其中，有源箝位方案使斩波器获得最优的综合性能。有源箝位正激直流斩波器具有如下优点：①稳态时高频变压器磁心双向对称磁化；②高频变压器的磁化电感和漏感能量无损地回馈到输入电源中；③功率开关的占空比可大于 0.5；④功率开关 S 采用 MOSFET 器件时实现了 ZVS 关断、轻载时 ZVS 开通，箝位开关 S_r实现 ZVS 开关；⑤与半桥式变换器相似，变压器具有抗磁不平衡的能力。

有源箝位正激直流斩波器接通电源若干个开关周期后，箝位电容将自动充电

到稳态值 $U_c = DU_i/(1-D)$。磁心在瞬态时任意双向不对称的磁化因素都将导致箝位电容电压 U_c 适当变化，从而迫使磁心稳态时双向对称磁化。设磁化电流 i_{Lm} 双向不对称，即 i_{Lm} 的正向最大值大于负向最大值，则箝位电容 C_c 的充电能量大于放电能量，导致 U_c 增大、U_c/L_m 增大(L_m 为磁化电感)、i_{Lm} 下降速率增大，迫使 i_{Lm} 即磁通双向对称。该显著优点克服了传统单管正激直流斩波器的磁心工作磁密范围小、全桥式和推挽式变换器单向偏磁的缺陷，与半桥式直流变换器相似，具有抗变压器磁不平衡的能力，原因是箝位电压 U_c 或者说功率开关的漏极电位具有浮动特性。

2. 高频开关工作过程分析

由于有源箝位正激直流斩波器具有诸多优点，这里以占空比扩展有源箝位正激直流斩波器型高频环节逆变器为例论述这类逆变器的高频开关工作过程，如图 4-7 所示。设 C_c 和 C_r 足够大，分别用电压源 U_c、U_{Cr} 表示；Buck 型 DC-AC 变换电路可看成单管有源箝位正激直流斩波电路的低频交变负载，功率开关的切换等效地将输出 LC 滤波器和续流回路接到直流斩波电路的输出端，输出滤波电感在每个开关周期近似用恒流源 i_{Lf} 表示，等效续流回路用 D_f 表示。

逆变电路的每个开关周期包含如下 8 个开关状态。

1) $t_0 \sim t_1$

t_0 时刻 S 导通，该期间 i_{Lm} 线性上升、D 导通、D_r 导通、D_f 截止，由于 $t_2 \sim t_5$ 期间即占空比扩展期间 C_r 对 DC-AC 变换电路负载供电，C_r 端电压将出现一定的降落，故输入电源会对 C_r 产生电流冲击，合理设计吸收支路参数将使 C_r 的电流

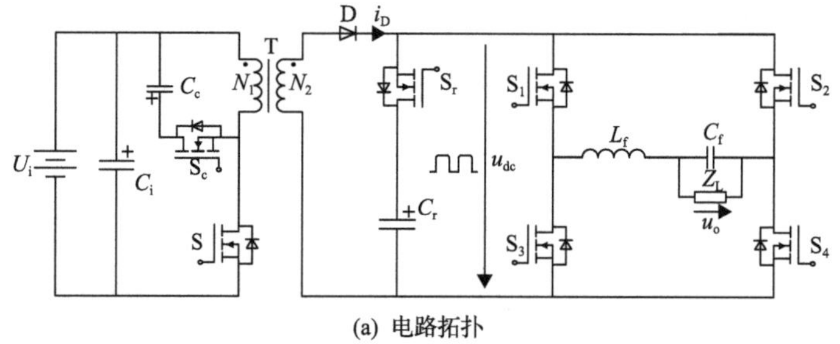

(a) 电路拓扑

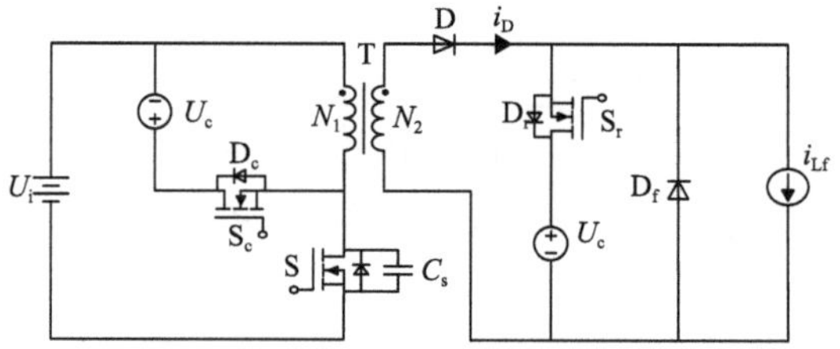

(b) 等效电路

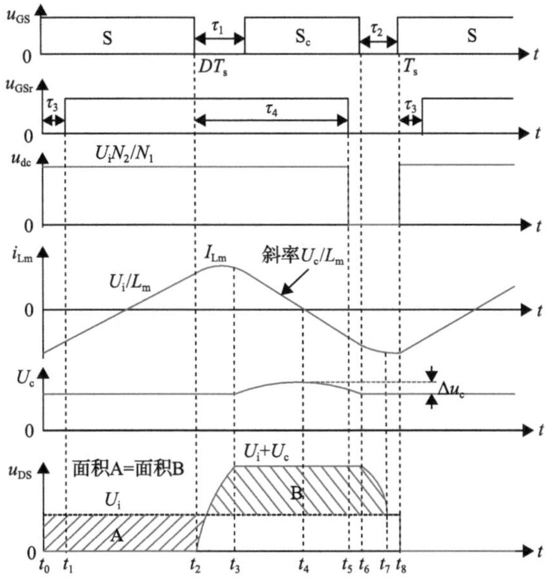

(c) 稳态波形

图 4-7　级联占空比扩展有源箝位正激直流斩波器型高频环节逆变电路与稳态波形

冲击和 EMI 限制在允许值内。

2) $t_1 \sim t_2$

t_1 时刻 S_r 导通，该期间 S 和 D 仍导通，D_f 仍截止，DC-AC 变换电路交流侧回馈的无功能量对 C_r 充电，或 C_r 通过 S_r 放电给 DC-AC 变换电路。

3) $t_2 \sim t_3$

t_2 时刻 S 关断，S_r 继续导通一段时间 $\tau_4 \sim t_5$ 时刻、C_r 对逆变桥供电或吸收逆变桥交流侧回馈的无功能量、合理设计延迟时间 τ_4 即可实现 u_{dc} 的扩展，吸收电容电压 $U_{Cr}=U_iN_2/N_1$ 使 D 反偏截止，D_f 仍截止，L_m 和 C_s 振荡、i_{Lm} 先增加后减小，u_{DS} 上升。

4) $t_3 \sim t_4$

t_3 时刻 u_{DS} 上升到 U_c+U_i，D_c 开通，L_m 与 C_c、C_s 谐振，U_c 基本保持恒定，i_{Lm} 线性下降。

5) $t_4 \sim t_5$

t_4 时刻 i_{Lm} 为零，随后 i_{Lm} 变负，S_c 实现 ZVS 开通。

6) $t_5 \sim t_6$

t_5 时刻 S_r 实现 ZVS 关断，D 仍截止，i_{Lf} 经 D_f 开始续流，至 t_8 时刻 S_r 与 S 截止、u_{dc} 为零，DC-AC 变换电路功率器件为 ZVS 开关。

7) $t_6 \sim t_7$

t_6时刻 S_c关断，L_m与 C_s谐振，i_{Lm}继续反向增大，C_s放电、u_{DS}下降，i_{Lf}仍经 D_f续流。

8) $t_7 \sim t_8$

t_7时刻 u_{DS}下降到 U_i，D 开通，空载或轻载时 u_{DS}降为 0，t_8时刻 S 实现 ZVS 开通，重载时 $u_{DS}=U_i$，t_8时刻 S 硬开通。

由上分析可见，级联占空比扩展有源箝位单管正激直流斩波器型高频环节逆变器不但电路拓扑十分简洁，而且高频变压器工作频率与 u_{dc}的频率相同，显著地提高了逆变器的功率密度，有源箝位正激斩波器占空比 D 大于 0.5 的优越性可得到充分展现。

4.4.2　大信号特性

1. 大信号瞬态现象

级联有源箝位正激直流斩波器型高频环节逆变器存在大信号瞬态现象，揭示其大信号瞬态特性可以预见逆变器功率开关的最大电压应力并防止磁心偏磁导致的磁饱和问题。这里仅讨论占空比不扩展的情形，级联有源箝位正激直流斩波器型高频环节逆变器等效电路如图 4-8 所示。图中，高频变压器的漏感和寄生电阻不计，逆变桥等效续流回路用 D_f表示，滤波电容 C_f的寄生电阻用 R_{cf}表示，DC-AC 变换电路由“+1”态或“–1”态切换为续流态，或由正向传递能量切换为能量回馈瞬间均可看成逆变器的负载大信号瞬变。

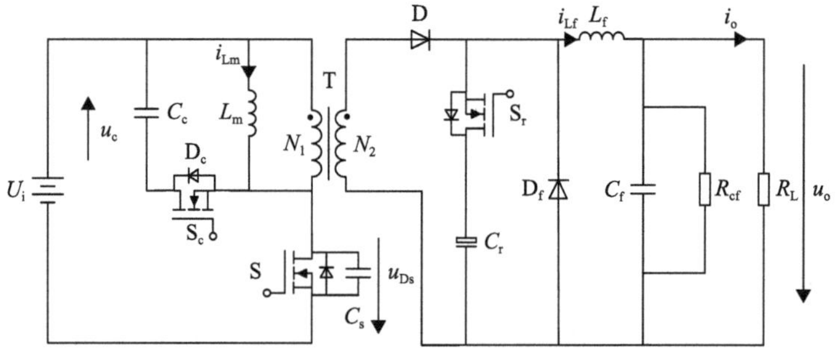

图 4-8　级联有源箝位正激直流斩波器型高频环节逆变器的等效电路

仿真实例：输入电压 U_i=18～32VDC，高频变压器的匝比 N_1/N_2=1/12，输出额定容量 S=1kVA，磁化电感 L_m=40μH，箝位电容 C_c=3μF，吸收电容 C_r=100μF，功率开关 S 的最大占空比 D_{max}=0.6，输出滤波电感 L_f=1mH，输出滤波电容 C_f=14μF，输出电压 U_o=115V400HzAC，开关频率 F_s=50kHz，系统的截止频率 f_c=1kHz。

负载电流 I_o=8A 且 u_i 从 20V 瞬变到 30V、U_i=24V 且 i_o 从 4A 瞬变到 8A 时两种情形下，闭环控制级联有源箝位正激直流斩波器型高频环节逆变器的 u_c 和 i_{Lm} 的大信号瞬态仿真波形分别如图 4-9(a)和(b)所示。图 4-9 中，u_e 为电压调节器的误差放大信号。当 U_i=20V 时，箝位电容电压工作在稳态值且满足 $U_c(1-D)=U_iD$，高频变压器磁心双向对称磁化；u_i 从 20V 瞬变到 30V 后，由于 u_c 和占空比 d 不能突变，$u_id > u_c(1-d)$，高频变压器正向偏磁，C_c 的充电能量大于放电能量，使得 u_c 上升；当 u_c 上升到 $u_id < u_c(1-d)$ 时，高频变压器反向偏磁，u_c 下降。

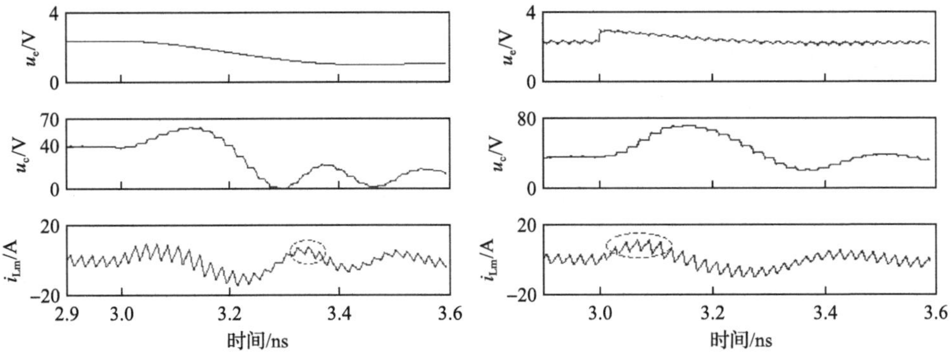

(a) 负载电流 I_o=8A、u_i 从20V瞬变到30V　(b) U_i=24V、负载 i_o 从4A瞬变到8A

图 4-9　逆变器的大信号瞬态仿真波形

仿真结果表明，u_c 和 i_{Lm} 的周期性变化规律为 L_m 和 C_c 的谐振运动，输入电压或负载电流大信号瞬变引起的 u_c、i_{Lm} 的峰值变化远大于稳态时的纹波电压和纹波电流；大信号瞬变引起的高频变压器磁心周期性偏磁，偏磁严重时可能导致高频变压器磁化电流在某个区间内一直为正值，如图 4-9 虚框所示，当功率开关 S 开通、S_c 的体内二极管 D_c(反向恢复特性慢)尚未关断时，U_i、C_c 和 D_c、S 构成的低阻抗回路导致很大的反向恢复电流。

欲解决高频变压器的偏磁问题，可采取如下方法：①将一个肖特基二极管 D_3 和 S_c 正向串联来阻止 D_c 的开通，再反并联一个超快恢复二极管 D_4；②合理设计电路参数，避免出现低阻抗回路。

2. 闭环反馈控制时的大信号瞬态特性

输入电压从 20V 瞬变到 30V、I_o=8A 时有源箝位支路的状态轨迹仿真波形，如图 4-10 所示。箝位电压 u_c 和磁化电流 i_{Lm} 的瞬态波形是叠加高频开关纹波的 L_m 与 C_c 的谐振振荡，通常谐振频率远小于开关频率。忽略高频开关纹波，有源箝位支路的状态轨迹即平均状态轨迹。

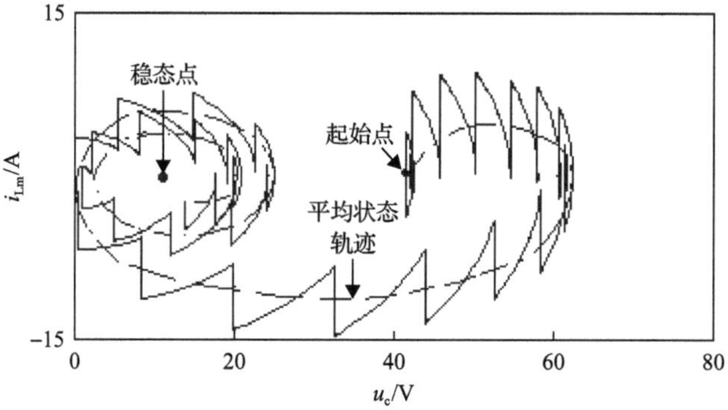

图 4-10　输入电压大信号瞬变时的有源箝位支路状态轨迹

图 4-8 所示等效电路的平均模型方程为

$$L_m \frac{di_{Lm}}{dt} = du_i - d'u_c \tag{4-3a}$$

$$C_c \frac{du_c}{dt} = d'i_{Lm} \tag{4-3b}$$

$$C_f \frac{du_o}{dt} = i_{Lf} - \frac{u_o}{R_{cf}} - i_o \tag{4-3c}$$

$$L_f \frac{di_{Lf}}{dt} = \frac{du_i N_2}{N_1} - u_o \tag{4-3d}$$

式(4-3)中，$d' = 1 - d$。式(4-3)还可表示为

$$\frac{L_m}{d'}\frac{di_{Lm}}{dt} = \frac{d}{d'}u_i - u_c \tag{4-4a}$$

$$\frac{C_c}{d'}\frac{du_c}{dt} = i_{Lm} \tag{4-4b}$$

由式(4-3)和式(4-4)可知，逆变器的平均电路模型如图 4-11 所示。

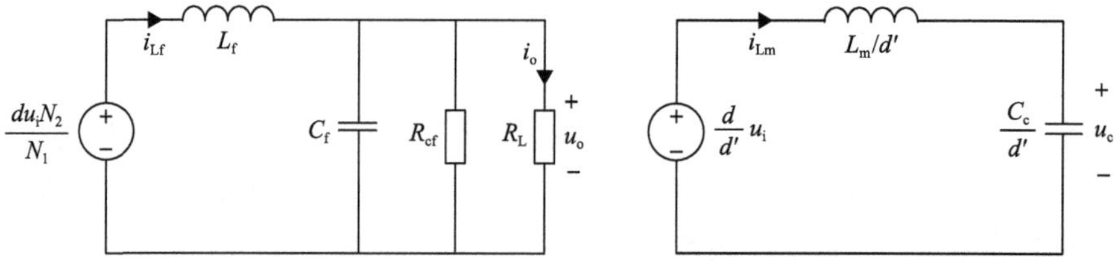

(a) 功率电路　　(b) 有源箝位支路

图 4-11　级联有源箝位正激直流斩波器型高频环节逆变器的平均电路模型

由图4-11可知，功率电路和有源箝位电路仅通过占空比进行耦合。当输入电压和负载发生瞬变时，功率电路是一个线性系统，占空比变化时有源箝位支路是一个非线性系统。有源箝位电路大信号等效电路模型元件参数是占空比 d 的函数，由于占空比 d 是与 L_m、C_c 谐振网络相独立的变量，与 u_c 和 i_{Lm} 解耦且在每个开关周期内可认为不变，故图4-11(b)在每个开关周期内也可认为是一个线性系统。输入电压固定在 du_i/d'，磁化电感固定在 L_m/d'，箝位电容固定在 C_c/d'。由图4-11(b)可求出有源箝位支路在每个开关周期的平均状态轨迹为

$$u_c(t)=r(0)\cos(\alpha(0)-\omega_r t)+u_{center} \tag{4-5a}$$

$$i_{Lm}(t)\cdot z_r=r(0)\sin(\alpha(0)-\omega_r t) \tag{4-5b}$$

式中，$u_{center}=du_i/d'$；$r(0)=\sqrt{(u_c(0)-u_{center}(0))^2+i_{Lm}^2(0)\cdot z_r^2}$，$u_{center}(0)=u_i d(0)/d'(0)$；$\alpha(0)=\arctan(i_{Lm}(0)\cdot z_r/(u_c(0)-u_{center}(0)))$，$\omega_r=d'/\sqrt{L_m C_c}$ 为 L_m 与 C_c 的谐振角频率，$z_r=\sqrt{L_m/C_c}$ 为谐振网络的特性阻抗。$d(0)$ 是前一个开关周期的占空比，$u_c(0)$、$i_{Lm}(0)$ 分别为每个开关周期功率开关开通瞬间平均箝位电容电压和平均磁化电流的初值。式(4-5)也可表示为

$$(u_c(t)-u_{center})^2+(i_{Lm}(t)\cdot z_r)^2=r^2(0) \tag{4-6}$$

式(4-6)表明，该平均状态轨迹是 u_c-i_{Lm} 状态平面上中心位于(u_{center}，0)的椭圆，是占空比 d 和输入电压 u_i 的函数。

输入电压 u_i 从18V瞬变到32V、不同带宽频率 f_c 情形下闭环控制有源箝位支路的平均状态轨迹，如图4-12所示。瞬变前、后的值分别用下标“old”、“new”表示，输入电压由 $U_{i,old}$ 瞬变到 $U_{i,new}$ 前平均状态轨迹是一个单点，占空比 $d=D_{old}$，平均箝位电容电压的初始值 $u_c(0)=U_{i,old}D_{old}/D'_{old}$，平均磁化电流的初始值 $i_{Lm}(0)=0$。输入电压瞬变时，闭环控制占空比 d 的时域表达式为

$$d(t)=D_{old}+(D_{new}-D_{old})(1-e^{-\omega_c t}) \tag{4-7}$$

式中，系统截止角频率 $\omega_c=2\pi f_c$。随着占空比 d 的变化，平均状态轨迹的中心点从 $u_{center}(0)=U_{inew}D_{old}/D_{old'}$ 移动到箝位电容电压新的稳态值 $u_{cnew}=U_{inew}D_{new}/D_{new'}$。

由图4-12(a)、(b)比较可知，图4-12(b)中由于较高的带宽频率 f_c=10kHz，U_{center} 移动较快，所以平均状态轨迹很快达到新的稳态，功率开关电压应力和高频变压器磁化电流的峰值比 f_c=1kHz 时低。

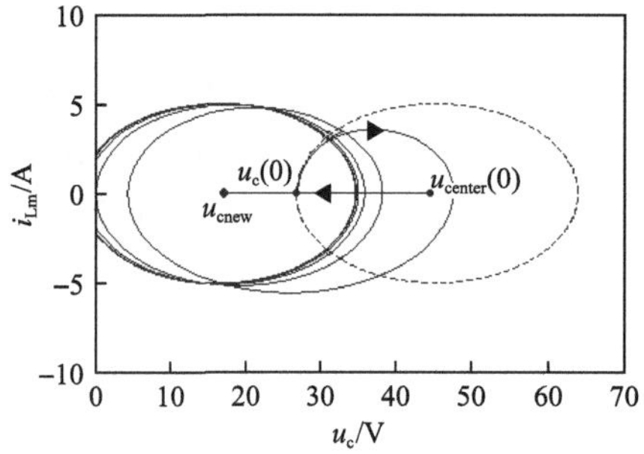

(a) f_c=1kHz

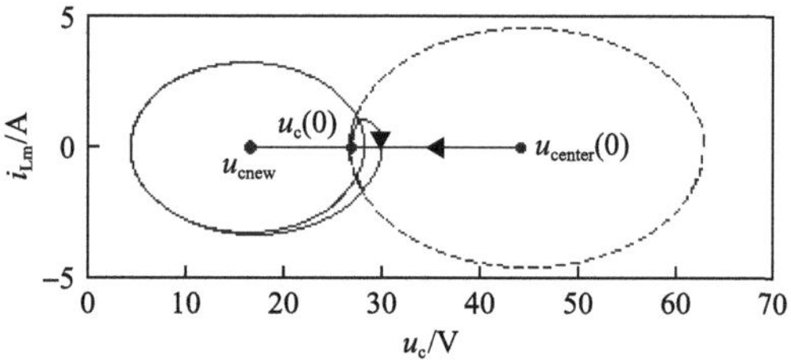

(b) f_c=10kHz

图 4-12　输入电压大信号瞬变、不同带宽频率时闭环控制有源箝位支路的平均状态轨迹

由于平均状态轨迹包含两个运动，一个是状态轨迹圆心的运动，其速度由系统带宽决定；另一个是谐振运动，其速度由谐振频率 $f_r = d'/(2\pi\sqrt{L_m C_c})$ 决定。因此，大信号瞬变时谐振频率 f_r 也是一个重要参数。若仅将 f_r 减小为图 4-12 情形时的 1/2，即 C_c 增大 4 倍，则当 f_c=1kHz、L_m=40μH、C_c=12μF 时，u_i 从 18V 瞬变到 32V 时的闭环控制有源箝位支路的平均状态轨迹如图 4-13 所示。比较图 4-12(a) 和图 4-13 可知，相同带宽频率 f_c 时，C_c 增大，箝位电容的电压峰值减小，但高频变压器的磁化电流峰值增加，偏磁现象严重。

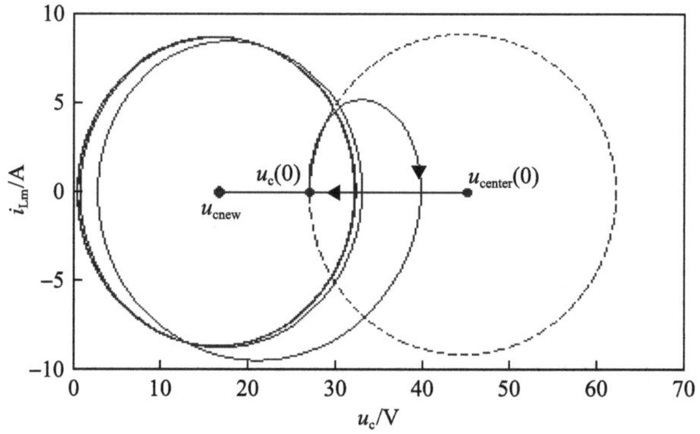

图 4-13　输入电压大信号瞬变时闭环控制有源箝位支路的平均状态轨迹

3. 输入电压前馈时的大信号瞬态特性

输入电压前馈控制时功率开关 S 的稳态占空比为

$$d = U_{i,\min} d_{\max} / u_i \tag{4-8}$$

由式(4-8)可知，d 仅与输入电压 u_i 有关，而与负载电流 I_o 无关。因此，这种逆变器采用电压前馈控制时不存在负载突变时的大信号瞬态现象。

输入电压u_i从18V瞬变到32V时，级联有源箝位正激直流斩波器型高频环节逆变器的平均状态轨迹，如图4-14所示。u_i从18V瞬变到32V之前，$d=D_{old}$，平均状态轨迹是一个单点，$u_c(0)=u_{i,old}D_{old}/D'_{old}$，$i_{Lm}(0)=0$；输入电压瞬变之后，$d$从$D_{old}$跃变到$D_{new}$，平均状态轨迹是一个中心点位于$(u_{center}=u_{inew}D_{new}/D'_{new},0)$的固定椭圆，$u_{center}$也是箝位电容电压的新稳态值$u_{cnew}$。

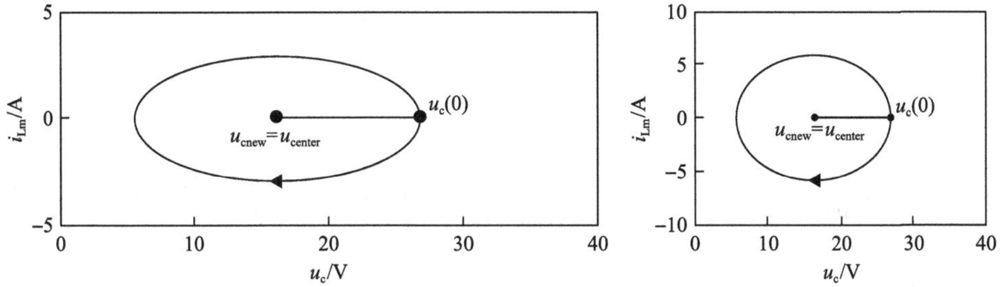

(a) L_m=40mH，C_c=3μF　　(b) L_m=40mH，C_c=12μF

图4-14　输入电压大信号瞬变、不同f_r时的电压前馈控制有源箝位支路的平均状态轨迹

由图4-14(a)、(b)所示仿真结果比较可知，不同谐振频率f_r时的大信号瞬态特性不同。增大C_c即减小f_r，箝位电容电压峰值不变，但高频变压器的磁化电流峰值增加，偏磁现象严重。

4.5　级联Buck直流斩波器型高频环节逆变器关键电路参数设计

4.5.1　隔离Buck型直流斩波器

以级联占空比扩展有源箝位正激直流斩波器型高频环节逆变器为例，推导这类逆变器的关键电路参数设计准则。

1. 开关电压应力

功率开关S和箝位开关S_c的电压应力相等，即

$$U_{DS}=U_{DSc}=U_i+U_c=U_i/(1-D)=U_oU_1/\left[N_2D(1-D)\right] \tag{4-9}$$

2. 箝位电容C_c

箝位电容C_c的选择由稳态箝位电压纹波ΔU_c和逆变器的动态响应速度共同决定。C_c越大，ΔU_c和功率开关S、箝位开关S_c的电压应力越小，但对输入电源电压、负载变化时的动态响应速度将变慢，高频变压器的磁化电流峰值将变大，偏

磁将更严重，磁饱和将越容易发生，如此，输入电源、箝位支路和功率开关之间将越容易形成低阻抗回路。

设箝位电压纹波 $\Delta U_c \ll U_c$，则在 $(1-D)T_s$ 期间磁化电流 i_{Lm} 即箝位电容电流 i_c 近似按斜率 U_c/L_m 线性下降，如图 4-7(c)所示。箝位电容电压的纹波为

$$\Delta U_c = \frac{1}{C_c}\int_0^{(1-D)T_s/2} i_c \mathrm{d}t = \frac{I_{Lm}(1-D)T_s}{4C_c} \tag{4-10}$$

式中，I_{Lm} 为 $t=t_{on}$ 时的磁化电流值。箝位电容电流 i_c 的有效值为

$$I_{c,rms} = \sqrt{\frac{1}{T_s}\int_0^{(1-D)T_s}\left[I_{Lm} - \frac{I_{Lm}}{(1-D)T_s/2}t\right]^2 \mathrm{d}t} = I_{Lm}\sqrt{(1-D)/3} \tag{4-11}$$

稳态时 i_{Lm}，即 i_c 的下降斜率为

$$U_c/L_m = I_{Lm}/[(1-D)T_s/2] \tag{4-12}$$

由式(4-10)和式(4-12)可知，$\Delta U_c/U_c$ 为

$$\Delta U_c/U_c = (1-D)^2 T_s^2/(8L_m C_c) \tag{4-13}$$

由式(4-9)可知，功率开关电压应力的纹波 $\Delta U_{DS} = \Delta U_c$，有

$$\Delta U_{DS}/U_{DS} = D\Delta U_c/U_c = D(1-D)^2 T_s^2/(8L_m C_c) \tag{4-14}$$

因此，箝位电容 C_c 应满足

$$C_c \geqslant \frac{(1-D)^2 T_s^2}{8L_m \cdot \Delta U_c/U_c} \tag{4-15}$$

式中，通常取 $\Delta U_c/U_c \leqslant 10\%$ 或 $\Delta U_{DS}/U_{DS} \leqslant 10\%$，按最严重情况 $D=D_{min}$ 来设计。

3. 各个开关的延迟时间

延迟时间 τ_1、τ_2 过大，将影响有效占空比；延迟时间过小，满足不了要求。τ_1 过小，箝位开关 S_c 未能实现 ZVS 开通，电路寄生参数引起的 EMI 大；τ_2 过小，功率开关 S 的开通损耗大。S_c 关断与 S 开通的时间间隔 τ_2 应不小于磁化电感 L_m 与功率开关输出电容 C_s 间谐振周期的 1/4，即

$$\tau_2 \geqslant t_7 - t_6 \geqslant \frac{2\pi\sqrt{L_m C_s}}{4} \tag{4-16}$$

S 关断与 S_c 开通的时间间隔 τ_1 应满足 $t_3-t_2<\tau_1<t_4-t_2$，t_3-t_2 近似为 L_m、C_s 谐振周期的 1/2，即

$$\frac{2\pi\sqrt{L_m C_s}}{2}<\tau_1<\frac{(1-D)T_s}{2} \tag{4-17}$$

式(4-16)和式(4-17)按最严重情况($U_i=U_{imin}$、$D=D_{max}$、$U_c=U_{cmax}$)来调节参数。

如果高频脉冲直流电压 u_{dc} 的扩展占空比为 ΔD，则无功能量吸收开关 S_r 的关断时刻相对于功率开关 S 的关断时刻的延迟时间 τ_4 为

$$\tau_4=\Delta D\cdot T_s \tag{4-18}$$

4. 功率开关 S 实现 ZVS 开通的方法与条件

功率开关 S 的 ZVS 开通有两种方法：①高频变压器磁心加气隙，降低磁化电感 L_m、增大磁化电流 i_{Lm}，当箝位开关 S_c 在 t_6 时刻关断后功率开关 S 的漏源电压 u_{DS} 在 t_7 时刻下降到 U_i 时的磁化电流大于副边整流二极管电流 i_D 折算到原边的电流 $i_D N_2/N_1$ 时，则这两个电流的差值在 t_7 时刻之后将继续抽取结电容 C_s 上的电荷，当 u_{DS} 下降到零后并于 t_8 时刻开通功率开关 S，从而实现 S 的 ZVS 开通，这种方法增加了高频变压器的铁损；②与整流二极管 D 串一饱和电抗器，延缓 D 的开通时刻，即饱和电抗器暂时将高频变压器和负载断开，全部磁化电流用来抽取结电容 C_s 上的电荷，这种方法饱和电抗器的高频损耗较大。

通过磁心加气隙降低 L_m、增大 i_{Lm} 实现功率开关的 ZVS 开通，由式(4-14)可知，忽略漏感且在相同的 $\Delta U_{DS}/U_{DS}$ 时，有

$$C_{c\,(ZVS)}/C_c=L_m/L_{m\,(ZVS)}>1 \tag{4-19}$$

由式(4-11)可知

$$I_{c\,(ZVS)}/I_c=I_{Lm\,(ZVS)}/I_{Lm}>1 \tag{4-20}$$

功率开关 S 实现 ZVS 开通的前提条件为

$$L_m(I_{Lm}-i_D N_2/N_1)^2/2\geqslant C_s U_{imax}^2/2 \tag{4-21}$$

Buck 型 DC-AC 变换器相对有源箝位正激直流斩波器是低频交变的负载，有重载和轻载，即 i_D 有大小之分。此外，Buck 型 DC-AC 变换器处于能量回馈或续流态时，有源箝位正激直流斩波器相当于空载工作，即 $i_D=0$，而磁化电流的峰值 I_{Lm} 为固定值，故式(4-21)在轻载、DC-AC 变换器能量回馈和续流时成立。当 Buck

型 DC-AC 变换器重载且处于正向传递功率（“+1”态、“−1”态）期间，设功率开关 S 实现 ZVS 开通对应的最小电感电流为 i_{Lfmin}，为了推导方便，这里仅考虑 Buck 型 DC-AC 变换器的开关频率与有源箝位正激直流斩波器相同的情形，一个开关周期内

$$U_{\mathrm{o}} = L_{\mathrm{f}}\Delta I_{\mathrm{Lf}} / [(1-D)T_{\mathrm{s}}] = DU_{\mathrm{i}}N_2 / N_1 \tag{4-22}$$

$$i_{\mathrm{Lfmin}} = i_{\mathrm{o,avg}} - \Delta I_{\mathrm{Lf}} \tag{4-23}$$

由式（4-22）和式（4-23）可得

$$i_{\mathrm{Lfmin}} = \frac{P_{\mathrm{o}}}{U_{\mathrm{o}}} - \frac{U_{\mathrm{o}}T_{\mathrm{s}}}{L_{\mathrm{f}}}\left(1 - \frac{N_1U_{\mathrm{o}}}{N_2U_{\mathrm{i}}}\right) \tag{4-24}$$

由于稳态时 C_{c} 维持电荷守恒，谐振转换期间又很短暂，故可近似认为

$$U_{\mathrm{i}} \approx L_{\mathrm{m}}\mathrm{d}i_{\mathrm{Lm}} / \mathrm{d}t = L_{\mathrm{m}}(2I_{\mathrm{Lm}}) / (DT_{\mathrm{s}}) \tag{4-25}$$

将 $i_{\mathrm{D}}=i_{\mathrm{Lfmin}}$、式（4-25）代入式（4-21），得

$$(N_2 / N_1)^2 L_{\mathrm{m}}^2 I_{\mathrm{Lfmin}}^2 - (T_{\mathrm{s}}U_{\mathrm{o}}I_{\mathrm{Lfmin}} + C_{\mathrm{s}}U_{\mathrm{imax}}^2)L_{\mathrm{m}} + [N_1T_{\mathrm{s}}U_{\mathrm{o}} / (2N_2)]^2 \geqslant 0 \tag{4-26}$$

由式（4-24）和式（4-26）可分别求得对应最小电感电流 i_{Lfmin} 时的电感值 L_{f} 和功率开关 S 实现 ZVS 开通的磁化电感值 L_{m}。当 U_{imax}=32V、U_{o}=163V、T_{s}=20μs、N_1/N_2=1/12 时，对应不同最小电感电流 I_{Lfmin} 和不同 C_{s} 值时功率开关 S 实现 ZVS 开通的最大磁化电感值 L_{mmax} 如表 4-1 所示。只要高频变压器的磁化电感 $L_{\mathrm{m}} \leqslant L_{\mathrm{mmax}}$，功率开关 S 即可实现 ZVS 开通。当 C_{s}=5000pf 时，L_{m} 与 I_{Lfmin} 的关系曲线如图 4-15 所示。

表 4-1　不同 I_{Lfmin}、C_{s} 值时功率开关 S 实现 ZVS 开通的 L_{mmax}（单位：μH）

C_{s}	I_{Lfmin}					
	0A	1A	2A	4A	6A	8A
4000pF	4484	5.649	2.826	1.414	0.942	0.707
5000pF	3587	5.647	2.825	1.413	0.942	0.707
6000pF	2989	5.645	2.825	1.413	0.942	0.707

5. Buck 型直流斩波器的占空比 $D+\Delta D$

为了防止输出电压 u_{o} 平顶失真，应满足

$$U_{\mathrm{dcavg}} = U_{\mathrm{i}}(D+\Delta D)N_2 / N_1 \geqslant \sqrt{2}U_{\mathrm{o}} \tag{4-27}$$

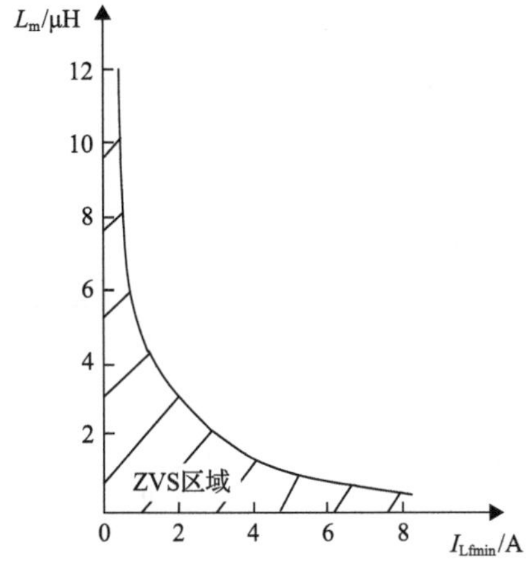

图 4-15　L_m 与 I_{Lfmin} 的关系曲线

由式(4-27)可知，相同的 U_{dcavg} 值，占空比 $D+\Delta D$ 越大，$U_{dcm}=U_iN_2/N_1$ 就越小。因此，Buck 型直流斩波器占空比的扩展，一方面降低了 DC-AC 变换电路和吸收支路开关的电压应力；另一方面简化了隔离 Buck 型直流斩波电路。此外，为了确保 DC-AC 变换电路的功率开关可靠实现 ZVS，需要一定的零电压时间 t_0，即最大占空比应满足

$$(D+\Delta D)_{max} \leqslant 1-t_0 \cdot F_s \tag{4-28}$$

6. 开关频率 F_s

如果输出正弦电压的频率为 F_o，F_s/F_o 越高，高频变压器、输入与输出滤波器将越小，输出正弦电压波的 THD 也越小。但 F_s 受式(4-28)限制，当 F_s 过高时，最大占空比就变小，U_iN_2/N_1 将增大。因此，F_s 应折中考虑，对于 MOSFET、高速 IGBT，开关频率 F_s 通常取 50～100kHz。

7. 吸收电容 C_r

吸收电容 C_r 的设计应综合考虑无功能量的回馈和 u_{dc} 的占空比扩展两方面因素。逆变器空载时在一个输出周期内就有半个周期的能量回馈，此时 C_r 上的电压脉动最大，故应按空载设计。逆变器空载时滤波电感电流 i_{Lf}、滤波电容电压 u_{Cf} 和吸收电容电压 u_{Cr} 的波形，如图 4-16 所示。根据能量守恒原理，逆变桥空载且处于无功能量回馈时，有

$$C_r[(\Delta U_{Cr}+U_{Crmin})^2/2-U_{Crmin}^2]=C_fU_{Cfmax}^2/2-L_fI_{Lfomax}^2/2 \tag{4-29}$$

式中，$U_{Crmin}=U_iN_2/N_1$、I_{Lfomax} 为空载时输出滤波电感电流的最大值。C_r 越小，ΔU_{Cr}

就越大，u_{Cr} 和逆变桥直流母线的电压就越高；C_r 越大，则 C_r 的体积、重量、输入电压突增时的电流冲击将越大，逆变器的可靠性越低。因此，通常按 $\Delta U_{Cr} \leqslant 5\% U_{Crmin}$ 来选取电容 C_r。

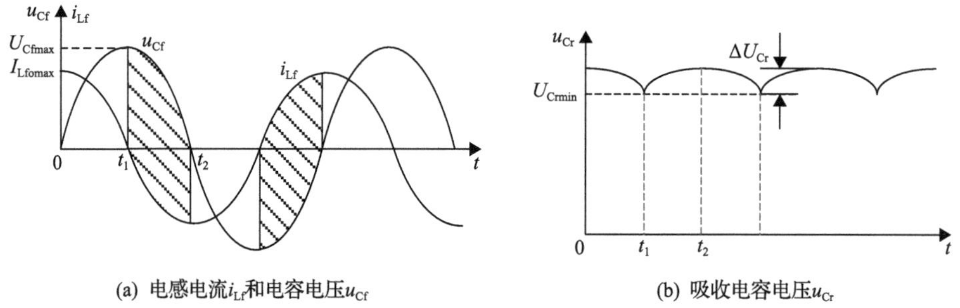

图 4-16　逆变器空载时 i_{Lf}、u_{Cf} 和 u_{Cr} 波形

在 u_{dc} 占空比的扩展期间，如果 C_r 对 DC-AC 变换电路的负载供电，则 C_r 将会出现一定程度的电压降落，等到功率开关 S 下一开关周期再次开通时存在电流冲击现象。二极管 D、D_r 和线路的寄生阻抗用等效阻抗 Z_s 表示，则功率开关 S 开通瞬间吸收支路的等效电路，如图 4-17 所示。由图可得

$$I_{Crpeak} = (U_i N_2 / N_1 - U'_{Crmin}) / |Z_s| = \Delta U'_{Crmax} / |Z_s| \tag{4-30}$$

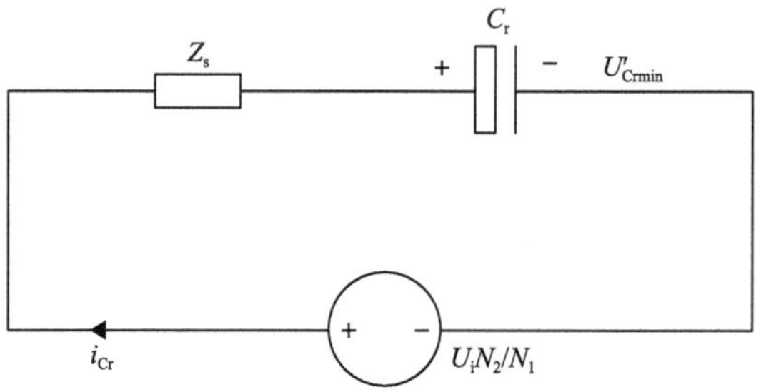

图 4-17　功率开关 S 开通瞬间吸收支路的等效电路

式中，I_{Crpeak} 为功率开关 S 开通瞬间吸收支路的冲击电流峰值；$\Delta U'_{Crmax}$ 为 u_{dc} 占空比扩展期间 C_r 对 DC-AC 变换电路供电引起的最大电压降，即

$$\Delta U'_{Crmax} = I_{Lfshort} \Delta D T_s / C_r \tag{4-31}$$

$I_{Lfshort}$ 为负载短路时的滤波电感电流，即负载短路电流。由式(4-30)和式(4-31)可得

$$I_{Crpeak} = \Delta U'_{Crmax} / |Z_s| = I_{Lfshort} \Delta D T_s / (C_r |Z_s|) \tag{4-32}$$

合理设计 C_r、Z_s 等参数以将功率开关 S 每次开通时 C_r 的电流冲击限制在允许值内，可以抑制 EMI。

4.5.2　三态 DPM DC-AC 变换器

1. 输出滤波电容 C_f

C_f 用来滤除输出电压 u_o 的高次谐波，C_f 越大，u_o 的 THD 就越小，但 DC-AC 变换器的无功电流分量、体积和成本将增加。通常 $I_{Cf} \leqslant 0.5I_{omax}$，故 C_f 值应满足

$$C_f \leqslant 0.5I_{omax} / (\omega_o U_o) \tag{4-33}$$

2. 输出滤波电感 L_f

L_f 用来滤除输出电压中的高次谐波，并作为积分环节实现三态 DPM 电流滞环控制。其设计应考虑输出电压波形质量、电感电流的跟踪速度、负载调整率、输出电压的动态特性等四个方面的要求。

3. 滞环宽度 2δ

2δ 与滤波电感 L_f 密切相关，一旦 L_f 确定，2δ 的选择将直接影响输出电压波形的质量。若滞环宽度过小，则电路不能有效地选择零状态，处于双极性工作方式，输出电压 THD、开关频率、损耗、吸收电容两端电压脉动加大；若环宽度过大，则 i_{Lf} 的脉动、输出电压 THD 增大，电路的动态调节速度变慢。因此，滞环宽度的大小需折中考虑，可通过仿真归纳出：

$$\delta = (0.3 \sim 0.6) U_{doavg} T_s k_i / L_f \tag{4-34}$$

式中，k_i 为电流调节器的放大倍数。电路设计和调试时，先由式(4-34)粗选 δ，然后在电路调试中优化选择，使 DC-AC 变换器工作于单极性工作方式。

4. 电压、电流调节器

电压和电流双闭环三态 DPM 控制系统，如图 4-18 所示。外环电压调节器为 PI 调节器，δ 为半个滞环宽度，u_c 为过零采样控制信号，k_{if}、k_{uf} 分别为电感电流 i_{Lf}、输出电压 u_o 的反馈系数。

由于 i_{Lf} 总是跟踪电流给定值 i_r 的变化，采样频率 $F_c \gg F_o$，故对于电压外环，电流环可等效为一受控电流源，如图 4-19 所示。由图 4-19 可得

$$i_{Lf} = i_r / k_{if} \tag{4-35}$$

$$I_{Lfmax} < I_{rmax} / k_{if} = I_{Lfshort} \tag{4-36}$$

式中，I_{rmax} 为电压调节器输出的饱和值；I_{Lfmax} 为额定负载时电感电流最大值；$I_{Lfshort}$ 为负载短路时电感电流值。考虑负载扰动的影响，三态 DPM 控制系统的等效框图如图 4-20 所示。

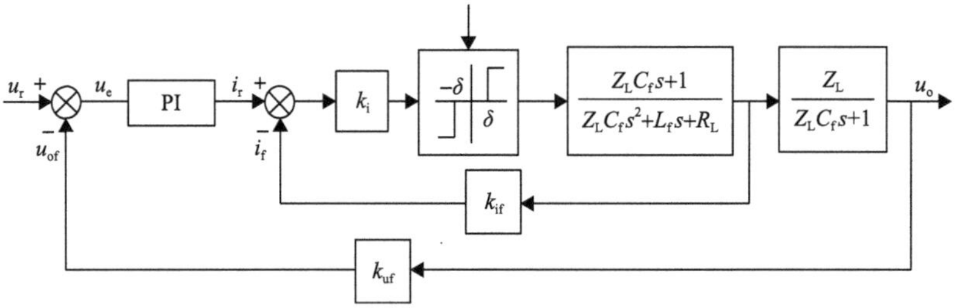

图 4-18　电压和电流双闭环三态 DPM 控制系统

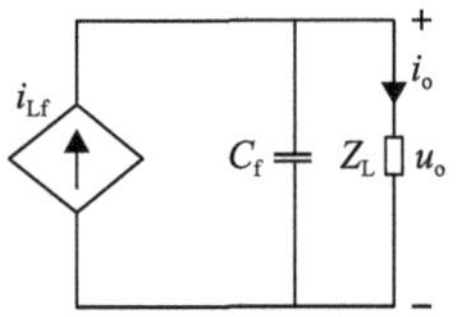

图 4-19　电流环等效电路

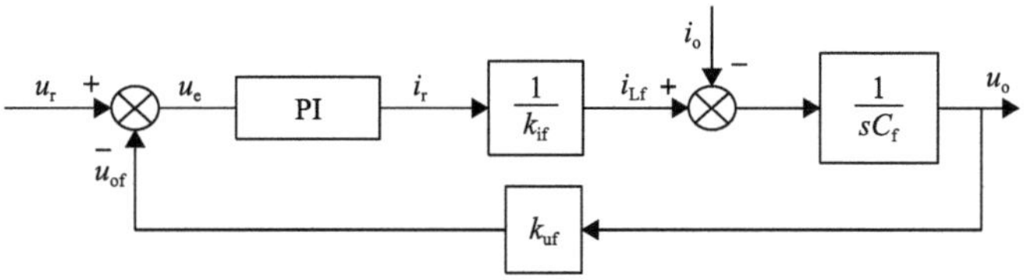

图 4-20　三态 DPM 控制系统的等效框图

电压调节器为比例积分调节器旨在减小系统的稳态误差，如图 4-21 所示。电压调节器的传递函数为 $k_u(\tau s+1)/(\tau s)$，$k_u=R_2/R_1$，$\tau=R_2C_1$。整个控制系统的开环传递函数为

$$G(s)=\frac{k_u(\tau s+1)}{\tau s}\frac{1}{k_{if}}\frac{1}{C_fs}k_{uf}=\frac{k_uk_{uf}(\tau s+1)}{k_{if}\tau C_fs^2}=\frac{k(\tau s+1)}{s^2} \tag{4-37}$$

式中，$k=k_uk_{uf}/(k_{if}\tau C_f)$。

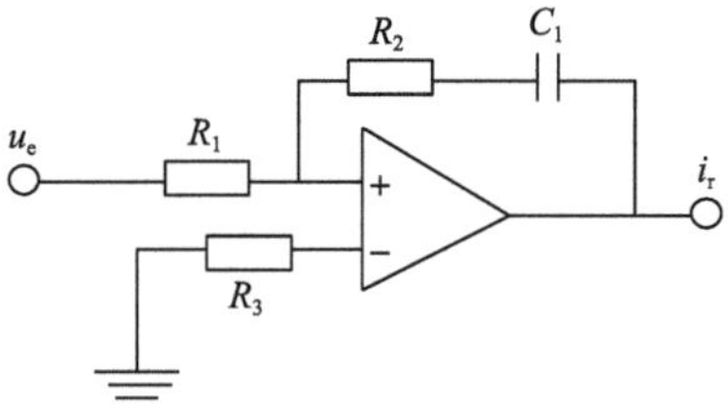

图 4-21　电压调节器

由式(4-37)计算系统稳态时的输入误差和扰动误差。由于给定输入信号 u_r 是正弦基准信号，校正后系统对正弦输入信号响应的稳态误差是有静差的。设负载扰动为单位阶跃信号，则扰动误差为

$$e_{\text{ssn}}(\infty)=\lim_{s\to 0}sE_{\text{n}}(s)=\lim_{s\to 0}s\cdot\frac{1/(C_{\text{f}}s)}{1+G(s)}\frac{1}{s}=-\frac{1}{kC_{\text{f}}}=-\frac{k_{\text{if}}\tau}{k_{\text{u}}k_{\text{uf}}} \tag{4-38}$$

由式(4-38)可知，系统的扰动误差与整个系统的开环增益 $k_{\text{u}}k_{\text{uf}}/k_{\text{if}}$ 成反比，与 PI 调节器的时间常数 τ 成正比。

由上分析可见，电压和电流调节器的参数直接影响系统的稳态精度、动态响应速度和输出电压 THD，设计时应综合考虑。

4.6　750VA 级联 Buck 直流斩波器型高频环节逆变装置实验

4.6.1　逆变装置构成

750VA 27VDC/115V400HzAC 级联占空比扩展有源箝位正激直流斩波器型高频环节逆变装置由功率电路、控制电路、机内辅助电源三部分构成，如图 4-22 所示。

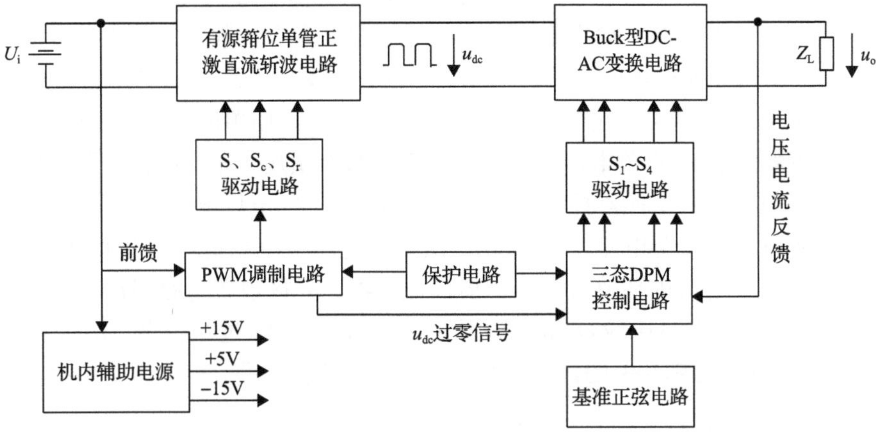

图 4-22　750VA 级联有源箝位正激直流斩波器型高频环节逆变装置的构成

1. 功率电路

逆变装置的功率电路由具有直流输入 *LC* 滤波器的占空比扩展有源箝位正激直流斩波电路和 DC-AC 变换电路级联而成，如图 4-23 所示。

直流输入单级 *LC* 滤波器具有双重功能，既能用来抑制从直流电源来的瞬变量，又能抑制逆变器对直流电源产生的瞬变量和噪声；占空比扩展有源箝位正激直流斩波器将输入电压 U_{i}(18～32VDC)变换成平均值为 180V、频率为 80kHz、占空比扩展的高频脉冲直流电压波 u_{dc}，为 Buck 型 DC-AC 变换电路的功率开关

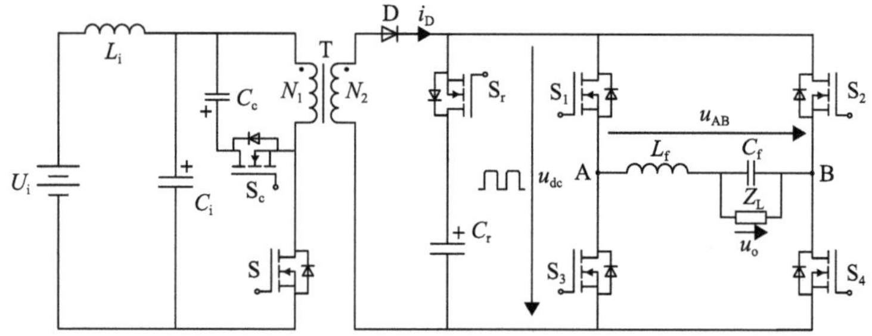

图 4-23　逆变装置的功率电路

实现 ZVS 创造条件；Buck 型 DC-AC 变换电路将 u_{dc} 变换成基波频率为 400Hz 的三态 DPM 电压波 u_{AB}，再经 LC 输出交流滤波器后得到优质的 115V400Hz 正弦交流电压 u_o。

2. 控制电路

占空比扩展有源箝位正激直流斩波器控制电路包括 UC1525 脉宽调制电路、延时整形变换电路、驱动电路等，如图 4-24 所示。基于 UC1525 组成的脉宽调制电路具有电压前馈控制、输出高频 PWM 波、最大占空比限制、软启动、故障保护等功能；高频 PWM 波经三路逻辑变换、延迟、整形电路分别得到功率开关 S、箝位开关 S_c 和吸收开关 S_r 的控制信号；S 的驱动电路采用单电源两级射极输出器，S_r 和 S_c 的驱动电路具有单电源、隔离、驱动信号有负压、抗干扰能力强等特点。

Buck 型 DC-AC 变换器控制电路包括基准正弦波、电压电流双闭环三态 DPM 控制、功率开关驱动等电路，如图 4-25 所示。电压电流双闭环三态 DPM 控制电路由电压外环、电流内环放大电路、窗口比较器、死区设置电路组成，其中电流误差放大信号经滞环比较器和高频脉冲直流电压波的过零信号 u_c 采样得到 DC-AC 变换电路功率开关的控制信号，死区设置电路确保 DC-AC 变换电路同一

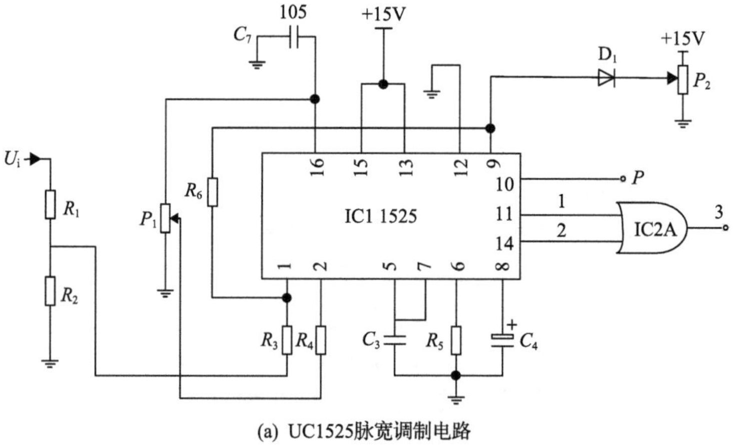

(a) UC1525脉宽调制电路

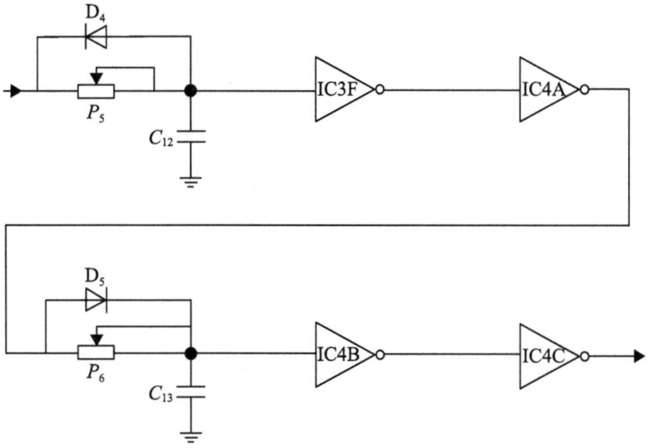

(b) 延时整形变换电路

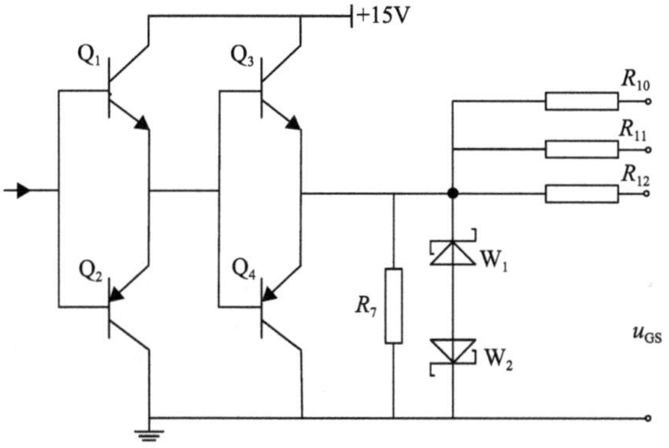

(c) S的驱动电路

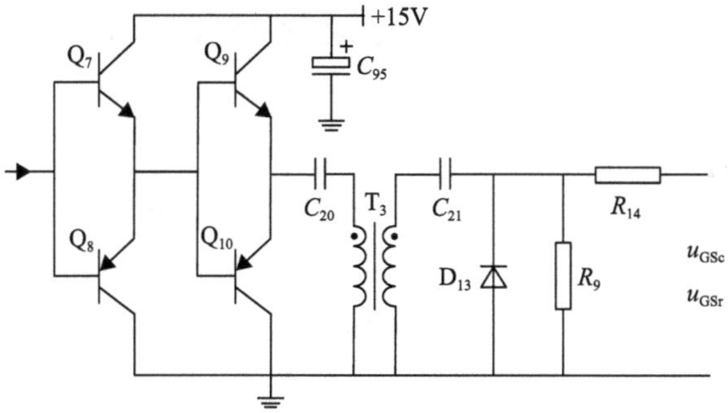

(d) S_c、S_r的驱动电路

图 4-24　占空比扩展有源箝位正激直流斩波器控制电路

桥臂的功率开关先关断、后开通。DC-AC 变换电路的四个功率开关采用 UC1724/UC1725 调制解调型隔离驱动电路。

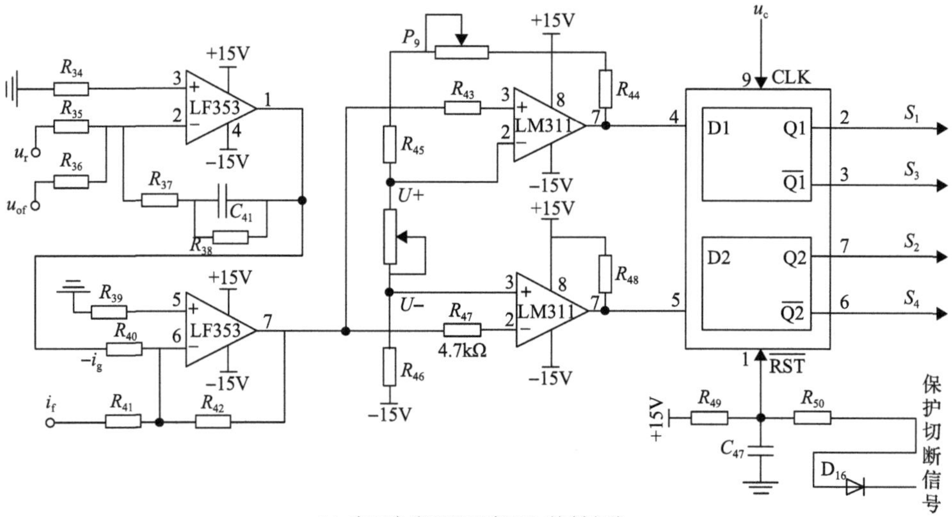

(a) 电压电流双环三态DPM控制电路

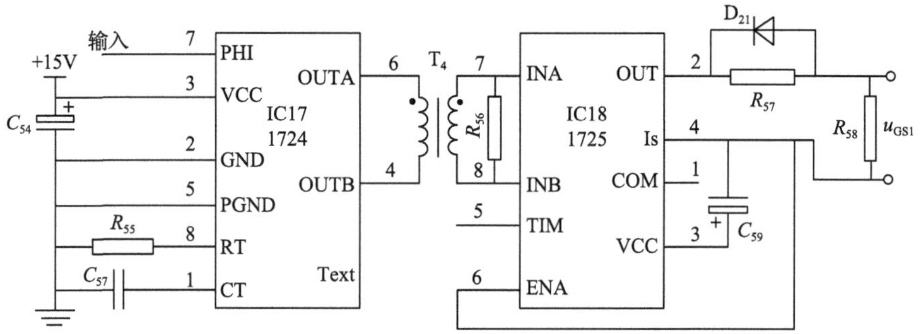

(b) 功率开关S_1~S_4的驱动电路

图 4-25　Buck 型 DC-AC 变换器控制电路

3. 机内辅助电源

逆变装置的机内辅助电源是由基于 UC1843 芯片峰值电流型控制有源箝位反激直流变换器实现的，如图 4-26 所示。该机内辅助电源的三路输出为+15V（1.0A）、−15V（0.2A）、+5V（0.4A），满足控制电路的需要。

4.6.2　功率电路参数设计

1. 占空比扩展有源箝位正激式直流斩波电路

功率开关 S 的最大占空比 D_{max}=0.6，u_{dc} 扩展的占空比 $\Delta D = 0.3$；考虑到 U_i= 18～32V，由高频变压器伏秒积相等原则得 $U_{imin}D_{max} = U_{imax}D_{min}$，$D_{min}$=0.3375，$u_{dc}$ 的占空比范围为

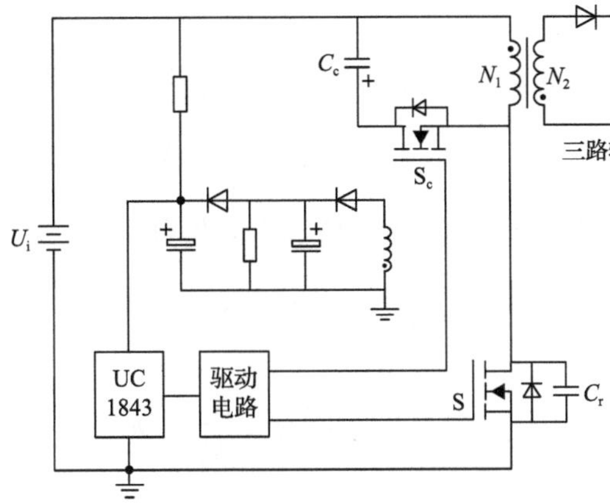

图 4-26　机内辅助电源

$$D_{min}+\Delta D \sim D_{max}+\Delta D=0.6375 \sim 0.9 \tag{4-39}$$

选取 U_{dcavg}=190V，高频变压器副边与原边匝数之比为

$$N_2 / N_1 = U_{doavg} / [(D_{max} + \Delta D)U_{i\,min}] = 190 / (0.9 \times 18) = 11.7 \tag{4-40}$$

取 N_2/N_1=12。u_{dc} 的幅值为

$$(U_{imin} \sim U_{imax}) N_2/N_1 = (18 \sim 32) \times 12 = 216 \sim 384 (\text{V}) \tag{4-41}$$

选用 Mn-Zn R2KBD 型铁氧体材料磁心 PM62×49，其磁路截面积 $S=\pi(2.55^2-0.51^2)/4=4.9(\text{cm}^2)$，窗口面积 $Q=(4.88-2.55)\times 2.8/2=3.26(\text{cm}^2)$、饱和磁密 B_s=5100Gs（$1\text{Gs}=10^{-4}\text{T}$），工作磁密 ΔB=1400Gs、变换器的开关频率 F_s=80kHz[70-72]。变压器原边绕组匝数为

$$N_1 = \frac{U_{imin} \cdot T_{onmax}}{\Delta B \cdot S} \times 10^8 = \frac{18 \times 0.6 / (80 \times 10^3)}{1400 \times 4.9} \times 10^8 \approx 2(\text{匝}) \tag{4-42}$$

设占空比扩展有源箝位正激式直流斩波器和 Buck 型 DC-AC 变换器的变换效率均为 90%，磁心的填充系数 k_c=1，磁心铜的填充系数（即窗口利用系数）k_u=0.3，导线电流密度 j=300A/cm²，高频变压器按 110%额定负载设计，有

$$\text{SQ} = \frac{2T_{onmax} P_{omax}}{\Delta B \eta k_c k_u j} \times 10^8 = \frac{2 \times 0.6 \times 1 / (80 \times 10^3) \times (750 \times 110\%) / 0.90}{1400 \times 0.9 \times 1 \times 0.3 \times 300} \times 10^8 \tag{4-43}$$
$$= 12.15 < 4.9 \times 3.26 = 16.0(\text{cm}^2)$$

磁心 PM62×49 的 SQ 值大于计算值，选用该型号磁心。高频变压器的副边绕组

匝数 N_2=24 匝。

占空比扩展有源箝位正激式直流斩波器输出的平均功率为

$$P_{dc}=750\times110\%/0.9=917(\text{W}) \tag{4-44}$$

未扩展的高频脉冲直流电压波 u_{dc} 的平均值和有效值分别为

$$U'_{dcavg}=DU_iN_2/N_1 \tag{4-45}$$

$$U'_{dcrms}=\sqrt{\frac{1}{T_s}\int_0^{DT_s}u'^2_{do}\mathrm{d}t}=\frac{N_2}{N_1}\sqrt{D}U_i \tag{4-46}$$

高频变压器副边绕组的电流有效值为

$$I_2=P_{dc}/U'_{dcrms}=P_{dc}\cdot\sqrt{D}/U'_{dcavg} \tag{4-47}$$

当 U_i=18V、$D=D_{max}$=0.6 时，$I_2=I_{2max}$=5.5A。高频变压器原边绕组的电流有效值为

$$I_{1\max}=I_{2\max}N_2/N_1+I_{Lm}=1.05I_{2\max}N_2/N_1=70\text{A} \tag{4-48}$$

式中，I_{Lm} 为高频变压器的磁化电流有效值，取 $I_{Lm}=5\%I_2N_2/N_1$。取导线电流密度 j=3A/mm^2，则原副边绕组 N_1、N_2 的导线截面积分别为

$$S_1=I_1/j=70/3=23.3\,(\text{mm}^2) \tag{4-49}$$

$$S_2=I_2/j=5.5/3=1.8\,(\text{mm}^2) \tag{4-50}$$

开关频率 80kHz 时铜导线的穿透深度 $\varDelta$ 约为 0.25mm，导线线径应小于 0.5mm。原边绕组选用 0.5×28(mm^2)铜皮两层并绕，副边绕组选用 0.1×28(mm^2)铜皮一层绕制。磁心的窗口利用系数为

$$k_u=(0.5\times28\times2\times N_1+0.1\times28\times N_2)/Q=0.38 \tag{4-51}$$

式(4-51)表明，绕组能绕得下。高频变压器原、副边绕组分层交叉绕制，先绕副边绕组 12 匝，再绕原边绕组 2 匝，最后绕副边绕组 12 匝。外部将副边绕组的两组 12 匝铜皮顺向串联。

u_{dc} 的占空比扩展期间，C_r 对逆变桥供电引起的最大电压降落为

$$\Delta U'_{Crmax}=I_{Lfshort}\cdot\Delta D\cdot T_s/C_r=21\times0.3/(100\times10^{-6}\times80\times10^3)=0.79(\text{V}) \tag{4-52}$$

将 S 开通瞬间吸收支路的冲击电流 I_{Crpeak} 限制在 3A 内作为吸收支路阻抗 Z_s 的设计原则，逆变桥空载时回馈的无功能量引起的 C_r 端电压上升的幅度 $\Delta U_{Cr}\leqslant5\text{V}$。

当 U_i 从 18V 突变到 32V 时，功率开关 S 和箝位开关 S_c 的电压应力最大，即均为

$$U_{DSmax}=U_{imax}+U_{cmax}=U_{imax}+D_{max}U_{imin}/(1-D_{max})=32+0.6\times18/(1-0.6)=59(V) \tag{4-53}$$

负载短路时，功率开关 S 的电流应力最大，即

$$\begin{aligned}I_{speak}&=(I_{Lfshort}+I_{Crpeak})N_2/N_1\\&=(I_{gmax}/k_{if}+I_{Crpeak})N_2/N_1=12\times(21+3)=288(A)\end{aligned} \tag{4-54}$$

当 U_i 从 18V 大信号瞬变到 32V 时，箝位开关 S_c 的电流应力最大，即高频变压器原边磁化电流的最大值为

$$\begin{aligned}I_{cpeak}&=I_{Lmpeak}=I_{Lmmax}+U_{imax}D_{min}T_s/(2L_m)\\&=(U_c(0)-U_{cnew})/\sqrt{L_m/C_c}+U_{imax}D_{min}T_s/(2L_m)\\&=\frac{18\times0.6/(1-0.6)-32\times0.3375/(1-0.3375)}{\sqrt{48\times10^{-6}/2\times10^{-6}}}\\&\quad+\frac{32\times0.3375\times12.5\times10^{-6}}{2\times48\times10^{-6}}=3.6(A)\end{aligned} \tag{4-55}$$

式中，$U_c(0)$、U_{cnew} 分别为瞬变前、后箝位电容电压的稳态值。吸收支路开关 S_r 承受的最大电压、电流应力分别为

$$U_{DSrmax}=U_{Crmax}=U_{imax}N_2/N_1+\Delta U_{Cr}=384+5=389(V) \tag{4-56}$$

$$I_{Srpeak}=I_{Lfshort}=21(A) \tag{4-57}$$

功率开关 S 选用 3 个 IXFK170N10 型 MOSFET 器件（170A/100V）并联，箝位开关 S_c 选用 IRF540 型 MOSFET 器件（27A/100V），吸收支路开关 S_r 选用 IXFK48N50 型 MOSFET 器件（48A/500V）。

整流二极管 D 的电压和电流分别为

$$U_{Dmax}=U_{cmax}N_2/N_1+U_{Crmax}=713(V) \tag{4-58}$$

$$I_{Dpeak}=I_{Crpeak}+I_{Lfshort}=24(A) \tag{4-59}$$

整流二极管 D 选用 DSEI60-10A 型超快恢复二极管（60A/1000V）。取 $\Delta U_c/U_c\leqslant10\%$，箝位电容 C_c 和电压应力分别为

$$C_{\mathrm{c}}=\frac{(1-D_{\min})^{2}T_{\mathrm{s}}^{2}}{8L_{\mathrm{m}}\cdot\Delta U_{\mathrm{c}}/U_{\mathrm{c}}}\geqslant 1.7\mu\mathrm{F} \tag{4-60}$$

$$U_{\mathrm{ccmax}}\approx U_{\mathrm{imin}}D_{\max}/(1-D_{\max})=27(\mathrm{V}) \tag{4-61}$$

选取 2μF/63V 的 CBB(一种金属化聚丙烯薄膜电容器)作为 C_{c}。

2. Buck 型 DC-AC 变换电路

滤波电容 C_{f}选用 14μF/250V CBB，滤波电感 L_{f}为 0.7mH。滤波电容电流的有效值为

$$I_{\mathrm{Cf}}=\omega C_{\mathrm{f}}U_{\mathrm{o}}=4(\mathrm{A}) \tag{4-62}$$

110%负载时，负载电流有效值为

$$I_{\mathrm{omax}}=P_{\mathrm{omax}}/U_{\mathrm{o}}=750\times 110\%/115=7.2(\mathrm{A}) \tag{4-63}$$

阻性负载时电感电流最大，即电感电流有效值为

$$I_{\mathrm{Lf}}=\sqrt{I_{\mathrm{Cf}}^{2}+I_{\mathrm{Omax}}^{2}}=8.24(\mathrm{A}) \tag{4-64}$$

滤波电感的电流峰值为

$$I_{\mathrm{Lfmax}}=(1+10\%)\sqrt{2}I_{\mathrm{Lf}}=12.8(\mathrm{A}) \tag{4-65}$$

L_{f}选用 PM62×49 型 Mn-Zn R2KBD 铁氧体材料磁心，工作磁密 B_{m}=3500Gs，滤波电感绕组匝数为

$$N=L_{\mathrm{f}}I_{\mathrm{Lfmax}}/(B_{\mathrm{m}}S_{\mathrm{C}})=0.7\times 10^{-3}\times 12.8/(3500\times 10^{-4}\times 4.9\times 10^{-4})=52.2 \tag{4-66}$$

取 N=53 匝，$\delta=\mu_0 N^2 S_{\mathrm{c}}/L_{\mathrm{f}}$=2.47mm。按滤波电感电流有效值 I_{Lf}=8.24A 选取导线，取 j=3A/mm^2，导线选用 0.1mm×28mm 的铜皮。窗口利用系数 $k_{\mathrm{u}}=0.1\times 28\times N/Q=0.455$，可以绕得下。

功率开关 S_1、S_2、S_3、S_4 的电流等于最大滤波电感电流 I_{Lfshort}=21A，最大电压应力等于 U_{Crmax}=389V，选用 IXFK48N50 型 MOSFET 器件(48A/500V)。

4.6.3 逆变装置实验

750VA 27VDC/115V400HzAC 级联占空比扩展有源箝位正激直流斩波器型高频环节逆变装置在额定输入电压额定负载时的实验波形，如图 4-27 所示。

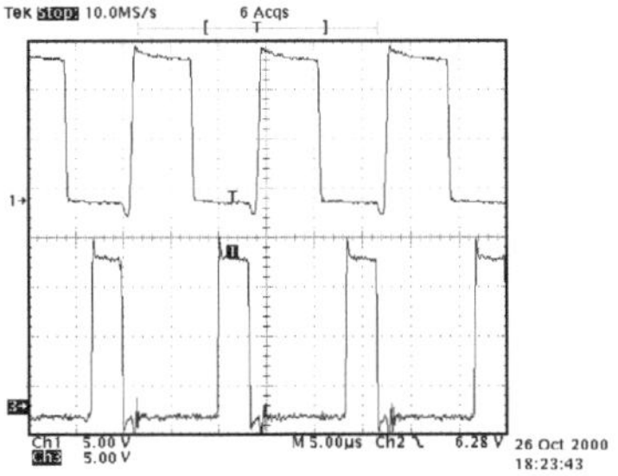

Ch1-u_{GS}，Ch2-u_{GSc}

(a) S和S_c的驱动信号

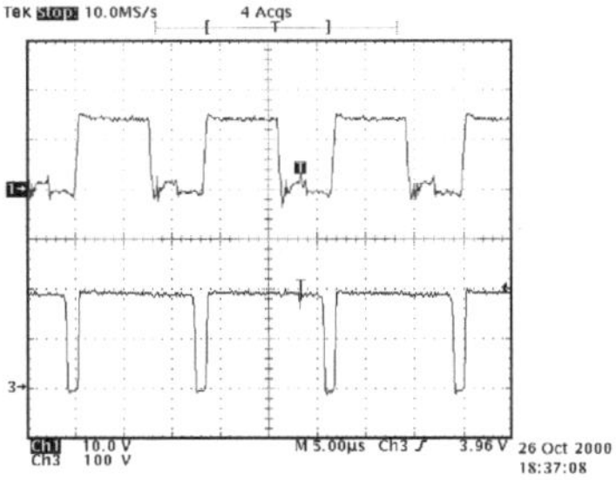

Ch1-u_{GS}，Ch3-u_{dc}

(b) u_{dc}占空比的扩展

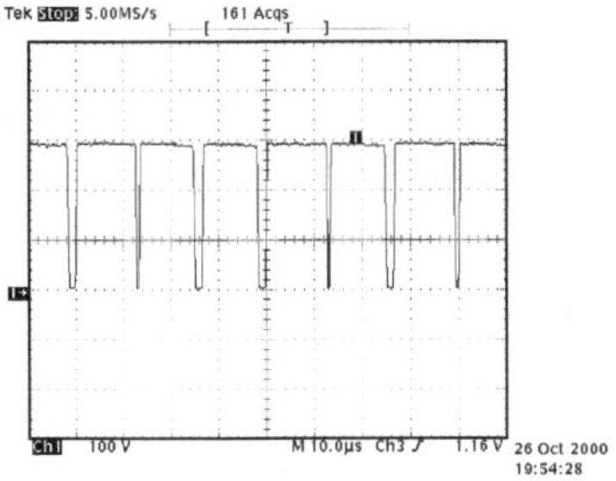

(c) 无能量回馈时的u_{dc}

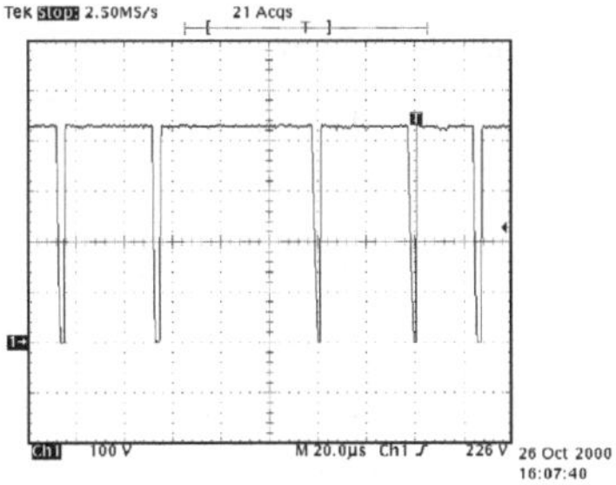

(d) 有能量回馈时的u_{dc}

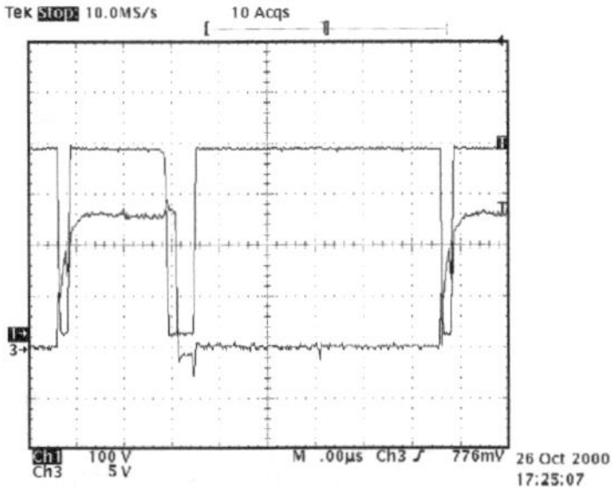

Ch1-u_{dc}，Ch3-u_{GS}

(e) 上桥臂功率开关的ZVS

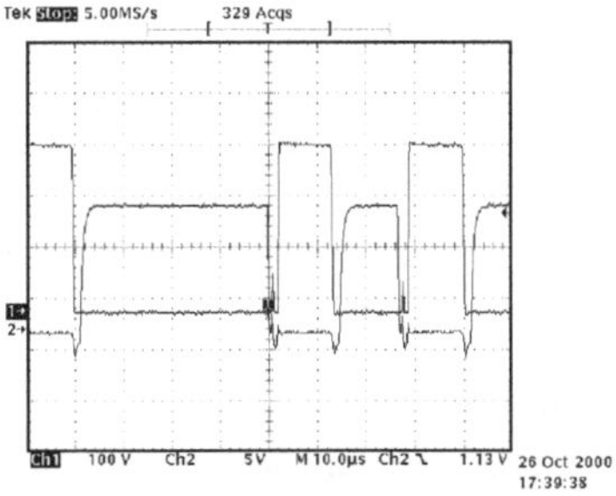

Ch1-u_{DS}，Ch2-u_{GS}

(f) 下桥臂功率开关的ZVS

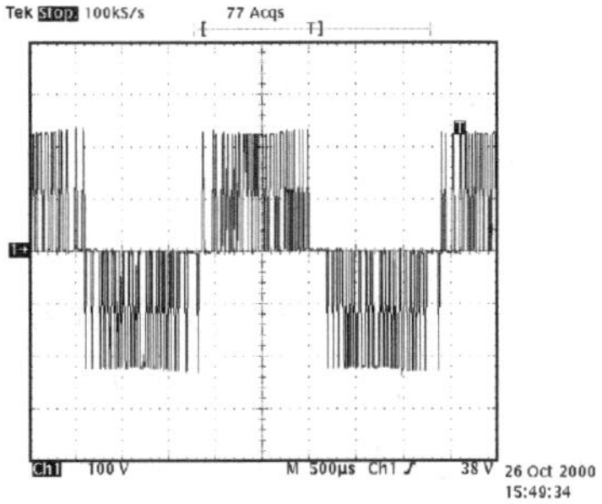

(g) 三态DPM电压波u_{AB}

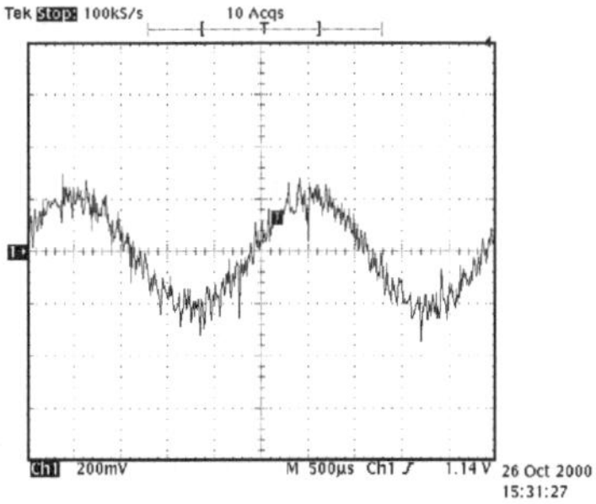

(h) 输出滤波电感电流i_{Lf}

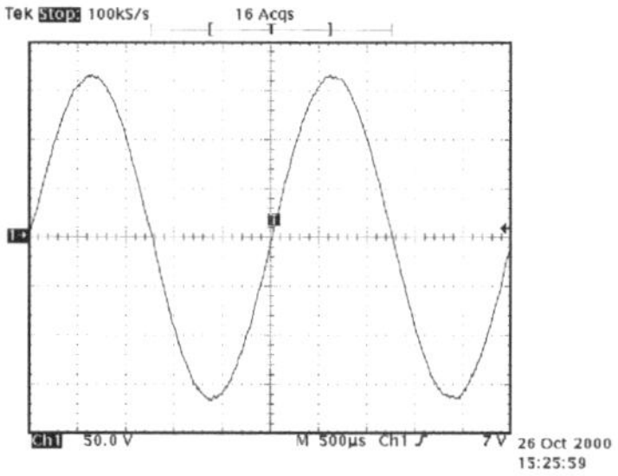

(i) 输出电压u_o

图 4-27　750VA 级联有源箝位正激直流斩波器型高频环节逆变装置的实验波形

逆变装置的实验结果与理论分析一致，具体表现在：①功率开关 S 和箝位开关 S_c 的开通与关断均有延迟时间，S_c 实现 ZVS 开关，S 实现 ZVS 关断和轻载、空载时的 ZVS 开通，如图 4-27(a)所示；②吸收支路开关 S_r 的关断延迟时间实现了 u_{dc} 的占空比扩展，如图 4-27(b)所示；③正向传递功率时 u_{dc} 为完整的高频脉冲直流电压波，如图 4-27(c)所示；④逆变桥交流侧能量回馈时 u_{dc} 出现了不回零的现象，如图 4-27(d)所示；⑤逆变桥上桥臂功率开关是在 u_{dc} 为零时进行开关的，实现了 ZVS 开通与关断，如图 4-27(e)所示；⑥逆变桥下桥臂功率开关是在其漏源电压为零时进行开关的，实现了 ZVS 开通与关断，如图 4-27(f)所示；⑦三态 DPM 电压波 u_{AB} 和滤波电感电流 i_{Lf} 波形显示 Buck 型 DC-AC 变换器工作在单极性调制，如图 4-27(g)、(h)所示；⑧输出电压 u_o 波形质量高、THD 小，如图 4-27(i)所示。

本 章 小 结

级联 Buck 直流斩波器型高频环节逆变器电路结构是由隔离单向 Buck 型直流斩波电路和 Buck 型 DC-AC 变换电路以级联的规律构建而成的，其电路拓扑族包括单管正激式等八个，高频脉冲直流电压 u_{dc} 的占空比扩展使有源箝位正激式斩波器的优势得到充分展现。隔离单向 Buck 直流斩波器和 Buck 型 DC-AC 变换器各自构成控制回路，前者采用电压型 PWM 前馈控制策略，后者采用三态 DPM 电流滞环控制策略并尽可能工作在单极性调制方式。这类逆变器具有单向功率流、准三单元变换(DC-HFAC-HFPDC-LFAC)即准两级功率变换(DC-HFPDC-LFAC)、逆变桥非完全 ZVS 且变频控制等特点。

级联有源箝位正激直流斩波器型高频环节逆变器设计时必须同时考虑稳态和动态特性。有源箝位支路的箝位电容 C_c 与高频变压器的磁化电感 L_m 间的谐振会耦合到逆变器的输出端，从而对其小信号特性产生影响，即会引起输出对占空比控制 G_{du} 幅值的下降，但可通过降低 C_c 值允许较高的功率开关电压应力纹波，从而获得较宽的控制带宽和改善逆变器的动态特性。大信号瞬变时逆变器箝位电容

电压 u_c 和磁化电流 i_{Lm} 的峰值变化远大于稳态时的纹波电压、纹波电流，闭环反馈控制时逆变器存在输入电压和负载的大信号瞬态现象，而电压前馈控制时逆变器仅存在输入电压的大信号瞬态现象。

推导出逆变器的功率开关 S 实现 ZVS 开通的条件、占空比扩展表达式、高频脉冲直流电压 u_{dc} 的平均值、吸收支路电容与寄生阻抗、滞环宽度、电压与电流调节器等关键电路参数设计准则。合理设计这些关键电路参数，将使这类逆变器具有功率密度高、变换效率高、静态精度高、动态响应快、过载与短路能力强等优良的性能。

第5章 单级 Buck 和 Boost 周波变换器型高频环节逆变器

5.1 引 言

级联直流变换器 Buck 型、级联 Buck 与 Buck-Boost 直流变换器型和级联 Buck 直流斩波器型三类高频环节逆变器具有诸多优点，但由于只能单向传递功率，故不适用于离线式 UPS、交流微网供电系统中储能单元的充放电装置等需要双向传递功率的逆变场合。

单级 Buck 周波变换器型高频环节逆变器具有双向传递功率的能力，并且减少了功率变换级数，这对提高逆变器的变换效率和可靠性起到了关键性作用[3,22-24]。但是，这类逆变器的 PWM 周波变换器在换流期间存在漏感能量引起的电压过冲现象，通常需要采用缓冲电路来吸收漏感能量，从而导致变换效率不理想，电路拓扑复杂性增加。

本章拓宽和深化单级 Buck 周波变换器型高频环节逆变器并提出单级 Boost 周波变换器型高频环节逆变器的变换理论与方法，主要包括电路结构构建规律、电路拓扑衍生推导、单双极性移相调制与控制策略、稳态原理特性分析、关键电路参数设计等研究内容，并给出重要研究结论和逆变装置的实验结果[24-31]。

5.2 单级 Buck 周波变换器型高频环节逆变器电路结构与拓扑族

5.2.1 电路结构

单级 Buck 周波变换器型高频环节逆变器电路结构由输入滤波器、高频逆变电路、高频变压器、周波变换电路和输出滤波器以级联的规律构建而成，如图 5-1 所

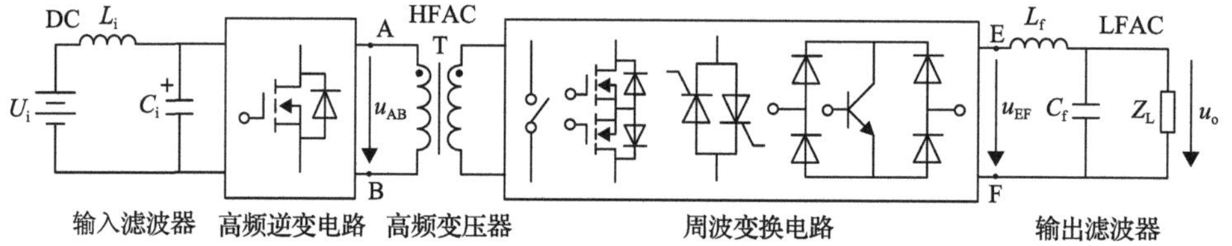

图 5-1 单级 Buck 周波变换器型高频环节逆变器电路结构

示。高频逆变电路将输入电压 U_i 调制成双极性两态高频方波电压 u_{AB}，u_{AB} 经高频变压器电气隔离和电压匹配，周波变换电路再将 u_{AB} 解调成双极性两态 SPWM 电压波 u_{EF}，u_{EF} 经输出滤波器后得到正弦交流电压 u_o。

5.2.2　电路拓扑族

单级 Buck 周波变换器型高频环节逆变器电路拓扑族，如图 5-2 所示。该电路拓扑族包括推挽全波式、推挽桥式、半桥全波式、半桥桥式、全桥全波式和全桥

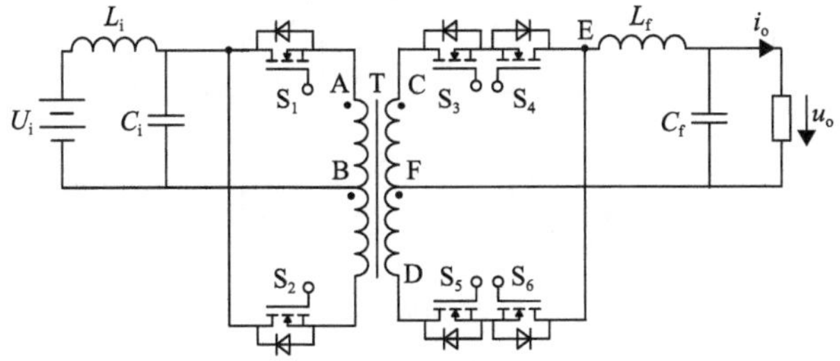

(a) 推挽全波式

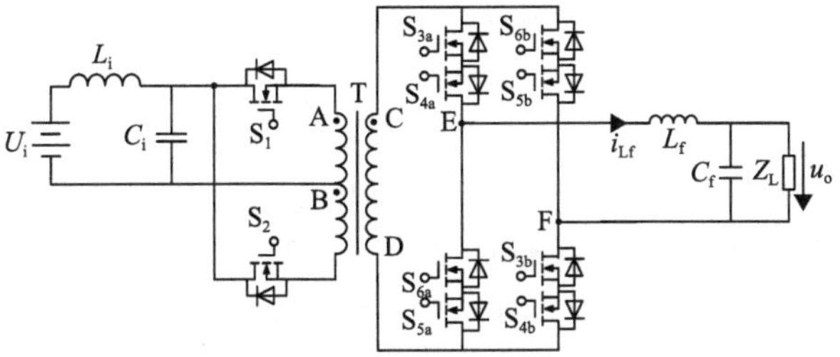

(b) 推挽桥式

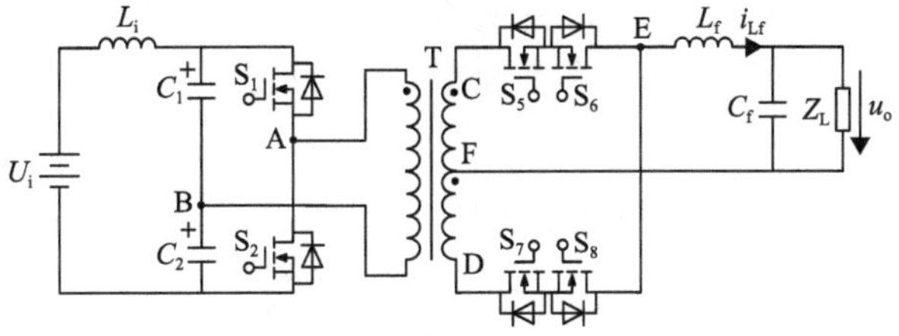

(c) 半桥全波式

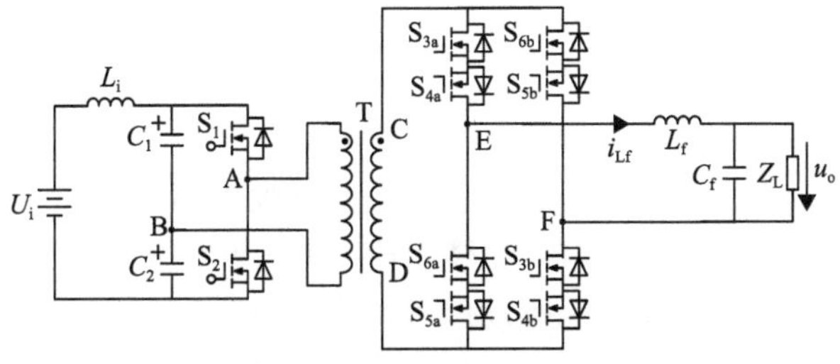

(d) 半桥桥式

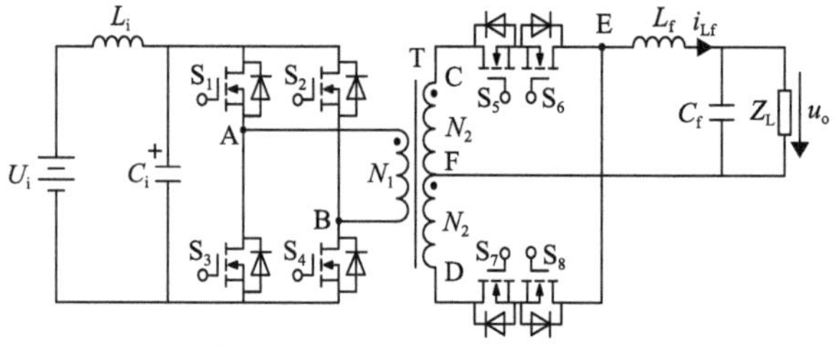

(e) 全桥全波式

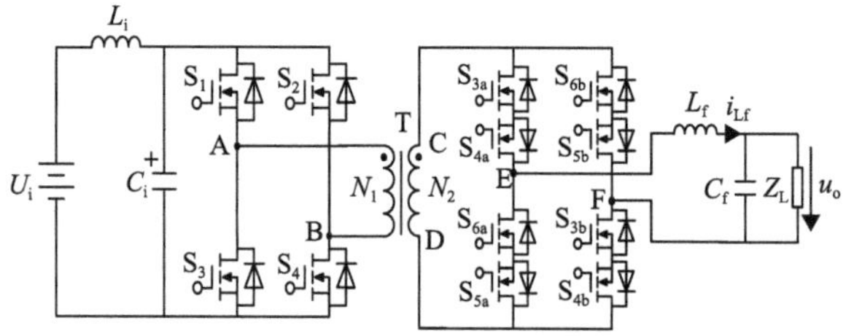

(f) 全桥桥式

图 5-2 单级 Buck 周波变换器型高频环节逆变器电路拓扑族

桥式六个电路拓扑。从高频逆变侧看，推挽式和半桥式、全桥式电路拓扑的功率开关电压应力分别为 $2U_i$ 和 U_i，分别适用于低压和高压输入逆变场合；从周波变换侧看，全波式、桥式电路拓扑的功率开关电压应力分别为高压和低压，功率开关数量分别为 4 个和 8 个，分别适用于低压和高压输出逆变场合。

单级 Buck 周波变换器型高频环节逆变器具有双向功率流、单级功率变换 DC-LFAC(即两单元功率变换 DC-HFAC-LFAC)等特点，这类逆变器的 PWM 周波变换器在换流期间存在漏感能量引起的固有电压过冲现象，通常需要采用缓冲电路来吸收漏感中的能量，并且周波变换器导通回路中同时导通的 2 个或 4 个功率器件的损耗较大，从而使变换效率不理想，电路拓扑变得复杂。

5.3 双极性移相控制单级 Buck 周波变换器型高频环节逆变器

5.3.1 双极性移相控制策略

1. 双极性移相调制策略

对于如图 5-2 所示电路拓扑族，如果高频逆变电路的开关时刻是固定的，而周波变换电路相对高频逆变电路存在移相角 $\theta(0° \leqslant \theta \leqslant 180°)$，即功率开关 $S_1(S_4)$ 与 $S_2(S_3)$、S_5 与 S_7、S_6 与 S_8 的驱动信号均为互补的高频方波信号，而功率开关 S_5 与 $S_1(S_4)$、S_7 与 $S_2(S_3)$间的驱动信号存在移相角 $\theta(0° \leqslant \theta \leqslant 180°)$，则输出滤波

器的前端电压 u_{EF} 就为双极性两态 SPWM 波。也就是说，高频逆变电路将输入电压 U_i 调制成双极性两态高频方波电压 u_{AB}，周波变换电路将 u_{AB} 解调成双极性两态 SPWM 波 u_{EF}，u_{EF} 经 LC 滤波器后输出正弦交流电压 u_o。由于移相角 θ 按正弦规律变化并且输出滤波器前端电压 u_{EF} 为双极性两态 SPWM 波，故称这种调制解调方法为双极性移相调制策略，如图 5-3 (a) 所示。

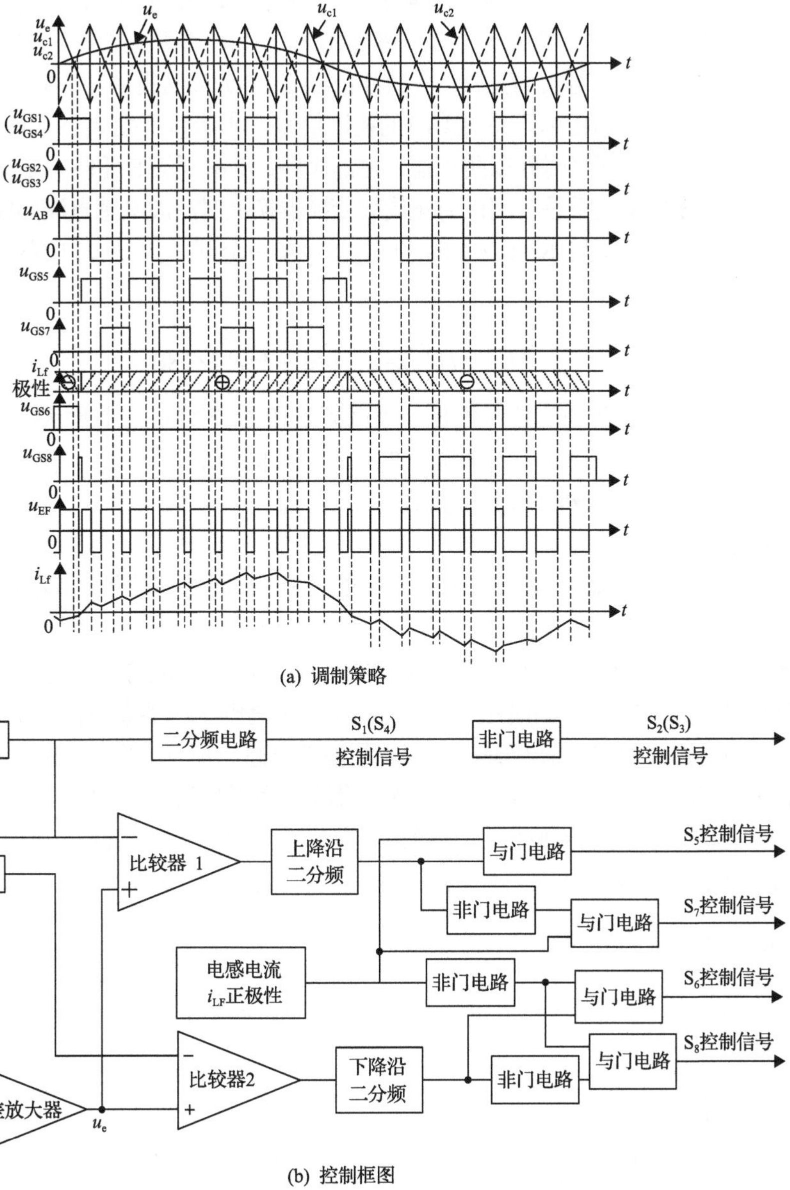

(a) 调制策略

(b) 控制框图

图 5-3　单级 Buck 周波变换器型高频环节逆变器的双极性移相控制策略

2. 控制策略与稳压原理

基于双极性移相调制策略的双极性移相控制策略，如图 5-3(b)所示。由图可知，双极性移相控制策略的实现方案为：①输出电压反馈信号 u_{of} 与正弦基准电压 u_r 经 PI 调节器得到误差放大信号 u_e，u_e 分别与极性相反的两个载波信号 u_{c1}、u_{c2} 交截并分别经上升沿二分频和下降沿二分频电路以及按输出滤波电流的极性选择导通，从而得到功率开关 S_5、S_6 的控制信号；②功率开关 S_7、S_8 的控制信号分别与 S_5、S_6 的控制信号反相互补；③载波信号 u_{c1} 二分频后得到功率开关 $S_1(S_4)$ 的控制信号，反相后得到功率开关 $S_2(S_3)$ 的控制信号；④功率开关 $S_1(S_4)$ 与 $S_2(S_3)$ 的控制信号之间应设置死区时间以防止输入电源短路，功率开关 S_5 和 S_7、S_6 和 S_8 的控制信号之间应设置换流重叠时间以防止周波变换器换流时滤波电感电流的断续。

功率开关 S_5 与 $S_1(S_4)$、S_7 与 $S_2(S_3)$ 在一个开关周期 T_s 中的共同导通时间 T_{com} 为

$$T_{com}=DT_s/2=T_s(180°-\theta)/(2\times180°) \tag{5-1}$$

式中，D 为逆变器的等效占空比。当电源电压 U_i 下降或负载增大时，输出电压 u_o 下降，闭环负反馈控制使移相角 θ 减小、共同导通时间 T_{com} 增大，使输出电压 u_o 增大。因此，这种逆变器的调控机理是通过调节移相角 θ 来实现输出电压 u_o 的稳定的。

由上分析可知，双极性移相控制单级 Buck 周波变换器型高频环节逆变器具有如下特点：①功率开关 $S_1(S_4)$ 与 $S_2(S_3)$ 的驱动信号为互补的高频方波信号，变压器 T 的磁心稳态时工作在双向对称高频磁化状态，故称这类逆变器为高频环节逆变器；②周波变换器的换流重叠期间实现了高频变压器漏感能量的自然换流，实现了功率器件的零电流开关；③实现了滤波电感电流 i_{Lf} 的自然续流；④滤波电感电流 i_{Lf} 极性选择信号的引入，避免了周波变换器换流重叠期间产生的环流；⑤每个开关周期两次交流侧的能量回馈期间，实现了高频逆变电路所有功率器件的 ZVS 开通；⑥输出滤波器前端电压 u_{EF} 为双极性两态 SPWM 波。

5.3.2　稳态原理特性

以如图 5-2(e)所示全桥全波式电路拓扑为例，论述这类逆变器的稳态原理特性。

1. 稳态原理

为分析方便，假设高频变压器原、副边漏感相等($L_{lk1}=L_{lk2}=L_{lk3}=L_{lk}$)，磁化电感 L_m 和输出滤波电感 L_f 远大于漏感，磁化电流 i_{Lm} 忽略不计，逆变器在 $i_{Lf}>0$ 时

一个开关周期内的开关过程波形与 12 个区间等效电路如图 5-4 所示。

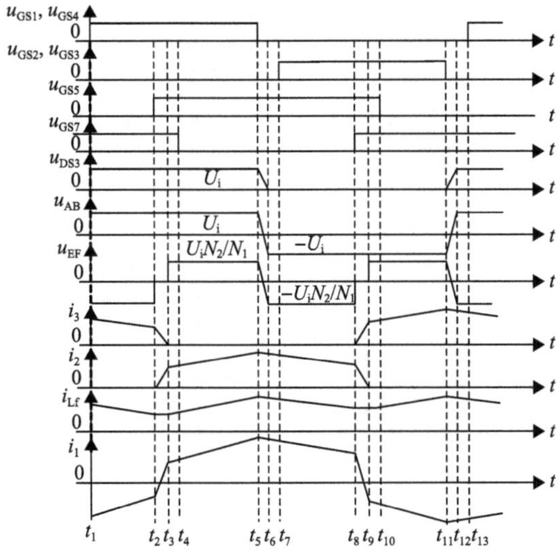

(a) 开关过程波形

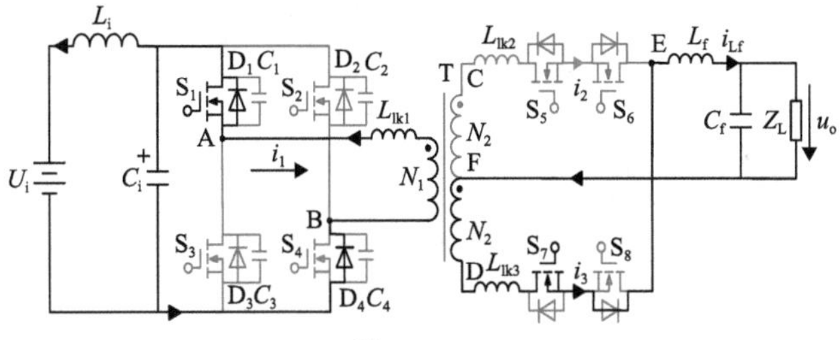

(b) $t=t_1\sim t_2$

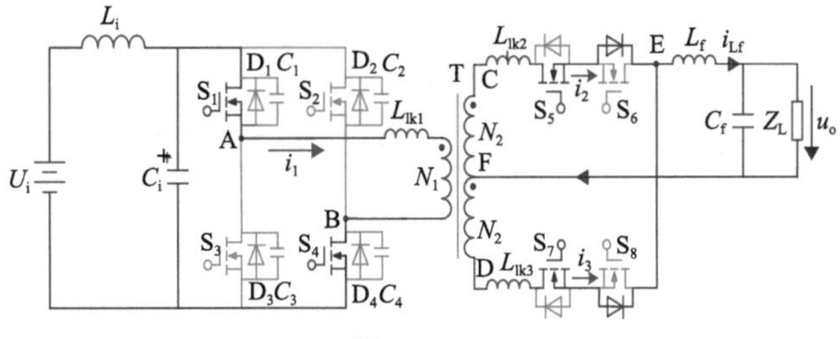

(c) $t=t_2\sim t_3$

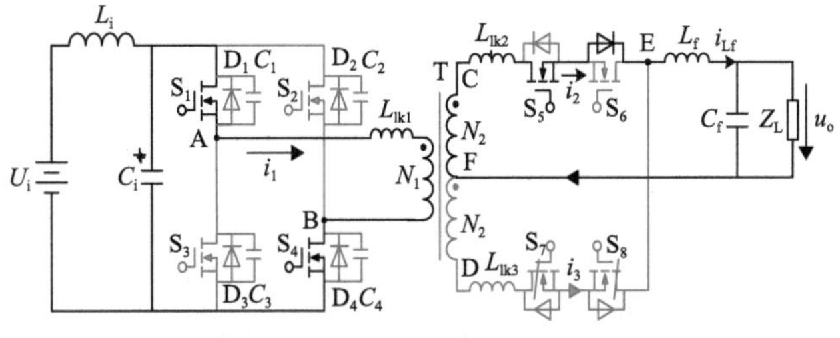

(d) $t=t_3\sim t_4\sim t_5$

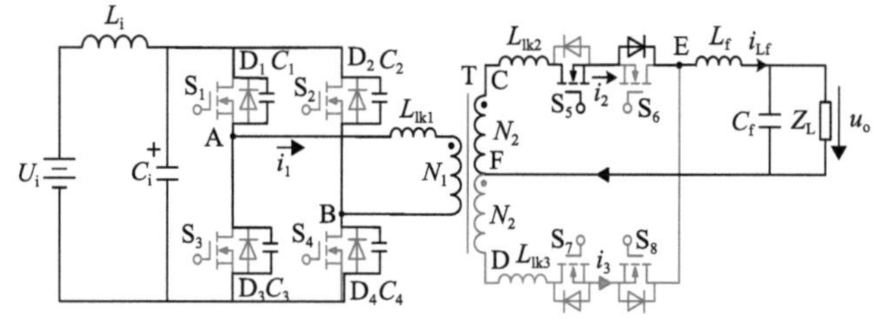

(e) $t=t_5\sim t_6$

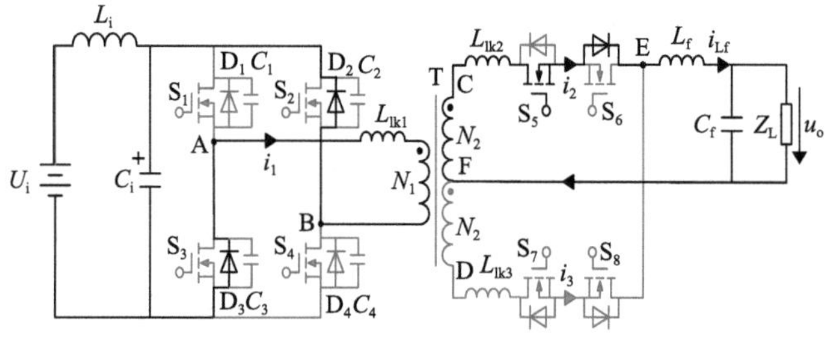

(f) $t=t_6\sim t_7$

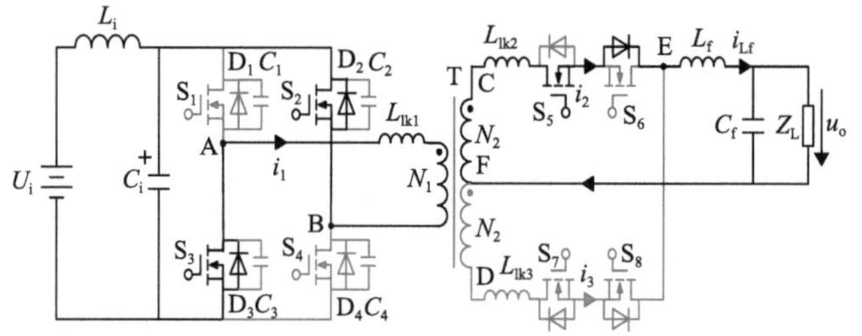

(g) $t=t_7\sim t_8$

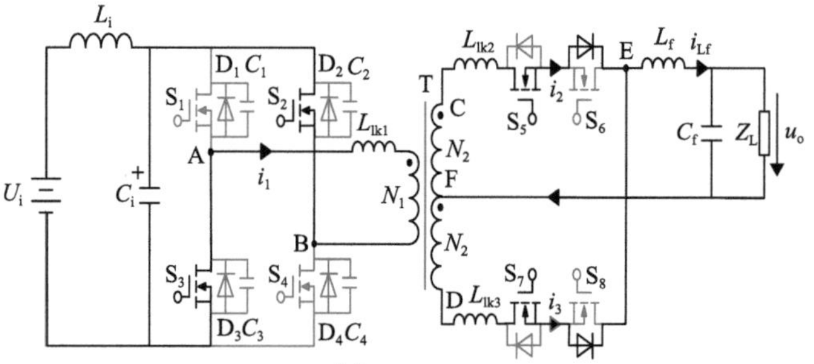

(h) $t=t_8\sim t_9$

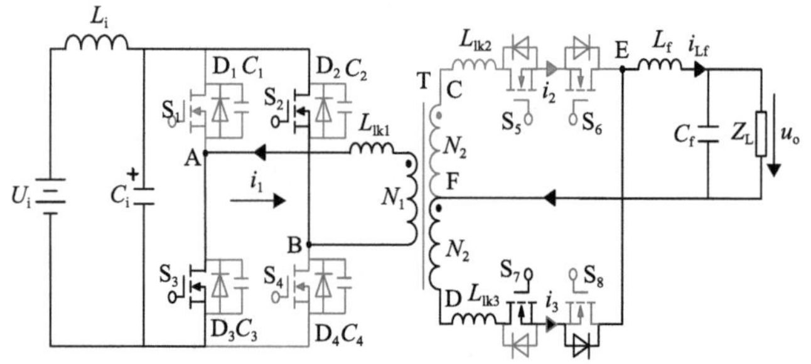

(i) $t=t_9\sim t_{10}\sim t_{11}$

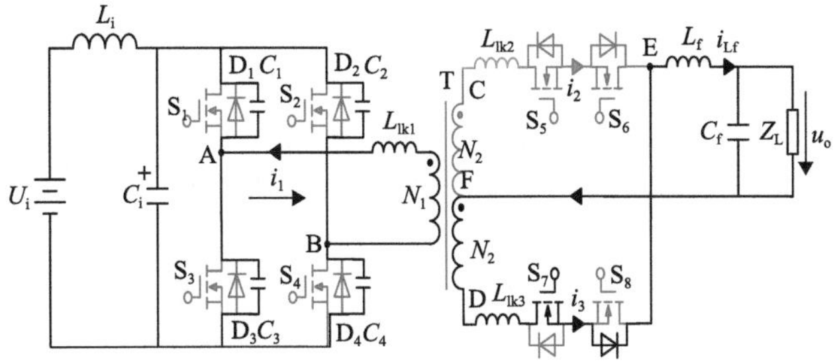

(j) $t=t_{11}\sim t_{12}$

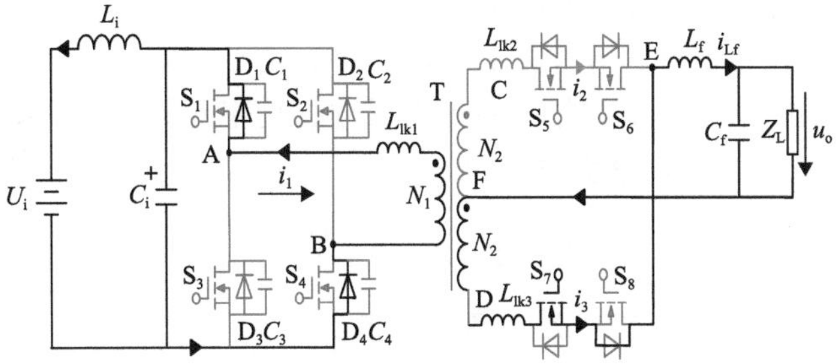

(k) $t=t_{12}\sim t_{13}$

图 5-4　逆变器在 $i_{Lf}>0$ 时一个开关周期内的 12 个工作区间波形与区间等效电路

1) $t_1\sim t_2$

t_1 时刻，功率开关 S_1、S_4 实现 ZVS 开通；i_{Lf} 经功率开关 S_7、S_8 续流，交流侧能量经 D_1、D_4 回馈到直流电源，如图 5-4(b) 所示。

2) $t_2\sim t_3$

t_2 时刻 S_5 实现 ZCS(零电流开关) 开通，在此换流重叠期间 i_{Lf} 由 S_7、S_8 和 S_5、S_6 两路流通，i_2 迅速增大、i_3 迅速下降；i_1 迅速由负转换为正，如图 5-4(c) 所示。设高频变压器原边绕组的感应电动势为 e，则有

$$e=U_{\rm i}-L_{\rm lk1}\frac{{\rm d}i_1}{{\rm d}t}=u_{\rm CF}N_1/N_2=-u_{\rm DF}N_1/N_2 \tag{5-2}$$

$$u_{\rm CF}-L_{\rm lk2}\frac{{\rm d}i_2}{{\rm d}t}=u_{\rm EF}=L_{\rm f}\frac{{\rm d}i_{\rm Lf}}{{\rm d}t}+u_{\rm o} \tag{5-3}$$

$$u_{\rm DF}-L_{\rm lk3}\frac{{\rm d}i_3}{{\rm d}t}=u_{\rm EF}=L_{\rm f}\frac{{\rm d}i_{\rm Lf}}{{\rm d}t}+u_{\rm o} \tag{5-4}$$

$$i_2+i_3=i_{\rm Lf} \tag{5-5}$$

$$i_1=(i_2-i_3)N_2/N_1+i_{\rm Lm} \tag{5-6}$$

换流重叠期间 i_{Lf} 变化率很小，可得

$$-u_{\mathrm{CF}}+2L_{\mathrm{lk}}\frac{\mathrm{d}i_2}{\mathrm{d}t}-L_{\mathrm{lk}}\frac{\mathrm{d}i_{\mathrm{Lf}}}{\mathrm{d}t}+u_{\mathrm{DF}}=-2\frac{N_2}{N_1}e+2L_{\mathrm{lk}}\frac{\mathrm{d}i_2}{\mathrm{d}t}=0 \tag{5-7}$$

$$e=U_{\mathrm{i}}-2\frac{N_2}{N_1}L_{\mathrm{lk}}\frac{\mathrm{d}i_2}{\mathrm{d}t}+\frac{N_2}{N_1}L_{\mathrm{lk}}\frac{\mathrm{d}i_{\mathrm{Lf}}}{\mathrm{d}t}-L_{\mathrm{lk}}\frac{\mathrm{d}i_{\mathrm{Lm}}}{\mathrm{d}t}=U_{\mathrm{i}}-2\frac{N_2}{N_1}L_{\mathrm{lk}}\frac{\mathrm{d}i_2}{\mathrm{d}t} \tag{5-8}$$

$$e=\frac{U_{\mathrm{i}}}{3}=\frac{N_2}{N_1}L_{\mathrm{lk}}\frac{\mathrm{d}i_2}{\mathrm{d}t}=-\frac{N_2}{N_1}L_{\mathrm{lk}}\frac{\mathrm{d}i_3}{\mathrm{d}t} \tag{5-9}$$

由式(5-9)可知，i_2、i_3的变化率为$N_1U_{\mathrm{i}}/(3N_2L_{\mathrm{lk}})$，$i_1$的变化率为$2U_{\mathrm{i}}/(3L_{\mathrm{lk}})$，E、F两点电位相等。当$i_2$上升到$i_{\mathrm{Lf}}$时，$i_3$下降到零，由于功率开关$S_8$处于阻断状态，$i_3$下降到零后不能负向增长，式(5-9)不再成立，功率开关S_7与S_5之间实现ZCS换流。由式(5-9)可知，换流重叠时间t_{com}为

$$t_{\mathrm{com}}\geqslant t_3-t_2=3L_{\mathrm{lk}}I_{\mathrm{Lfp}}N_2/(N_1U_{\mathrm{i}}) \tag{5-10}$$

式中，I_{Lfp}为额定负载时滤波电感电流的峰值。

3) t_3～t_4

t_3时刻，S_5与S_7之间软换流结束；i_{Lf}经S_5、S_6流通，i_1经S_1、S_4流通，能量从直流侧传递到交流侧，如图5-4(d)所示。

4) t_4～t_5

t_4时刻，功率开关S_7 ZCS关断，如图5-4(d)所示。

5) t_5～t_6

t_5时刻，功率开关S_1、S_4 ZVS关断；C_1、C_4充电，C_2、C_3放电，功率开关S_2、S_3的漏源电压u_{DS2}、u_{DS3}下降，如图5-4(e)所示。

6) t_6～t_7

t_6时刻，u_{DS2}、u_{DS3}下降到零；t_6时刻后，i_1经D_2、D_3续流，高频变压器原边漏感能量和交流侧能量回馈到直流电源，如图5-4(f)所示。

7) t_7～t_8

t_7时刻，S_2、S_3 ZVS开通；i_1经$S_2(D_2)$、$S_3(D_3)$流通，i_{Lf}经S_5、S_6流通，能量回馈到直流侧，如图5-4(g)所示。

8) t_8～t_9

t_8时刻，S_7 ZCS开通，i_{Lf}经S_7、S_8和S_5、S_6两路流通，i_3快速增长，i_2快速下降，功率开关S_5、S_7之间实现软换流；i_1快速由正转换为负，如图5-4(h)所示。

9) t_9～t_{10}

t_9时刻，功率开关S_5、S_7之间软换流结束；i_{Lf}经S_7、S_8流通，i_1经S_2、S_3流

通，能量从直流侧传送到交流侧，如图 5-4(i)所示。

10) t_{10}～t_{11}

t_{10}时刻，功率开关 S_5 ZCS 关断，如图 5-4(i)所示。

11) t_{11}～t_{12}

t_{11}时刻，功率开关 S_2、S_3 ZVS 关断，i_1经 C_1、C_2、C_3、C_4流通，C_2、C_3充电，C_1、C_4放电；S_2、S_3的漏源电压 u_{DS2}、u_{DS3}上升，S_1、S_4的漏源电压 u_{DS1}、u_{DS4}下降，如图 5-4(j)所示。

12) t_{12}～t_{13}

t_{12}时刻，u_{DS1}、u_{DS4}下降到零，u_{DS2}、u_{DS3}上升到 U_i；t_{12}时刻后，i_1经 D_1、D_4流通，交流侧能量回馈到直流侧，如图 5-4(k)所示；t_{13}即 t_1时刻，S_1、S_4实现 ZVS 开通，开始下一个开关周期。因此，逆变桥功率开关实现 ZVS 开关，周波变换器功率开关实现 ZCS 开关。

忽略逆变桥功率开关的转换时间和周波变换器的换流重叠时间，图 5-4 所示逆变器一个开关周期内的工作区间等效电路可简化为四个开关状态电路，如图 5-5 所示。每种开关状态电路相当于一个双向隔离 Buck/Boost 型直流变换器，当 $u_oi_{Lf}>0$ 时，变换器工作在正向传递功率的 Buck 模式；当 $u_oi_{Lf}<0$ 时，变换器工作在反向传递功率的 Boost 模式。无论哪种工作模式，变换器的原边和副边均存在电感 L_f的储能回路和释能回路。

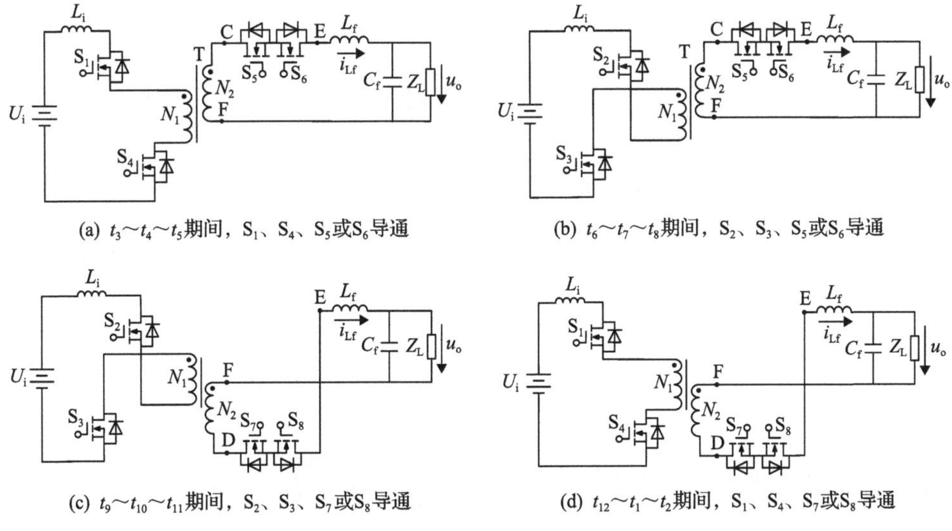

图 5-5　逆变器一个开关周期内的四个开关状态电路

2. 输出外特性

与第 2 章论述的 Buck 型单极性 SPWM 逆变器类似，双极性移相控制单级 Buck 周波变换器型高频环节逆变器的 i_{Lf} 在一个开关周期的波形如图 2-26 所示。i_{Lf} 的初值可分为大于零、等于零和小于零三种情况，其中电流初值小于零又可分为曲线 3、4、5 所示的三种情况。因此，四象限运行的逆变器只有 CCM，没有 DCM。

双极性移相控制单级 Buck 周波变换器型高频环节逆变器在任意 i_{Lf} 初值时的开关状态等效电路，如图 5-6 所示。图中，r 为包括变压器漏感电阻、功率开关通态电阻、滤波电感寄生电阻等在内的等效电阻，D 为逆变器在一个开关周期内的等效占空比。

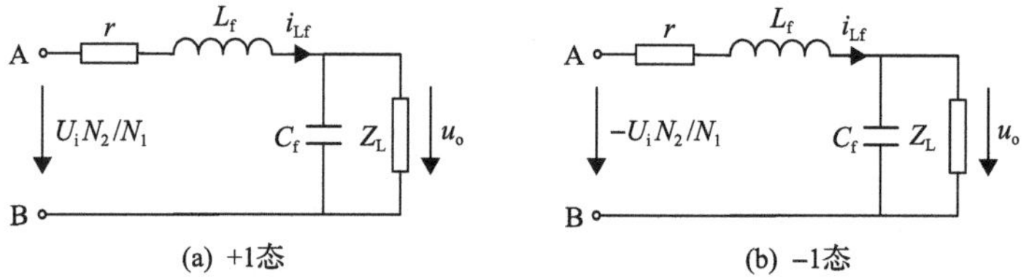

图 5-6　逆变器一个开关周期的两种状态等效电路

下面以阻性负载 R_L 为例，采用状态空间平均法推导这类逆变器的外特性。图 5-6(a)所示开关状态等效电路的方程为

$$L_f\frac{di_{Lf}}{dt}=-ri_{Lf}+U_iN_2/N_1-u_o \tag{5-11a}$$

$$C_f\frac{du_o}{dt}=i_{Lf}-\frac{u_o}{R_L} \tag{5-11b}$$

图 5-6(b)所示开关状态等效电路的方程为

$$L_f\frac{di_{Lf}}{dt}=-ri_{Lf}-U_iN_2/N_1-u_o \tag{5-12a}$$

$$C_f\frac{du_o}{dt}=i_{Lf}-\frac{u_o}{R_L} \tag{5-12b}$$

式(5-11)乘以 D 加上式(5-12)乘以 $1-D$，令 $\frac{di_{Lf}}{dt}=0$，$\frac{du_o}{dt}=0$，求得稳态值为

$$I_{Lf}=(2D-1)U_iN_2/[N_1(R_L+r)] \tag{5-13a}$$

$$U_o = (2D-1)U_iN_2 / [N_1(1+r/R_L)] \tag{5-13b}$$

由式(5-13b)可得，逆变器在理想情况下(r=0)的外特性为

$$U_o = (2D-1)U_iN_2 / N_1 \tag{5-14}$$

电感电流 i_{Lf} 的初值等于零时的负载电流为

$$I_C = I_o = [U_iN_2 / (2N_1L_f)]D(1-D)T_s \tag{5-15}$$

由式(5-15)可得，当 D=0.5 时，I_C 达到最大值，即

$$I_{Cmax} = T_sU_iN_2 / (8N_1L_f) \tag{5-16}$$

由式(5-15)、式(5-16)可得，逆变器在理想情形下 i_{Lf} 的初值等于零时的外特性为

$$I_C = 4I_{Cmax}D(1-D) \tag{5-17}$$

由上分析可得，双极性移相控制单级 Buck 周波变换器型高频环节逆变器的四象限标幺外特性如图 5-7 所示。当输出电压 u_o 大于零时，外特性曲线对应图 5-7 的上半平面，其中第一、第二象限分别对应逆变桥的正向、反向功率流；当 u_o 小于零时，外特性曲线对应图 5-7 的下半平面，其中第三、第四象限分别对应逆变桥的正向、反向功率流。

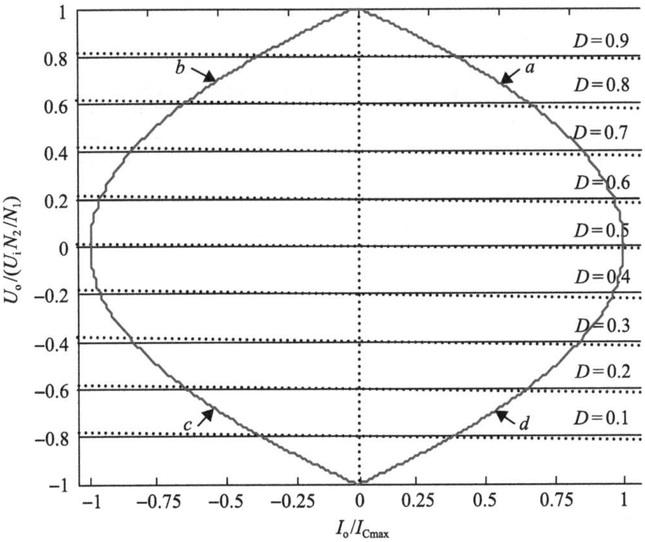

图 5-7　逆变器的四象限标幺外特性

以第一象限为例,曲线 a 为电感电流 i_{Lf} 的初值等于零时的外特性,由式(5-17)决定;曲线 a 左、右两边分别为电感电流 i_{Lf} 的初值小于零、大于零时的外特性曲线,实线为由式(5-14)决定的理想情形时的曲线,虚线为由式(5-13b)决定的实际情形时的曲线,随负载的增加输出电压在下降。

5.3.3 仿真与实验

设计实例:图 5-2(e)所示全桥全波式电路拓扑,双极性移相控制策略,额定容量 S=1kVA,输入电压 U_i=270±10%VDC,输出电压 U_o=115VAC,输出电压频率 F_o=400Hz,负载功率因数–0.75～0.75,开关频率 F_s=50kHz,高频变压器选用铁氧体磁心 PM62×49、匝比 N_1/N_2=22/22、高频变压器漏感 L_{lk}=5μH,滤波电感 L_f=1mH,滤波电容 C_f=4.4μF,控制芯片选用 UC3879。

1. 仿真分析

双极性移相控制单级 Buck 周波变换器型高频环节逆变器在不同输入电压和不同性质负载时的稳态仿真波形,如图 5-8 所示。由稳态仿真波形可见,滤波器前端电压 u_{EF} 为双极性三态 SPWM 波,功率开关 S_1～S_4、S_5～S_8 分别实现 ZVS

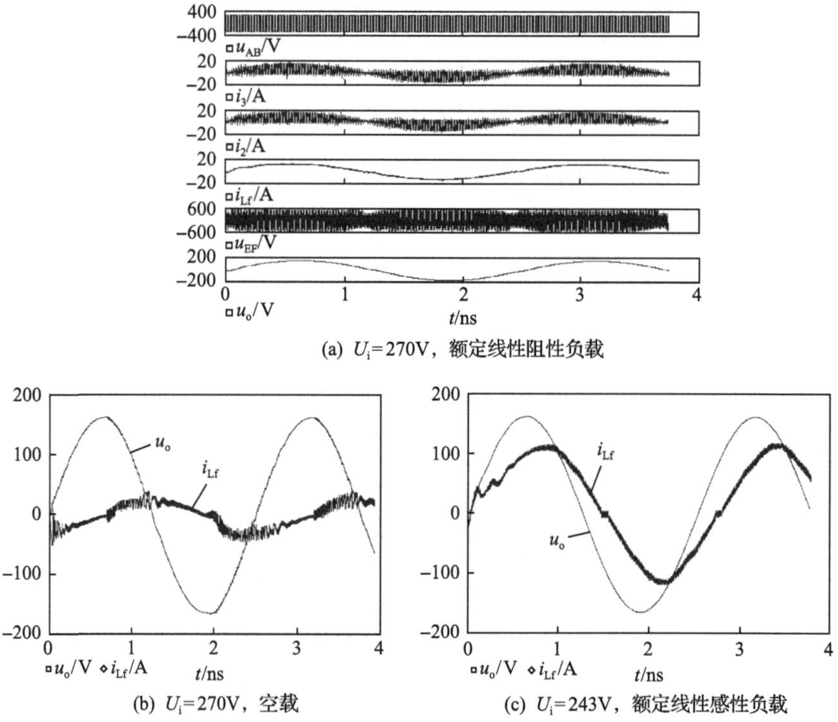

(a) U_i=270V,额定线性阻性负载

(b) U_i=270V,空载

(c) U_i=243V,额定线性感性负载

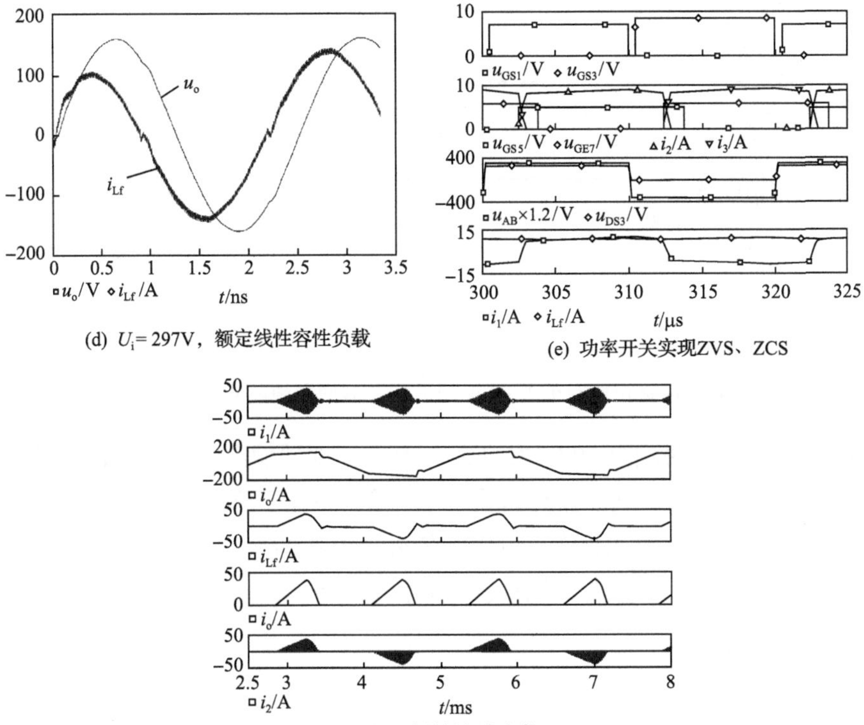

(d) U_i= 297V，额定线性容性负载

(e) 功率开关实现ZVS、ZCS

(f) 非线性额定负载

图 5-8　1kVA 双极性移相控制双向电压源高频环节逆变器稳态仿真波形

和 ZCS 开关，逆变器具有良好的负载适应能力和稳压性能，仿真结果与理论分析基本一致。

双极性移相控制单级 Buck 周波变换器型高频环节逆变器的动态仿真波形，如图 5-9 所示。由动态仿真波形可见，逆变器电源电压在 1.8ms 时刻由 243V 突变

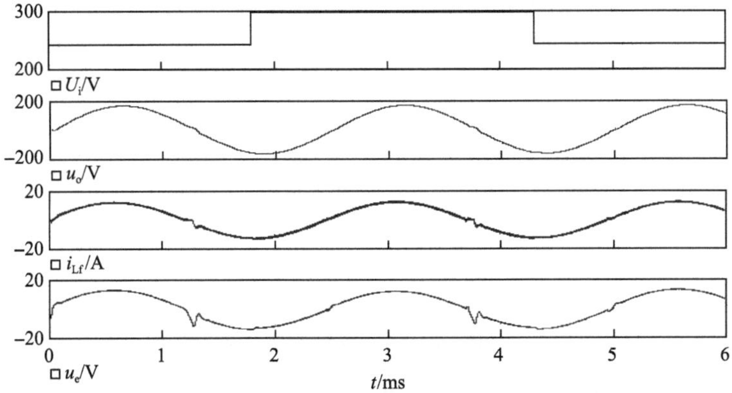

(a) 电源电压突变

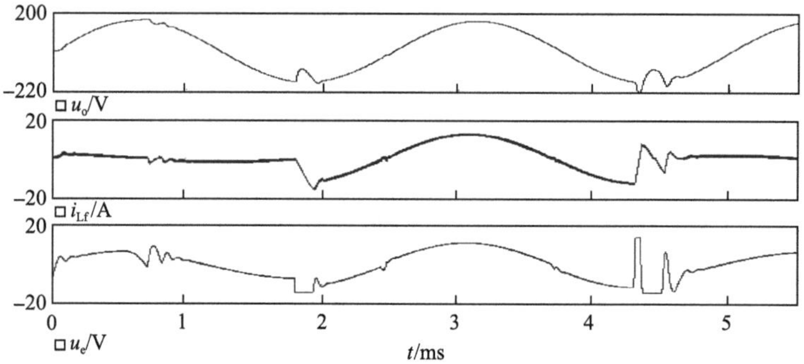

(b) 负载突变

图 5-9　1kVA 双极性移相控制单级 Buck 周波变换器型高频环节逆变器的动态仿真波形

到 297V、在 4.3ms 时刻由 297V 突变到 243V，逆变器输出电压所受影响很小；逆变器在 1.8ms 时刻由空载突变到满载而导致输出电压下降、输出滤波电感电流变大、经 0.15ms 由瞬态进入稳态，逆变器在 4.3ms 时刻由满载突变到空载而导致输出电压上升并振荡、输出滤波电感电流变小并振荡、经 0.28ms 由瞬态进入稳态。

2. 逆变装置实验

双极性移相控制双向电压源高频环节逆变装置的实验波形，如图 5-10 所示。由图 5-10 实验波形可见，在输出滤波电感电流 i_{Lf} 过零点附近，输出电压波形 u_o 存在畸变，这是由周波变换器的电流极性选择信号在此期间的振荡而引起的，故这类逆变器工程实现的难度大。

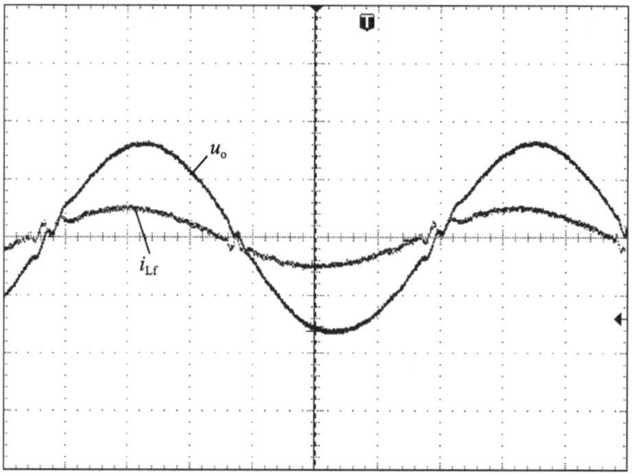

u_o：10V/格，i_{Lf}：1.316A/格　横轴：0.4ms/格

图 5-10　双极性移相控制双向电压源高频环节逆变装置的实验波形

5.4　单极性移相控制单级 Buck 周波变换器型高频环节逆变器

5.4.1　单极性移相控制策略

1. 单极性移相调制策略

对于图 5-2(e)、(f)所示全桥全波式、全桥桥式电路拓扑，如果周波变换器的开关时刻是固定的，而高频逆变电路的右桥臂相对左桥臂存在移相角 $\theta(0°\leqslant\theta\leqslant 180°)$，即功率开关 S_7、S_8 与 S_5、S_6 的驱动信号为互补的高频方波信号，而功率开关 S_2、S_4 与 S_1、S_3 间的驱动信号存在移相角 θ，则输出滤波器的前端电压 u_{EF} 就为单极性三态 SPWM 电压波。也就是说，高频逆变电路将输入电压 U_i 调制成双极性三态电压波 u_{AB}，周波变换电路将 u_{AB} 解调成单极性三态 SPWM 波 u_{EF} 并且在 u_{AB} 为零期间进行 ZVS 换流，u_{EF} 经 LC 滤波器后输出正弦交流电压 u_o，周波变换器在 u_{AB} 为零期间进行 ZVS 换流。由于移相角 θ 按正弦规律变化并且输出滤波器前端电压 u_{EF} 为单极性三态 SPWM 波，故称其为单极性移相调制策略，如图 5-11(a)所示。

2. 变压器原边绕组端电压 u_{AB} 的谐波分析

设输入直流电源 $U_i/2$ 处作为参考电位点 O，开关角频率、载波角频率和参考波角频率分别为 ω_s、$\omega_c(\omega_c=2\omega_s)$、$\omega_o$，调制度为 M，图 5-11(b)中的参考波 u_{e1}、

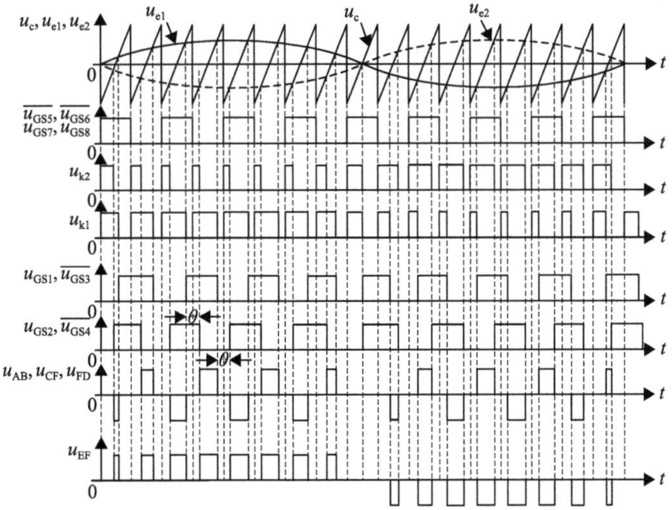

(a) 调制策略

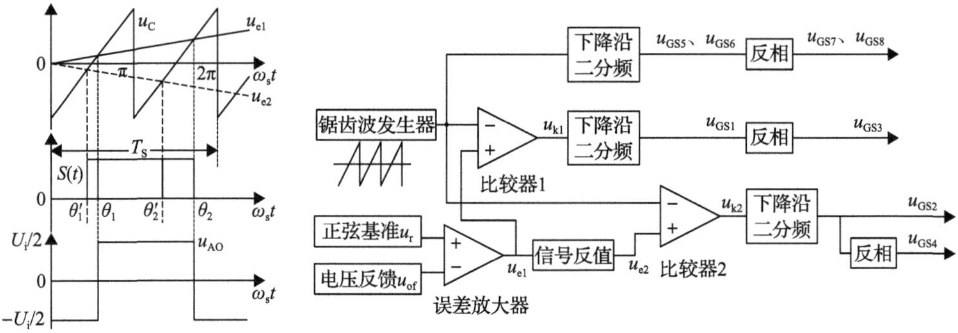

(b) 局部展开图　　　　(c) 控制框图

图 5-11　单级 Buck 周波变换器型高频环节逆变器的单极性移相调制策略

u_{e2}与锯齿形载波交截对应的相位角分别为θ_1和θ_2(即 S_1、S_3的开关角)、θ_1'和θ_2'(即 S_2、S_4的开关角)，超前桥臂和滞后桥臂中点 A、B 与参考电位点 O 之间的电压分别为$u_{AO}(t)$、$u_{BO}(t)$。若定义开关函数：

$$S(t)=\begin{cases}1, & \theta_1 \leqslant \omega_s t \leqslant \theta_2 \ (\text{桥臂上管导通}) \\ 0, & 0 \leqslant \omega_s t \leqslant \theta_1 \ \text{或} \ \theta_2 \leqslant \omega_s t \leqslant 2\pi \ (\text{桥臂下管导通})\end{cases} \tag{5-18}$$

则$u_{AO}(t)$可表示为

$$u_{AO}(t)=S(t)U_i/2=\begin{cases}U_i/2, & \theta_1 \leqslant \omega_s t \leqslant \theta_2 \\ -U_i/2, & 0 \leqslant \omega_s t \leqslant \theta_1 \ \text{或} \ \theta_2 \leqslant \omega_s t \leqslant 2\pi\end{cases} \tag{5-19}$$

式(5-19)经傅里叶级数分解，可得

$$u_{AO}(t)=\sum_{k=1,3,5,\cdots}^{\infty}\frac{2U_i}{k\pi}\sin\left[k\omega_s t-\frac{k\pi}{2}\left(M\sin(\omega_o t)+1\right)\right] \tag{5-20}$$

同理，可求得$u_{BO}(t)$为

$$u_{BO}(t)=\sum_{k=1,3,5,\cdots}^{\infty}\frac{2U_i}{k\pi}\sin\left[k\omega_s t-\frac{k\pi}{2}\left(-M\sin(\omega_o t)+1\right)\right] \tag{5-21}$$

由式(5-20)和式(5-21)可得，变压器的原边绕组端电压$u_{AB}(t)$为

$$\begin{aligned}u_{AB}(t)&=u_{AO}(t)-u_{BO}(t)\\&=\sum_{k=1,3,5,\cdots}^{\infty}(-1)^{\frac{k+1}{2}}\frac{4U_i}{k\pi}\sum_{n=1,3,5,\cdots}^{\infty}J_n\left(\frac{k\pi M}{2}\right)\cdot\left\{\cos\left[\left(\frac{k\omega_c}{2}-n\omega_o\right)t\right]-\cos\left[\left(\frac{k\omega_c}{2}+n\omega_o\right)t\right]\right\}\end{aligned} \tag{5-22}$$

式(5-22)表明，$u_{AB}(t)$已不存在基波分量，仅含幅值为$4U_iJ_n(k\pi M/2)/(k\pi)$、频率为$(k\omega_c/2)\pm n\omega_o$的高次谐波分量。第一组谐波频率为$(\omega_c/2)\pm n\omega_o$，当 f_c=50kHz 时第一组谐波频率为f_h=25kHz ± nf_o，即集中在二分之一的载波频率附近。因此，变压器按第一组谐波角频率$(\omega_c/2)\pm n\omega_o$而不是参考波角频率$\omega_o$设计，这类逆变器属于高频环节逆变器。

3. 控制策略

单级 Buck 周波变换器型高频环节逆变器的单极性移相控制策略控制框图，如图 5-11(c)所示。由图可知，单极性移相控制策略的实现方案为：①输出电压反馈信号 u_{of}与正弦基准电压 u_r经 PI 调节器得到误差放大信号 u_{e1}，u_{e1}与载波 u_c比较后得到信号 u_{k1}，u_{k1}经下降沿二分频、非门后分别输出功率开关 S_1、S_3的控制信号；②u_{e1}的反极性信号 u_{e2}与载波 u_c比较后得到信号 u_{k2}，u_{k2}经下降沿二分频、非门后分别输出功率开关 S_2、S_4的控制信号；③载波 u_c经下降沿二分频、非门后分别输出功率开关 $S_5(S_6)$、$S_7(S_8)$的控制信号；④功率开关 S_1和 S_3 、S_2和 S_4的控制信号之间设置的死区时间旨在防止逆变桥上下管直通，功率开关 S_5和 S_6 、S_7和 S_8的控制信号之间设置的换流重叠时间旨在确保滤波电感电流的流通回路。

功率开关 S_1与 S_4、S_2与 S_3在一个开关周期 T_s内的共同导通时间为

$$T_{com}=T_s(180°-\theta)/(2\times180°) \tag{5-23}$$

当电源电压 U_i下降或负载增大时，输出电压 u_o下降，闭环负反馈控制使移相角 θ 减小、共同导通时间 T_{com}增大，使输出电压 u_o增大。因此，这种逆变器的调控机理也是通过调节移相角 θ 来实现输出电压 u_o的稳定的。

由上分析可知，单极性移相控制单级 Buck 周波变换器型高频环节逆变器具有如下特点：①实现了变压器漏感能量和滤波电感电流的自然换流；②避免了换流重叠期间周波变换电路的环流现象，周波变换电路实现了 ZVS 换流；③输出单极性 SPWM 波，频谱特性好，输出滤波电路体积和重量小。

5.4.2 稳态原理特性

以如图 5-2(e)所示全桥全波式电路拓扑为例，论述这类逆变器的稳态原理特性。

1. 稳态原理分析

以 $u_o>0$、$i_{Lf}>0$ 为例，单极性移相控制单级 Buck 周波变换器型高频环节逆变器在一个开关周期内的开关过程波形与 12 个工作区间等效电路，如图 5-12 所示。

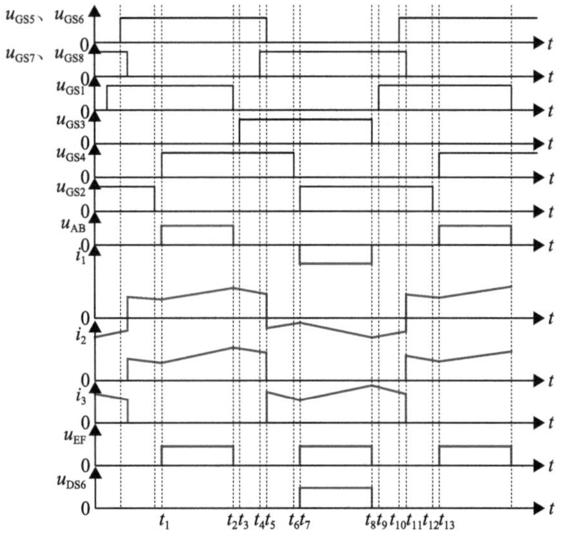

(a) 开关过程波形

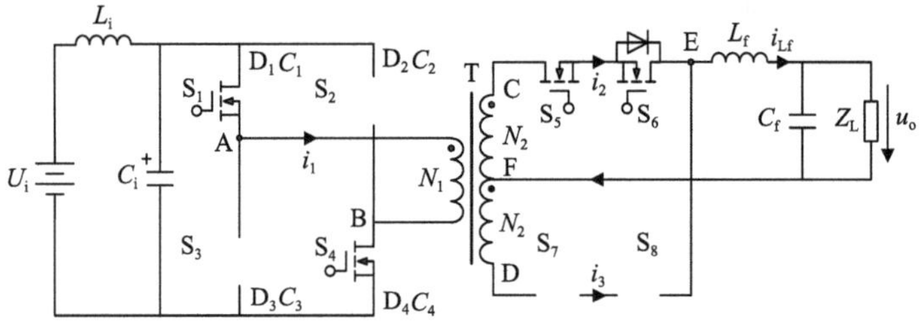

(b) $t_1 \sim t_2$

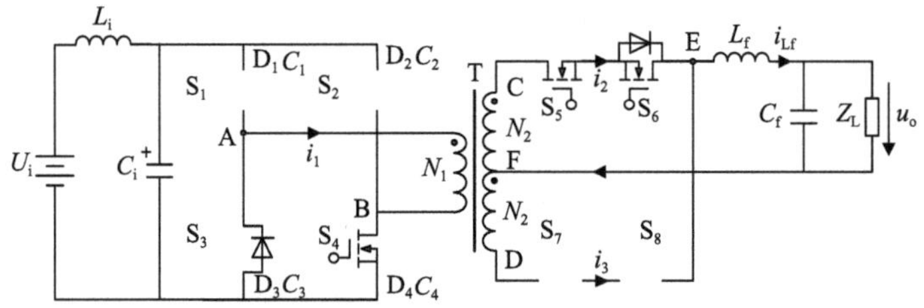

(c) $t_2 \sim t_3$

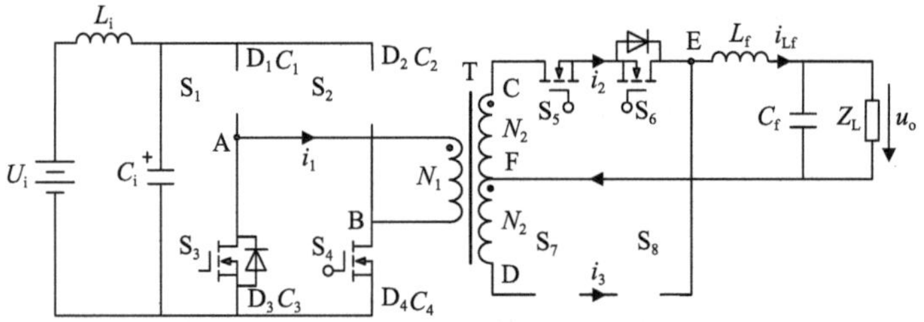

(d) $t_3 \sim t_4 \sim t_5$

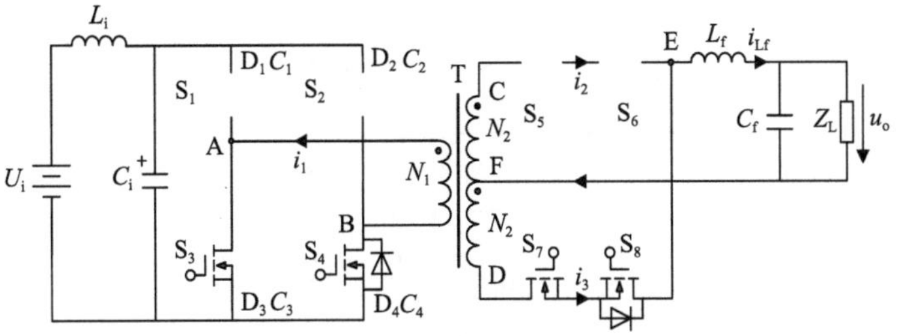

(e) $t_5 \sim t_6$

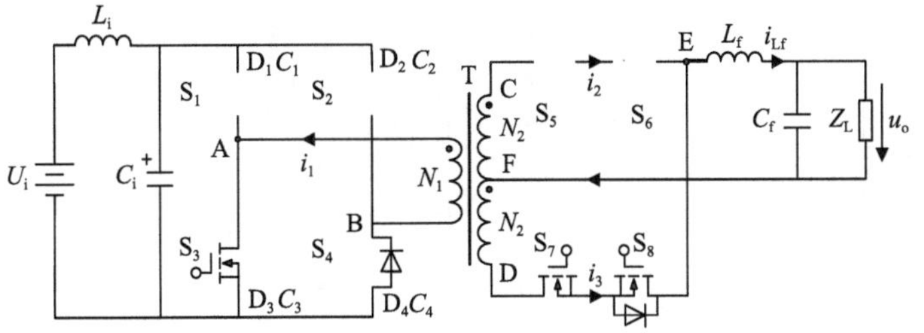

(f) $t_6 \sim t_7$

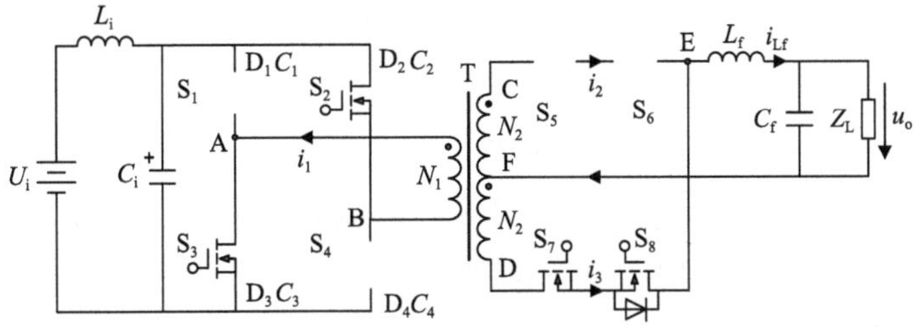

(g) $t_7 \sim t_8$

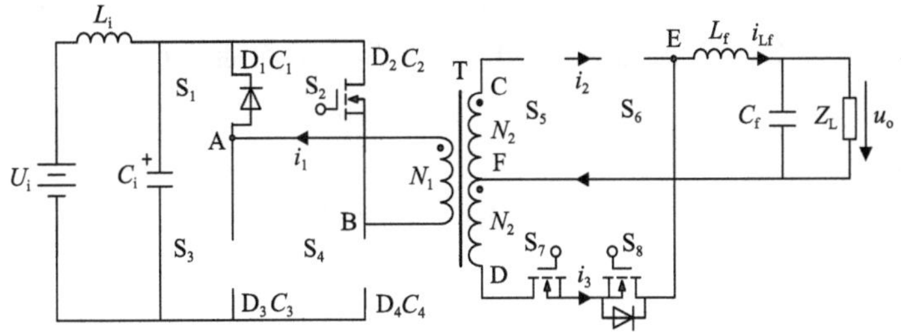

(h) $t_8 \sim t_9$

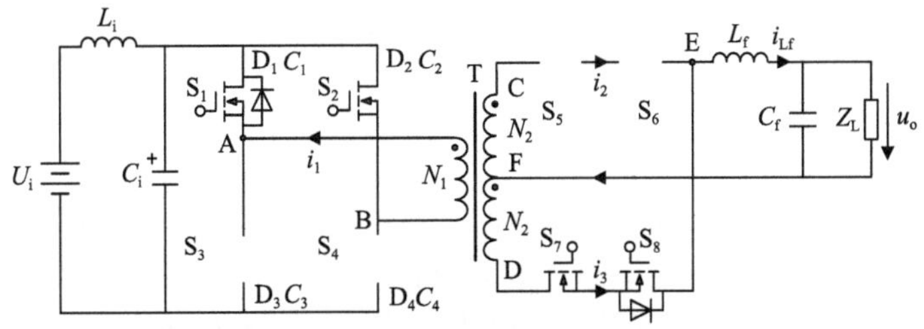

(i) $t_9 \sim t_{10} \sim t_{11}$

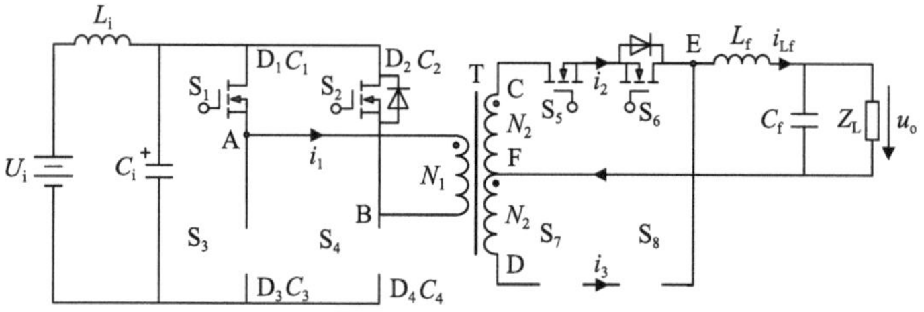

(j) $t_{11}\sim t_{12}$

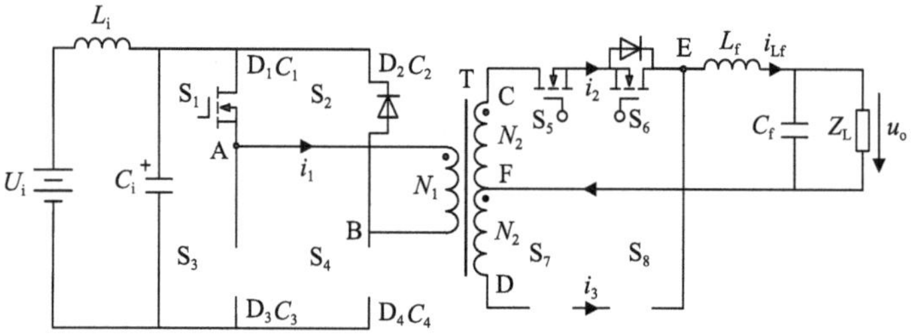

(k) $t_{12}\sim t_{13}$

图 5-12　逆变器在一个开关周期内的开关过程波形与区间等效电路

1) $t_1\sim t_2$

t_1时刻前，u_{EF}为零，i_1经功率开关 S_1、二极管 D_2流通；t_1时刻，S_4非 ZVS 开通，i_1经 S_1、S_4流通，$u_{AB}=U_i$；i_{Lf}经 S_5、S_6流通；$u_{EF}=u_{AF}=U_iN_2/N_1$，S_8的电压应力 $u_{DS8}=u_{CD}=2U_iN_2/N_1$，如图 5-12(b)所示。

2) $t_2\sim t_3$

t_2时刻，S_1 ZVS 关断；C_1端电压快速从零上升到 U_i值，C_3端电压从 U_i值快速下降到零；i_1经 D_3、S_4流通，$u_{EF}=0$；i_{Lf}经 S_5、S_6流通，u_{EF}为零，如图 5-12(c)所示。

3) $t_3\sim t_4$

t_3时刻，S_3 ZVS 开通；i_1经 $S_3(D_3)$、S_4流通，$u_{AB}=0$，i_{Lf}经 S_5、S_6流通，u_{EF}为零，如图 5-12(d)所示。

4) $t_4\sim t_5$

t_4时刻，S_7、S_8 ZVS 开通；i_1经 $S_3(D_3)$、S_4流通，$u_{AB}=0$，i_{Lf}经 S_5、S_6流通，u_{EF}为零，此期间为周波变换电路的换流重叠时间，S_5、S_6与 S_7、S_8之间的换流平滑，i_{Lf}的连续，如图 5-12(d)所示。

5) $t_5\sim t_6$

t_5时刻，S_5、S_6 ZVS 关断，$u_{AB}=0$；i_{Lf}经 S_7、S_8流通，i_1反向经 S_3、$S_4(D_4)$流通，u_{EF}为零，变压器副边漏感上的能量转移到 S_5结电容上，变压器端电压为零而不会引起周波变换器功率开关的电压过冲，如图 5-12(e)所示。

6) t_6～t_7

t_6时刻，S_4 ZVS 关断；i_1经 S_3、D_4流通，u_{AB}=0，i_{Lf}经 S_7、S_8流通，u_{EF}为零，如图 5-12(f)所示。

7) t_7～t_8

t_7时刻，S_2非 ZVS 开通；i_1经 S_2、S_3流通，$u_{AB}=-U_i$，i_{Lf}经 S_7、S_8流通，$u_{EF}=u_{BF}=U_iN_2/N_1$，S_6的漏源电压 $u_{DS6}=u_{DC}=2U_iN_2/N_1$，如图 5-12(g)所示。

8) t_8～t_9

t_8时刻，S_3 ZVS 关断；i_1经 S_2、D_1流通，u_{AB}=0，i_{Lf}经 S_7、S_8流通，u_{EF}=0，如图 5-12(h)所示。

9) t_9～t_{10}

t_9时刻，S_1 ZVS 开通；i_1经 S_2、$S_1(D_1)$流通，u_{AB}=0，i_{Lf}经 S_7、S_8流通，u_{EF}=0，如图 5-12(i)所示。

10) t_{10}～t_{11}

t_{10}时刻，S_5、S_6 ZVS 开通；i_1经 S_2、$S_1(D_1)$流通，u_{AB}=0，i_{Lf}经 S_7、S_8流通，u_{EF}=0，如图 5-12(i)所示。

11) t_{11}～t_{12}

t_{11}时刻，S_7、S_8 ZVS 关断；u_{AB}=0，i_{Lf}经 S_5、S_6流通，i_1经 S_1、$S_2(D_2)$流通，u_{EF}=0，如图 5-12(j)所示。

12) t_{12}～t_{13}

t_{12}时刻，S_2 ZVS 关断；u_{AB}=0，i_{Lf}经 S_5、S_6流通，i_1经 S_1、D_2流通，u_{EF}=0，如图 5-12(k)所示。t_{13}时刻，开始下一个开关周期。

逆变器在一个开关周期内的 12 个工作区间可简化为 6 个开关状态电路，如图 5-13 所示。

2. 输出外特性

图 5-13(a)、(d)和图 5-13(b)、(c)、(e)、(f)分别用图 2-27 所示等效电路表示。采用状态空间平均法可推得，状态变量的稳态值如式(2-27)所示。式(2-27)中，D 为滤波器前端 SPWM 电压波 u_{EF}在一个开关周期内的等效占空比，即

$$D = 2T_{com}/T_s = (180° - \theta)/180° \tag{5-24}$$

逆变器理想情形时的外特性方程为

$$U_o = DU_iN_2/N_1 \tag{5-25}$$

电感电流 i_{Lf}的初值等于零时的负载电流为

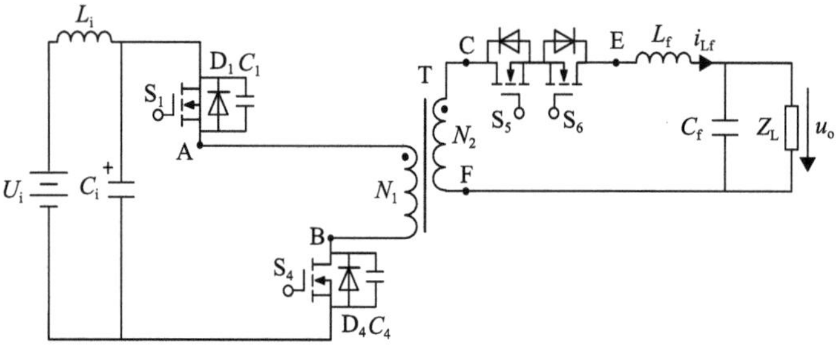

(a) $t_1 \sim t_2$：S_1、S_4、S_5、S_6导通

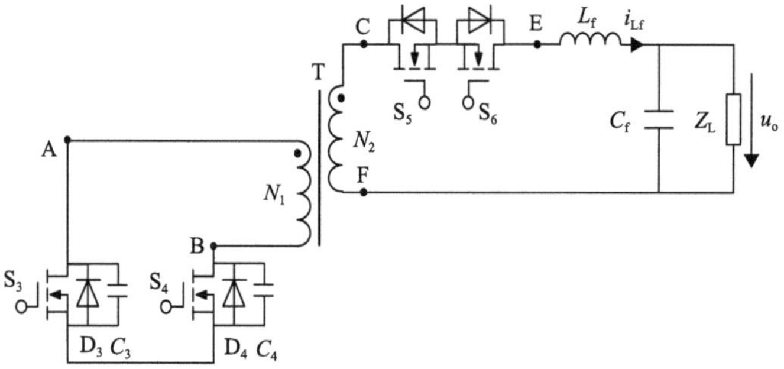

(b) $t_2 \sim t_3 \sim t_4 \sim t_5$：$S_3$、$S_4$、$S_5$、$S_6$导通

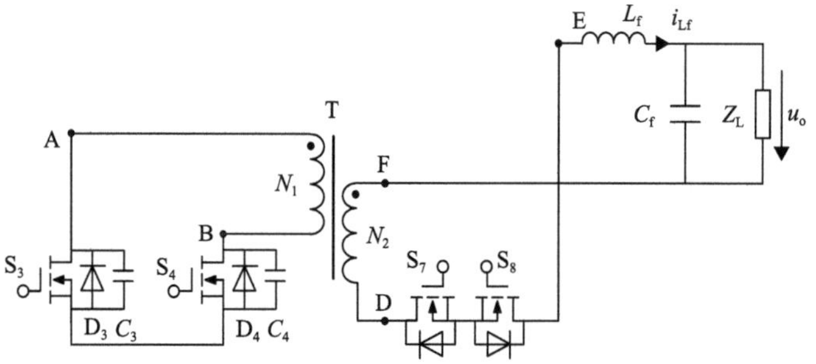

(c) $t_5 \sim t_6 \sim t_7$：S_3、S_4、S_7、S_8导通

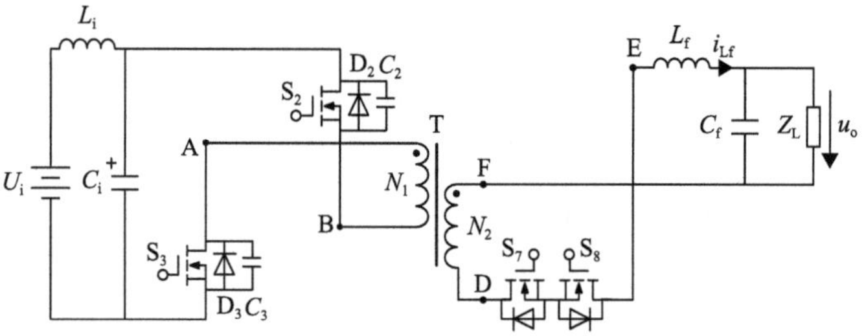

(d) $t_7 \sim t_8$：S_2、S_3、S_7、S_8导通

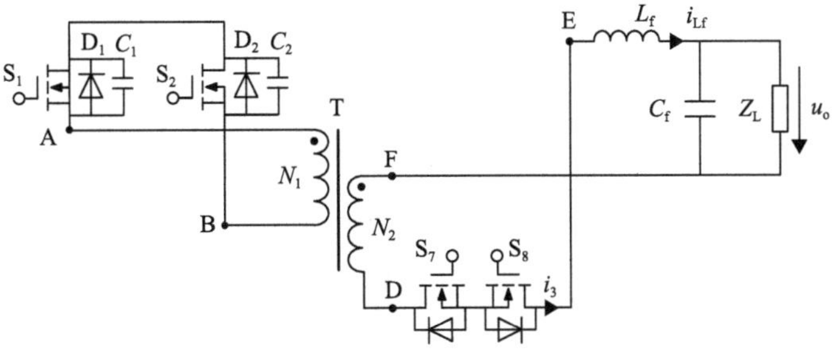

(e) $t_8 \sim t_9 \sim t_{10} \sim t_{11}$：$S_1$、$S_2$、$S_7$、$S_8$导通

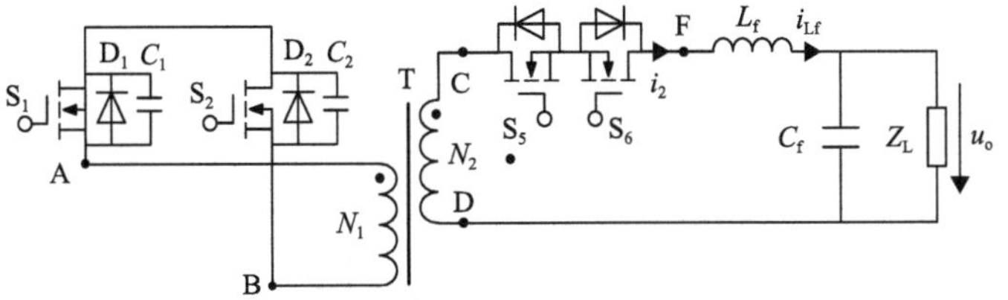

(f) $t_{11} \sim t_{12} \sim t_{13}$：$S_1$、$S_2$、$S_5$、$S_6$导通

图 5-13　逆变器在一个开关周期内的 12 个工作区间可简化为 6 个开关状态电路

$$I_C = I_o = [U_i N_2 / (4N_2 L_f)]D(1-D)T_s \tag{5-26}$$

由式(5-26)可得，当 D=0.5 时，I_C 达到最大值，即

$$I_{Cmax} = T_s U_i N_2 / (16 N_1 L_f) \tag{5-27}$$

由式(5-26)和式(5-27)可得，逆变器在理想情形且 i_{Lf} 的初值等于零时的外特性方程为

$$I_C = 4 I_{Cmax} D(1-D) \tag{5-28}$$

逆变器的四象限标幺外特性与图 2-28 类似，只是纵坐标表示 $U_o/(U_i N_2/N_1)$。

5.4.3　逆变装置实验

设计实例：全桥桥式电路拓扑，单极性移相控制策略，输入电压 U_i=270V±10%DC，输出电压 U_o=115V/400HzAC，额定容量 S=1kVA，开关频率 F_s=50kHz，变压器原副边绕组的匝比 N_1/N_2=25/20，输入滤波电容 C_i=1320μF，滤波电感 L_f=0.5mH，滤波电容 C_f 选用 4.4μF/250V CBB 电容，控制电路采用两片 UC3879 芯片。

1kVA 27VDC/115V400HzAC 单极性移相控制单级 Buck 周波变换器型高频环节逆变装置在额定输入电压 270VDC 和不同性质负载下的实验波形，如图 5-14

所示。

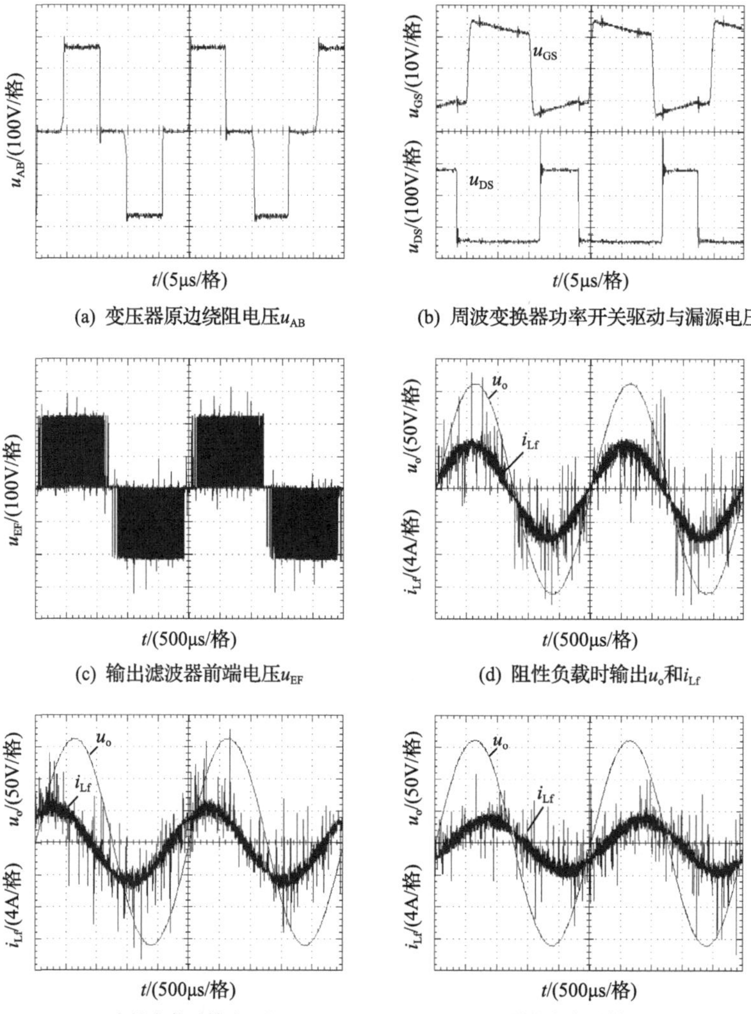

(a) 变压器原边绕阻电压u_{AB}　　(b) 周波变换器功率开关驱动与漏源电压

(c) 输出滤波器前端电压u_{EF}　　(d) 阻性负载时输出u_o和i_{Lf}

(e) 容性负载时输出u_o和i_{Lf}　　(f) 感性负载时输出u_o和i_{Lf}

图 5-14　1kVA 单极性移相控制单级 Buck 周波变换器型高频环节逆变装置实验波形

逆变装置的实验结果与理论分析一致，具体表现在：①变压器原边绕组端电压 u_{AB} 为双极性三态高频脉冲波，如图 5-14(a)所示；②周波变换器功率开关实现了 ZVS，如图 5-14(b)所示；③输出滤波器前端电压 u_{EF} 为单极性三态 SPWM 波，频谱特性优，如图 5-14(c)所示；④逆变器在空载和不同性质负载下的输出电压波形 u_o 质量高，带载能力强，如图 5-14(d)～(f)所示。

5.4.4　单级周波变换器型高频环节逆变器构成的离线式不间断电源系统

单级 Buck 周波变换器型高频环节逆变器特别适合于诸如离线式不间断电源系统、交流微网供电系统中储能单元的充放电装置等双向功率流逆变场合。单级 Buck 周波变换器型高频环节逆变器构成小容量离线式不间断电源系统，如图 5-15 所示。

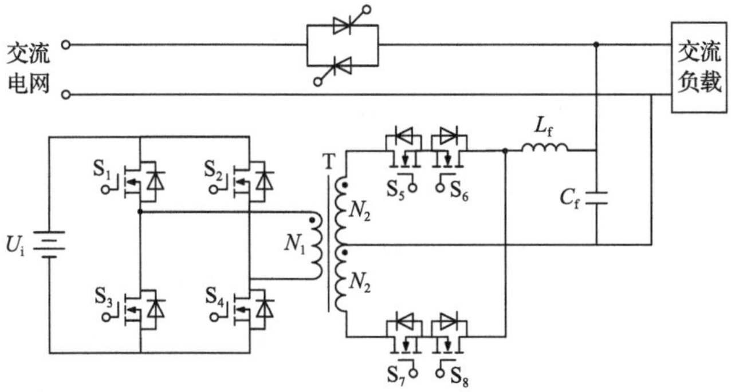

图 5-15　单级 Buck 周波变换器型高频环节逆变器构成小容量离线式不间断电源系统

逆变器与交流电网并联在一起，当交流电网正常时，一方面直接对交流负载高效率供电，另一方面对逆变器直流侧的蓄电池充电；当交流电网出现故障时，逆变器将蓄电池直流电能转换为交流电能对交流负载供电。与传统的离线式不间断电源系统相比，这种新型的离线式不间断电源系统具有输出容量小、单级功率变换、变换效率高、体积和重量小、成本低等特点。

5.5　单级 Boost 周波变换器型高频环节逆变器

5.5.1　电路结构与拓扑族

根据电路对偶原理，文献[32]和[33]提出了一类单级 Boost 周波变换器型高频环节逆变器电路结构与拓扑族及其消除输出波形畸变的方法，如图 5-16 所示。该电路结构由输入滤波器、储能电感、高频逆变电路、高频变压器、周波变换电路和输出滤波器以级联的规律构建而成，该电路拓扑族包括推挽全波式、推挽桥式、半桥全波式、半桥桥式、全桥全波式和全桥桥式六种电路。由于 Boost 型变换器只能升压，而不能降压，无法在输出电压下降且绝对值$|u_o| < U_iN_2/N_1$期间获得输出正弦波形。为了确保该期间正弦输出波形质量，需要解决其输出滤波电容和负载无功能量的去向问题，故在输出负载与输入直流电源之间并接一个反激式能量回馈 AC-DC 变换电路，其是由周波变换电路、高频储能式变压器 T_a、高频整流电

路以级联的方式构建而成。

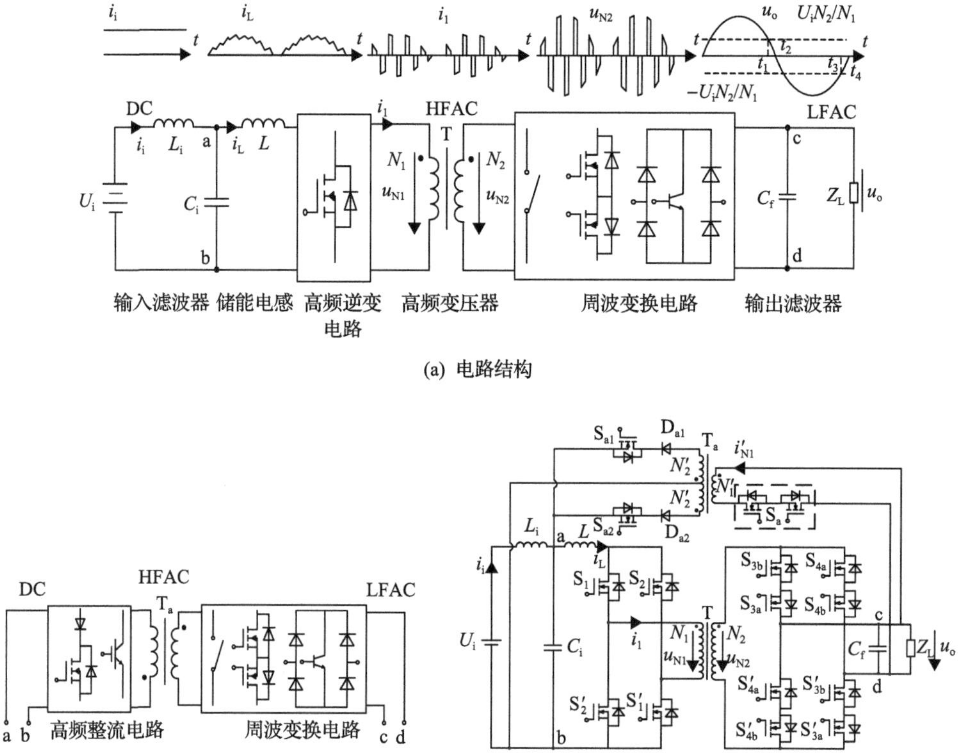

(a) 电路结构

(b) 反激式能量回馈电路

(c) 全桥桥式拓扑实例

图 5-16　单级 Boost 周波变换器型高频环节逆变器电路结构与拓扑实例及其消除输出波形畸变的方法

当电源向负载传递能量时，高频逆变器将含低频脉动的直流电流 i_L 调制成双极性三态高频脉冲电流 i_1，经高频电气隔离和电流匹配，周波变换器再将其解调成单极性三态低频脉冲电流，经输出滤波器后得到优质低频正弦交流电压 u_o；当负载向电源回馈能量时，周波变换器将 u_o 调制成双极性三态的高频脉冲电压 u_{N2}，经高频电气隔离和电压匹配，高频逆变器将其解调成单极性三态低频脉冲电压，经输入滤波器后回馈给输入电源。

5.5.2　电压瞬时值反馈移相控制策略

单级Boost周波变换器型高频环节逆变器采用电压瞬时值反馈移相控制策略，通过检测输出电压或误差电压的极性来决定逆变器的Boost型DC-AC变换电路和反激式能量回馈电路的分时工作，如图 5-17 所示。

输出正弦电压反馈信号的绝对值信号$|u_{of}|$与基准正弦信号的绝对值$|u_r|$经误差

放大器后输出误差放大信号 u_e，u_e 经反极性电路得到 $-u_e$。u_e 与单极性锯齿载波 u_c 交截得到 PWM 信号 u_{k3}，u_e 经过零比较器得到 u_{sy}，u_c 经下降沿二分频电路及非门得到 u_{k1} 和 u_{k2}，u_r 经过零比较器得到 u_{ko}，u_{ko}、u_{k1}、u_{k2}、u_{k3} 和 u_{sy} 经合适的逻辑电路产生功率开关的控制信号，$-u_e$ 与 u_c 交截得到的 PWM 信号与 u_{sy}、u_{ko} 经合适的逻辑电路产生反激式能量回馈电路功率开关的控制信号。当 $u_e>0$ 时，$-u_e<0$，$-u_e$ 与 u_c 无交截，反激式能量回馈电路不工作，Boost 变换电路工作；当 $u_e<0$ 时，$-u_e>0$ 时，u_e 与 u_c 无交截，Boost 变换电路不工作，反激式能量回馈电路工作，即输出电压下降且绝对值 $|u_o|<U_iN_2/N_1$ 期间输出侧无功能量回馈到输入电源侧以确保正弦输出电压质量。

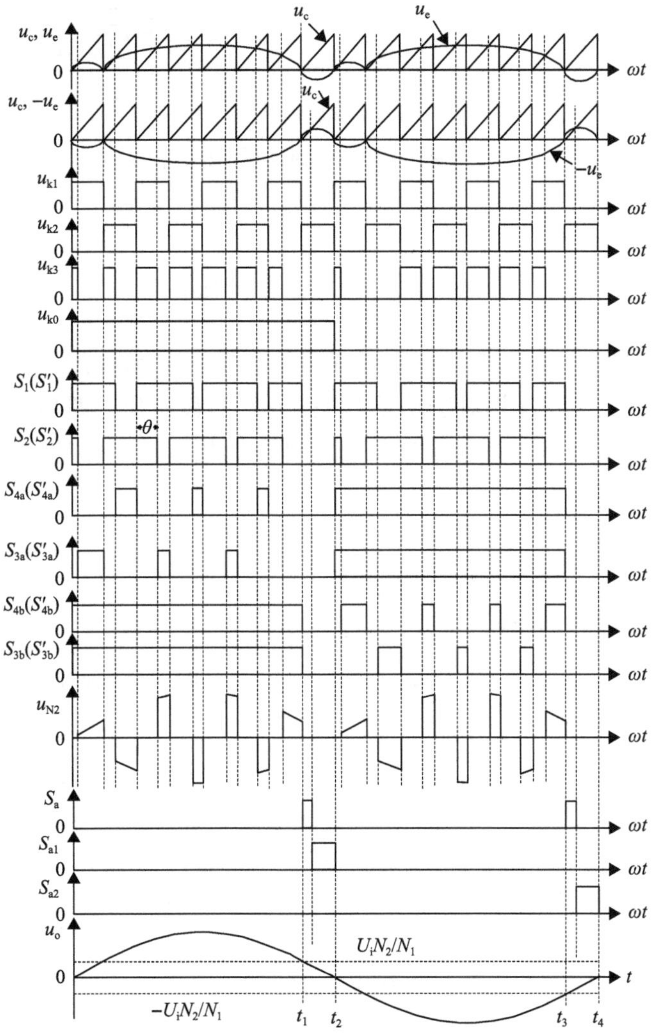

(a) 控制波形

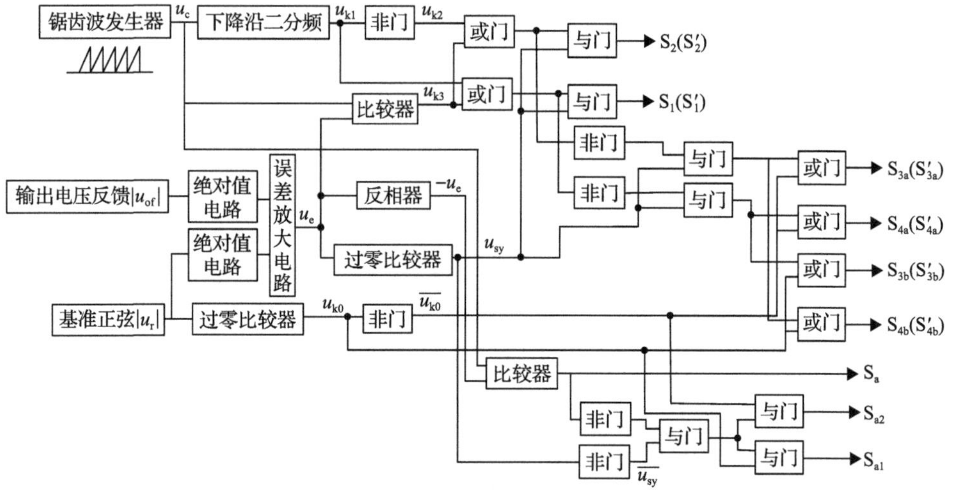

(b) 控制框图

图 5-17 逆变器的电压瞬时值反馈移相控制策略

逆变器的等效占空比 D 为

$$D = T_{com} / (T_s / 2) = \theta / 180° \tag{5-29}$$

式中，T_{com} 为半个开关周期内高频逆变器功率开关的共同导通时间；θ($0° < \theta < 180°$) 为功率开关 $S_2(S_2')$ 相对于功率开关 $S_1(S_1')$ 的移相角，即功率开关 $S_1(S_1')$、$S_2(S_2')$ 共同导通时间所对应的角度。通过调节移相角 θ，实现输入电压或负载变化时输出电压的稳定。

5.5.3 稳态原理分析

1. 低频工作模式分析

以有源箝位全桥桥式电路拓扑为例，分析这类逆变器的低频工作模式。

在高频逆变电路直流侧两端并接有源箝位支路，不但可以有效抑制高频变压器 T 的漏感阻碍储能电感 L 的能量释放引起的功率开关的关断电压尖峰，而且还可以用来吸收逆变器关机时储能电感剩余能量的释放。有源箝位全桥桥式单级 Boost 周波变换器型高频环节逆变器在一个低频输出周期内的工作模式及其 t_0～t_1 期间原理波形和等效电路，如图 5-18 所示。图中，u_{GSc} 为有源箝位开关的驱动信号。

t_0～t_1、t_3～t_4 区间：输出电压上升且 $u_o < U_iN_2/N_1$，Boost 变换器工作。

t_1～t_2、t_4～t_5 区间：输出电压 $u_o \geqslant U_iN_2/N_1$，Boost 变换器正常工作。

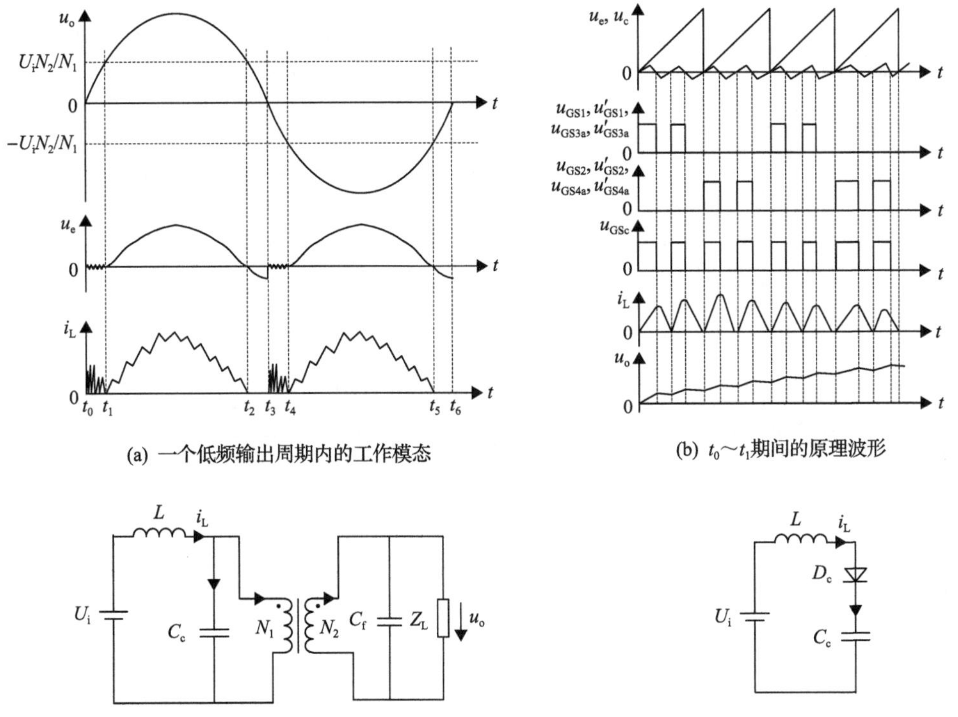

(a) 一个低频输出周期内的工作模态　(b) t_0～t_1期间的原理波形

(c) 正向传递能量期间等效电路　(d) 功率开关全部截止时等效电路

图 5-18　逆变器在一个低频输出周期内的工作模式及其 t_0～t_1 期间原理波形和等效电路

t_2～t_3、t_5～t_6 区间：输出电压下降且$|u_o| < U_iN_2/N_1$，反激式能量回馈电路工作。

由图 5-18(b)所示原理波形可知，t_0～t_1 期间输出电压上升且 $u_o < U_iN_2/N_1$，误差信号 u_e 在零点附近振荡，SPWM 信号 u_{k3} 保持低电平，从图 5-19(b)所示的控制波形可知 $S_1(S_1')$ 和 $S_2(S_2')$ 的控制信号由 u_e 的正负决定，$S_1(S_1')$ 和 $S_2(S_2')$ 共同导通的时间基本为零。当 $u_e > 0$ 时，逆变器处于正向传递能量，即 S_1、S_1'、S_{3a}、S_{3a}'、S_c 导通或 S_2、S_2'、S_{4a}、S_{4a}'、S_c 导通，其等效电路如图 5-18(c)所示，输入电源对负载供电、电感电流增大、u_o 升高；当 u_o 升高过快时，u_e 变负，功率开关全部截止，等效电路如图 5-18(d)所示，储能电感能量通过箝位开关的反并联二极管向箝位电容 C_c 充电，i_L 减小。t_3～t_4 期间变换器的工况与 t_1～t_2 期间类似。由上分析可见，在输出电压上升沿且$|u_o| < U_iN_2/N_1$ 期间，储能电感电流 i_L 并不会一直增大而出现饱和现象。

2. 高频开关工作过程

设高频逆变电路功率开关的结电容为 C_1、周波变换器功率开关的结电容忽略不计，储能电感电流和输出电压在一个开关周期内基本保持为恒定值 I_L、U_o，高频变压器原边的漏感为 L_{lk}，则逆变器在 $u_o>0$、$i_L>0$ 时一个开关周期内有 14 个工作区间，其开关过程波形与 t_0～t_1 区间等效电路如图 5-19 所示。

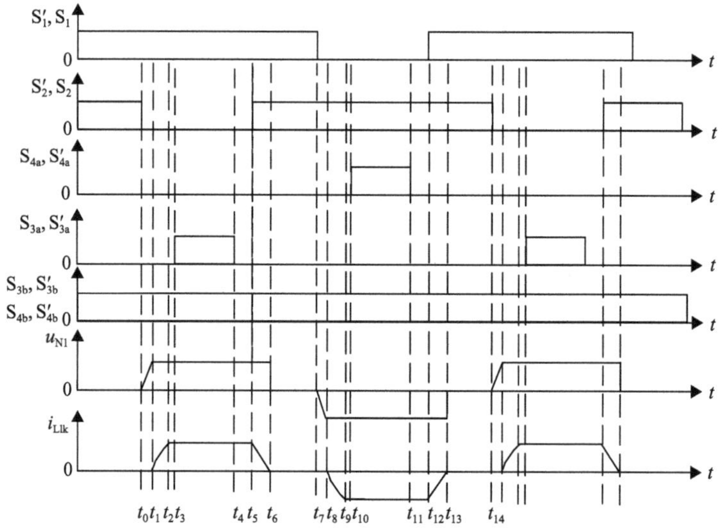

(a) 高频开关工作过程波形

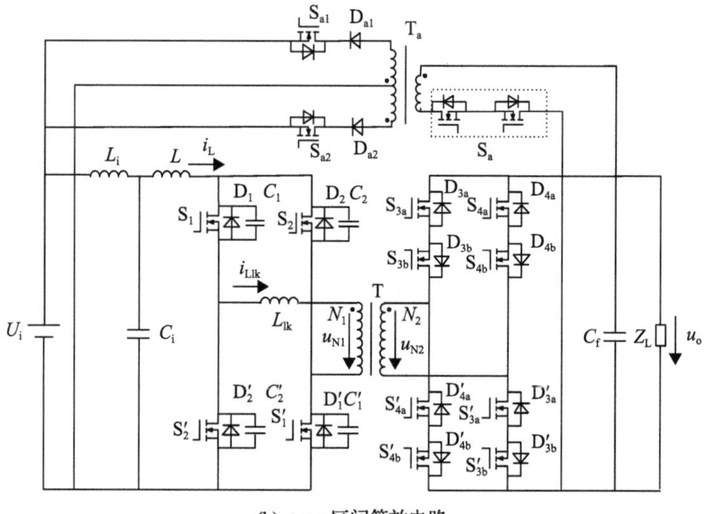

(b) t_0～t_1区间等效电路

图 5-19　逆变器在一个开关周期内的高频开关工作过程波形与 t_0～t_1 区间等效电路

1) t_0～t_1

t_0 之前，S_1、S_1'、S_2、S_2' 导通，U_i 对 L 充电，C_f 单独对负载供电；t_0 时刻，S_2、S_2' 关断，I_L 给 C_2、C_2' 充电，t_1 时刻，$u_{DS2,2'}=U_oN_1/N_2$。

2) $t_1 \sim t_2$

t_1 时刻，D_{3a}、D'_{3a} 导通，漏感 L_{lk} 与 C_2、C'_2 开始谐振，电阻的存在使得该谐振过程在 t_2 时刻达到稳态，$i_{Llk}=I_L$，结电容电压保持在 U_oN_1/N_2。

3) $t_2 \sim t_3$

I_L 通过 S_1、S'_1 流通，变压器副边绕组电流通过 S_{3b}、D_{3a}、S'_{3b}、D'_{3a} 流动，储能电感向负载传递能量。

4) $t_3 \sim t_4$

t_3 时刻，S_{3a} 和 S'_{3a} ZVS 开通，变压器副边绕组电流通过 S_{3b}、$S_{3a}(D_{3a})$、S'_{3b}、$S'_{3a}(D'_{3a})$ 流动，储能电感向负载释放能量。

5) $t_4 \sim t_5$

t_4 时刻，S_{3a} 和 S'_{3a} ZVS 关断，电流方向与 $t_2 \sim t_3$ 区间相同。

6) $t_5 \sim t_6$

t_5 时刻，S_2 和 S'_2 开通，U_i 向储能电感充电，漏感电流通过 S_{3b}、D_{3a}、S'_{3b}、D'_{3a} 对负载释放。

7) $t_6 \sim t_7$

t_6 时刻，漏感电流减小到零，U_i 向 L 充电，C_f 向负载供电；$t_7 \sim t_{14}$ 区间工况与上述过程相似，不再赘述。

5.5.4　仿真分析

设计实例：全桥桥式电路拓扑，电压瞬时值反馈移相控制策略，输入电压 U_i=270V±10%DC，输出电压 U_o=115V400HzAC，额定容量 S=1kVA，负载功率因数为–0.75～1.0～+0.75，开关频率 F_s=50kHz，高频变压器 T 的匝比 N_1/N_2=3.48，耦合系数为 0.99，储能电感 L=50μH，输出滤波电容 C_f=35μF，高频储能式变压器 T_a 的原副边电感的比值 L_1∶L_2∶L_3=1∶200∶200，耦合系数为 0.99，额定阻性负载 R_L=13.2Ω，额定感性负载 R_L=9.9Ω、L_L=3.4mH，额定容性负载 R_L=9.9Ω、C_L=45.6μF，二极管整流、电容滤波非线性负载 C_L=350μF、R_L=38Ω。

1kVA 270VDC/115V400HzAC 全桥桥式单级 Boost 周波变换器型高频环节逆变器在额定输入电压和不同性质额定负载时的稳态仿真波形，如图 5-20 所示。图 5-20 所示的稳态仿真结果表明：①高频变压器 T 的原、副边绕组电压 u_{N1}、u_{N2} 为双极性三态高频脉冲电压波；②储能电感电流有正有负，能量双向流动；③反激式能量回馈电路在输出电压下降且绝对值 $|u_o| < U_iN_2/N_1$ 期间工作在 DCM，误差电压 u_e 为负，能量从输出侧回馈到输入侧；④输出电压正、负半周，反激变换器的功率开关 S_{a1}、S_{a2} 分别工作。

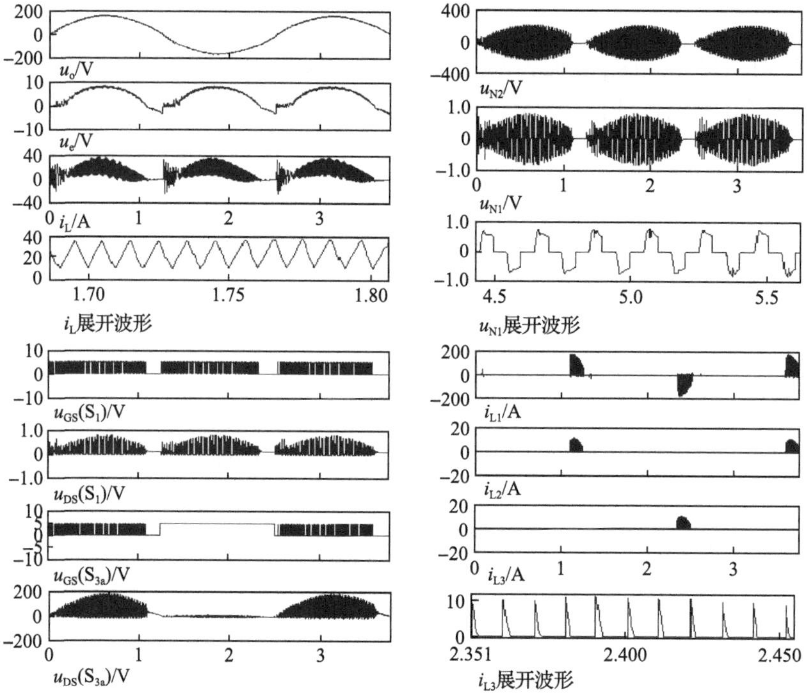

(a) 额定输入电压270V，额定阻性负载

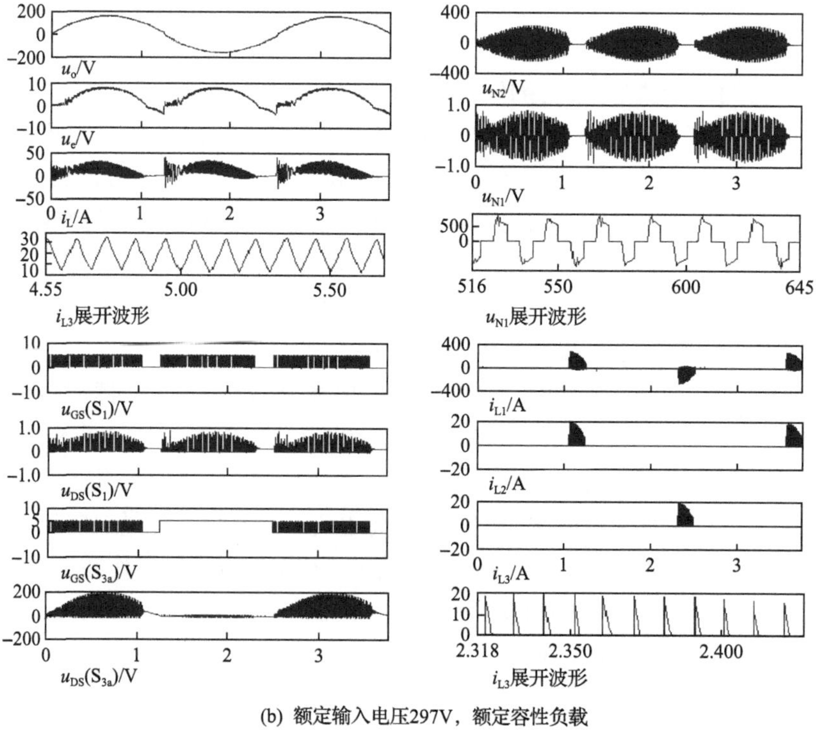

(b) 额定输入电压297V，额定容性负载

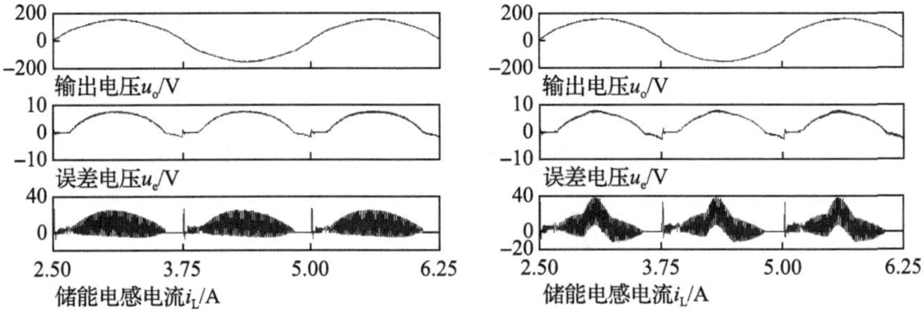

(c) 额定输入电压270V，额定感性负载　　(d) 额定输入电压270V，额定非线性负载

图 5-20　1kVA 逆变器在额定输入电压和不同性质额定负载下的稳态仿真波形

本 章 小 结

单级 Buck 周波变换器型高频环节逆变器电路结构由输入滤波器、高频逆变电路、高频变压器、周波变换电路、输出滤波器以级联的规律构建而成，其电路拓扑族包括全桥全波式等六种电路。这类逆变器具有双向功率流、单级功率变换 DC-LFAC(即两单元功率变换 DC-HFAC-LFAC)等特点，特别适合于诸如离线式不间断电源系统、交流微网供电系统中储能单元的充放电装置等双向功率流逆变场合。

单级 Buck 周波变换器型高频环节逆变器的六个电路拓扑均可采用双极性移相控制策略，而只有全桥全波式、全桥桥式两种电路方可采用单极性移相控制策略。具有周波变换器换流重叠的双极性移相和单极性移相控制策略，解决了这类逆变器的 PWM 周波变换器换流时固有的电压过冲问题，后者比前者有更优良的输出频谱特性，工程实现也更容易。

单级 Boost 周波变换器型高频环节逆变器的电路结构由输入滤波器、储能电感、高频逆变电路、高频变压器、周波变换电路和输出滤波器以级联的规律构建而成，其电路拓扑族包括全桥桥式等六种电路。为了确保输出电压下降且绝对值$|u_o| < U_iN_2/N_1$期间的输出正弦波形，需要在输出负载与输入直流电源之间并接一个由周波变换电路、高频储能式变压器、高频整流电路以级联的方式构建而成的反激式能量回馈电路，以解决其输出滤波电容和负载的无功能量回馈路径问题。

第 6 章　单级 Buck-Boost 周波变换器型高频环节逆变器

6.1 引　　言

级联型和单级 Buck 周波变换器型高频环节逆变器具有单向或双向功率流、变换效率高、输出容量大、输出电压纹波小等特点。然而，这些 Buck 型高频环节逆变器在负载过载甚至短路时，其功率开关电流的上升率将比正常工作时大得多，要求功率开关保护电路动作的快速性也要高得多，因而其可靠性不够理想。

单级 Buck-Boost 周波变换器型高频环节逆变器的高频储能式变压器由于能起到限流作用，在负载过载甚至短路时功率开关电流的上升率与正常工作时相同，为功率开关的保护电路赢得了足够的动作时间，因而其可靠性将比 Buck 型高频环节逆变器高[33-35]。

本章拓宽和深化单级 Buck-Boost 周波变换器型高频环节逆变器的变换理论与方法，包括逆变器的电路结构构建规律、电路拓扑衍生推导、调制与控制策略、原理与特性分析、关键电路参数设计准则等研究内容，给出重要研究结论和逆变装置的实验结果[33-35]。

6.2 单级 Buck-Boost 周波变换器型高频环节逆变器电路结构与拓扑族

6.2.1 电路结构

单级 Buck-Boost 周波变换器型高频环节逆变器电路结构由输入滤波器、高频逆变电路、高频储能式变压器、周波变换电路和输出滤波器以级联的规律构建而成，如图 6-1 所示。

输入电源向负载传递能量时，高频逆变器将直流电源电压调制成高频脉动电流，其能量储存在高频储能式变压器中，周波变换器将此高频脉动电流低频解调，经滤波后得到负载所需的低频交流电；负载向输入电源回馈能量时，周波变换器工作在调制状态，而高频逆变器工作在整流状态。

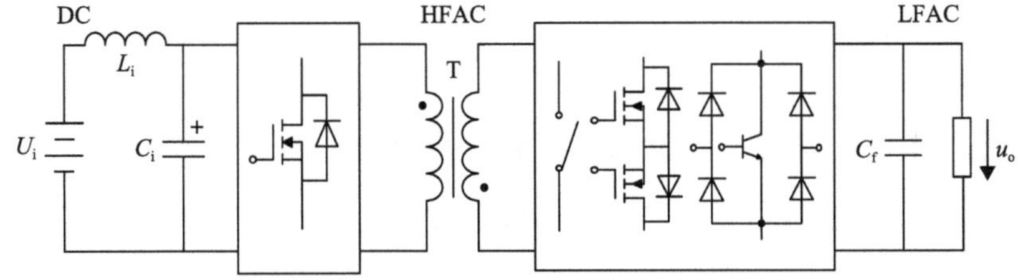

图 6-1　单级 Buck-Boost 周波变换器型高频环节逆变器电路结构

6.2.2　电路拓扑族

单级 Buck-Boost 周波变换器型高频环节逆变器电路拓扑族包括单管式、推挽式、半桥式、全桥式四个电路，如图 6-2 所示。图 6-2 中，单管式和推挽式电路拓扑能双向传递功率，后者比前者的功率开关数量少、原边功率开关电流应力小，适用于低压输入的小容量逆变场合；半桥式和全桥式电路拓扑也能双向传递功率，适用于高压输入的小容量逆变场合，但前者存在两个桥臂电容电压严重不平衡的缺陷，解决此缺陷将增添电路拓扑的复杂性。

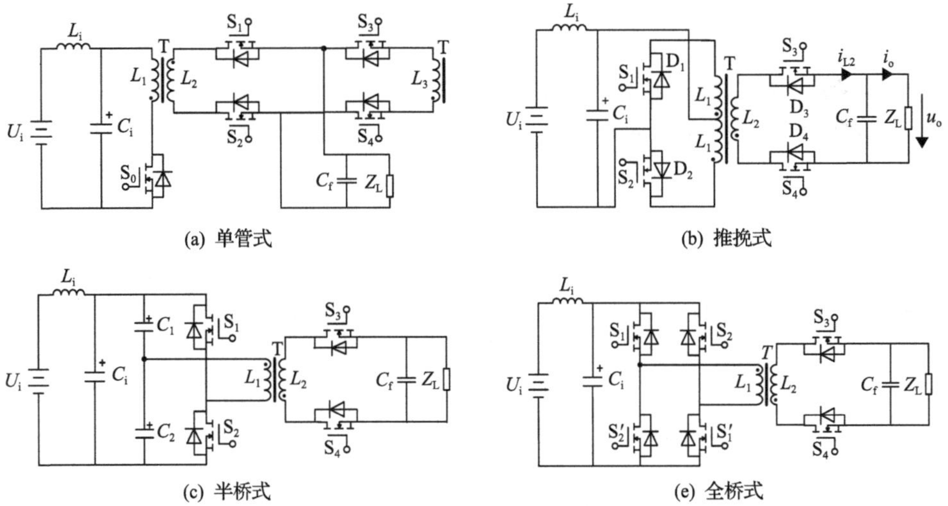

图 6-2　单级 Buck-Boost 周波变换器型高频环节逆变器电路拓扑族

如果图 6-2(a) 中的功率开关 S_2、S_4 均用功率二极管代替，即可衍生出单向传递功率的单管式电路拓扑。显然，这种单管式电路拓扑的负载适应能力弱，仅适用于小容量阻性负载逆变场合。

单级 Buck-Boost 周波变换器型高频环节逆变器具有拓扑结构简洁、双向功率流、单级功率变换(DC-LFAC)即两单元功率变换(DC-HFAC-LFAC)、负载过载和短路时可靠性高、输出容量小等特点，在小容量逆变场合具有重要的应用价值。

6.3　单级 Buck-Boost 周波变换器型高频环节逆变器稳态原理特性

6.3.1　稳态原理分析

以推挽式电路拓扑为例，论述这类逆变器的稳态原理。

1. 四种工作模式

按照输出电压 u_o 和副边电感电流 i_{L2} 的极性划分，单级 Buck-Boost 周波变换器型高频环节逆变器在一个输出电压周期内存在四种工作模式 A、B、C、D，每一种工作模式相当于一个隔离 Buck-Boost 直流变换器。

当 $u_o>0$、$i_{L2}>0$ 时，逆变器工作于模式 A，其等效电路如图 6-3(a)所示。S_1 高频斩波，S_3 常通，U_i、S_1、L_1、L_2、S_3、D_4、C_f 和 Z_L 构成一个隔离 Buck-Boost 直流变换器，电源 U_i 向负载 Z_L 传输能量。

当 $u_o<0$、$i_{L2}>0$ 时，逆变器工作于模式 B，其等效电路如图 6-3(b)所示。S_3 高频斩波，S_4 常通，U_i、D_2、L_1、L_2、S_3、S_4、C_f 和 Z_L 构成一个隔离 Buck-Boost 直流变换器，负载 Z_L 向电源 U_i 回馈能量。

当 $u_o<0$、$i_{L2}<0$ 时，逆变器工作于模式 C，其等效电路如图 6-3(c)所示。S_2

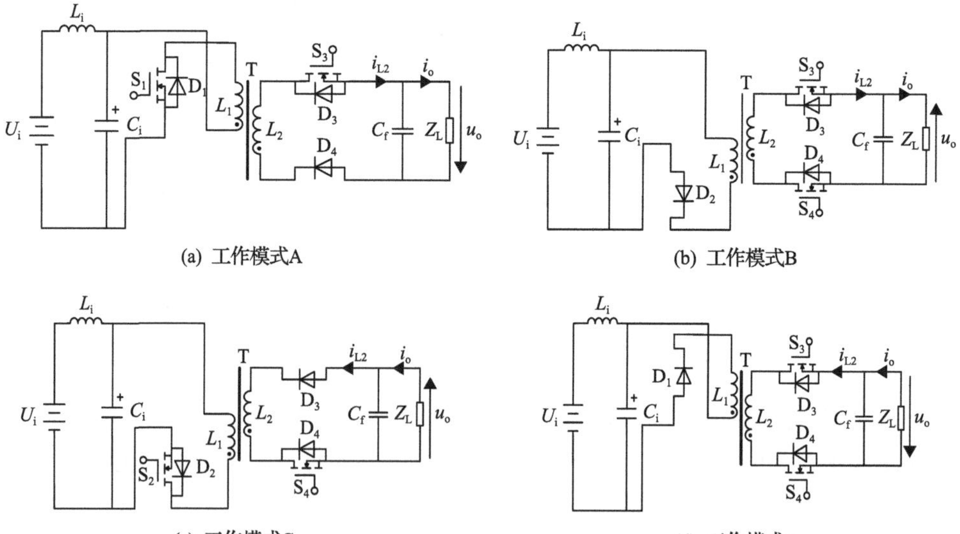

(a) 工作模式A　(b) 工作模式B

(c) 工作模式C　(d) 工作模式D

图 6-3　单级 Buck-Boost 周波变换器型高频环节逆变器的四种工作模式

高频斩波，S_4 常通，U_i、S_2、L_1、L_2、S_4、D_3、C_f 和 Z_L 构成一个隔离 Buck-Boost 直流变换器，电源 U_i 向负载 Z_L 传输能量。

当 $u_o>0$、$i_{L2}<0$ 时，逆变器工作于模式 D，其等效电路如图 6-3(d)所示。S_4 高频斩波，S_3 常通，U_i、D_1、L_1、L_2、S_3、S_4、C_f 和 Z_L 构成一个隔离 Buck-Boost 直流变换器，负载 Z_L 向电源 U_i 回馈能量。

2. 功率开关的电压应力

设高频储能式变压器的匝比 $n=N_1/N_2$、输出正弦电压有效值为 U_o、漏感不计，逆变器的功率开关 S_1、S_2、S_3 和 S_4 在四种工作模式时的电压应力，如图 6-4 所示。由图 6-4 可知，功率开关 S_1、S_2 和 S_3、S_4 的最大电压应力分别为 $\max\{2U_{i\max}, U_{i\max}+\sqrt{2}U_o/n\}$、$nU_{i\max}+\sqrt{2}U_o$。

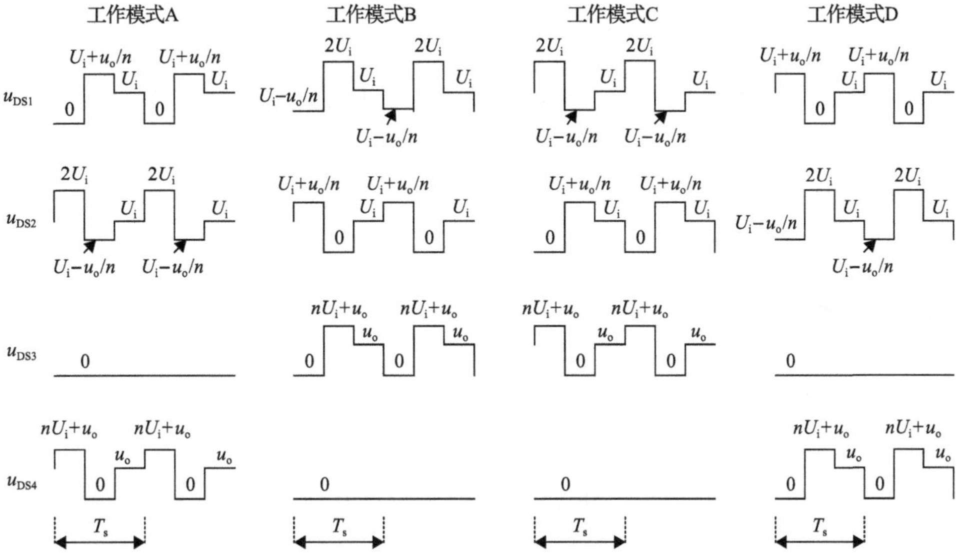

图 6-4　逆变器的功率开关 S_1、S_2、S_3 和 S_4 在四种工作模式时的电压

6.3.2　输出外特性

这里以推挽式电路拓扑的工作模式 A 为例，研究这类逆变器的输出外特性。高频储能式变压器的漏感忽略不计，逆变器工作模式 A 的等效电路及其 CCM 时一个开关周期 T_s 内的两个开关状态等效电路，如图 6-5 所示。图 6-5 中，电阻 r_1 包括高频储能式变压器的原边绕组电阻、功率开关 S_1 通态电阻在内的等效电阻，电阻 r_2 包括高频储能式变压器的副边绕组电阻、功率开关 S_3 通态电阻和二极管 D_4 正向压降在内的等效电阻，且 $r_1=r_2/(N_2/N_1)^2$。

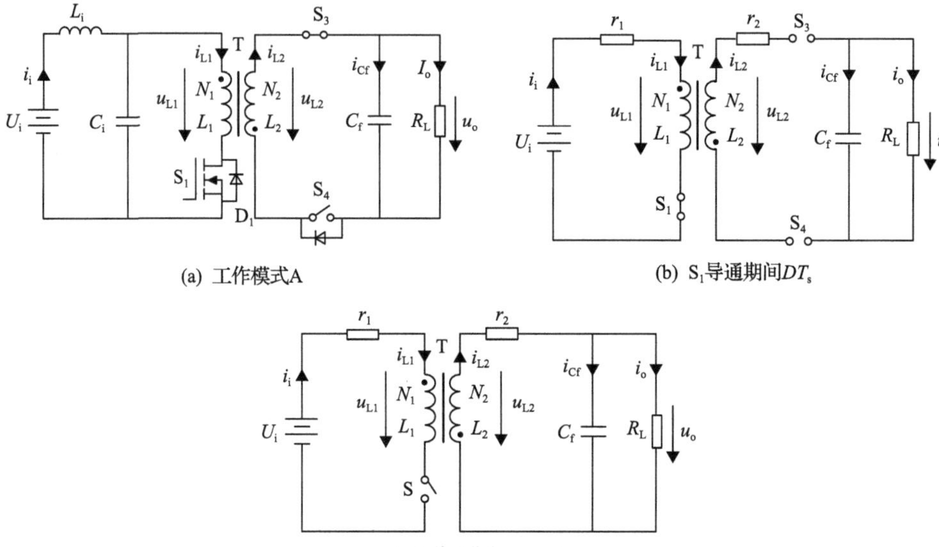

(a) 工作模式A　　(b) S_1导通期间DT_s

(c) S_1截止期间$(1-D)T_s$

图 6-5　逆变器的工作模式 A 等效电路及其 CCM 时一个开关周期内的两个开关状态等效电路

由状态空间平均法推得，逆变器的工作模式 A 在 CCM 时的状态变量稳态值 U_o、I_{L1} 分别为

$$\begin{aligned}U_o &= \frac{U_iD(N_2/N_1)}{1-D+r_2/R_L+r_1D(N_2/N_1)^2/[(1-D)R_L]}\\ &= \frac{U_iD(N_2/N_1)}{1-D+r_2/(1-D)R_L}\\ &= U_iDN_2/[N_1(1-D)]-I_or_2/(1-D)^2\end{aligned} \tag{6-1}$$

$$I_{L1}=U_iD(N_1/N_2)^2/[(1-D)^2R_L+r_2] \tag{6-2}$$

由式(6-1)可得，理想情形($r_1=r_2=0$)逆变器的工作模式 A 在 CCM 时的外特性方程为

$$U_o=U_i(N_2/N_1)D/(1-D) \tag{6-3}$$

电感电流临界连续时，有

$$U_o=L_2I_{L2max}/[(1-D)T_s] \tag{6-4}$$

式中，I_{L2max} 为副边电感电流的峰值。临界负载电流 I_{oc} 为

$$I_{oc}=I_{L2max}(1-D)/2=D(1-D)U_iN_1/(2N_2L_1f_s)=(N_1/N_2)^2(1-D)^2U_o/(2L_1f_s) \tag{6-5}$$

由式(6-5)可得，当 U_i 恒定、占空比 D=0.5 时，I_{oc} 取得最大值，即

$$I_{ocmax}=(U_iN_1/N_2)/(8L_1f_s) \tag{6-6}$$

I_o 的标幺值 I_o^* 为

$$I_o^*=I_o/I_{ocmax}=I_o/[(U_iN_1/N_2)/(8L_1f_s)] \tag{6-7}$$

将式(6-5)、式(6-6)代入式(6-7)可得，理想情形逆变器的工作模式 A 的临界负载电流标幺值为

$$I_{oc}^*=I_{oc}/I_{ocmax}=4D(1-D) \tag{6-8}$$

考虑到 $N_1I_{L1max}=N_2I_{L2max}$、$L_1/L_2=(N_1/N_2)^2$，由式(6-5)、式(6-6)可得，逆变器 DCM 时的负载电流为

$$I_o=T'_{off}I_{L2max}/(2T_s)=T_sD^2U_i^2/(2L_1U_o)=4I_{ocmax}D^2N_2U_i/(N_1U_o) \tag{6-9}$$

式中，T'_{off} 为 DCM 时二极管 D 的导通时间，即 i_{L2} 从 I_{L2max} 下降到零的时间。由式(6-8)、式(6-9)可得，理想情形下逆变器的工作模式 A 在 DCM 时的外特性方程为

$$U_o/U_i=(N_2/N_1)4D^2/(I_o/I_{ocmax})=(N_2/N_1)4D^2/I_o^* \tag{6-10}$$

式(6-1)、式(6-3)、式(6-8)、式(6-10)为逆变器的工作模式 A 在 U_i 恒定不变时的外特性方程，逆变器的工作模式 B、C、D 在 U_i 恒定不变时的外特性方程类似。因此，逆变器在 U_i 恒定不变时的四象限标幺外特性曲线如图 6-6(a)所示。以工作模式 A 的外特性曲线即第一象限外特性为例，曲线 a 为临界 CCM 时的外特性曲线，由式(6-8)决定；曲线 a 右边为 CCM 时的外特性曲线，其中，实线为理想情形时($r_1=r_2=0$)曲线，类似于电压源特性，由式(6-3)决定，虚线为实际情形时(含内阻)曲线，由式(6-1)决定；曲线 a 左边为 DCM 时的外特性曲线，类似于电流源特性，由式(6-10)决定，逆变器存在很高的非线性内阻。

由逆变器 CCM 时的稳态值即式(6-1)求极值可得，当占空比 D 满足式(6-11)时，输出电压 U_o 最大。

$$D=1+r_2/R_L-\sqrt{(r_2/R_L)^2+r_2/R_L} \tag{6-11}$$

实际逆变器的非线性输出电阻随占空比 D 的增大而逐渐增大，其外特性为类电流源特性，如图 6-6(b)所示。当 D=0、D=1 时输出均为零，即当输出短路时，

输出电流并不能无限增大。

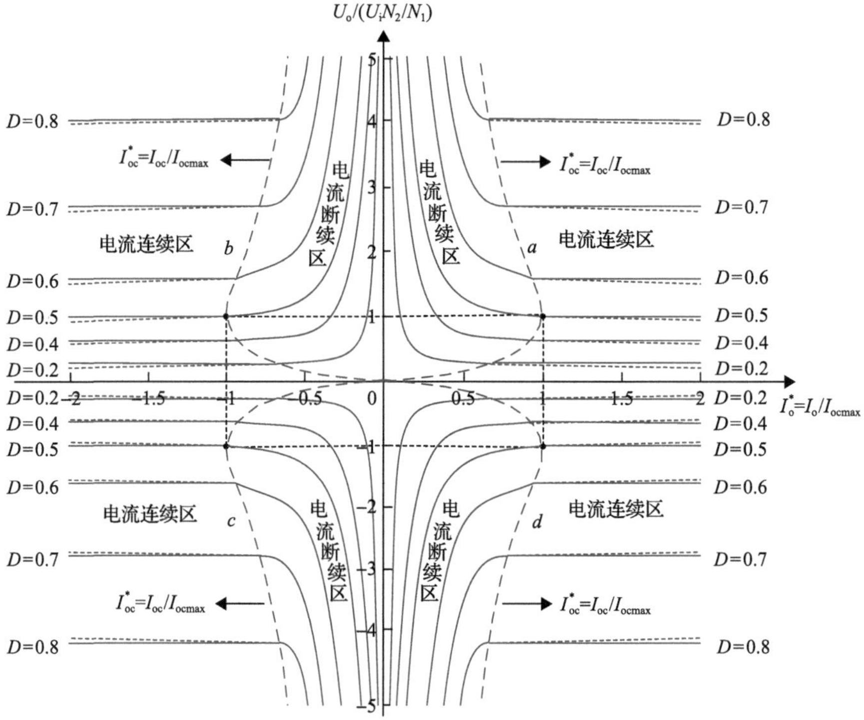

(a) 标幺外特性曲线

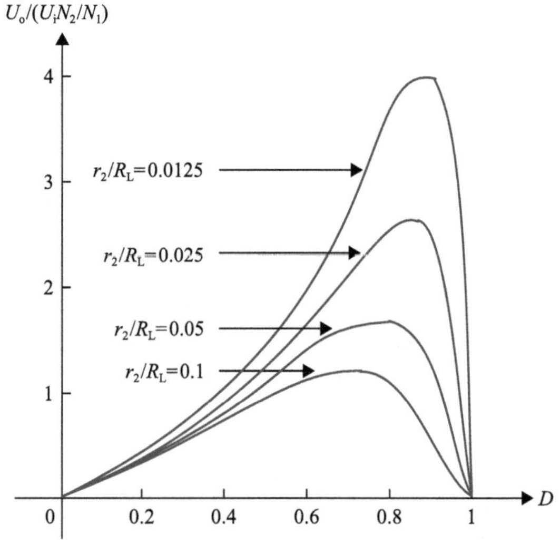

(b) 内阻对外特性的影响

图 6-6 逆变器的四象限标幺外特性曲线及其内阻对外特性的影响

6.3.3　储能式变压器的磁心工作状态

这类逆变器的每种工作模式相当于一个隔离 Buck-Boost 直流变换器，但由于逆变器的输出电压按正弦规律变化，故其储能式变压器的磁心工作状态与传统的实现平滑直流变换的隔离 Buck-Boost 直流变换器不尽相同。传统的实现平滑直流变换的隔离 Buck-Boost 直流变换器的储能式变压器磁心在一个开关周期内实现磁通复位，变换器处于 CCM 时磁心的工作状态属于第Ⅲ类，而处于 DCM 时磁心的工作状态类似第Ⅰ类。

逆变器处于 CCM 时，储能式变压器的副边储能电感电流在一个开关周期的终值不为零，即储能式变压器的磁心在一个开关周期内未实现磁通复位，磁通存在基波分量，磁心的工作状态不属于三类中的任何一类；逆变器处于 DCM 时，储能式变压器的副边储能电感电流在一个开关周期的终值为零，即储能式变压器磁心在一个开关周期内实现磁通复位，磁心工作状态类似于第Ⅰ类。

因此，这类逆变器工作在 DCM 时无疑可称为高频环节逆变器，而工作在 CCM 时就不能称为高频环节逆变器，除非附加额外的磁通复位电路使储能式变压器的磁心在一个开关周期内实现磁通复位，但这又增加了电路拓扑的复杂性。

6.4　具有四种工作模式选择的电压瞬时值反馈 SPWM 控制策略

6.4.1　控制方案的确定

Buck-Boost 变换器工作于 DCM、恒频 PWM 控制时，输出电压对占空比的传递函数为

$$G(s)=\frac{U_o(s)}{D(s)}=\frac{U_i}{\sqrt{k_0}}\frac{1}{1+R_L C_f s/2} \tag{6-12}$$

式中，$k_0=2L/(R_L T_s)$，L 为储能电感。

Buck-Boost 变换器工作于 CCM、恒频 PWM 控制时，输出电压对占空比的传递函数为

$$G(s)=\frac{U_o(s)}{D(s)}=k_1\frac{1-k_2 Ls/R_L}{1+sk_3L/R_L+s^2k_4C_fL} \tag{6-13}$$

式中，$k_1=(1+m)^2$，$m=U_o/U_i$；$k_2=m(1+m)-(2+m)/[k_0(1+m)]$；$k_3=(1+m)^2+$

$1/k_0$； $k_4=(1+m)^2$ 。

由式(6-12)可知，Buck-Boost 变换器处于 DCM 时，开环系统无零点，仅有一个极点 $S_p=-2/(R_L C_f)$；由式(6-13)可知，该变换器处于 CCM 时开环系统有一个零点 $S_z=R_L/(k_2 L)$，两个对称的极点在左半平面。与变换器工作于 CCM 相比，变换器工作于 DCM 具有如下优点：①系统属于一阶系统，右半平面无零极点；②一阶系统只需比例反馈就可稳定，再加上积分环节就可消除系统的稳态误差，串联补偿网络只需要一阶阻容网络(比例积分调节器)，系统的稳定范围大；③变换器的外特性类似于电流源特性；④Buck-Boost 变换器的储能式变压器磁心在一个开关周期内实现磁通复位，磁心工作状态类似于第 I 类，此时逆变器无疑可称为高频环节逆变器。

6.4.2 电压瞬时值反馈 SPWM 控制策略

单级 Buck-Boost 周波变换器型高频环节逆变器工作在 DCM，采用具有四种工作模式选择的输出电压瞬时值反馈 SPWM 控制策略，如图 6-7 所示。图 6-7(a)给出的是滤波电容 C_f 与负载 Z_L 的并联等效阻抗呈感性、副边电感电流的基波分量 i_{L21} 滞后于输出电压 u_o 的控制波形。输出电压 u_o 经采样电路采样后与基准正弦信号 u_r 相比较，经 PI 调节器后得到误差放大信号 u_e，再与三角波信号 u_c 进行比

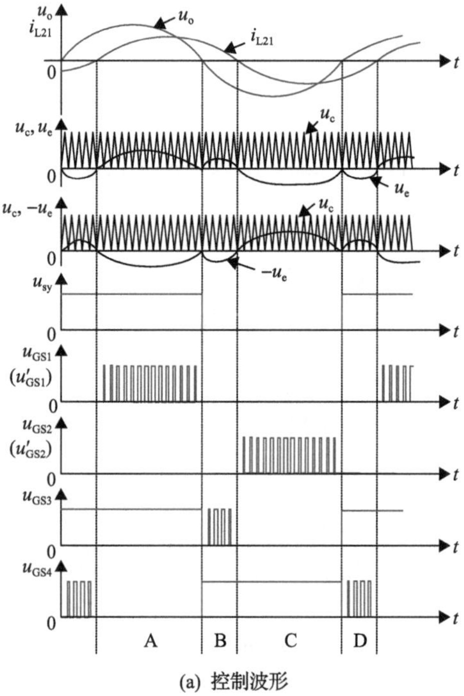

(a) 控制波形

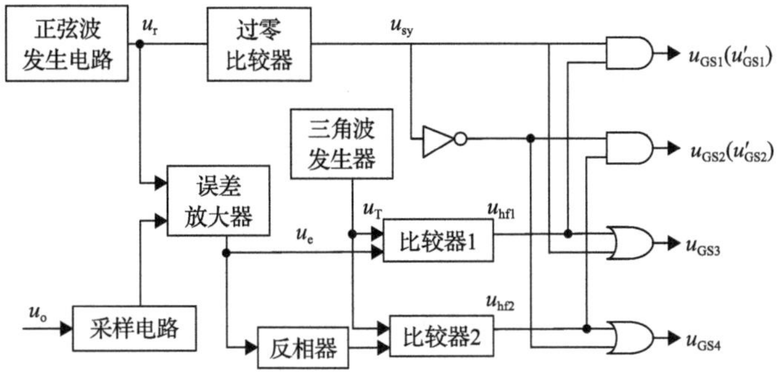

(b) 控制框图

图 6-7　具有四种工作模式选择的输出电压瞬时值反馈 SPWM 控制策略

较，得到一系列高频 SPWM 波信号 u_{hf1}、u_{hf2}，再经逻辑选通信号 u_{sy}、$-u_{sy}$ 对其进行分配，最后得到功率开关的控制信号 $u_{GS1}(u'_{GS1})$、$u_{GS2}(u'_{GS2})$、u_{GS3}、u_{GS4}。

当 $u_o>0$、$i_{L21}>0$ 时，选通信号 u_{sy} 为高电平，误差信号 u_e 为正，u_e 与三角波信号 u_c 相比较得到脉冲信号 u_{hf1}；u_{hf1} 和 u_{sy} 相与得到 $S_1(S'_1)$ 的驱动信号 $u_{GS1}(u'_{GS1})$，u_{hf1} 和 u_{sy} 相或得到 S_3 的驱动信号 u_{GS3}，而 $S_2(S'_2)$ 和 S_4 的驱动信号均为低电平；$S_1(S'_1)$ 高频斩波，S_3 常通，$S_2(S'_2)$ 和 S_4 截止，逆变器工作于模式 A，电源 U_i 向负载 Z_L 传输能量。

当 $u_o<0$、$i_{L21}>0$ 时，u_{sy} 为低电平，u_e 为正，u_e 与 u_c 相比较，得到脉冲信号 u_{hf1}；u_{hf1} 和 u_{sy} 相或仍为 u_{hf1}，得到 S_3 的驱动信号 u_{GS3}，u_{hf2} 和 $-u_{sy}$ 相或仍为 $-u_{sy}$，得到 S_4 的驱动信号 u_{GS4}，而 $S_1(S'_1)$ 和 $S_2(S'_2)$ 的驱动信号均为低电平；S_3 高频斩波，S_4 常通，$S_1(S'_1)$ 和 $S_2(S'_2)$ 截止，逆变器工作于模式 B，负载 Z_L 向电源 U_i 回馈能量。

当 $u_o<0$、$i_{L21}<0$ 时，u_{sy} 为低电平，u_e 为负信号，$-u_e$ 与 u_c 相比较，得到脉冲信号 u_{hf2}；u_{hf2} 和 $-u_{sy}$ 相与得到 $S_2(S'_2)$ 的驱动信号 $u_{GS2}(u'_{GS2})$，u_{hf2} 和 $-u_{sy}$ 相或得到 S_4 的驱动信号 u_{GS4}，而 $S_1(S'_1)$ 和 S_3 的驱动信号均为低电平；$S_2(S'_2)$ 高频斩波，S_4 常通，$S_1(S'_1)$ 和 S_3 截止，逆变器工作于模式 C，电源 U_i 向负载 Z_L 传输能量。

当 $u_o>0$、$i_{L21}<0$ 时，u_{sy} 为高电平，u_e 为负信号，$-u_e$ 与 u_c 相比较，得到脉冲信号 u_{hf2}；u_{hf2} 和 $-u_{sy}$ 相或仍为 u_{hf2}，得到 S_4 的驱动信号 u_{GS4}，u_{hf1} 和 u_{sy} 相或仍为 u_{sy}，得到 S_3 的驱动信号 u_{GS3}，而 $S_1(S'_1)$ 和 $S_2(S'_2)$ 的驱动信号均为低电平；S_4 高频斩波，S_3 常通，$S_1(S'_1)$ 和 $S_2(S'_2)$ 截止，逆变器工作于模式 D，负载 Z_L 向电源 U_i 回馈能量。

当 C_f 与 Z_L 的并联等效阻抗呈感性、容性、阻性时，逆变器的工作模式顺序分别为 A→B→C→D、D→C→B→A、A→C。

6.5 单级Buck-Boost周波变换器型高频环节逆变器的关键电路参数设计

6.5.1 高频储能式变压器

为了确保最大输出功率时逆变器仍工作在DCM，则储能电感应为

$$L_1 \leqslant \frac{\eta D_{\max}^2 T_s U_{\text{imin}}^2}{2p_{\text{omax}}} = \frac{\eta D_{\max}^2 T_s U_{\text{imin}}^2}{4U_o I_o} \tag{6-14}$$

式中，$p_{\text{omax}}=\sqrt{2}U_o\sqrt{2}I_o$为保证临界CCM时逆变器最大的瞬时输出功率；$U_o$、$I_o$分别为输出电压、电流的有效值。高频储能式变压器的匝比为

$$\frac{N_1}{N_2} = \frac{D_{\max}U_{\text{imin}}}{(1-D_{\max})\sqrt{2}U_o} \tag{6-15}$$

6.5.2 功率开关电压与电流应力

逆变器工作在DCM时，功率开关S_1、S_2一个开关周期内的电流峰值、平均值、有效值分别为

$$I_p = D_{\max}T_s U_{\text{imin}} / L_1 \tag{6-16}$$

$$I_{\text{avg}} = \frac{1}{T_s}\int_0^{D_{\max}T_s} \frac{U_{\text{imin}}}{L_1} t\mathrm{d}t = \frac{D_{\max}^2 T_s U_{\text{imin}}}{2L_1} \tag{6-17}$$

$$I = \sqrt{\frac{1}{T_s}\int_0^{D_{\max}T_s}\left(\frac{U_{\text{imin}}}{L_1}t\right)^2 \mathrm{d}t} = \frac{T_s U_{\text{imin}}}{3L_1}\sqrt{3D_{\max}^3} \tag{6-18}$$

功率开关S_1、S_2的电压应力$U_{\text{DS1(BR)}}$为

$$U_{\text{DS1(BR)}} = U_{\text{DS2(BR)}} = U_{\text{imax}} + U_o N_1 / N_2 \tag{6-19}$$

功率开关S_3、S_4的电流、电压分别为功率开关S_1、S_2的N_1/N_2倍、N_2/N_1倍。

6.5.3 输出滤波电容 C_f

当逆变器输出功率最大时，输出电压纹波也最大。以工作模式A为例，设逆变器工作于临界CCM，占空比$D=D_{\max}=0.5$，逆变器的副边电感电流和输出电压

波形如图 6-8 所示。

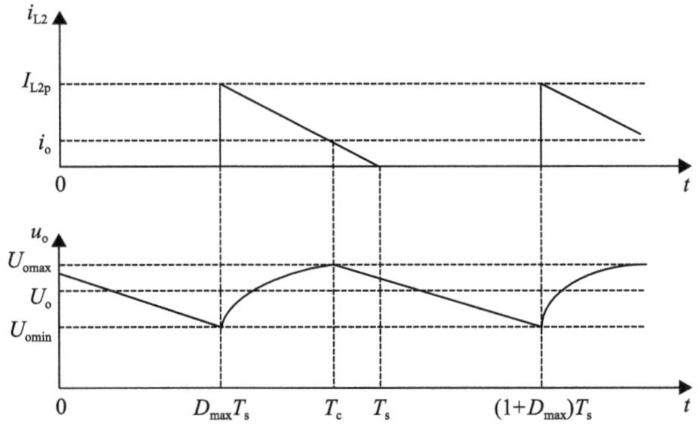

图 6-8　临界 CCM 时逆变器的副边电感电流和输出电压波形

当 $t=D_{max}T_s\sim T_c$ 时，功率开关 S_1 截止，L_2 释放能量，u_o 上升，等效电路如图 6-9(a)所示；当 $t=T_c\sim T_s$ 时，电感和电容共同释放能量，u_o 下降，$I_o\approx i_{L2p}/4$、$T_s-T_c\approx T_s/8$，等效电路如图 6-9(a)所示；当 $t=T_s\sim(1+D_{max})T_s$ 时，功率开关 S_1 导通，电容给负载提供能量，u_o 继续下降，等效电路如图 6-9(b)所示。

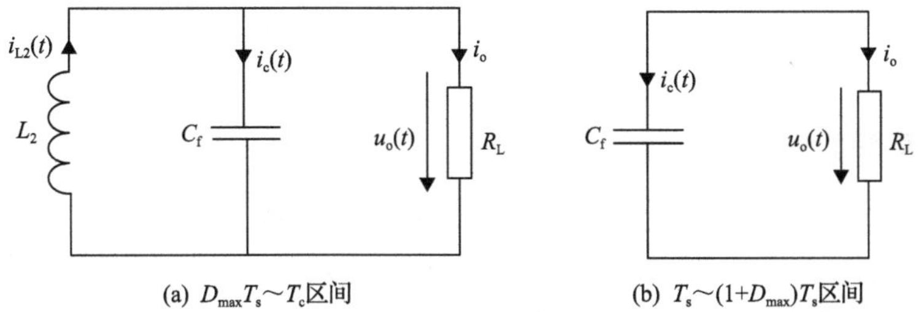

图 6-9　逆变器工作于临界 DCM 时一个开关周期内副边等效电路

忽略 $T_c\sim T_s$ 区间 i_{L2} 的影响，$T_s\sim(1+D_{max})T_s$ 区间副边等效电路如图 6-9(b)所示，即

$$U_{omin}=U_{omax}e^{-\frac{t}{R_LC_f}}=U_{omax}e^{-\frac{(1+D_{max})T_s-T_c}{R_LC_f}}=U_{omax}e^{-\frac{5T_s}{8R_LC_f}} \tag{6-20}$$

输出电压纹波的峰峰值 U_{opp} 为

$$U_{opp}=U_{omax}-U_{omin}=\left(1-e^{-\frac{5T_s}{8R_LC_f}}\right)U_{omax}\approx\frac{5T_s}{8R_LC_f}U_{omax} \tag{6-21}$$

$$U_{opp}/U_o\approx U_{opp}/U_{omax}=5T_s/(8R_LC_f) \tag{6-22}$$

设输出电压纹波的峰峰值与输出电压平均值的比值为

$$U_{opp} / U_o \leqslant k \tag{6-23}$$

由式(6-22)、式(6-23)可得，输出滤波电容 C_f 为

$$C_f \geqslant 5T_s / (8kR_L) \tag{6-24}$$

6.5.4　最大等效占空比 D_{max}

当能量从交流负载侧回馈到直流侧时，为了避免推挽式、半桥式、全桥式单级 Buck-Boost 周波变换器型高频环节逆变器出现正激式变换器的工况，高频储能式变压器的匝比必须满足

$$\sqrt{2}U_o N_1 / N_2 \leqslant U_i \tag{6-25}$$

由式(6-15)、式(6-25)可得，最大等效占空比 $D_{max} \leqslant 0.5$。

6.6　250VA 单级 Buck-Boost 周波变换器型高频环节逆变装置实验

6.6.1　逆变装置构成

设计实例：额定容量 S=250VA，输入电压 U_i=18～32VDC，输出电压 U_o=115V/400HzAC，开关频率 F_s=50kHz，过载 10% 5min。

250VA 27VDC/115V400HzAC 单级 Buck-Boost 周波变换器型高频环节逆变装置，由功率电路、控制电路和机内辅助电源三部分构成。

6.6.2　逆变装置实验

250VA 27VDC/115V400HzAC 推挽单级 Buck-Boost 周波变换器型高频环节逆变装置在不同性质负载下的实验波形，如图 6-10 所示。

250VA 逆变装置的实验结果与理论分析一致，具体表现在：①空载容性模式时，逆变器正向传输的能量和交流侧无功能量的回馈各占半个输出周期，输出电压存在过零畸变，如图 6-10(a)和(b)所示；②阻性负载容性模式时，逆变器交流侧仍存在较多的无功能量回馈，输出电压过零点畸变有所改善，如图 6-10(c)和(d)所示；③感性负载感性模式(接近阻性模式)时，逆变器交流侧回馈的无功能量较少，输出电压 THD< 1%，如图 6-10(e)、(g)和(h)所示；④感性负载容性模式时的驱动电压波形，如图 6-10(f)所示。总体上看，逆变器工作于 DCM，功率开关

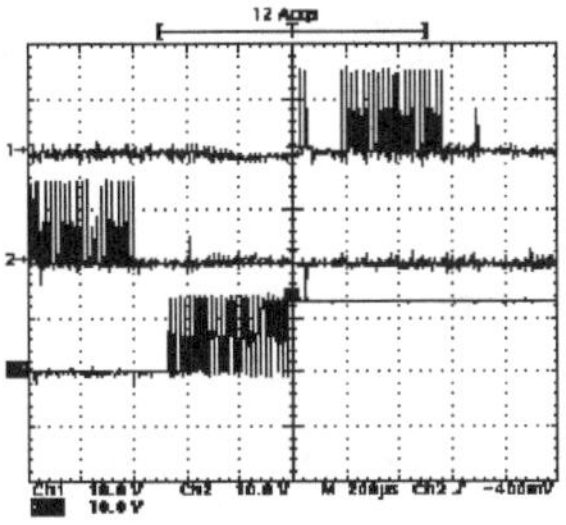

Ch1-u_{GS1}; Ch2-u_{GS2}; Ch3-u_{GS3}

(a) 空载容性模式时的驱动电压

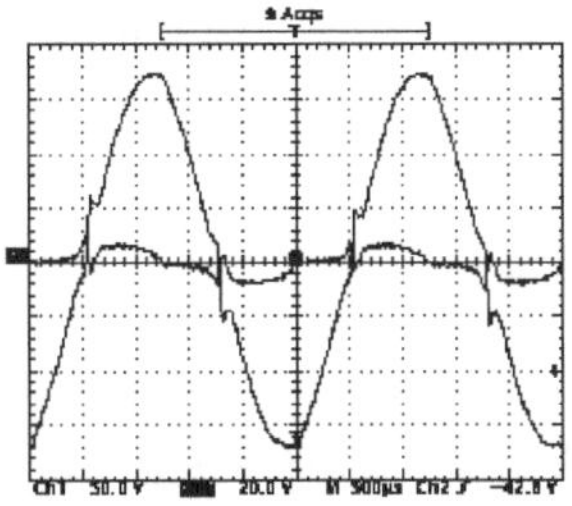

Ch1-输出电压u_o; Ch2-误差电压u_e

(b) 空载容性模式时的u_o和u_e

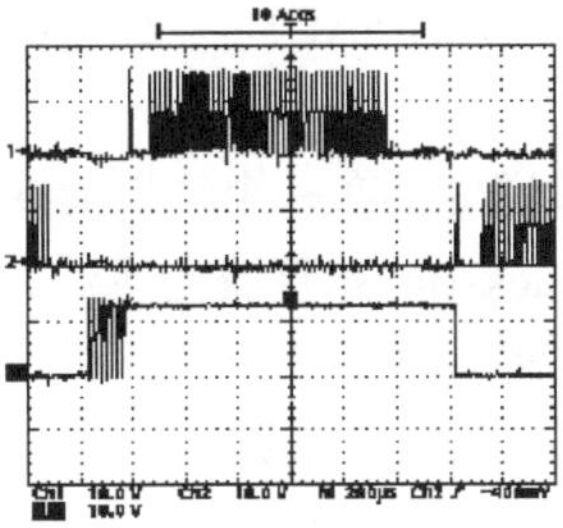

Ch1-u_{GS1}; Ch2-u_{GS2}; Ch3-u_{GS3}

(c) 阻性负载容性模式时的驱动电压

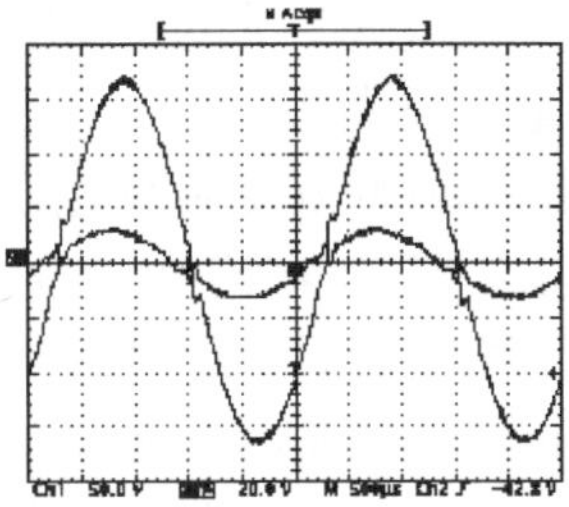

Ch1-输出电压u_o; Ch2-误差电压u_e

(d) 阻性负载容性模式时u_o和u_e

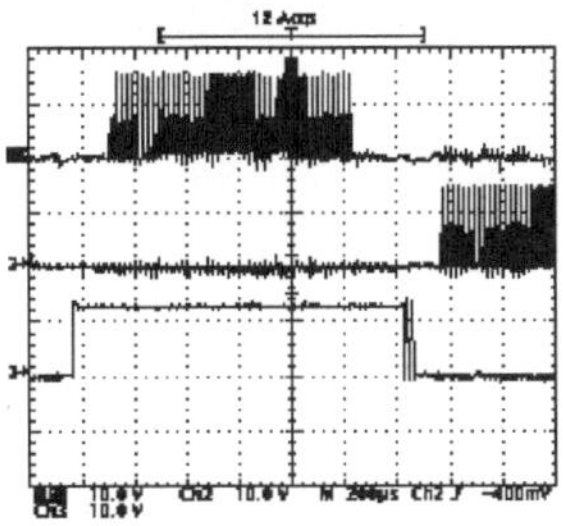

Ch1-u_{GS1}; Ch2-u_{GS2}; Ch3-u_{GS3}

(e) 感性负载感性模式时驱动电压

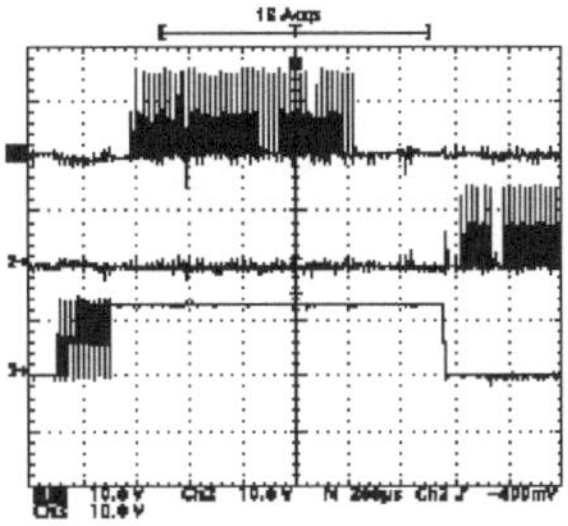

Ch1-u_{GS1}; Ch2-u_{GS2}; Ch3-u_{GS3}

(f) 感性负载容性模式时驱动电压

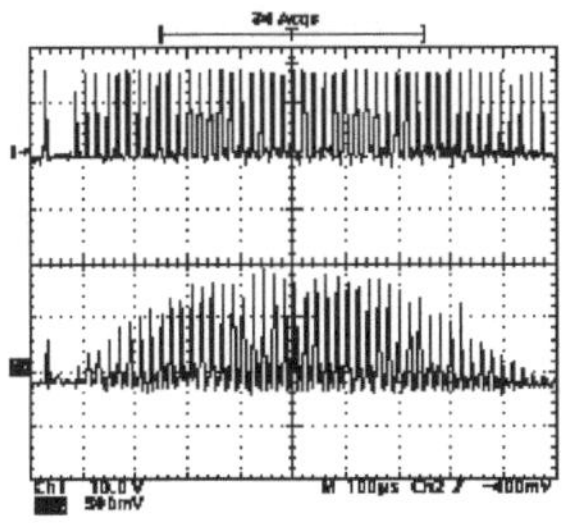

Ch1-u_{GS1}; Ch2-i_{L1}

(g) 感性负载感性模式时驱动电压和电感电流

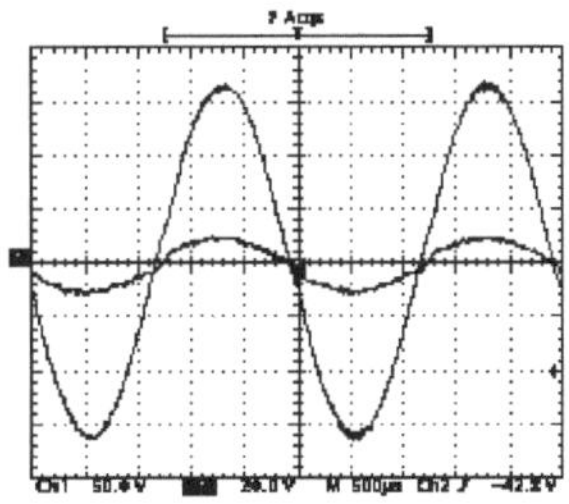

Ch1-输出电压u_o; Ch2-误差电压u_e

(h) 感性负载感性模式时输出电压和误差电压

图 6-10　250VA 推挽单级 Buck-Boost 周波变换器型高频环节逆变装置在不同性质负载下的实验波形

的驱动电压为 SPWM 波，储能电感电流的包络线为 400Hz 正弦波，额定负载时变换效率约为 80%。

本章小结

单级 Buck-Boost 周波变换器型高频环节逆变器电路结构由输入滤波器、高频逆变电路、高频储能式变压器、周波变换电路、输出滤波器以级联的方式构建而成，其电路拓扑族包括推挽式等四个电路。这类逆变器具有双向功率流、单级功率变换（DC-LFAC）即两单元功率变换（DC-HFAC-LFAC）、负载过载和短路时可靠性高、输出容量小等特点。

单级 Buck-Boost 周波变换器型高频环节逆变器在一个输出周期内具有四种工作模式，每种工作模式相当于一个隔离型 Buck-Boost 直流变换器，采用具有四种工作模式选择的电压瞬时值反馈 SPWM 控制策略，推导得到了高频储能式变压器、输出滤波电容、最大占空比等关键电路参数设计准则。

与单级 Buck、Boost 周波变换器型高频环节逆变器相比，单级 Buck-Boost 周波变换器型高频环节逆变器具有更简洁的电路拓扑、更低的成本、更高的可靠性和更小的输出容量等特点，在小容量逆变场合具有重要的应用价值。

第 7 章　差动直流变换器型高频环节逆变器

7.1　引　　言

级联型高频环节逆变器属于两级或准两级功率变换即三单元或准三单元功率变换，只能单向传递功率，故不适用于离线式不间断电源等需双向功率流的逆变场合；单级周波变换器型高频环节逆变器虽然属于单级功率变换即两单元功率变换，并且可双向传递功率，但周波变换电路工作时有 2 个或 4 个功率开关同时导通，从而产生较大的功率开关导通损耗，最终导致逆变器的变换效率并不理想。

级联型高频环节逆变器的拓扑结构是按级联电路结构连接方式构建的，其以单向或双向隔离 DC-DC 变换器和 DC-AC 变换器为构建单元。将高频环节逆变器拓扑结构从级联电路结构的连接方式调整为差动电路结构的连接方式，即可构建出一类差动拓扑结构的高频环节逆变器，其以隔离双向 DC-DC 变换器为构建单元。因此，探索和研究具有差动拓扑结构的高频环节逆变器具有重要的理论和工程应用价值。

本章提出差动 Buck、Boost 和 Buck-Boost 直流变换器型高频环节逆变器的变换理论与方法，包括逆变器的电路结构构建规律、电路拓扑衍生推导、独立同时与互补同时控制策略、稳态原理特性和关键电路参数设计准则等研究内容，给出重要研究结论和 500VA 逆变装置的实验结果[36-41]。

7.2　差动直流变换器型高频环节逆变器的构成原理与工作方式

7.2.1　构成原理

差动直流变换器型高频环节逆变器是由两个相同的输出反相的低频正弦脉动直流电压 u_{o1} 和 u_{o2} 的隔离双向直流变换器输入电源侧并联、输出负载侧反向串接构成的，包括差动 Buck、Boost 和 Buck-Boost 双向直流变换器型三类拓扑结构，如图 7-1 所示。

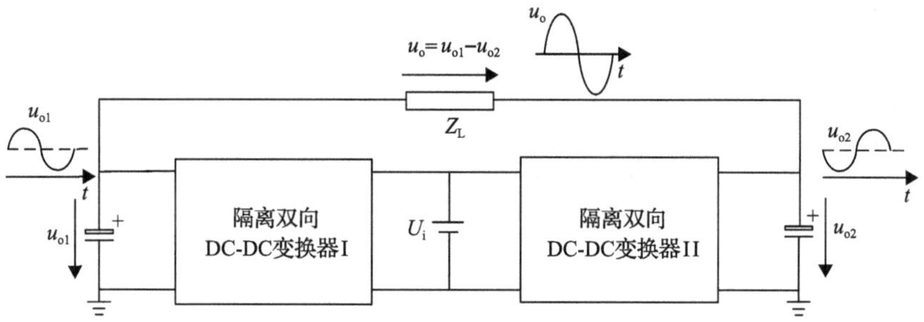

图 7-1　差动直流变换器型高频环节逆变器构成原理

逆变器的输出正弦电压 u_o 和输出正弦电流 i_o 可分别表示为

$$u_o = \sqrt{2}U_o \sin(\omega_o t) \tag{7-1}$$

$$i_o = \sqrt{2}I_o \sin(\omega_o t - \varphi_L) \tag{7-2}$$

7.2.2　工作与控制方式

1. 工作方式

差动直流变换器型高频环节逆变器具有同时和分时两种工作方式，其输出端等效电路与输出电压波形如图 7-2 所示。图 7-2(a)所示同时工作方式是指逆变器中差动连接的两个隔离双向直流变换器同时工作，两个直流变换器之间存在环流，包括互补同时工作和独立同时工作两种；图 7-2(b)所示分时工作方式在任意时刻只有一个隔离双向直流变换器工作，两个直流变换器之间不存在环流。

2. 控制方式

逆变器互补同时工作方式的控制目标是输出正弦电压，两个隔离双向直流变换器处于相同位置的功率开关在任何时刻的开关状态均相反，输出电压反馈信号

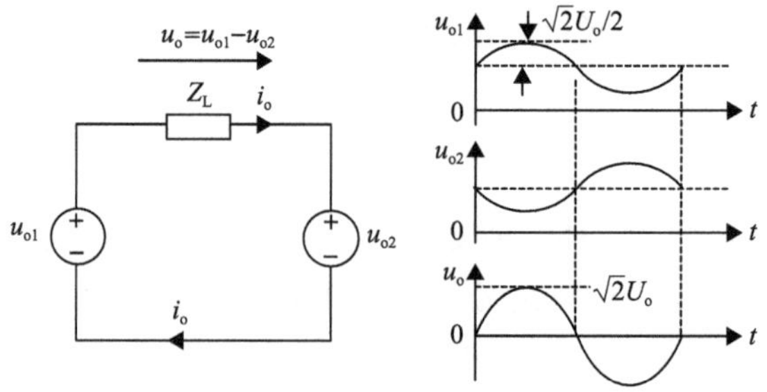

(a) 同时工作方式

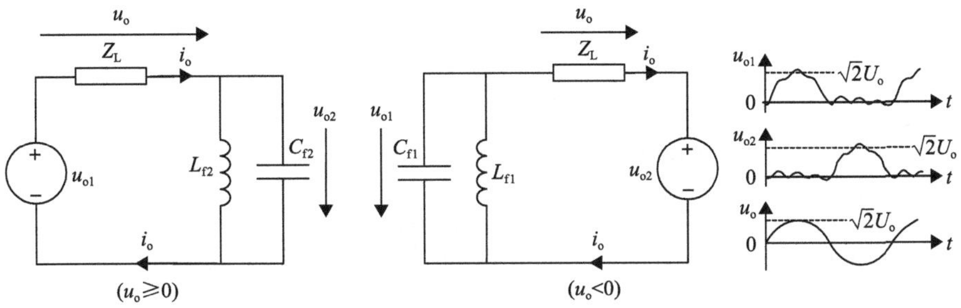

(b) 分时工作方式

图 7-2　逆变器在两种不同工作方式时的输出端等效电路与输出电压波形

u_{of}与正弦基准电压 u_r 经 PI 调节器产生误差电压放大信号及其反向信号，分别用来控制隔离双向直流变换器Ⅰ、Ⅱ功率开关的导通与截止，称为互补同时控制方式，如图 7-3(a)所示。

逆变器独立同时工作方式的控制目标是两个隔离双向直流变换器输出相同直流偏置的反相低频正弦脉动直流电压 u_{o1} 和 u_{o2}，两个处于相同位置的功率开关在任何时刻的开关状态不存在相反的关系；u_{o1} 的反馈信号 u_{of1} 与带直流偏置的正弦脉动基准电压 u_{r1} 经 PI 调节器Ⅰ、u_{o2} 的反馈信号 u_{of2} 与带相同直流偏置的反向正弦脉动基准电压 u_{r2} 经 PI 调节器Ⅱ分别输出误差电压放大信号，分别用来控制隔离双向直流变换器Ⅰ、Ⅱ的各个功率开关导通与截止，称为独立同时控制方式，如图 7-3(b)所示。两个隔离双向直流变换器输出具有相同直流偏置的反相低频正弦脉动直流电压 u_{o1}、u_{o2}，其正弦脉动的幅值为 $\sqrt{2}U_o/2$ 。

逆变器分时工作方式的控制目标也是正弦输出电压 u_o，但两个隔离双向直流变换器在一个低频输出周期交替工作半周，分别输出低频正半周和负半周的正弦波；u_o 的反馈信号 u_{of} 与正弦基准电压 u_r 经 PI 调节器产生的误差电压放大信号，用来控制两个隔离双向直流变换器的各个功率开关导通与截止，称为分时半波控制方式，如图 7-3(c)所示。

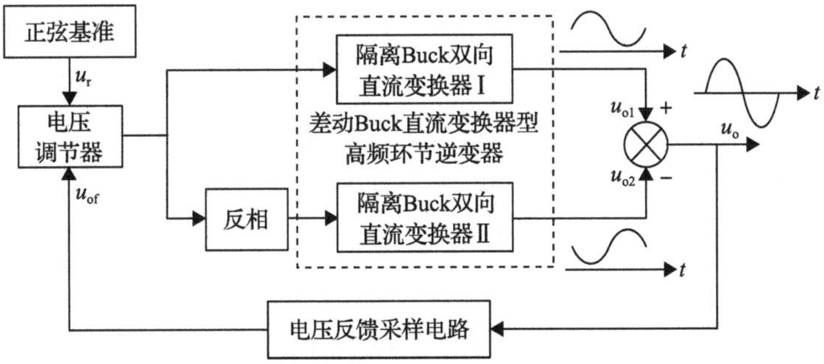

(a) 互补同时控制

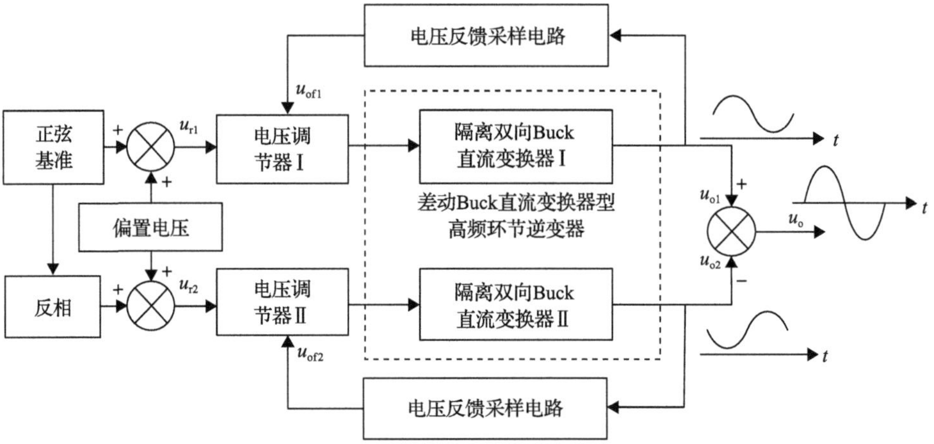

(b) 独立同时控制

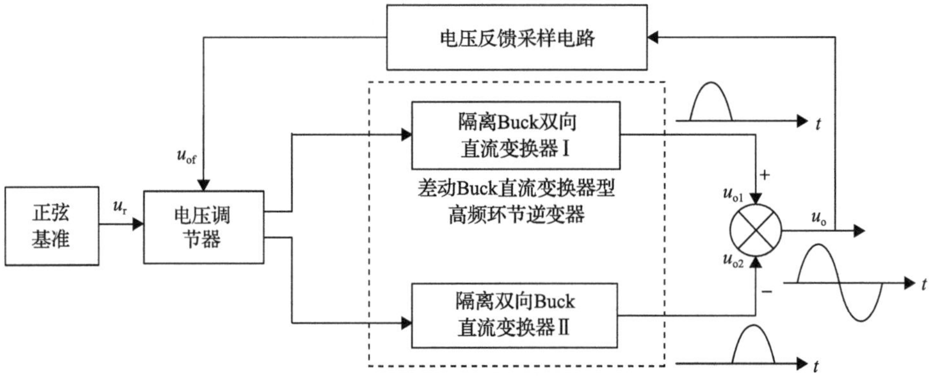

(c) 分时半波控制

图 7-3　逆变器的三种控制方式

3. 控制方式的选择

差动直流变换器型高频环节逆变器选择分时控制方式时，虽然两个隔离双向直流变换器在一个低频输出周期内交替工作半周，二者没有环流，但存在难以解决的问题。以差动 Buck 直流变换器型高频环节逆变器为例，未工作的隔离双向直流变换器Ⅱ的输出端可等效成滤波电感与滤波电容的并联，如图 7-2(b)所示。设逆变器的输出电压角频率和开关角频率分别为 ω_o、ω_s，滤波电感 $L_{f1}=L_{f2}=L_f$ 与滤波电容 $C_{f1}=C_{f2}=C_f$ 满足 $\omega_o < 1/\sqrt{L_f C_f} < \omega_s$，即 $1-\omega_o^2 L_f C_f > 0$，故二者的并联等效感抗 X_{eq} 为

$$X_{eq} = \omega_o L_f / (1-\omega_o^2 L_f C_f) > 0 \tag{7-3}$$

由式(7-3)可知，X_{eq} 呈现电感性质，输出电压 u_{o2} 难以做到真正为零。只有通过降

低电感值 L_f、增加电容值 C_f 才可能使 u_{o2} 近似于零，逆变器的输出电压 u_o 近似等于处于工作的直流变换器 I 的输出电压 u_{o1}。然而，降低 L_f 将增大逆变器输出电压 THD 和功率开关电流，增加 C_f 将增加逆变器无功能量，使系统的损耗增加，变换效率降低，并且输出电压控制也不精确。因此，差动直流变换器型高频环节逆变器不宜选择分时控制方式，而应选择同时控制方式，不同类型的拓扑结构选择不同类型的同时控制方式。

7.3　差动 Buck 直流变换器型高频环节逆变器

7.3.1　电路结构与拓扑族

差动 Buck 直流变换器型高频环节逆变器电路结构与拓扑族，如图 7-4 所示。该电路结构由两个相同的、输出反相的低频正弦脉动直流电压 u_{o1}、u_{o2} 的隔离双向 Buck 直流变换器以输入电源侧并联、输出负载侧反向串接的规律构建而成，该电路拓扑族包括单管正激式、推挽式、推挽正激式、双管正激式、半桥式和全桥式六种电路拓扑。

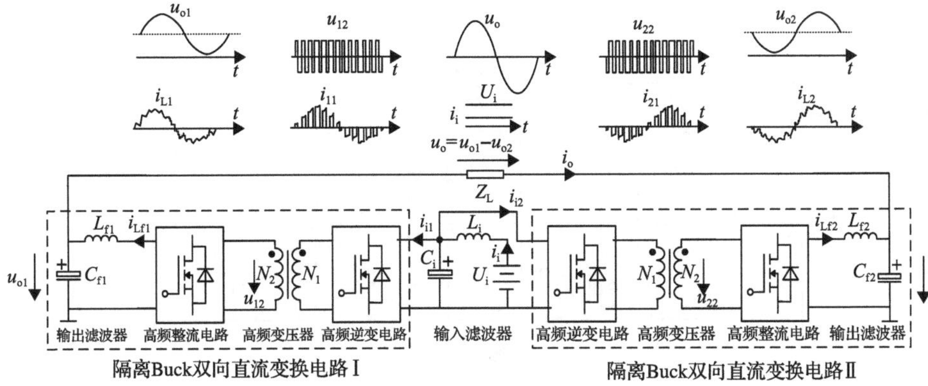

(a) 电路结构

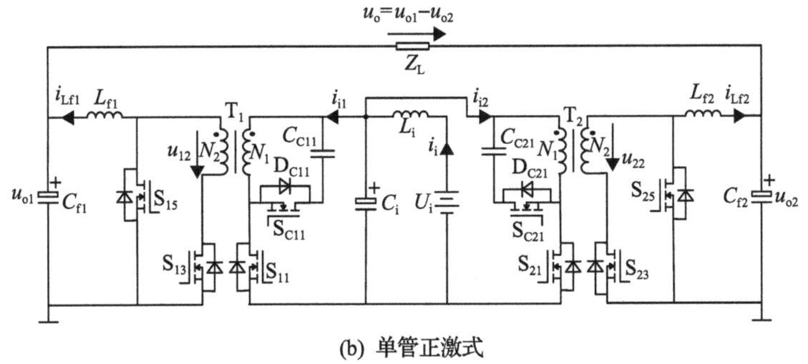

(b) 单管正激式

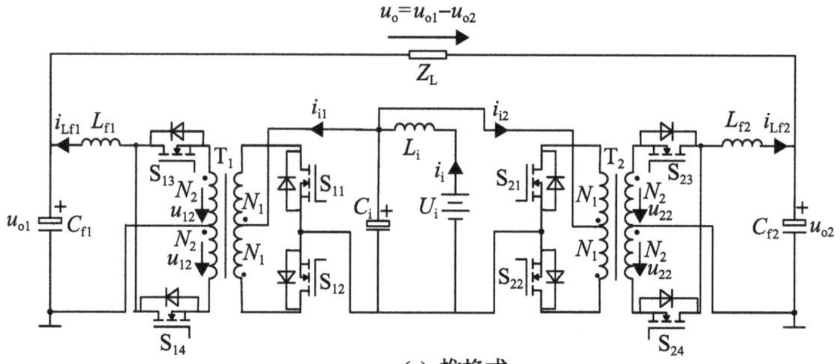

(c) 推挽式

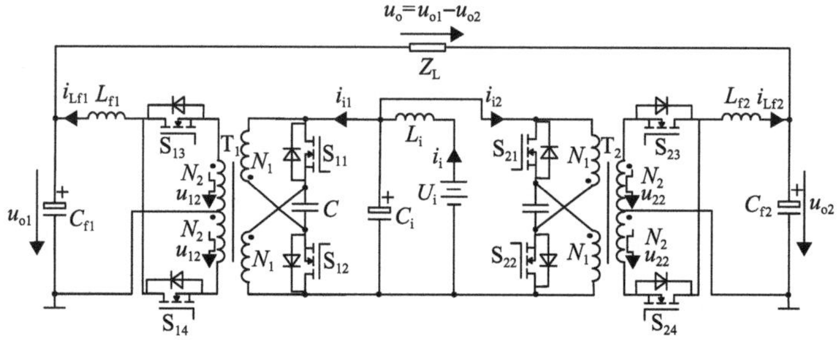

(d) 推挽正激式

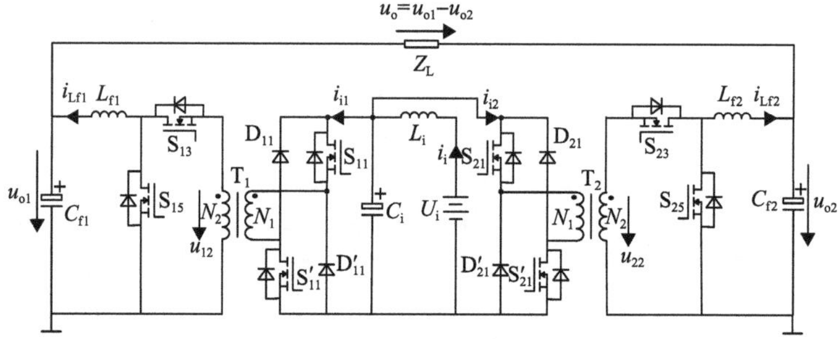

(e) 双管正激式

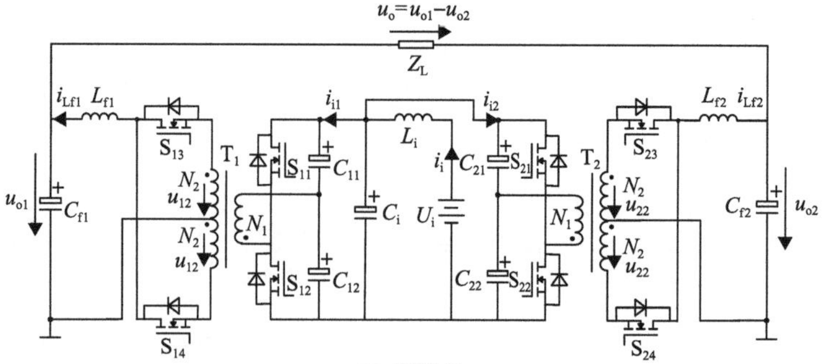

(f) 半桥式

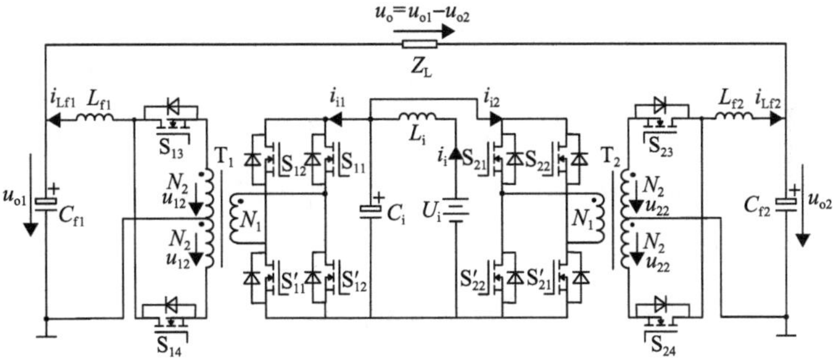

(g) 全桥式

图 7-4　差动 Buck 直流变换器型高频环节逆变器电路结构与拓扑族

当电源向负载传递能量时，高频逆变电路将输入直流电压 U_i 逆变成双极性两态或三态的高频脉冲交流电压，经高频变压器 T_1 与 T_2 电气隔离、传输和电压匹配后，高频整流电路将双极性三态的高频脉冲交流电压 u_{12}、u_{22} 整流成单极性两态的 SPWM 波，经输出滤波器后得到相位相差 180°且叠加有相同直流分量的低频正弦脉动直流电压 u_{o1}、u_{o2}，负载 Z_L 两端获得优质的低频正弦交流电压 $u_o=u_{o1}-u_{o2}$；当负载向电源回馈能量时，高频整流电路工作在逆变状态，而高频逆变电路工作在整流状态。

差动 Buck 直流变换器型高频环节逆变器具有双向功率流、独立同时控制方式下准两级功率变换(DC-LFAC-DC)即准四单元功率变换(DC-HFAC-LFAC-HFAC-DC)、输出电压和输入电流纹波小、两个变换器总有一个工作在能量回馈状态使得变换效率不理想等特点。

7.3.2　控制策略

1. 两种同时控制方式的比较

逆变器采用同时控制方式时，输出电压 u_{o1}、u_{o2} 为具有相同直流偏置的反相低频正弦脉动直流电压，即

$$u_{o1}=U_{dc}+\sqrt{2}U_o\sin(\omega_o t)/2 \tag{7-4}$$

$$u_{o2}=U_{dc}-\sqrt{2}U_o\sin(\omega_o t)/2 \tag{7-5}$$

由式(7-4)、式(7-5)可得每个隔离 Buck 双向直流变换器传递的功率 P_{dc} 近似为

$$\begin{aligned}P_{dc}&\approx\frac{1}{2\pi}\int_0^{2\pi}u_{o1}|i_o|\mathrm{d}(\omega t)\approx\frac{1}{2\pi}\int_0^{2\pi}\left[U_{dc}+(\sqrt{2}U_o/2)\sin(\omega t)\right]\cdot\left|\sqrt{2}I_o\sin(\omega t-\varphi_L)\right|\mathrm{d}(\omega t)\\&=2\sqrt{2}U_{dc}I_o/\pi\end{aligned} \tag{7-6}$$

对于相同的负载电流，式(7-6)仅与直流偏置电压 U_{dc} 有关。

逆变器采用互补同时控制方式时，两个隔离 Buck 双向直流变换器的等效占空比 d_1、d_2 满足 $d_1+d_2=1$，输出电压为

$$u_o = u_{o1} - u_{o2} = (d_1 - d_2)U_i N_2/N_1 = \sqrt{2}U_o \sin(\omega_o t) \tag{7-7}$$

将 $d_1+d_2=1$ 代入式(7-7)得

$$d_1 = 0.5 + \sqrt{2}U_o \sin(\omega_o t)/(2U_i N_2/N_1) \tag{7-8}$$

$$d_2 = 0.5 - \sqrt{2}U_o \sin(\omega_o t)/(2U_i N_2/N_1) \tag{7-9}$$

两个隔离 Buck 双向直流变换器输出的电压为

$$u_{o1} = (U_i N_2/N_1)/2 + \left(\sqrt{2}U_o \sin(\omega_o t)\right)/2 \tag{7-10}$$

$$u_{o2} = (U_i N_2/N_1)/2 - \sqrt{2}U_o \sin(\omega_o t)/2 \tag{7-11}$$

由式(7-10)、式(7-11)可见，u_{o1}、u_{o2} 的直流偏置电压为 $U_{dc}=(U_i N_2/N_1)/2$。U_i=18～32VDC，d_{max}=0.7，当 U_i=32V 时，u_{o1}、u_{o2} 的直流偏置电压的最大值为

$$U_{dcmax} = \frac{U_{i\max} N_2/N_1}{2} = \frac{U_{i\max}}{U_{i\min}} \cdot \frac{\sqrt{2}U_o}{4(D_{max} - 0.5)} \tag{7-12}$$

由式(7-6)可得

$$P_{dc} \approx \frac{2\sqrt{2}U_{dcmax} I_o}{\pi} = \frac{U_{i\max}}{U_{i\min}} \cdot \frac{\sqrt{2}U_o}{4(D_{max} - 0.5)} \cdot \frac{2\sqrt{2}I_o}{\pi} = 2.83P_o \tag{7-13}$$

式(7-13)的计算结果误差较大，尽管如此，仍具有一定的意义，即每个隔离 Buck 双向直流变换器的输出功率只有一部分传递给交流负载，还有相当大部分通过另一个隔离 Buck 双向直流变换器回馈到输入直流电源，两个直流变换器之间存在大的环流。环流大意味着逆变器功率器件的容量、功率损耗和成本的增加以及变换效率的降低。

逆变器采用独立同时控制方式时，两个隔离 Buck 双向直流变换器在同一时刻的等效占空比不满足 $d_1+d_2=1$ 的关系，式(7-4)、式(7-5)表示的 u_{o1}、u_{o2} 中叠加的直流偏置电压 $U_{dc}=(U_i N_2/N_1)/2$ 为事先设定的恒定值。如取 U_{dc} 略大于 $\sqrt{2}U_o/2$，则有

$$P_{dc} = 2\sqrt{2}U_{dc}I_o/\pi \approx 2U_oI_o/\pi = 0.64P_o \tag{7-14}$$

式(7-14)表明，每个隔离 Buck 双向直流变换器输出功率的绝大部分传递给交流负载，仅有一小部分通过另一个隔离双向 Buck 直流变换器回馈到输入电源，逆变器环流较小，此时属于准两级功率变换。

因此，与互补同时控制方式相比，独立同时控制方式使得逆变器具有更低的直流偏置电压、高频变压器匝比 N_2/N_1、功率开关电压、系统设计容量以及功率损耗和成本，属于准两级功率变换。

2. 输出电压反馈独立同时 SPWM 控制策略

差动 Buck 直流变换器型高频环节逆变器采用输出电压瞬时值反馈独立同时 SPWM 控制策略，需要两套独立的控制电路来控制两个双向直流变换器，如图 7-5 所示。两个双向直流变换器的输出电压反馈信号 u_{of1}、u_{of2} 分别与具有相同直流偏

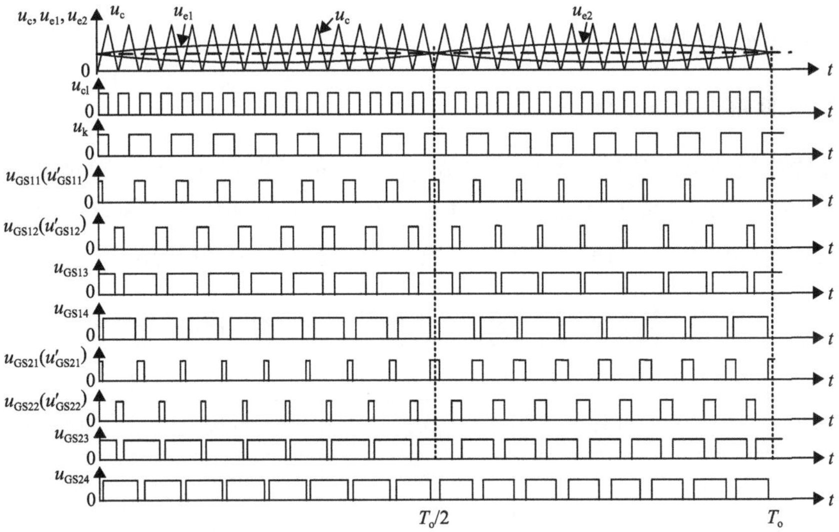

(a) 控制波形

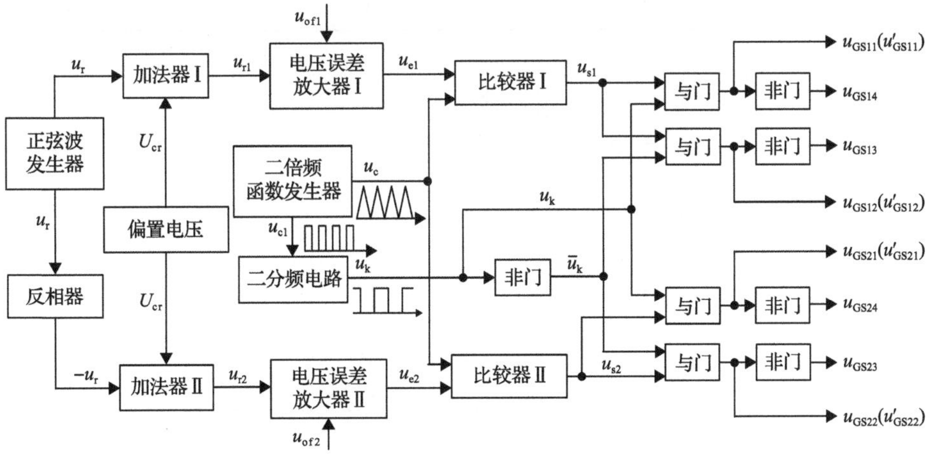

(b) 控制框图

图 7-5　逆变器的输出电压反馈独立同时 SPWM 控制策略

置的反相正弦脉动基准电压 u_{r1}、u_{r2} 经 PI 调节器后输出电压误差放大信号 u_{e1} 和 u_{e2}，u_{e1} 和 u_{e2} 分别与二倍频的单极性三角载波 u_c 交截得到 SPWM 信号 u_{s1} 和 u_{s2}；u_{s1}、u_{s2} 与 u_c 的二分频信号 u_k 经适当的组合逻辑电路输出两个双向直流变换器功率开关的控制信号。

图 7-5 所示的控制策略仅适用于推挽式、推挽正激式、半桥式和全桥式电路拓扑，而对于单管正激式和双管正激式电路拓扑，其控制电路可以简化，即取消二分频电路和功率开关 $S_{12}(S'_{12})/S_{22}(S'_{22})$、$S_{14}/S_{24}$ 的控制信号，将单极性三角载波的频率设置成开关频率。

7.3.3 稳态原理特性

1. 低频输出稳态分析

按输出电压 u_o、负载 i_o 和电感电流 i_{Lf1}、i_{Lf2} 的极性划分，独立同时 SPWM 控制差动 Buck 直流变换器型高频环节逆变器在一个低频输出周期内可分为 A、B、C、D 四种工作模式，如表 7-1 所示，稳态输出波形如图 7-6 所示。

表 7-1 差动 Buck 直流变换器型高频环节逆变器的四种工作模式

工作模式	变换器 I	能量	变换器 II	状态
A	Buck	大于	Boost	电源输出能量
B	Buck	小于	Boost	负载回馈能量
C	Boost	大于	Buck	负载回馈能量
D	Boost	小于	Buck	电源输出能量

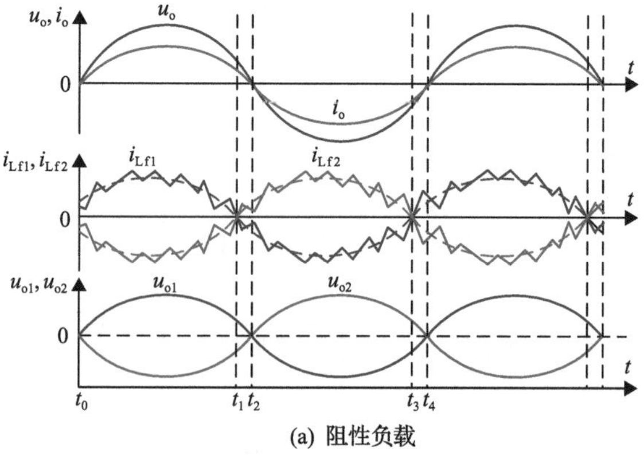

(a) 阻性负载

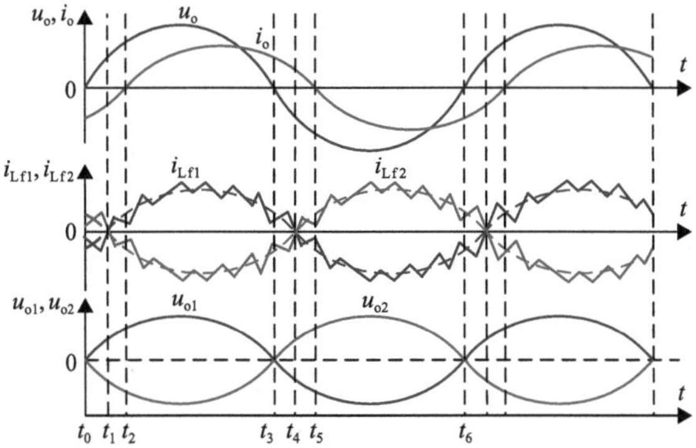

(b) 感性负载

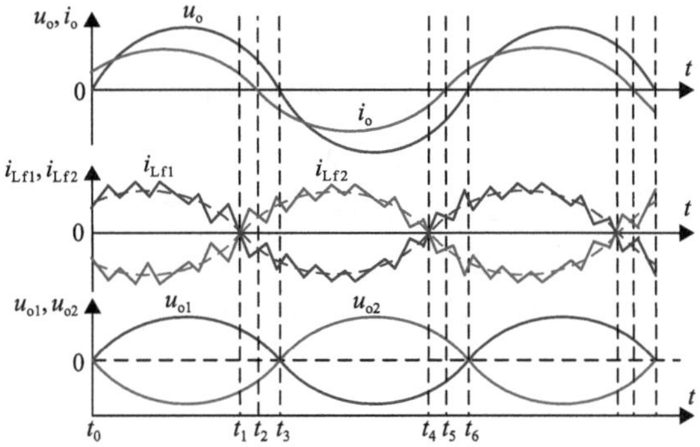

(c) 容性负载

图 7-6　差动 Buck 双向直流变换器型高频环节逆变器在不同负载时的低频输出稳态波形

下面以容性负载为例，分析这类逆变器在一个低频输出周期内的四种工作模式。

1) $t_0 \sim t_1$

此时 $u_o>0$、$i_o>0$、$i_{Lf1}>0$、$i_{Lf2}<0$，变换器 I 正向传递能量，工作在 Buck 状态；而变换器 II 反向回馈能量，工作在 Boost 状态；正向传递的能量大于反向传递的能量，其差值为输入直流电源 U_i 提供给负载的能量，逆变器工作在模式 A。

2) $t_1 \sim t_2$

此时 $u_o>0$、$i_o>0$、$i_{Lf1}<0$、$i_{Lf2}>0$，变换器 I 反向回馈能量，工作在 Boost 状态；而变换器 II 正向传递能量，工作在 Buck 状态；正向传递的能量大于反向传递的能量，其差值为输入直流电源 U_i 提供给负载的能量，逆变器工作在模式 D。

3) $t_2 \sim t_3$

此时 $u_o>0$、$i_o<0$、$i_{Lf1}<0$、$i_{Lf2}>0$，变换器 I 反向回馈能量，工作在 Boost 状态；而变换器 II 正向传递能量，工作在 Buck 状态；正向传递的能量小于反向传递的能量，其差值为负载反馈到输入直流电源 U_i 的能量，逆变器工作在模式 C。

4) t_3～t_4

此时 $u_o<0$、$i_0<0$、$i_{Lf1}<0$、$i_{Lf2}>0$，变换器 I 反向回馈能量，工作在 Boost 状态；变换器 II 正向传递能量，工作在 Buck 状态；正向传递的能量大于反向传递的能量，其差值为输入直流电源 U_i 提供给负载的能量，逆变器工作在模式 D。

5) t_4～t_5

此时 $u_o<0$、$i_0<0$、$i_{Lf1}>0$、$i_{Lf2}<0$，变换器 I 正向传递能量，工作在 Buck 状态；变换器 II 反向回馈能量，工作在 Boost 状态；正向传递的能量大于反向传递的能量，其差值为输入直流电源 U_i 提供给负载的能量，逆变器工作在模式 A。

6) t_5～t_6

此时 $u_o<0$、$i_0>0$、$i_{Lf1}>0$、$i_{Lf2}<0$，变换器 I 正向传递能量，工作在 Buck 状态；变换器 II 反向回馈能量，工作在 Boost 状态；正向传递的能量小于反向回馈的能量，其差值为负载反馈到输入直流电源 U_i 的能量，逆变器工作在模式 B。

由上分析可见，逆变器在容性负载时的工作模式次序为 A→D→C→D→A→B，同理可知，逆变器在感性、阻性负载下的工作模式次序分别为 C→B→A→B→C→D 和 A→D。

2. 输出外特性

差动 Buck 直流变换器型高频环节逆变器独立同时控制时一个开关周期内的开关状态等效电路，如图 7-7 所示。r_1、r_2 分别为隔离 Buck 双向直流变换器 I 、II 的等效内阻。

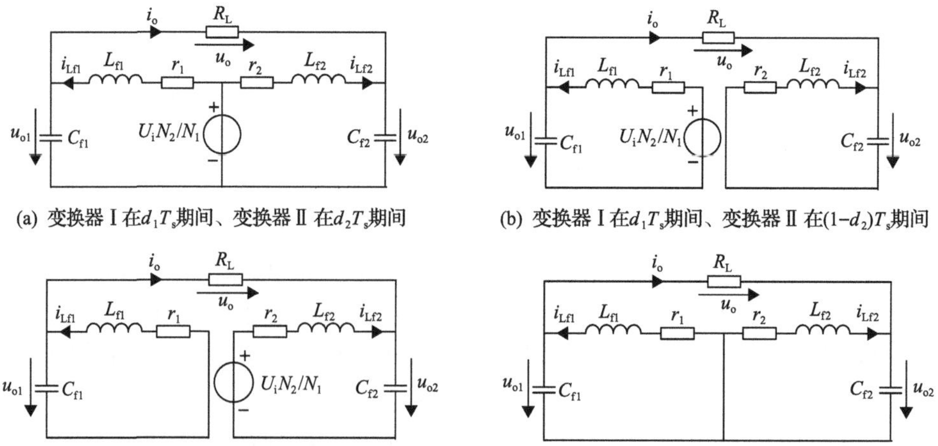

(a) 变换器 I 在 d_1T_s 期间、变换器 II 在 d_2T_s 期间

(b) 变换器 I 在 d_1T_s 期间、变换器 II 在 $(1-d_2)T_s$ 期间

(c) 变换器 I 在 $(1-d_1)T_s$ 期间、变换器 II 在 d_2T_s 期间

(d) 变换器 I 在 $(1-d_1)T_s$ 期间、变换器 II 在 $(1-d_2)T_s$ 期间

图 7-7　独立同时控制差动 Buck 直流变换器型高频环节逆变器的四种开关状态等效电路

图 7-7 所示变换器Ⅰ在 d_1T_s 期间和 $(1-d_1)T_s$ 期间等效电路的状态方程分别为

$$\begin{cases}L_f\mathrm{d}i_{Lf1}/\mathrm{d}t=-r_1i_{Lf1}-u_{o1}+U_iN_2/N_1\\C_f\mathrm{d}u_{o1}/\mathrm{d}t=i_{Lf1}-u_o/R_L\end{cases}\tag{7-15}$$

$$\begin{cases}L_f\mathrm{d}i_{Lf1}/\mathrm{d}t=-u_{o1}-r_1i_{Lf1}\\C_f\mathrm{d}u_{o1}/\mathrm{d}t=i_{Lf1}-u_o/R_L\end{cases}\tag{7-16}$$

式(7-15)乘以 d_1 加上式(7-16)乘以 $1-d_1$，令 $\mathrm{d}i_{Lf1}/\mathrm{d}t=0$ 、$\mathrm{d}u_{o1}/\mathrm{d}t=0$ ，可得变换器Ⅰ的电感电流与输出电压的稳态值分别为

$$-U_{o1}-r_1I_{Lf1}+(U_iN_2/N_1)d_1=0\tag{7-17}$$

$$I_{Lf1}=U_o/R_L\tag{7-18}$$

同理，变换器Ⅱ的输出电压与电感电流的稳态值分别为

$$-U_{o2}-r_2I_{Lf2}+(U_iN_2/N_1)d_2=0\tag{7-19}$$

$$I_{Lf2}=-U_o/R_L\tag{7-20}$$

由式(7-17)～式(7-20)可得，逆变器的输出电压与输出电流的稳态值分别为

$$U_o=U_{o1}-U_{o2}=(U_iN_2/N_1)(d_1-d_2)/[1+(r_1+r_2)/R_L]\tag{7-21}$$

$$I_o=(U_iN_2/N_1)(d_1-d_2)/(R_L+r_1+r_2)\tag{7-22}$$

差动 Buck 直流变换器型高频环节逆变器的滤波电感电流只存在 CCM，而不存在临界 CCM 和 DCM。在一个开关周期内，滤波电感电流存在初值大于零、等于零和小于零三种不同的模式，如图 7-8 所示。电感电流初始值小于零时包括曲线 3、4、5 三种情形。

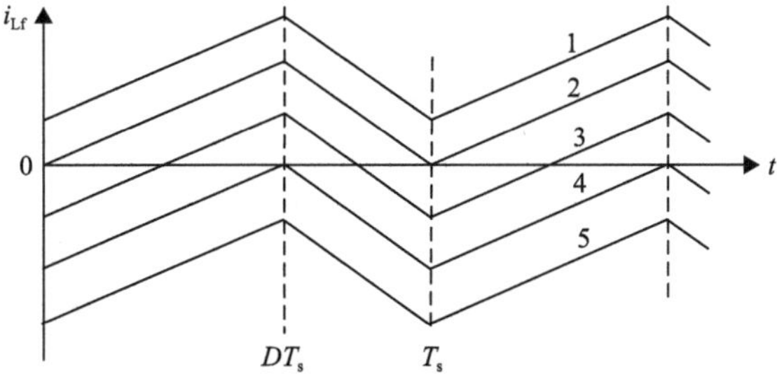

图 7-8　电感电流在一个开关周期内的波形

由于滤波电感电流只存在 CCM，由式(7-21)可得理想情形($r=r_1=r_2=0$)时逆变器的外特性为

$$U_o = U_{o1} - U_{o2} = (d_1 - d_2)U_i N_2 / N_1 \tag{7-23}$$

滤波电感电流初值等于零时的负载电流为

$$\begin{aligned} I_G = I_o &= [T_s d_1(1-d_1)U_i N_2 / N_1]/(2L_f) - [T_s d_2(1-d_2)U_i N_2 / N_1]/(2L_f) \\ &= [T_s(d_1-d_2)(1-d_1-d_2)U_i N_2 / N_1]/(2L_f) \\ &\approx 0(d_1+d_2 \approx 1) \end{aligned} \tag{7-24}$$

式(7-24)是理想情形($r=r_1=r_2=0$、$d_1+d_2\approx 1$)且在一个开关周期内储能电感电流初值为零时逆变器的外特性。实际情形时，逆变器的内阻 $r=r_1+r_2$ 不为零，逆变器外特性如式(7-21)所示。

差动 Buck 直流变换器型高频环节逆变器的四象限外特性 $U_o/(U_iN_2/N_1)=f(I_o)$，如图 7-9 所示。当 u_o 大于零时，逆变器的外特性曲线对应于图 7-9 上半平面；当 u_o 小于零时，逆变器的外特性曲线对应于图 7-9 下半平面。纵轴为理想情形($r=r_1+r_2=0$、$d_1+d_2\approx 1$)且在一个开关周期内滤波电感电流初值等于零时逆变器的外特性，由式(7-24)决定；纵轴左、右两边分别为在一个开关周期内 i_{Lf} 的初值小于零、大于零时逆变器外特性曲线，实线为理想情形时的曲线，由式(7-23)决定，虚线为实际情形时的曲线，随负载的增加输出电压在逐渐下降。

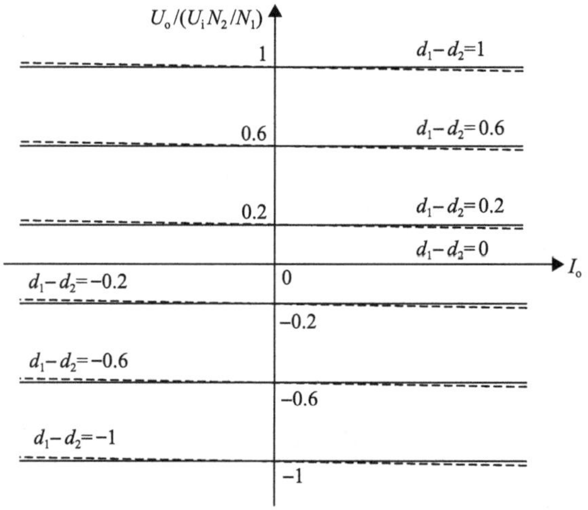

图 7-9　差动 Buck 直流变换器型高频环节逆变器的四象限外特性

设计并研制的 1kVA 27VDC/115V400HzAC 逆变实验装置证实所提出的电压

瞬时值反馈独立同时 SPWM 控制差动 Buck 直流变换器型高频环节逆变器的可行性。这类高频环节逆变器与第 8 章将要论述的差动 Buck 直流斩波器型高频环节逆变器同属于差动 Buck 型高频环节逆变器，有较大的相似性，因篇幅限制，逆变装置的构成与实验波形仅在第 8 章论述。

7.4　差动 Boost 直流变换器型高频环节逆变器

7.4.1　电路结构与拓扑族

差动 Boost 直流变换器型高频环节逆变器电路结构与拓扑族，如图 7-10 所示。该电路结构由两个相同的、输出反相的低频正弦脉动直流电压 u_{o1}、u_{o2} 的隔离双向 Boost 直流变换器以输入电源侧并联、输出负载侧反向串接的规律构建而成，该电路拓扑族包括单端式、推挽式、半桥式和全桥式四种电路拓扑。

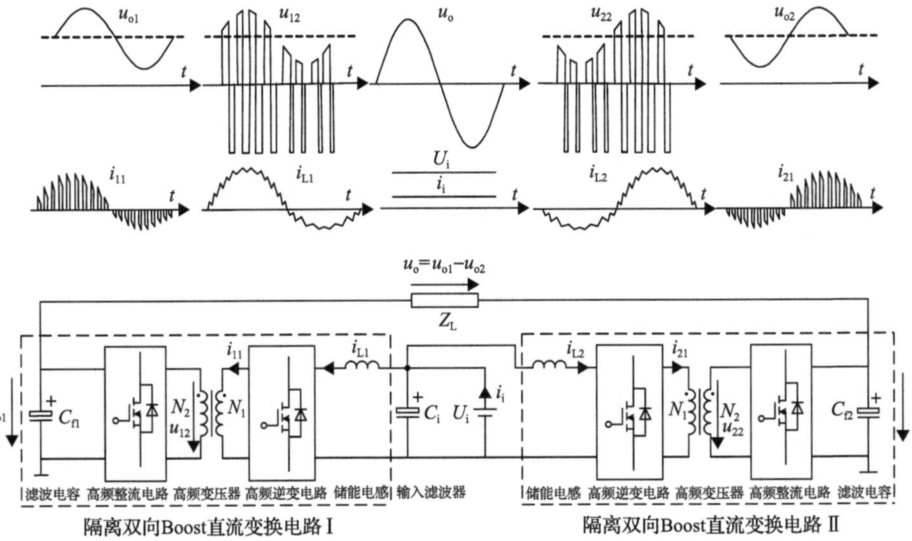

(a) 电路结构

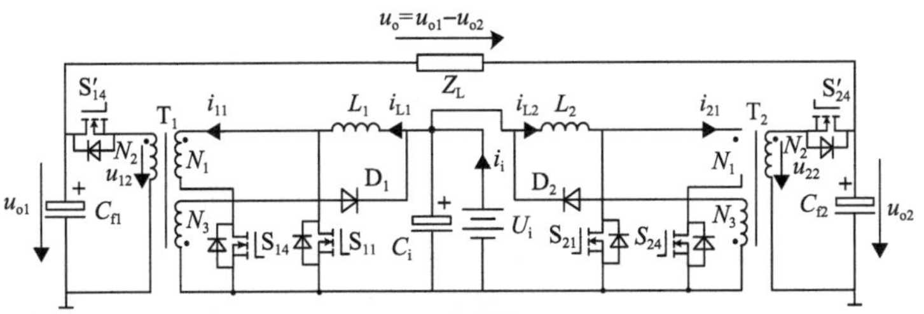

(b) 单端式

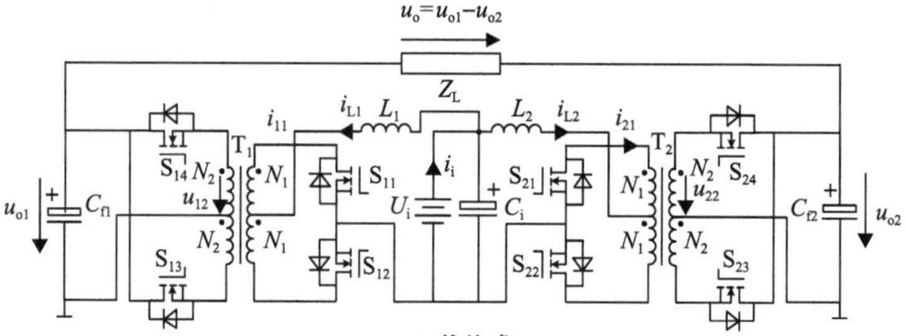

(c) 推挽式

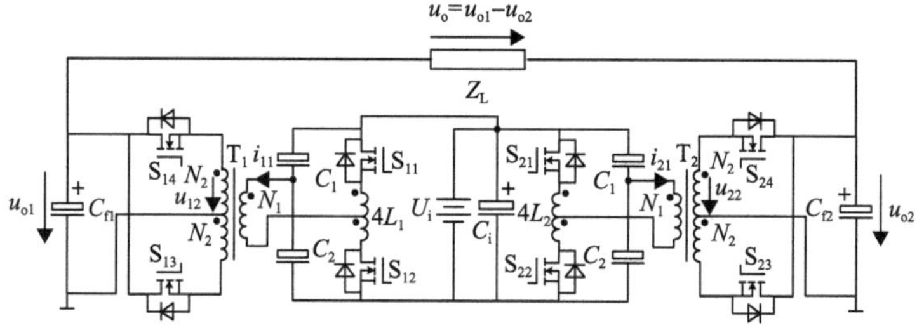

(d) 半桥式

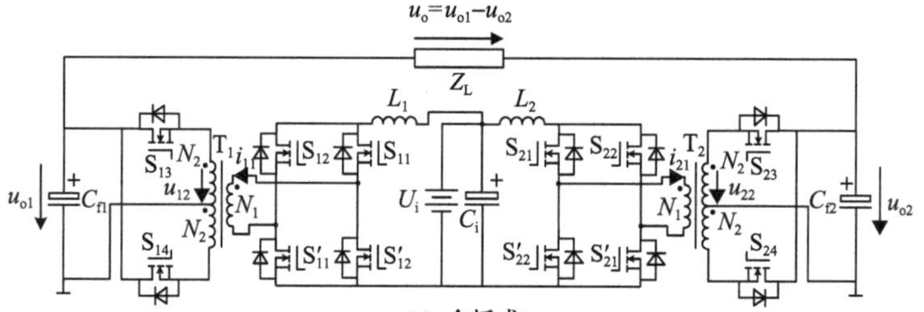

(e) 全桥式

图 7-10　差动 Boost 直流变换器型高频环节逆变器电路结构与拓扑族

当电源向负载传递能量时，高频逆变电路将电感电流 i_L 逆变成双极性两态或三态高频脉冲交流电流，经高频变压器 T_1 与 T_2 电气隔离、传输和电流匹配后，高频整流电路将双极性两态或三态高频脉冲交流电流整流成单极性 SPWM 电流波，经输出滤波器后得到相位相差 180°且叠加有相同直流分量的低频正弦脉动直流电压 u_{o1}、u_{o2}，负载 Z_L 两端获得优质的低频正弦交流电压 $u_o=u_{o1}-u_{o2}$，电感电流 i_{L1}、i_{L2} 在部分期间方向的相反性以及经输入滤波电路后可获得平滑的输入直流电流 i_i；当负载向电源回馈能量时，高频整流电路工作在逆变状态，而高频逆变电路工作在整流状态。

差动 Boost 直流变换器型高频环节逆变器具有双向功率流、互补同时控制方式下准两级功率变换(DC-LFAC-DC)即准四单元功率变换(DC-HFAC-LFAC-HFAC-DC)、输入电流纹波小、负载过载和短路时可靠性较高、两个变换器总有一个工作在能量回馈状态使得变换效率不理想等特点。

7.4.2　控制策略

7.4.4 节将论证差动 Boost 直流变换器型高频环节逆变器应选用电压反馈互补同时 SPWM 控制策略，如图 7-11 所示。输出正弦交流电压 u_o 与正弦基准信号 u_r

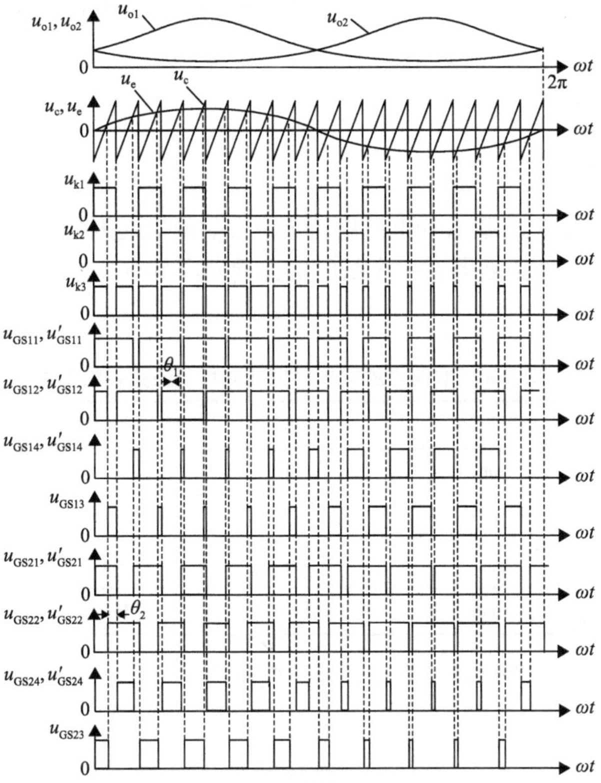

(a) 控制波形

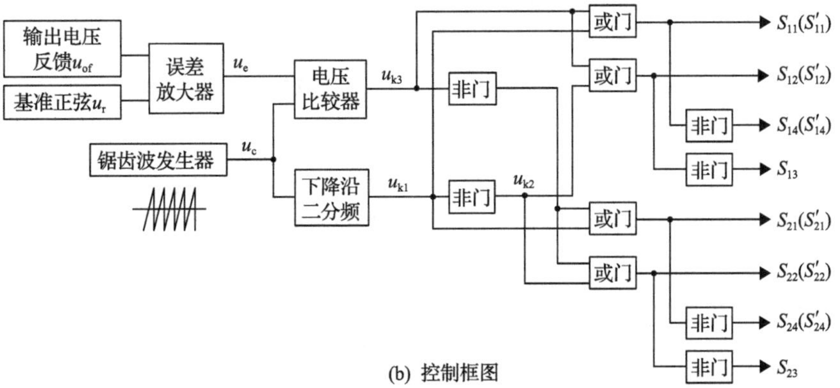

(b) 控制框图

图 7-11　逆变器的电压反馈互补同时 SPWM 控制策略

经 PI 调节器后输出误差电压放大信号 u_e，u_e 与双极性锯齿形载波 u_c 交截经适当的逻辑电路后得到各个功率开关的控制信号。对于图 7-10(b)所示单端式电路，不需要二分频电路，即 S_{11}、S_{24} 和 S'_{24} 的控制信号与 u_{k3} 相同，S_{21}、S_{14} 和 S'_{14} 的控制信号与 u_{k3} 相反；u_{o1}、u_{o2} 分别为相同直流分量叠加一相位相差 180°非正弦交流分量。当输入电压或负载变化时，调节 SPWM 信号的等效占空比可实现输出电压的稳定与调节。

7.4.3　稳态原理特性

1. 低频输出稳态分析

按输出电压 u_o、负载 i_o 和电感电流 i_{Lf1}、i_{Lf2} 的极性划分，差动 Boost 双向直流变换器型高频环节逆变器在一个低频输出周期内具有 A、B、C、D 四种工作模式，如表 7-2 所示。

表 7-2　差动 Boost 双向直流变换器型高频环节逆变器的四种工作模式

工作模式	变换器 I	能量	变换器 II	状态
A	Boost	大于	Buck	电源输出能量
B	Boost	小于	Buck	负载回馈能量
C	Buck	大于	Boost	负载回馈能量
D	Buck	小于	Boost	电源输出能量

差动 Boost 直流变换器型高频环节逆变器的低频输出呈稳态波形，如图 7-12 所示。

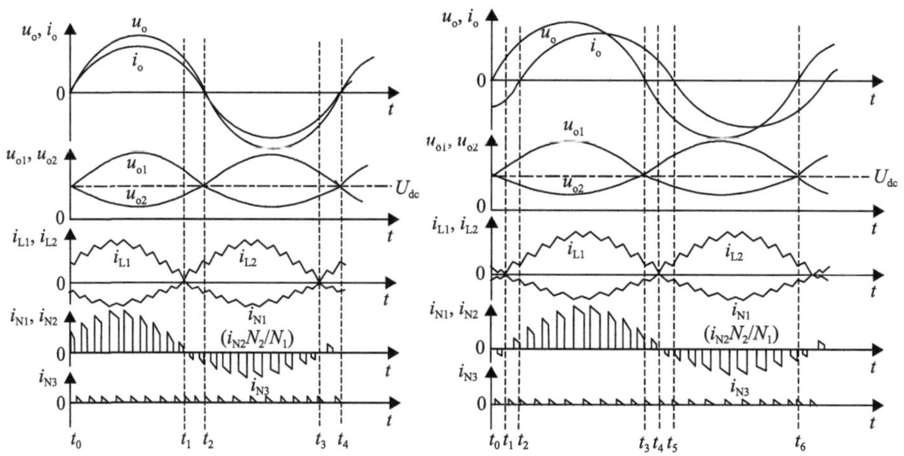

(a) 阻性负载　　(b) 感性负载

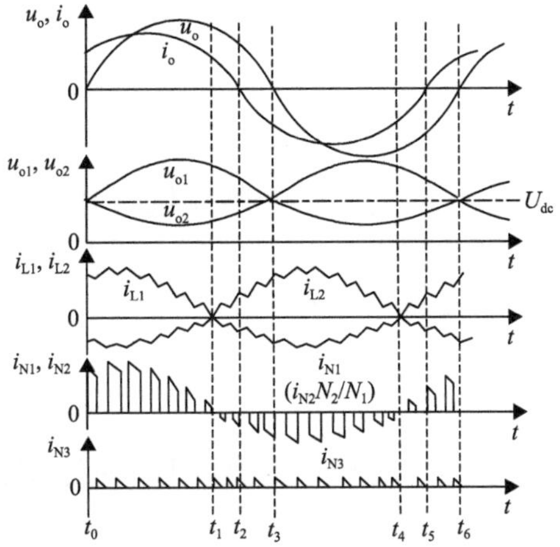

(c) 容性负载

图 7-12　差动 Boost 直流变换器型高频环节逆变器的低频输出稳态原理波形

下面以容性负载为例，分析这类逆变器在一个低频输出周期内的四种工作模式。

1) $t_0 \sim t_1$

此时 $u_o>0$、$i_o>0$、$i_{L1}>0$、$i_{L2}<0$，变换器Ⅰ正向传递能量，工作在 Boost 状态，变换器Ⅱ反向回馈能量，工作在 Buck 状态；正向传递的能量大于反向传递的能量，其差值为输入直流电源 U_i 提供给输出交流负载的能量，逆变器工作在模式 A。

2) $t_1 \sim t_2$

此时 $u_o>0$、$i_o>0$、$i_{L1}<0$、$i_{L2}>0$，变换器Ⅰ反向回馈能量，工作在 Buck 状态，变换器Ⅱ正向传递能量，工作在 Boost 状态；正向传递的能量大于反向传递的能量，其差值为输入直流电源 U_i 提供给输出交流负载的能量，逆变器工作在模式 D。

3) $t_2 \sim t_3$

此时 $u_o>0$、$i_o<0$、$i_{L1}<0$、$i_{L2}>0$，变换器Ⅰ反向回馈能量，工作在 Buck 状态；而变换器Ⅱ正向传递能量，工作在 Boost 状态；正向传递的能量小于反向传递的能量，其差值为输出交流负载回馈到输入直流电源 U_i 的能量，逆变器工作在模式 C。

4) $t_3 \sim t_4$

此时 $u_o<0$、$i_o<0$、$i_{L1}<0$、$i_{L2}>0$，变换器Ⅰ反向回馈能量，工作在 Buck 状态；变换器Ⅱ正向传递能量，工作在 Boost 状态；正向传递的能量大于反向传递的能量，其差值为输入直流电源 U_i 提供给输出交流负载的能量，逆变器工作在模式 D。

5) $t_4 \sim t_5$

此时 $u_o<0$、$i_o<0$、$i_{L1}>0$、$i_{L2}<0$，变换器Ⅰ正向传递能量，工作在 Boost 状态，变换器Ⅱ反向传递能量，工作在 Buck 状态；正向传递的能量大于反向传递的能量，其差值为输入直流电源 U_i 提供给输出交流负载的能量，逆变器工作在模式 A。

6) $t_5 \sim t_6$

此时 $u_o<0$、$i_o>0$、$i_{L1}>0$、$i_{L2}<0$，变换器Ⅰ正向传递能量，工作在 Boost 状态，变换器Ⅱ反向回馈能量，工作在 Buck 状态；正向传递的能量小于反向传递的能量，其差值为输入输出交流负载回馈到输入直流电源 U_i 的能量，逆变器工作在模式 B。

由上述分析可见，逆变器在容性负载时下的工作模式次序为 A→D→C→D→A→B，同样分析可知，逆变器在感性和阻性负载时的工作模式次序分别为 C→B→A→B→C→D、A→D。

2. 输出外特性

差动 Boost 直流变换器型高频环节逆变器在电感电流 CCM 时的开关状态等效电路，如图 7-13 所示。r_1、r_2 分别为变换器Ⅰ、Ⅱ的等效内阻。

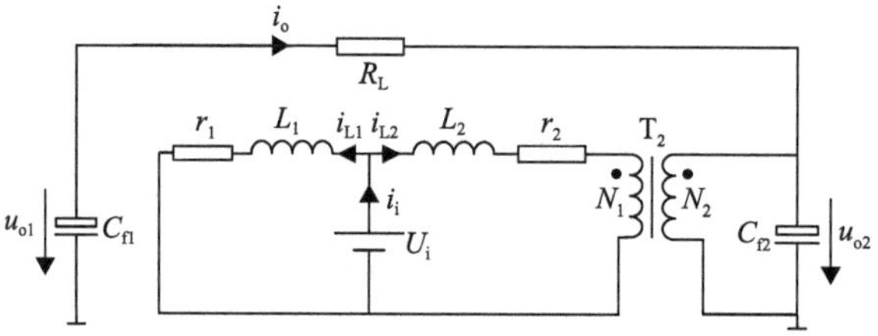

(a) dT_s期间

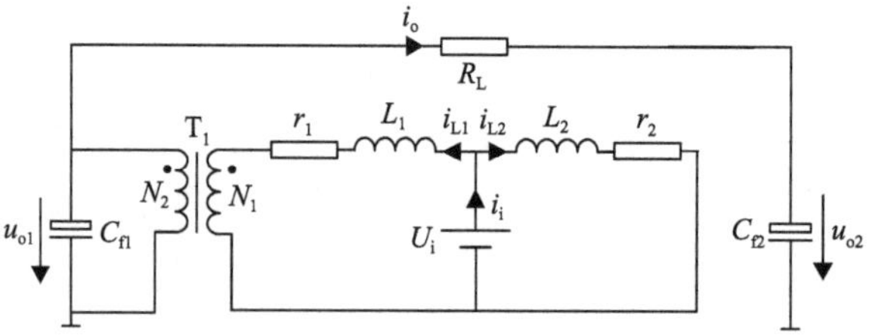

(b) $(1-d)T_s$期间

图 7-13　逆变器在电感电流 CCM 时的开关状态等效电路

由图 7-13(a)等效电路的状态方程乘以 d 加上图 7-13(b)等效电路的状态方程乘以 $1-d$，令 $\mathrm{d}i_{\mathrm{L1}}/\mathrm{d}t=\mathrm{d}i_{\mathrm{L2}}/\mathrm{d}t=0$、$\mathrm{d}u_{\mathrm{o1}}/\mathrm{d}t=\mathrm{d}u_{\mathrm{o2}}/\mathrm{d}t=0$，可得状态变量的稳态值为

$$U_{\mathrm{o1}}=\frac{N_2/N_1}{1-d}\left(U_{\mathrm{i}}-\frac{N_2}{N_1}\frac{1}{1-d}\frac{U_{\mathrm{o}}}{R_{\mathrm{L}}}r_1\right) \tag{7-25}$$

$$U_{\mathrm{o2}}=\frac{N_2/N_1}{d}\left(U_{\mathrm{i}}+\frac{N_2}{N_1}\frac{1}{d}\frac{U_{\mathrm{o}}}{R_{\mathrm{L}}}r_2\right) \tag{7-26}$$

$$U_{\mathrm{o}}=\frac{U_{\mathrm{i}}(2d-1)N_2/[N_1d(1-d)]}{1+(N_2/N_1)^2r_1/[(1-d)^2R_{\mathrm{L}}]+(N_2/N_1)^2r_2/(d^2R_{\mathrm{L}})} \tag{7-27}$$

$$I_{\mathrm{L1}}=U_{\mathrm{o}}N_2/[N_1R_{\mathrm{L}}/(1-d)] \tag{7-28}$$

$$I_{\mathrm{L2}}=-U_{\mathrm{o}}N_2/(N_1R_{\mathrm{L}}d) \tag{7-29}$$

式(7-27)中，令 $r_1=r_2=0$，可得理想情形下逆变器的外特性为

$$U_{\mathrm{o}}=(2d-1)U_{\mathrm{i}}N_2/[N_1d(1-d)] \tag{7-30}$$

储能电感电流初值等于零时的负载电流为

$$\begin{aligned}I_{\mathrm{G}}=I_{\mathrm{o}}&=\frac{N_1}{N_2}i_{\mathrm{L1}}(dT_{\mathrm{s}})(1-d)T_{\mathrm{s}}/(2T_{\mathrm{s}})-\frac{N_1}{N_2}i_{\mathrm{L2}}[(1-d)T_{\mathrm{s}}]dT_{\mathrm{s}}/(2T_{\mathrm{s}})\\&=\frac{N_1}{N_2}U_{\mathrm{i}}d(1-d)T_{\mathrm{s}}/(2L)-\frac{N_1}{N_2}U_{\mathrm{i}}(1-d)dT_{\mathrm{s}}/(2L)=0\end{aligned} \tag{7-31}$$

式(7-31)就是理想情形且在一个开关周期内储能电感初值电流为零时的外特性。

差动 Boost 直流变换器型高频环节逆变器的四象限外特性 $U_{\mathrm{o}}/(U_{\mathrm{i}}N_2/N_1)=f(I_{\mathrm{o}})$，如图 7-14 所示。当输出电压大于零时，外特性曲线对应于图 7-14 的上半平面；当输出电压小于零时，外特性曲线对应于图 7-14 的下半平面；纵轴为理想情形($r=r_1=r_2=0$)在一个开关周期内储能电感电流初值等于零时逆变器的外特性，由式(7-31)决定；纵轴左右两边分别为在一个开关周期内 i_{Lf} 的初值小于零、大于零时逆变器的外特性曲线，实线为理想情形时的曲线，由式(7-30)决定，虚线为实际情形时的曲线，由式(7-27)决定，随负载的增加输出电压逐渐下降。

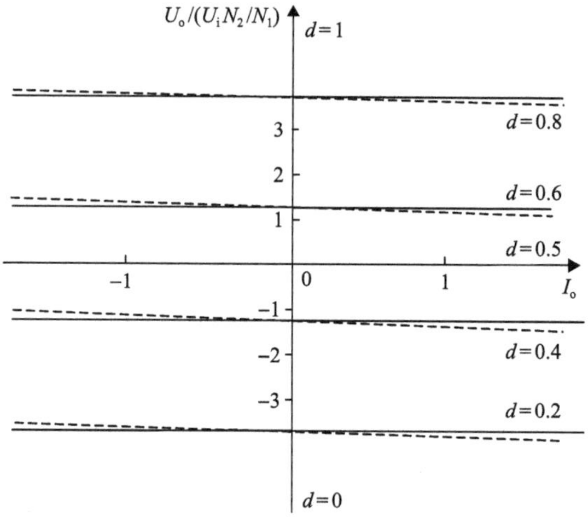

图 7-14　差动 Boost 直流变换器型高频环节逆变器的四象限外特性

7.4.4　若干关键问题的讨论

1. 单端式 Boost 电路拓扑的磁复位

具有中心抽头磁复位绕组的隔离 Boost 直流变换电路，如图 7-15 所示。变换器工作时，有

$$u_o N_1 / N_2 = N_1 \Delta\phi_+ / [(1-d)T_s] \tag{7-32}$$

$$U_i = N_{11} \Delta\phi_- / (dT_s) \tag{7-33}$$

欲实现变压器的磁复位，则需 $\Delta\phi_- \geqslant \Delta\phi_+$ ，于是得

$$\frac{N_{11}}{N_1} \leqslant \frac{U_i}{u_o N_1 / N_2} \frac{d}{1-d} = d \tag{7-34}$$

$$N_{12} / N_1 \geqslant 1-d \tag{7-35}$$

要使磁复位二极管 D_1 在非磁复位过程中保持截止，则 $u_{12} < U_i$，可推得

$$N_{12} / N_1 \leqslant 1-d \tag{7-36}$$

式(7-35)与式(7-36)相互矛盾，所以如图 7-15 所示磁复位方案仅适合于固定占空比 d 的情形，占空比 d 变化则不适用。

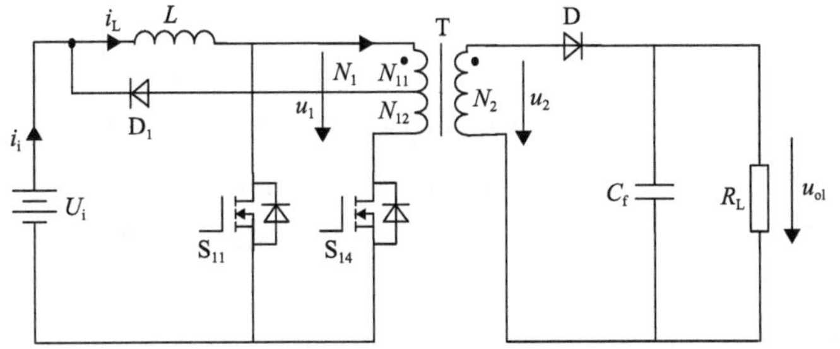

图 7-15　具有中心抽头磁复位绕组的隔离 Boost 直流变换电路

对此，提出了具有独立磁复位绕组的隔离双向 Boost 直流变换电路，如图 7-10(b) 所示。该磁复位电路中有

$$u_{o1}N_1 / N_2 = N_1\Delta\phi_+ /[(1-d)T_s] \tag{7-37}$$

$$U_i = N_3\Delta\phi_- / (dT_s) \tag{7-38}$$

欲实现变压器的磁复位，则应满足 $\Delta\phi_- \geqslant \Delta\phi_+$，于是得

$$\frac{N_3}{N_1} \leqslant \frac{U_i}{N_1 / N_2 \times U_o} \frac{d}{1-d} = d \tag{7-39}$$

隔离双向 Boost 直流变换器的谐振复位原理，如图 7-16 所示。当变压器磁化电流较小、功率开关结电容较大时，磁复位绕组 N_3 端电压小于 U_i，磁复位二极管 D_1 不导通，可取消 N_3 绕组，此时变压器的磁复位是通过磁化电感与 MOSFET 结电容间的谐振来实现的。当磁复位绕组 N_3 端电压上升到 U_i 时，D_1 导通，N_1 绕组的端电压 u_{N1-} 被箝位在 U_iN_1 / N_3 值上。

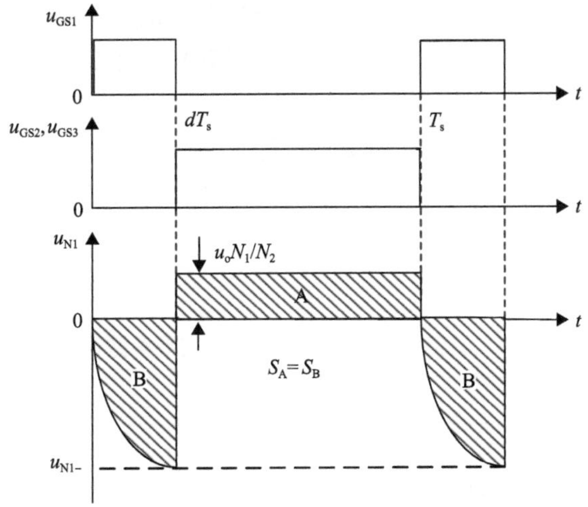

图 7-16　隔离双向 Boost 直流变换器的谐振复位原理

2. 两种同时控制方式的比较

以单端式电路拓扑为例，对这类逆变器采用不同的同时控制方式时的特点进行比较。逆变器互补同时控制时，两个隔离双向 Boost 变换器的等效占空比满足 $d_1+d_2=1$ 的关系，设计思路是先确定占空比范围，再确定高频变压器匝比，最后计算 U_{dc}（自然满足 $U_{dc}>\sqrt{2}\,U_o/2+U_iN_2/N_1$）。

由式(7-30)可得

$$\frac{N_2}{N_1}=\frac{\sqrt{2}U_o d_{max}(1-d_{max})}{U_{imin}(2d_{max}-1)} \tag{7-40}$$

设占空比 d 的变化范围为 0.2～0.8，将 U_o=115V、U_{imin}=18V、d_{max}=0.8 代入式(7-40)，可得 N_2/N_1=2.41。下面以 N_2/N_1=2.41 为例，计算该逆变器的各主要参数。将匝比 N_2/N_1 代入式(7-40)可得不同输入电压时的占空比范围，即当 U_i=18V 时，d_{max}=0.800，d_{min}=0.200；当 U_i=27V 时，d_{max}=0.741，d_{min}=0.259；当 U_i=32V 时，d_{max}=0.715，d_{min}=0.285。

互补同时控制方式时，两个直流变换器的输出电压可近似认为是带直流分量的正弦波，即

$$u_{o1}\approx U_{dc}+(\sqrt{2}U_o/2)\sin(\omega t)=U_iN_2/[N_1(1-d)] \tag{7-41}$$

$$u_{o2}\approx U_{dc}+(\sqrt{2}U_o/2)\sin(\omega t+180°)=U_iN_2/(N_1d) \tag{7-42}$$

将匝比和不同输入电压时的占空比范围代入式(7-41)、式(7-42)，可计算得到不同输入电压时的直流分量 U_{dc}，即当 U_i=18V 时，d_{max}=0.8，d_{min}=0.2，U_{dc}=135V；当 U_i=27V 时，d_{max}=0.741，d_{min}=0.259，U_{dc}=170V；当 U_i=32V 时，d_{max}=0.715，d_{min}=0.285，U_{dc}=189V。

逆变器互补同时控制时的各主要参数计算值，如表 7-3 所示。由表 7-3 可见，逆变器互补双向控制时具有直流分量 U_{dc} 不断变化、占空比变化范围小、磁复位绕组匝数多、整流开关 S'_{14} 和 S'_{24} 的电压应力小等特点，适用于输入电压变化范围大的逆变场合。

表 7-3　逆变器互补同时控制时的主要参数计算值

d_{max}	d_{min}	N_2/N_1	U_i/V	U_{dc}/V	$U_{DS11max}$/V	$U_{DS12max}$/V	$U_{DS13max}$/V
0.8	0.2	2.41	18	145	112	160	656
0.741	0.259		27	170			
0.715	0.285		32	189			

续表

d_{max}	d_{min}	N_2/N_1	U_i/V	U_{dc}/V	$U_{DS11max}$/V	$U_{DS12max}$/V	$U_{DS13max}$/V
0.75	0.25	3.39	18	163	96	160	868
0.69	0.31		27	214			
0.667	0.333		32	245			
0.78	0.22	4.14	18	185	89	128	899
0.667	0.333		27	250			
0.641	0.359		32	288			
0.700	0.300	4.74	18	203	85	128	1010
0.645	0.355		27	279			
0.625	0.375		32	323			

逆变器独立同时控制时，两个隔离双向 Boost 变换器的等效占空比 d_1 与 d_2 相互独立，设计思路是先确定高频变压器匝比，再确定 U_{dc}，最后计算占空比，要求 $U_{dc} \geqslant \sqrt{2}U_o/2+U_iN_2/N_1$。

逆变器独立同时控制时，两个直流变换器均输出具有相同直流分量的正弦波。由式(7-41)、式(7-42)可得

$$U_{dc} \geqslant \sqrt{2}U_o/2+U_iN_2/N_1 \tag{7-43}$$

下面以 N_2/N_1=2.41 为例，计算各主要参数。要求 $U_{dc} \geqslant \sqrt{2}U_o/2+U_iN_2/N_1 = 2.41\times 32+81\approx 158\text{(V)}$，取 U_{dc}=165V，此时由式(7-41)、式(7-42)可推导出占空比变化范围的表达式，即

$$d_{1max}=(1-U_iN_2/N_1)/(U_{dc}+\sqrt{2}U_o/2) \tag{7-44}$$

$$d_{1min}=(1-U_iN_2/N_1)/(U_{dc}-\sqrt{2}U_o/2) \tag{7-45}$$

由式(7-44)、式(7-45)可计算出不同输入电压时的占空比变化范围：当 U_i=18V 时，d_{1max}=0.696，d_{1min}=0.197；当 U_i=27V 时，d_{1max}=0.466，d_{1min}=0.131；当 U_i=32V 时，d_{1max}=0.393，d_{1min}=0.111。逆变器独立同时控制时的各主要参数计算值如表 7-4 所示。由表 7-4 可见，逆变器独立同时控制时具有在不同输入电压时 U_{dc} 固定不变、占空比变化范围大、磁复位绕组匝数少、整流开关 S'_{14} 和 S'_{24} 的电压应力大等特点，适用于输入电压变化范围小的逆变场合。

表 7-4　逆变器独立同时控制时的主要参数计算值

N_2/N_1	U_{dc}/V	U_i/V	d_{1max}	d_{1min}	$U_{DS11max}$/V	$U_{DS12max}$/V	$U_{DS13max}$/V
2.41	165	18	0.696	0.197	59	288	822
		27	0.466	0.131			
		32	0.393	0.111			
3	190	18	0.801	0.505	91	268	1143
		27	0.701	0.257			
		32	0.646	0.119			
3.5	210	18	0.784	0.512	83	242	1159
		27	0.675	0.267			
		32	0.615	0.132			
4.14	225	18	0.756	0.480	74	415	1322
		27	0.635	0.221			
		32	0.568	0.077			
5	270	18	0.744	0.524	71	209	1417
		27	0.615	0.286			
		32	0.544	0.153			

此外，逆变器互补同时控制时还具有更小的输出电压纹波和输入电流纹波。综上所述，差动 Boost 直流变换器型高频环节逆变器应选用互补同时控制策略。

7.4.5　逆变装置实验

设计实例：图 7-10(b)单端式电路拓扑，电压瞬时值反馈互补同时 SPWM 控制策略，额定容量 S=500VA，输入电压 U_i=18→27→32VDC，输出电压 U_o=115V400HzAC，开关频率 F_s=50kHz，负载功率因数为−0.75→1.0→+0.75，高频变压器匝比 $N_1:N_2:N_3$=10∶25∶2，逆变器最大等效占空比 D_{max}=0.8。

500VA 27VDC/115V400HzAC 差动 Boost 直流变换器型高频环节逆变装置由功率电路、控制电路和机内辅助电源三部分构成，如图 7-17 所示。

500VA 27VDC/115V400HzAC 差动单端 Boost 直流变换器型高频环节逆变装置在额定输入电压和额定负载时的实验波形，如图 7-18 所示。

500VA 逆变装置的实验结果与理论分析一致，具体表现在：①功率开关 S_{21} 的漏源电压呈现幅值为 $u_{o2}N_1/N_2$ 的正弦包络线，如图 7-18(a)和(b)所示；②箝位电容 C_{C1} 的端电压呈现幅值为 $u_{o1}N_1/N_2$ 的正弦包络线，如图 7-18(c)；③储能电感 L_2 的电流 i_{L2} 以类似正弦半波的规律在脉动，如图 7-18(d)所示；④变换器Ⅰ、Ⅱ

的输出电压，即两个输出滤波电容上电压是相位相差 180°并且叠加有相同直流分量的低频脉动直流电压 u_{o1}、u_{o2}，其交流分量不是一个正弦电压，而含有其他谐波成分，如图 7-18(e)所示；⑤逆变器输出电压 u_o 是一个优质的 115V400Hz 正弦交流电，如图 7-18(f)所示。

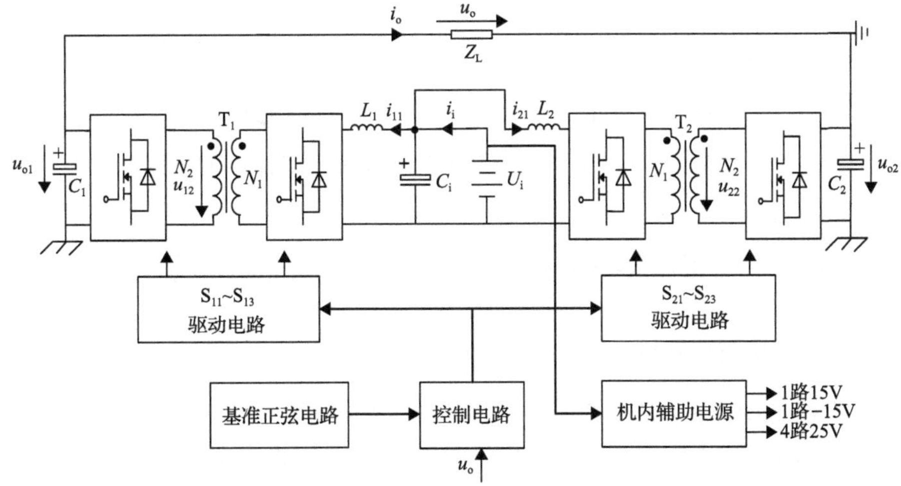

图 7-17　500VA 差动 Boost 直流变换器型高频环节逆变装置的构成

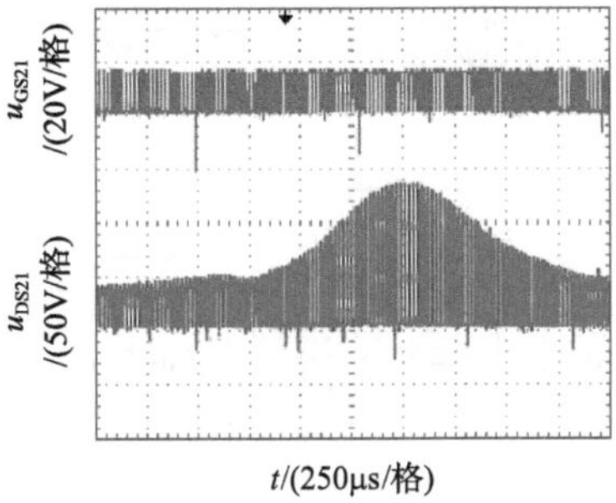

(a) u_{GS21}和u_{DS21}

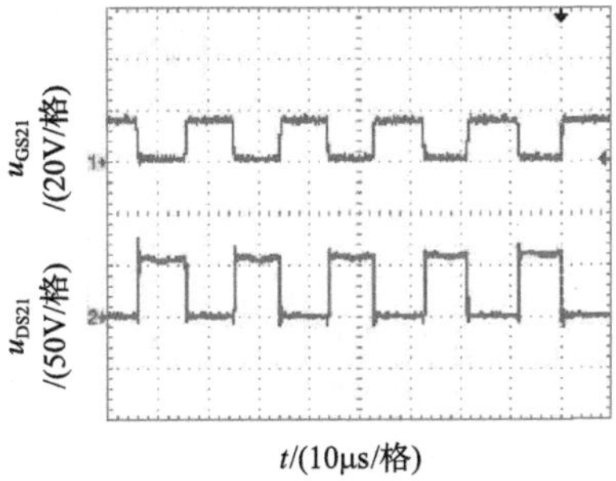

(b) u_{GS21}和u_{DS21}的展开波形

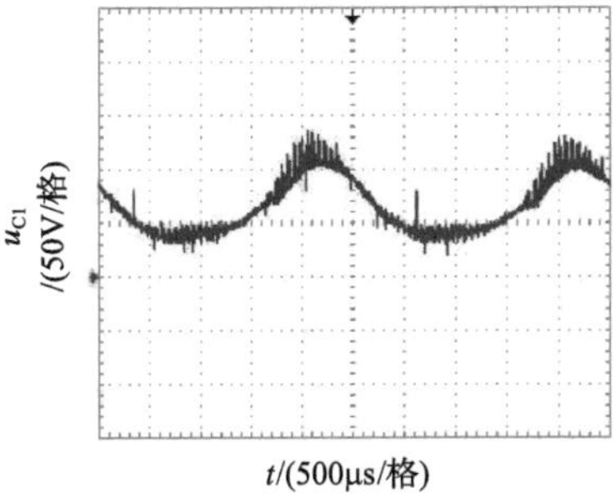

(c) 箝位电容C_{C1}的端电压u_{C1}

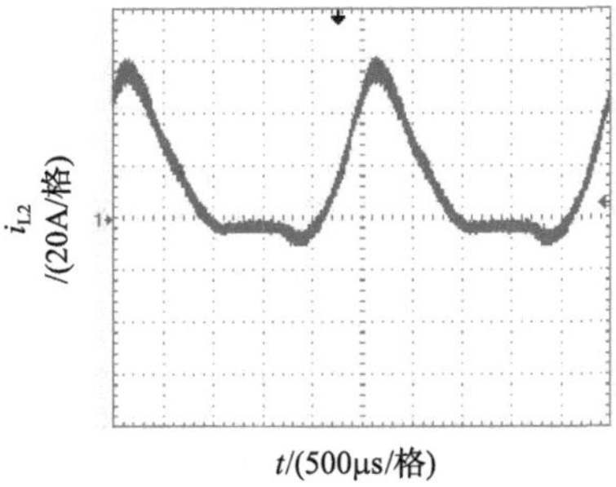

(d) 储能电感L_2的电流i_{L2}

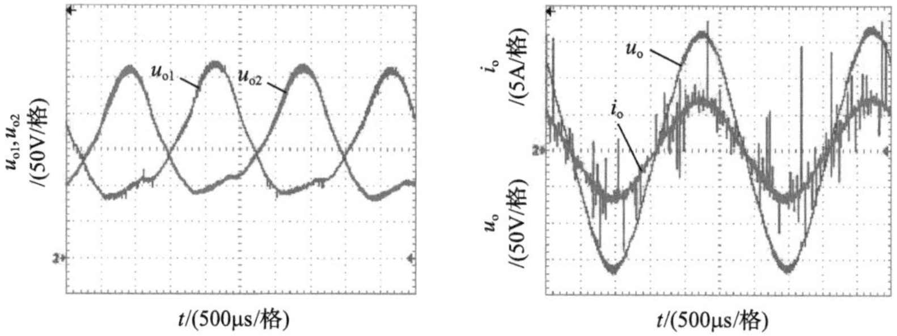

(e) 变换器I、II的输出电压u_{o1}, u_{o2}　　(f) 输出电压与电流

图 7-18　500VA 27VDC/115V400HzAC 逆变装置的实验波形

7.5　差动 Buck-Boost 直流变换器型高频环节逆变器

7.5.1　电路结构与拓扑族

差动 Buck-Boost 直流变换器型高频环节逆变器电路结构与拓扑族，如图 7-19 所示。该电路结构由两个相同、输出反相的低频正弦脉动直流电压 u_{o1}、u_{o2} 的隔

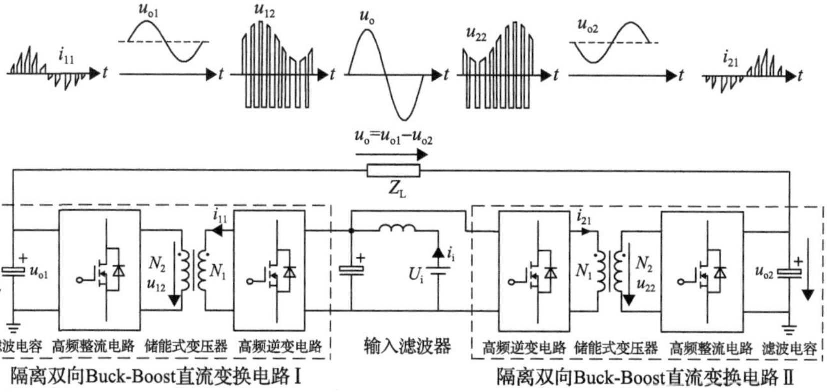

(a) 电路结构

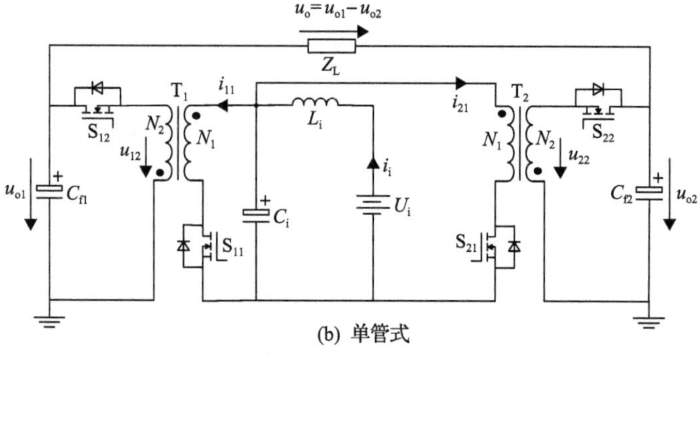

(b) 单管式

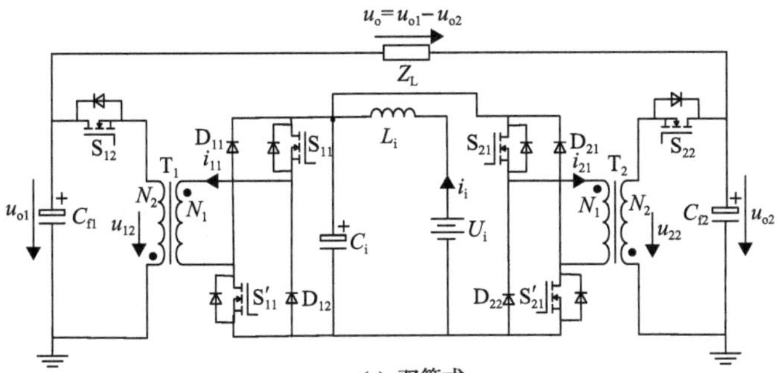

(c) 双管式

图 7-19　差动 Buck-Boost 直流变换器型高频环节逆变器电路结构与拓扑族

离双向 Buck-Boost 直流变换器以输入电源侧并联、输出负载侧反向串接的规律构建而成，该电路拓扑族包括单管式、双管式电路拓扑。

当电源向负载传递能量时，高频逆变电路将输入电源电压 U_i 逆变成单极性两态的高频脉冲电流储存在储能式变压器 T_1 和 T_2 中，经 T_1 和 T_2 电气隔离、传输和电流匹配后，高频整流电路将储存在 T_1 和 T_2 中的能量以单极性两态的高频脉冲电流的形式释放出去，经输出滤波电容后得到低频正弦脉动直流电压 u_{o1} 和 u_{o2}，输入高频脉冲电流 i_{11}、i_{21} 方向的相反性以及经输入滤波电路后可获得平滑的输入直流电流 i_i；当负载向电源回馈能量时，高频整流电路工作在逆变状态，而高频逆变电路工作在整流状态。

差动 Buck-Boost 直流变换器型高频环节逆变器具有双向功率流、互补同时控制方式下准两级功率变换(DC-LFAC-DC)即准四单元功率变换(DC-HFAC-LFAC-HFAC-DC)、负载过载和短路时可靠性高、两个双向变换器总有一个工作在能量回馈状态使得变换效率不理想等特点。

7.5.2　控制策略

用 7.4.4 节论述的同样方法可以论证差动 Buck-Boost 直流变换器型高频环节逆变器适合选用输出电压瞬时值反馈互补同时 SPWM 控制策略，即采用一套控制电路形成两套隔离 Buck-Boost 双向直流变换器的互补 SPWM 控制信号，如图 7-20 所示。

输出电压反馈信号 u_{of} 与基准正弦电压 u_r 比较，经 PI 调节器后得到误差电压放大信号 u_e，u_e 与三角形载波 u_c 交截即可得到 SPWM 信号，该 SPWM 信号及其反向信号经驱动电路后分别用来驱动两个双向 Buck-Boost 直流变换器的功率开关 $S_{11}(S'_{11})$、S_{12}、$S_{21}(S'_{21})$、S_{22}，则两个双向直流变换器输出相位相差 180°、叠加有相同直流分量的低频正弦脉动直流电压 u_{o1} 和 u_{o2}，负载 Z_L 上可获得优质的低频正弦交流电压 u_o。当输入电压或负载变化时，调节 SPWM 信号的等效占空比可实现输出电压的稳定与调节。

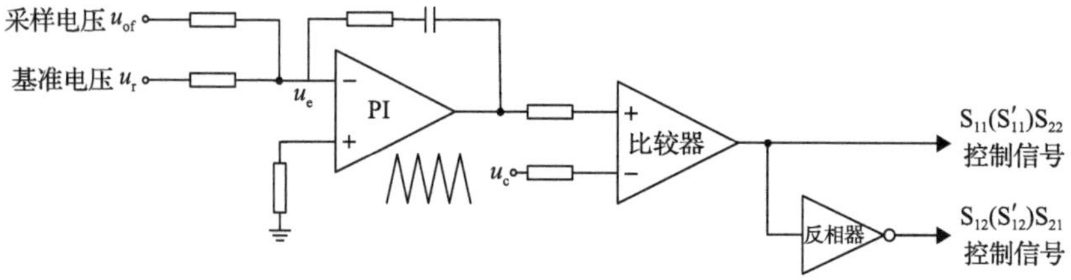

(a) 控制电路

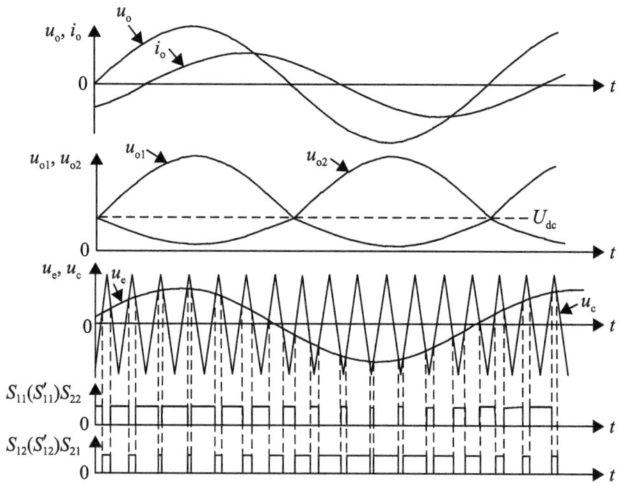

(b) 控制波形

图 7-20　输出电压瞬时值反馈互补同时 SPWM 控制策略

7.5.3　稳态原理特性

1. 低频输出稳态分析

按照输出电压 u_o、i_o 和电感电流 i_{12}、i_{22} 的极性划分，差动 Buck-Boost 直流变换器型高频环节逆变器在一个低频输出周期内可分为四种工作模式，即 A、B、C、D，如表 7-5 所示。

表 7-5　逆变器在一个低频输出周期内的四种工作模式

工作模式	变换器Ⅰ	变换器Ⅱ	能量传递方向
A	正向工作	反向工作	电源输出能量
B	正向工作	反向工作	负载回馈能量
C	反向工作	正向工作	负载回馈能量
D	反向工作	正向工作	电源输出能量

差动 Buck-Boost 直流变换器型高频环节逆变器的低频输出呈稳态波形，如图 7-21 所示。

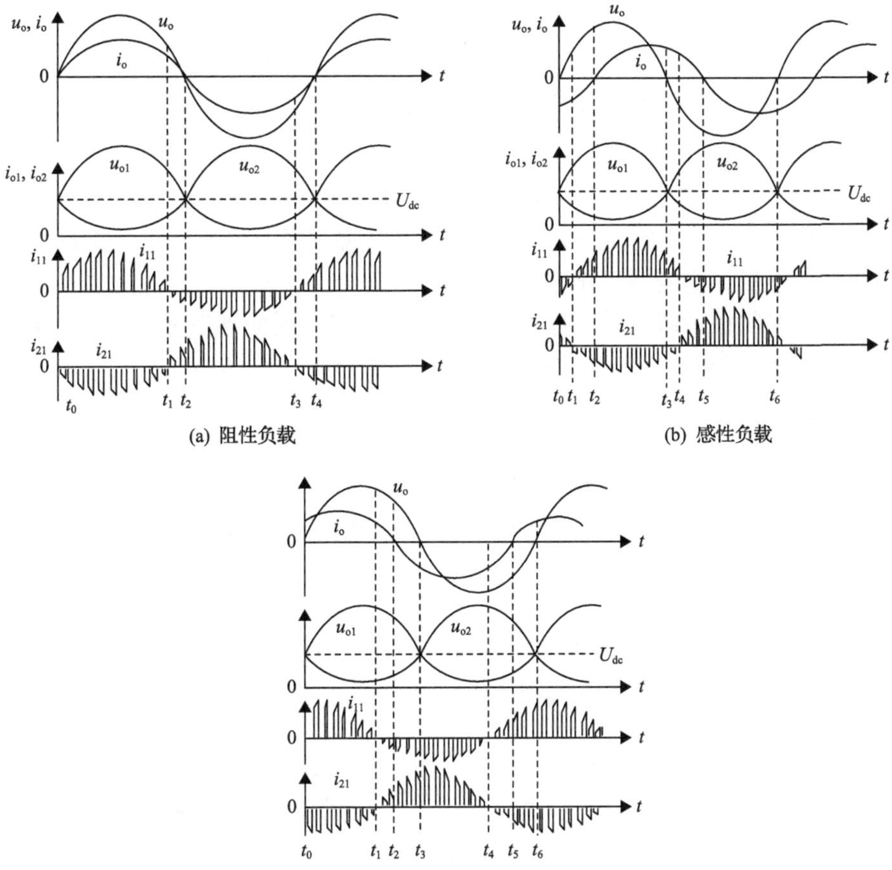

(a) 阻性负载　(b) 感性负载　(c) 容性负载

图 7-21　差动 Buck-Boost 直流变换器型高频环节逆变器的低频输出稳态波形

下面以阻性负载为例，分析这类逆变器在一个低频输出周期内的四种工作模式。

1) $t_0 \sim t_1$

此时 $u_o>0$、$i_o>0$、$i_{11}>0$、$i_{21}<0$，变换器 I 正向传递能量，变换器 II 能量向电源侧回馈，正向传递的能量大于反向传递的能量，其差值为直流电源 U_i 提供给交流负载的能量，逆变器工作在模式 A。

2) $t_1 \sim t_2$

此时 $u_o>0$、$i_o>0$、$i_{11}<0$、$i_{21}>0$，变换器 II 正向传递能量，变换器 I 能量向电源侧回馈，正向传递的能量大于反向传递的能量，其差值为直流电源 U_i 提供给交流负载的能量，逆变器工作在模式 D。

3) $t_2 \sim t_3$

此时 $u_o<0$、$i_o<0$、$i_{11}<0$、$i_{21}>0$，变换器Ⅱ正向传递能量，变换器Ⅰ能量向电源侧回馈，正向传递的能量大于反向传递的能量，其差值为直流电源 U_i 提供给交流负载的能量，逆变器工作在模式 D。

4) $t_3 \sim t_4$

此时 $u_o<0$、$i_o<0$、$i_{11}>0$、$i_{21}<0$，变换器Ⅰ正向传递能量，变换器Ⅱ能量向电源侧回馈，正向传递的能量大于反向传递的能量，其差值为直流电源 U_i 提供给交流负载的能量，逆变器工作在模式 A。

逆变器在阻性负载时的工作模式次序为 A→D，逆变器在感性、容性负载下的工作模式次序为 C→B→A→B→C→D、A→D→C→D→A→B。

2. 输出外特性

差动 Buck-Boost 直流变换器型高频环节逆变器在电感电流 CCM 时的开关状态等效电路，如图 7-22 所示。其中 r_1、r_2 分别为两个变换器的原、副边回路等效内阻。

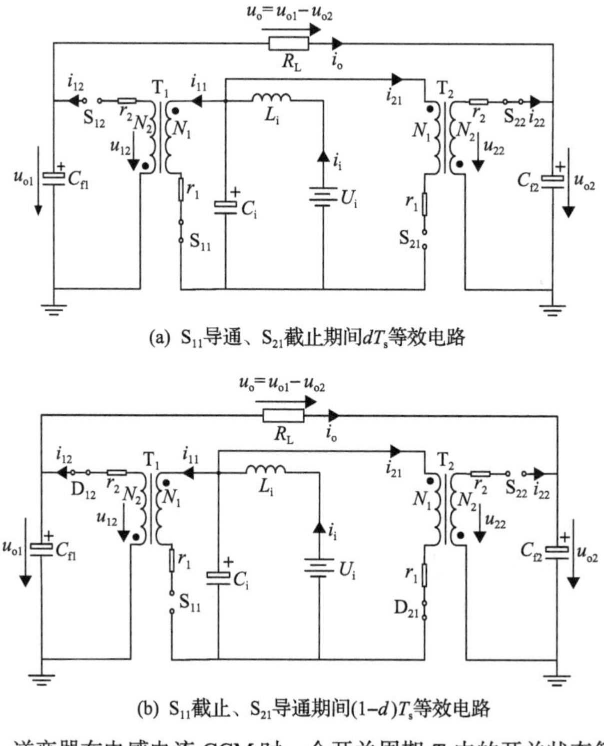

(a) S_{11}导通、S_{21}截止期间dT_s等效电路

(b) S_{11}截止、S_{21}导通期间$(1-d)T_s$等效电路

图 7-22　逆变器在电感电流 CCM 时一个开关周期 T_s 内的开关状态等效电路

将图 7-22(a)等效电路的状态方程乘以 d 加上图 7-22(b)等效电路的状态方程乘以 $1-d$，令 $\mathrm{d}i_{11}/\mathrm{d}t=0$，$\mathrm{d}i_{12}/\mathrm{d}t=0$，$\mathrm{d}i_{21}/\mathrm{d}t=0$，$\mathrm{d}i_{22}/\mathrm{d}t=0$，$\mathrm{d}u_{o1}/\mathrm{d}t=0$，$\mathrm{d}u_{o2}/\mathrm{d}t=0$，$N_1I_{11}=N_2I_{12}$，$N_1I_{21}=N_2I_{22}$，$r_1=r_2/(N_2/N_1)^2$，$r_{21}=r_{22}/(N_2/N_1)^2$，$R_L=U_o/I_o$，可得状态变量在任何一个开关周期内的稳态值为

$$U_o=\frac{(2d-1)U_iN_2/N_1}{d(1-d)-r_2/R_L-r_1N_2/(N_1R_L)\cdot\{3+1/[d(1-d)]\}} \tag{7-46}$$

由式(7-46)可知，理想情形($r_1=r_2=0$)时逆变器的外特性为

$$U_o=U_i(2d-1)N_2/[d(1-d)N_1] \tag{7-47}$$

储能电感电流初值为零时的负载电流为

$$\begin{aligned}I_G=I_o&=I_{L12p}(1-d)T_s/(2T_s)-I_{L22p}dT_s/(2T_s)\\&=N_1/(2N_2)\left[U_{o1}U_o(1-d)/(\eta U_iR_Ld)+U_id(1-d)T_s/(2L_1)\right]\\&\quad-N_1/(2N_2)\left[U_{o2}U_od/[\eta U_iR_L(1-d)]+U_id(1-d)T_s/(2L_1)\right]\\&=0\end{aligned} \tag{7-48}$$

式(7-48)即理想情形且储能电感电流初值为零时的外特性，$I_{L12p}=I_{L11p}N_1/N_2$，$I_{L22p}=I_{L21p}N_1/N_2$，$I_{L11p}=I_{L11avg}/d+U_iT_sd/(2L_1)$，$I_{L21p}=I_{L21avg}/(1-d)+U_iT_s(1-d)/(2L_1)$，$I_{L11avg}=U_{o1}U_o/(\eta U_iR_L)$，$I_{L21avg}=U_{o2}U_o/(\eta U_iR_L)$，$U_{o1}=dU_iN_2/[N_1(1-d)]$，$U_{o2}=(1-d)U_iN_2/(N_1d)$。

差动 Buck-Boost 直流变换器型高频环节逆变器的四象限外特性 $U_o/(U_iN_2/N_1)=f(I_o)$，如图 7-23 所示。当输出电压大于零时，逆变器的外特性曲线对应于图 7-23 的

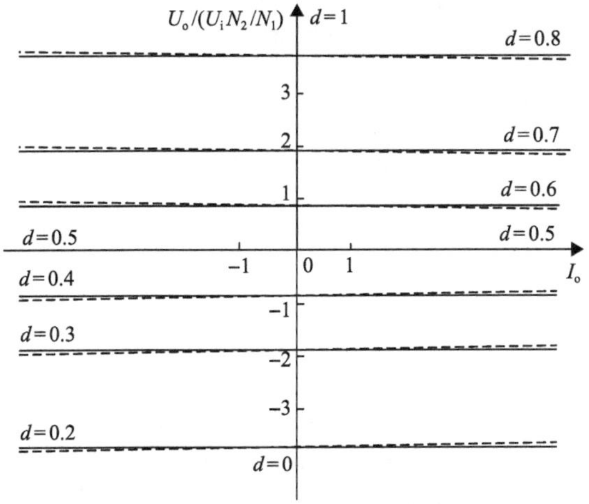

图 7-23　差动 Buck-Boost 直流变换器型高频环节逆变器的四象限外特性

上半平面；当输出电压小于零时，逆变器的外特性曲线对应于图 7-23 的下半平面。纵轴为理想情形($r=r_1=r_2=0$)在一个开关周期内储能电感电流 i_{L1} 初值等于零时的外特性曲线，由式(7-48)决定；纵轴左右两边分别为储能电感电流 i_{L1} 初值小于零和大于零时的外特性曲线，实线为理想情形时的曲线，虚线为实际情形时的曲线，可见随负载的增加，输出电压逐渐下降。

7.5.4 逆变装置实验

设计实例：单管式电路拓扑，电压瞬时值反馈互补同时 SPWM 控制策略，输入电压 U_i=18～32VDC，输出电压 U_o=115V400HzAC，额定容量 S=500VA，开关频率 F_s=50kHz，负载功率因数 $\cos\varphi_L$=−0.75→1.0→0.75，储能式变压器的匝比 $N_1:N_2$=4∶14，逆变器最大的等效占空比 D_{max}=0.75。

500VA 27VDC/115V400HzAC 差动 Buck-Boost 直流变换器型高频环节逆变装置是由功率电路、控制电路和机内辅助电源三部分构成，如图 7-24 所示。

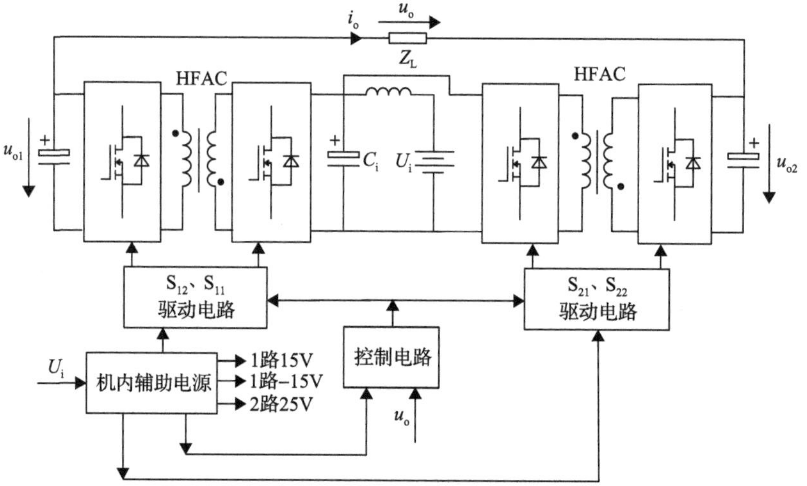

图 7-24　500VA 差动 Buck-Boost 直流变换器型高频环节逆变装置的构成

500VA 27VDC/115V400HzAC 差动 Buck-Boost 直流变换器型高频环节逆变装置在额定输入电压下的实验波形，如图 7-25 所示。

500VA 逆变装置的实验结果与理论分析一致，具体表现在：①储能式变压器 T_1、T_2 原边和副边绕组端电压为双极性两态 SPWM 波，其幅值为 400Hz 的正弦波包络线，如图 7-25(a)、(b)、(c)、(d)所示；②储能式变压器 T_1、T_2 的原边和副边绕组电流在一个开关周期内有正有负，功率双向流动，逆变器只存在 CCM，而没有 DCM，如图 7-25(e)所示；③功率开关 S_{11}、S_{12}、S_{21}、S_{22} 漏源电压幅值的大小是频率 400Hz 的正弦波包络线；④隔离 Buck-Boost 双向直流变换器 Ⅰ 和 Ⅱ

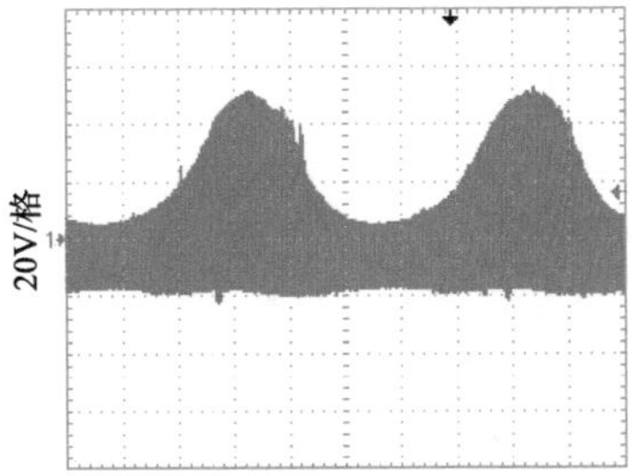

(a) 储能式变压器T_1原边电压

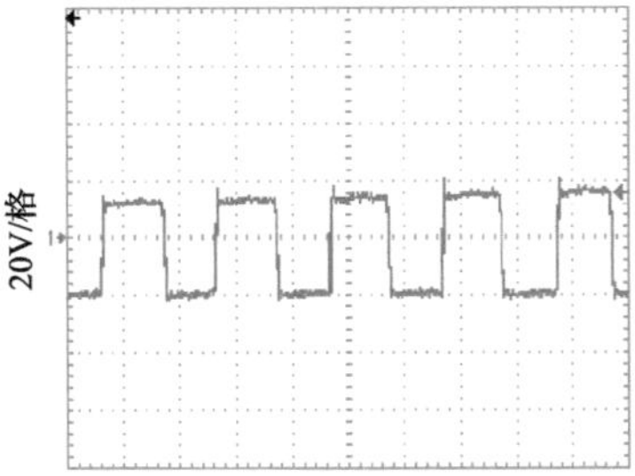

(b) 储能式变压器T_1原边电压展开

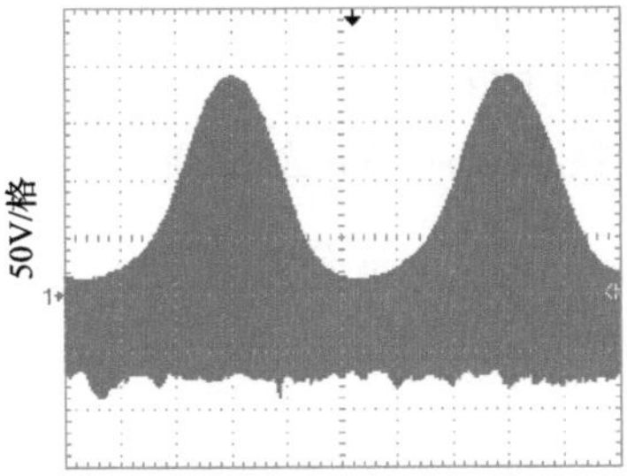

(c) 储能式变压器T_2副边电压

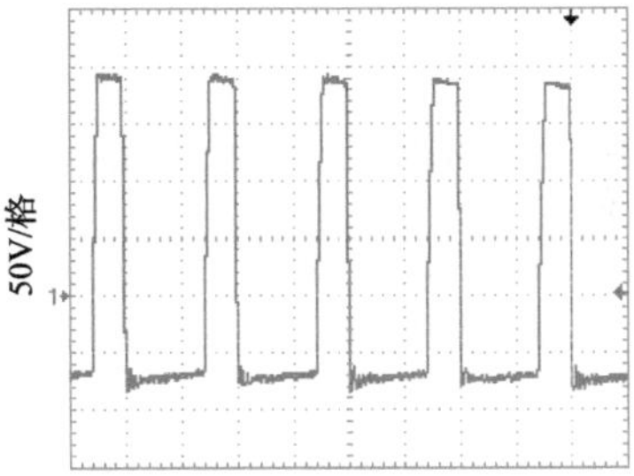

(d) 储能式变压器T_2副边电压展开

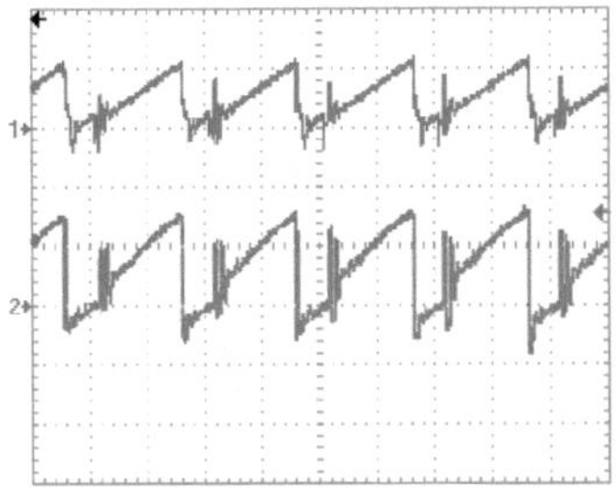

Ch1: T_1原边电感电流(20A/格)
Ch2: T_2原边电感电流(20A/格)

(e) 储能式变压器T_1、T_2原边电流展开

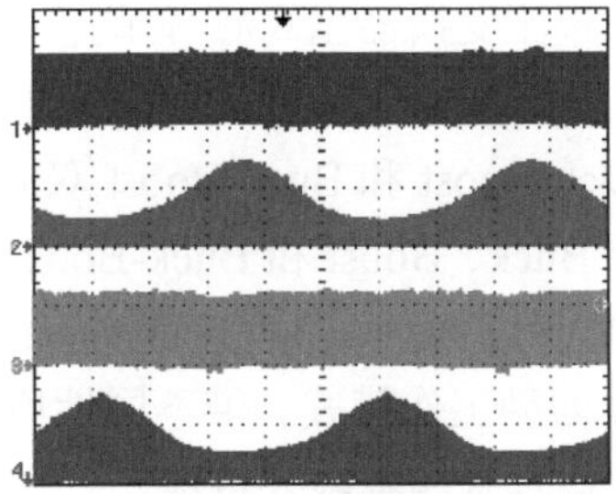

Ch1-S_{11}、Ch3-S_{21}驱动电压(10V/格)
Ch2-S_{11}、Ch4-S_{21}漏源电压(50V/格)

(f) S_{11}、S_{21}驱动电压与漏源电压

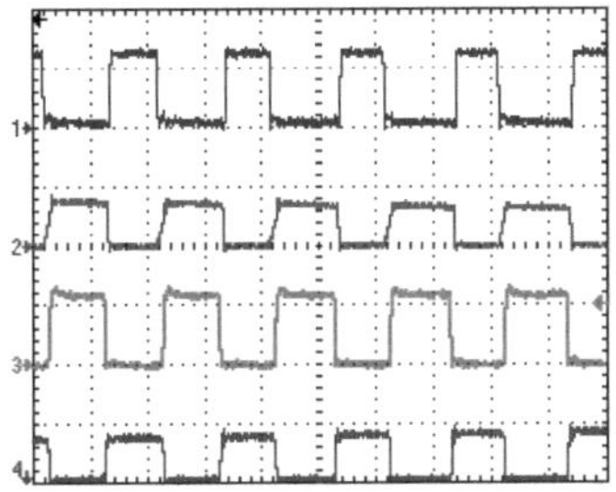

Ch1-S_{11}、Ch3-S_{21}驱动电压(10V/格)
Ch2-S_{11}、Ch4-S_{21}漏源电压(50V/格)

(g) S_{11}、S_{21}驱动电压与漏源电压展开

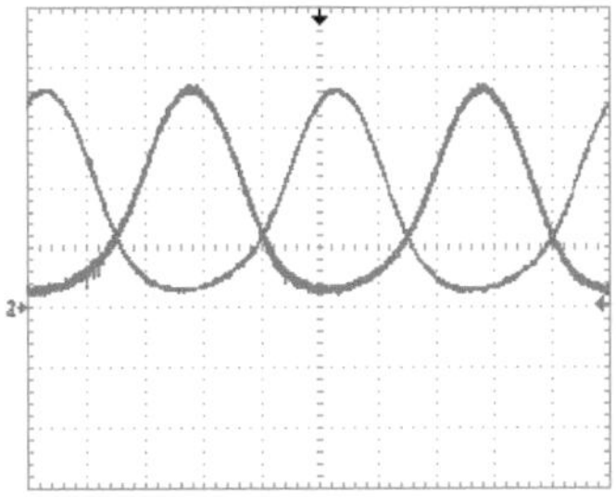

Ch1: 输出滤波电压u_{o1}(50V/格)
Ch2: 输出滤波电压u_{o2}(50V/格)

(h) 变换器Ⅰ和Ⅱ的输出电压u_{o1}、u_{o2}

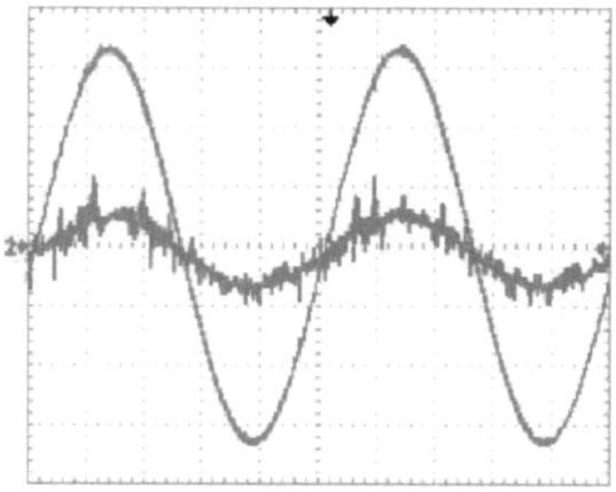

500μs/格

Ch1: 逆变器输出电压 u_o(50V/格)

Ch2: 逆变器负载电流 i_o(10A/格)

(i) 输出电压 u_o 和负载电流 i_o

图 7-25　500VA 差动 Buck-Boost 直流变换器型高频环节逆变装置实验波形

的输出电压 u_{o1}、u_{o2} 为具有相同直流偏置和非正弦交流分量的波形，二者相位相差 180°，而逆变器输出电压 u_o 为优质的 400Hz 正弦波。

本 章 小 结

差动直流变换器型高频环节逆变器由两个相同的输出反相的低频正弦脉动直流电压的隔离双向直流变换器输入电源侧并联、输出负载侧反向串接构成，包括差动 Buck、Boost 和 Buck-Boost 双向直流变换器型三类拓扑结构。

差动 Buck、Boost 和 Buck-Boost 直流变换器型三类高频环节逆变器分别适合采用独立同时、互补同时和互补同时控制策略，在一个低频输出周期内可分为 A、B、C、D 四种工作模式，带不同性质负载时一个低频输出周期的工作模式次序不同，并且均具有四象限外特性。

差动 Buck、Boost 和 Buck-Boost 直流变换器型高频环节逆变器具有双向功率流、准两级功率变换（DC-LFAC-DC）即准四单元功率变换（DC-HFAC-LFAC-HFAC-DC）、输入电流纹波小、任意时刻总有一个变换器工作在能量回馈状态而使得变换效率不理想等特点。

第 8 章　差动 Buck 直流斩波器型高频环节逆变器

8.1　引　言

差动直流变换器型高频环节逆变器具有双向功率流、准两级功率变换(DC-LFAC-DC)即准四单元功率变换(DC-HFAC-LFAC-HFAC-DC)等特点。这类高频环节逆变器采用同时控制策略时，两个隔离双向直流变换器同时工作总有一个工作在能量回馈状态，对变换效率产生较大的影响；采用分时控制策略时，两个隔离双向直流变换器分时工作半个低频输出周期，变换效率得到了改善，但前提条件是要确保 $u_o = u_{o1} - u_{o2} \approx u_{o1}$ (输出正半周)或 $\approx -u_{o2}$ (输出负半周)，这对于固定参数滤波器和适时变化的负载很难成立，输出电压控制也很不精确。

为了克服差动直流变换器型高频环节逆变器的两个隔离双向直流变换器同时工作总有一个工作在能量回馈状态，提高变换效率，有必要将其两个输出直流滤波器移植成一个公共的输出交流滤波器，从而派生出一类差动直流斩波器型高频环节逆变器，其两个隔离双向直流斩波器分时工作半个低频输出周期。

本章提出差动 Buck 直流斩波器型高频环节逆变器的变换理论与方法,包括逆变器的电路结构构建规律、电路拓扑衍生推导、分时半波 SPWM 控制策略、稳态原理特性和关键电路参数设计准则等研究内容，获得重要研究结论和 1kVA 逆变装置的实验结果[39,42,43]。

8.2　差动 Buck 直流斩波器型高频环节逆变器电路结构与拓扑族

8.2.1　电路结构

差动 Buck 直流斩波器型高频环节逆变器电路结构，如图 8-1 所示。该电路结构由分别输出低频正、负半周的单极性两态 SPWM 电压波且共用一个输入、输出滤波器的两个相同的隔离双向 Buck 直流斩波器以输入直流侧并联、输出交流侧反向串接的规律构建而成，两个隔离 Buck 双向直流斩波器分时工作半个输出低频周期，解决了半个低频输出周期能量回馈问题，提高了变换效率。

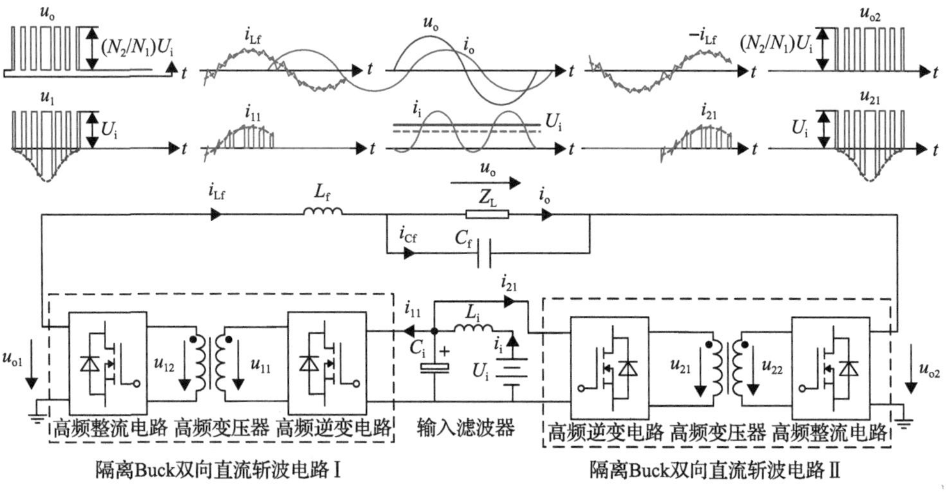

图 8-1　差动 Buck 直流斩波器型高频环节逆变器电路结构

当电源向负载传递能量时，两个隔离 Buck 双向直流斩波器正向传递功率，高频逆变电路将输入直流电压 U_i 逆变成双极性三态高频交流脉冲电压 u_{11}、u_{21}，经高频变压器 T_1、T_2 电气隔离、传输和电压匹配后，高频整流电路将双极性三态的高频交流脉冲电压 u_{12}、u_{22} 整流成单极性两态 SPWM 电压 u_{o1}、u_{o2}，u_{o1}、u_{o2} 经输出 LC 滤波器后得到优质的低频正弦交流电压 u_o。当负载向电源回馈能量时，两个隔离 Buck 双向直流斩波器反向传递功率，高频整流电路工作在逆变状态，而高频逆变电路工作在整流状态。

8.2.2　电路拓扑族

差动 Buck 直流斩波器型高频环节逆变器电路拓扑族，如图 8-2 所示。该电路拓扑族包括单管正激式、推挽式、推挽正激式、双管正激式、半桥式和全桥式六个

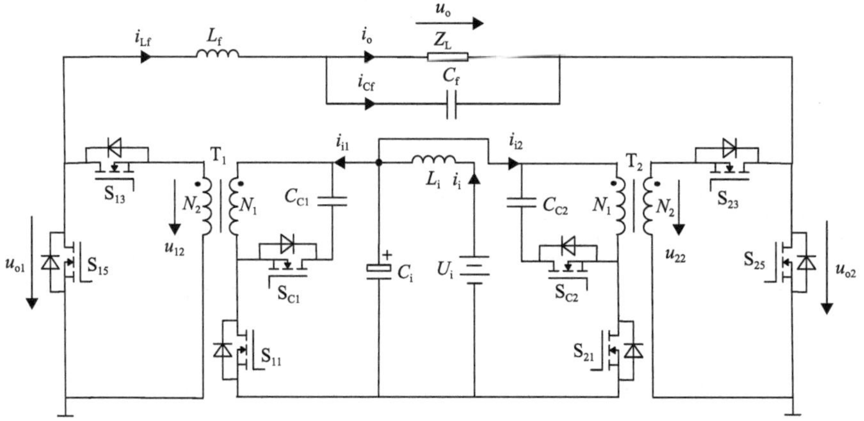

(a) 单管正激式

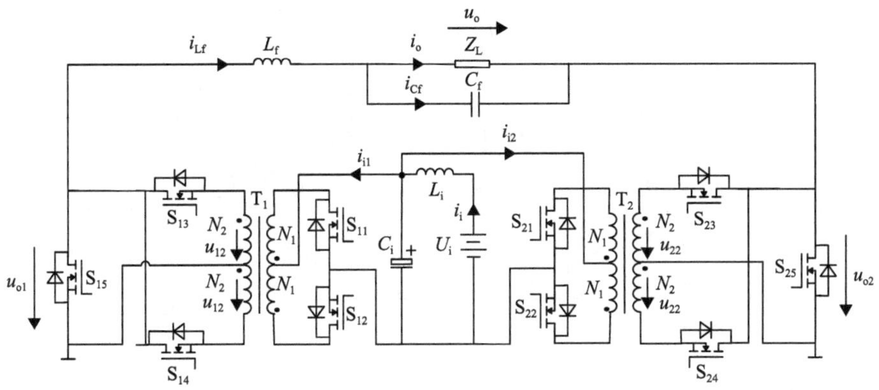

(b) 推挽式

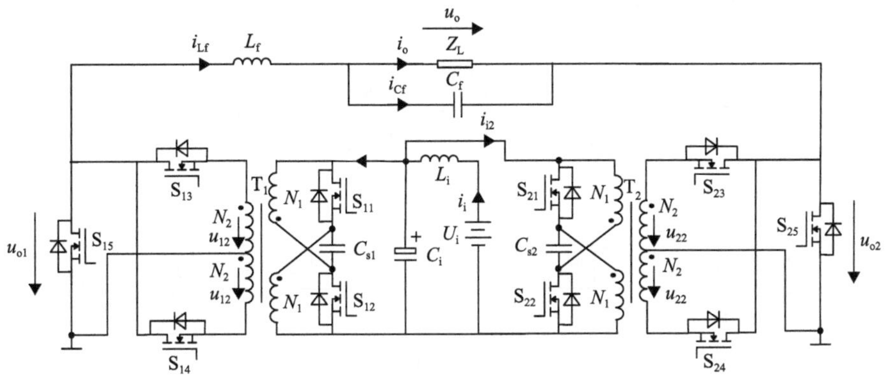

(c) 推挽正激式

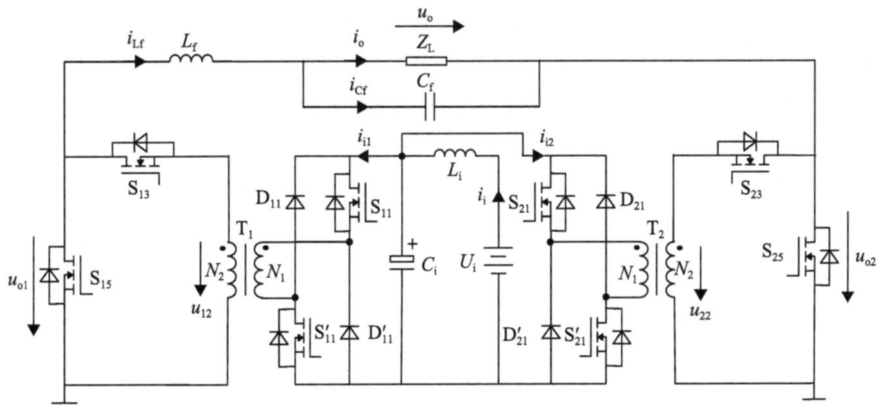

(d) 双管正激式

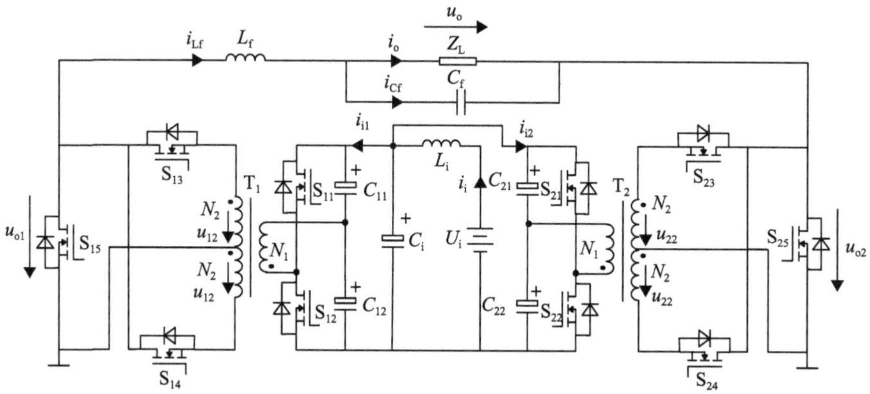

(e) 半桥式

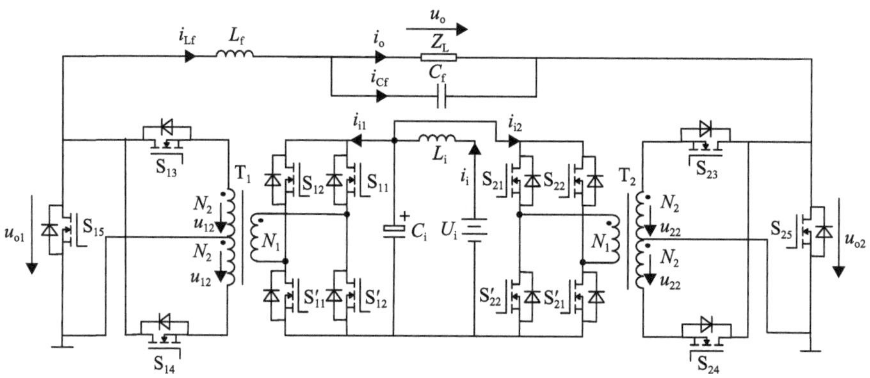

(f) 全桥式

图 8-2　差动 Buck 直流斩波器型高频环节逆变器电路拓扑族

电路拓扑，该电路拓扑族的副边整流电路也可采用四个有源开关构成的全桥式电路。

差动 Buck 直流斩波器型高频环节逆变器具有双向功率流、单级功率变换(DC-LFAC)即两单元功率变换(DC-HFAC-LFAC)、变换效率高、因无输出滤波电解电容可靠性高等特点，适合于中大容量逆变场合。这类逆变器由于在任意时刻只有一个隔离 Buck 双向直流斩波器在工作，因而可获得很高的变换效率。

8.3　差动 Buck 直流斩波器型高频环节逆变器控制策略

8.3.1　控制策略的选择

差动 Buck 直流斩波器型高频环节逆变器可采用电压型和电流型控制策略，后者比前者有更优良的性能，但控制电路也更复杂。

为使差动 Buck 直流斩波器型高频环节逆变器获得更优良的性能，这类高频环节逆变器选用电流型控制策略来开展研究，包括输出滤波电感电流瞬时值反馈和输出滤波电容电流瞬时值反馈两种控制策略。

8.3.2　两种电流瞬时值反馈控制策略

差动 Buck 直流斩波器型高频环节逆变器采用输出电压和输出滤波电感电流瞬时值反馈、输出电压和输出滤波电容电流瞬时值反馈分时半波 SPWM 控制策略，如图 8-3 所示。输出正弦电压 u_o 与基准正弦电压 u_r 经电压调节器输出电流内

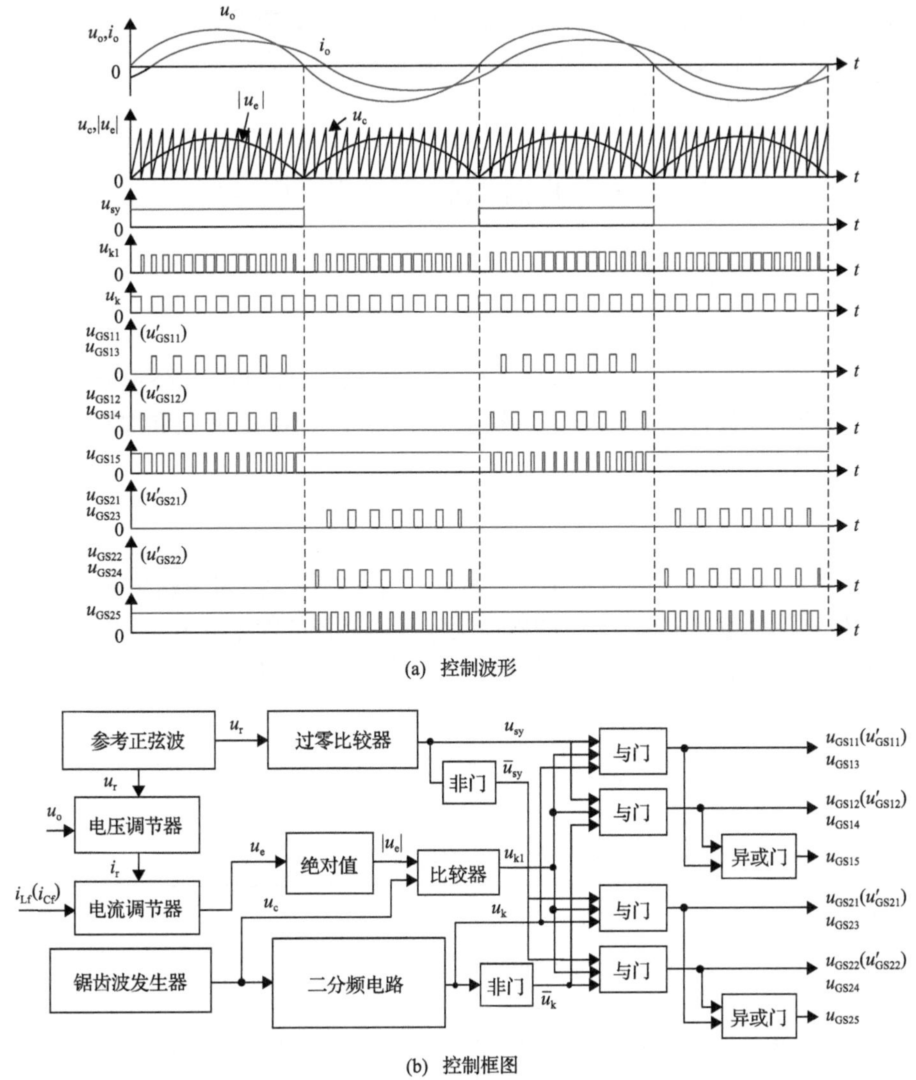

(a) 控制波形

(b) 控制框图

图 8-3　输出电压和滤波电感(电容)电流瞬时值反馈分时半波 SPWM 控制策略

环基准 i_r，i_r 和输出滤波电感电流 i_{Lf}(输出滤波电容电流 i_{Cf})经电流调节器输出电流误差放大信号 u_e；u_r 经过零比较器得到输出电压正、负半周极性选通信号 u_{sy}、$\overline{u}_{sy}$，单极性三角载波 u_c 二分频后输出高频选通信号 u_k 及其反向信号 $\overline{u}_k$，u_e 经绝对值电路和 u_c 交截得到高频 SPWM 信号 u_{k1}；u_{sy}、$\overline{u}_{sy}$、u_k、$\overline{u}_k$ 和 u_{k1} 经合适的组合逻辑电路输出功率开关的控制信号 $u_{GS11}(u'_{GS11})$、u_{GS13}、$u_{GS12}(u'_{GS12})$、u_{GS14}、u_{GS15}、$u_{GS21}(u'_{GS21})$、u_{GS23}、$u_{GS22}(u'_{GS22})$、u_{GS24}、u_{GS25}。

两个隔离 Buck 双向直流斩波器分别输出低频正、负半周的单极性两态 SPWM 电压波 u_{o1} 和 u_{o2}，经输出 LC 滤波器在负载上获得优质的正弦交流电压 u_o。当电源电压或负载变化时，通过电压和电流误差调节器来调节误差放大信号的绝对值 $|u_e|$ 的幅值来改变逆变器的调制度 m (m=$|u_e|$幅值/载波 u_c 幅值)或等效占空比，即可实现逆变器输出电压的稳定与调节。

8.4 差动 Buck 直流斩波器型高频环节逆变器稳态原理特性

8.4.1 低频输出稳态分析

以图 8-2(a)单管正激式电路拓扑为例，分析差动 Buck 直流斩波器型高频环节逆变器的稳态原理特性。图 8-2(a)中，S_{C1} 与 C_{C1}、S_{C2} 与 C_{C2} 分别为两组隔离 Buck 双向直流斩波器的有源箝位支路，用以实现变压器的磁复位和抑制功率开关 S_{11}、S_{21} 的关断电压尖峰。

1. 工作模式划分

逆变器输出电压 u_o 的极性决定了投入工作的斩波器，对于输出滤波电容与输出负载的并联等效阻抗，$i_{Lf}u_o$ 的极性决定了逆变器的功率流方向。以输出电压 u_o 和电感电流 i_{Lf} 的极性划分，逆变器在一个低频输出周期内具有四种工作模式；以 u_o、i_{Lf}、负载电流 i_o 和电容电流 i_{Cf} 的极性划分，逆变器在一个低频输出周期内具有 12 种工作模式，即 A、B、C、D、E、F、G、H、I、J、K、L，如表 8-1 所示。

表 8-1 逆变器一个低频输出周期内的 12 种工作模式

工作模式	斩波器 I	斩波器 II	u_o	i_{Lf}	滤波电容	交流负载	能量传递方向
A	Boost	不工作	>0	<0	正向充电	释放能量	负载向电容与电源回馈能量
B	Buck	不工作	>0	>0	正向充电	释放能量	负载与电源向电容传递能量

续表

工作模式	斩波器 I	斩波器 II	u_o	i_{Lf}	滤波电容	交流负载	能量传递方向
C	Buck	不工作	>0	>0	正向充电	吸收能量	电源向负载与电容传递能量
D	Buck	不工作	>0	>0	正向放电	吸收能量	电源与电容向负载传递能量
E	Boost	不工作	>0	<0	正向放电	吸收能量	电容向负载与电源传递能量
F	Boost	不工作	>0	<0	正向放电	释放能量	负载与电容向电源回馈能量
G	不工作	Boost	<0	>0	反向充电	释放能量	负载向电容与电源回馈能量
H	不工作	Buck	<0	<0	反向充电	释放能量	负载与电源向电容传递能量
I	不工作	Buck	<0	<0	反向充电	吸收能量	电源向负载与电容传递能量
J	不工作	Buck	<0	<0	反向放电	吸收能量	电源与电容向负载传递能量
K	不工作	Boost	<0	>0	反向放电	吸收能量	电容向负载与电源传递能量
L	不工作	Boost	<0	>0	反向放电	释放能量	负载与电容向电源回馈能量

2. 低频输出工作模式分析

逆变器在不同性质负载下的低频输出稳态原理波形，如图 8-4 所示。

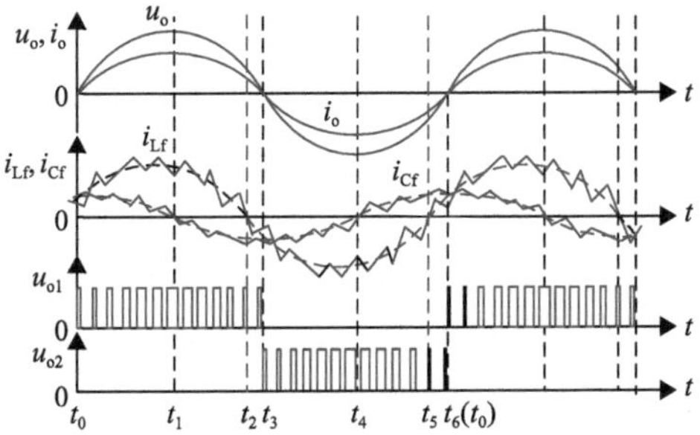

(a) 阻性负载

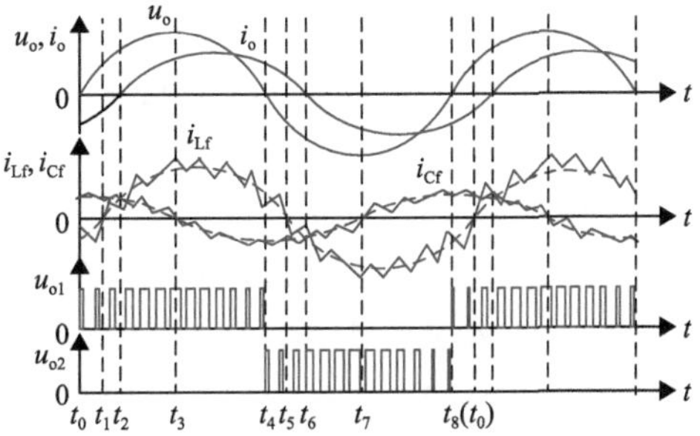

(b) 感性负载

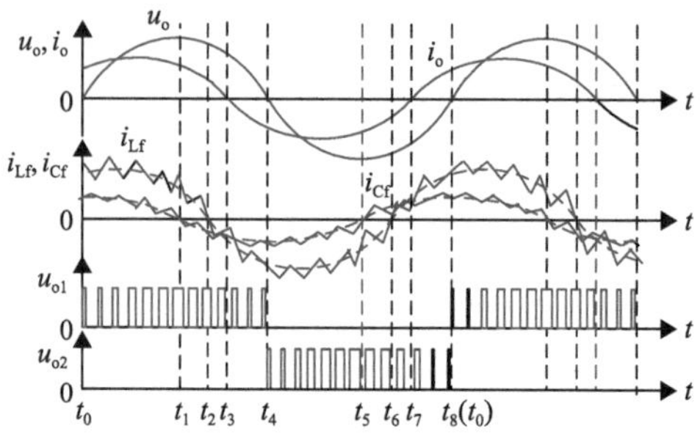

(c) 容性负载

图 8-4 逆变器在不同性质负载下的低频输出稳态原理波形

阻性负载时工作模式：

$t_0 \sim t_1$ 区间，此时 $u_o>0$、$i_o>0$、$i_{Lf}>0$、$i_{Cf}>0$，斩波器Ⅰ正向工作于 Buck 状态，斩波器Ⅱ不工作，U_i 的能量传输到 Z_L 和 C_f，C_f 正向充电，逆变器工作在模式 C。

$t_1 \sim t_2$ 区间，此时 $u_o>0$、$i_o>0$、$i_{Lf}>0$、$i_{Cf}<0$，斩波器Ⅰ正向工作于 Buck 状态，斩波器Ⅱ不工作，U_i 和 C_f 的能量传输到 Z_L，C_f 正向放电，逆变器工作在模式 D。

$t_2 \sim t_3$ 区间，此时 $u_o>0$、$i_o>0$、$i_{Lf}<0$、$i_{Cf}<0$，斩波器Ⅰ反向工作于 Boost 状态，斩波器Ⅱ不工作，C_f 的能量传输到 Z_L 和 U_i，C_f 正向放电，逆变器工作在模式 E。

$t_3 \sim t_4$ 区间，此时 $u_o<0$、$i_o<0$、$i_{Lf}<0$、$i_{Cf}<0$，斩波器Ⅰ不工作，斩波器Ⅱ正向工作于 Buck 状态，U_i 的能量传输到 Z_L 和 C_f，C_f 反向充电，逆变器工作在模式 I。

$t_4 \sim t_5$ 区间，此时 $u_o<0$、$i_o<0$、$i_{Lf}<0$、$i_{Cf}>0$，斩波器Ⅰ不工作，斩波器Ⅱ正向工作于 Buck 状态，U_i 和 C_f 的能量传输到 Z_L，C_f 反向放电，逆变器工作在模式 J。

$t_5 \sim t_6$ 区间，此时 $u_o<0$、$i_o<0$、$i_{Lf}>0$、$i_{Cf}>0$，斩波器Ⅰ不工作，斩波器Ⅱ反向工作于 Boost 状态，C_f 的能量传输到 Z_L 和 U_i，C_f 反向放电，逆变器工作在模式 K。

感性负载时工作模式：

$t_0 \sim t_1$ 区间，此时 $u_o>0$、$i_o<0$、$i_{Lf}<0$、$i_{Cf}>0$，斩波器Ⅰ反向工作在 Boost 模式，斩波器Ⅱ不工作，S_{25} 导通，Z_L 的能量回馈到 C_f 和 U_i，C_f 正向充电，逆变器工作在模式 A。

$t_1 \sim t_2$ 区间，此时 $u_o>0$、$i_o<0$、$i_{Lf}>0$、$i_{Cf}>0$，斩波器Ⅰ正向工作在 Buck 模式，斩波器Ⅱ不工作，S_{25} 导通，Z_L 和 U_i 的能量传输到 C_f，C_f 正向充电，逆变器工作在模式 B。

$t_2 \sim t_3$ 区间，此时 $u_o>0$、$i_o>0$、$i_{Lf}>0$、$i_{Cf}>0$，斩波器Ⅰ正向工作在 Buck 模式，斩波器Ⅱ不工作，S_{25}导通，U_i的能量传输到 C_f和 Z_L，C_f正向充电，逆变器工作在模式 C。

$t_3 \sim t_4$ 区间，此时 $u_o>0$、$i_o>0$、$i_{Lf}>0$、$i_{Cf}<0$，斩波器Ⅰ正向工作在 Buck 模式，斩波器Ⅱ不工作，S_{25}导通，U_i和 C_f的能量传输到 Z_L，C_f正向充电，逆变器工作在模式 D。

$t_4 \sim t_5$ 区间，此时 $u_o<0$、$i_o>0$、$i_{Lf}>0$、$i_{Cf}<0$，斩波器Ⅰ不工作，S_{15}导通，斩波器Ⅱ反向工作在 Boost 模式，Z_L的能量回馈到 C_f和 U_i，C_f反向充电，逆变器工作在模式 G。

$t_5 \sim t_6$ 区间，此时 $u_o<0$、$i_o>0$、$i_{Lf}<0$、$i_{Cf}<0$，斩波器Ⅰ不工作，S_{15}导通，斩波器Ⅱ正向工作在 Buck 模式，Z_L和 U_i的能量传输到 C_f，C_f反向充电，逆变器工作在模式 H。

$t_6 \sim t_7$ 区间，此时 $u_o<0$、$i_o<0$、$i_{Lf}<0$、$i_{Cf}<0$，斩波器Ⅰ不工作，S_{15}导通，斩波器Ⅱ正向工作在 Buck 模式，U_i的能量传输到 C_f和 Z_L，C_f反向充电，逆变器工作在模式 I。

$t_7 \sim t_8$ 区间，此时 $u_o<0$、$i_o<0$、$i_{Lf}<0$、$i_{Cf}>0$，斩波器Ⅰ不工作，S_{15}导通，斩波器Ⅱ正向工作在 Buck 模式，U_i和 C_f的能量传输到 Z_L，C_f反向放电，逆变器工作在模式 J。

容性负载时工作模式：

$t_1 \sim t_2$ 区间，此时 $u_o>0$、$i_o>0$、$i_{Lf}>0$、$i_{Cf}<0$，斩波器Ⅰ正向工作于 Buck 状态，斩波器Ⅱ不工作，U_i和 C_f的能量传输到 Z_L，C_f正向放电，逆变器工作在模式 D。

$t_2 \sim t_3$ 区间，此时 $u_o>0$、$i_o>0$、$i_{Lf}<0$、$i_{Cf}<0$，斩波器Ⅰ反向工作于 Boost 状态，斩波器Ⅱ不工作，C_f的能量传输到 Z_L和 U_i，C_f正向放电，逆变器工作在模式 E。

$t_3 \sim t_4$ 区间，此时 $u_o>0$、$i_o<0$、$i_{Lf}<0$、$i_{Cf}<0$，斩波器Ⅰ反向工作于 Boost 状态，斩波器Ⅱ不工作，Z_L和 C_f的能量传输到 U_i，C_f正向放电，逆变器工作在模式 F。

$t_4 \sim t_5$ 区间，此时 $u_o<0$、$i_o<0$、$i_{Lf}<0$、$i_{Cf}<0$，斩波器Ⅰ不工作，斩波器Ⅱ正向工作于 Buck 状态，U_i的能量传输到 Z_L和 C_f，C_f反向充电，逆变器工作在模式 I。

$t_5 \sim t_6$ 区间，此时 $u_o<0$、$i_o<0$、$i_{Lf}<0$、$i_{Cf}>0$，斩波器Ⅰ不工作，斩波器Ⅱ正向工作于 Buck 状态，U_i和 C_f的能量传输到 Z_L，C_f反向放电，逆变器工作在模式 J。

$t_6 \sim t_7$，此时 $u_o<0$、$i_o<0$、$i_{Lf}>0$、$i_{Cf}>0$，斩波器Ⅰ不工作，斩波器Ⅱ反向

工作于 Boost 状态，C_f的能量传输到 Z_L和 U_i，C_f反向放电，逆变器工作在模式 K。

t_7～t_8区间，此时 $u_o<0$、$i_o>0$、$i_{Lf}>0$、$i_{Cf}>0$，斩波器Ⅰ不工作，斩波器Ⅱ反向工作于 Boost 状态，Z_L和 C_f的能量传输到 U_i，C_f反向放电，逆变器工作在模式 L。

由上述分析可见，逆变器在阻性、感性和容性负载时的工作模式次序分别为 C→D→E→I→J→K、A→B→C→D→G→H→I→J、C→D→E→F→I→J→K→L。

8.4.2　高频开关工作过程分析

以输出电压正半周为例，分析这类逆变器稳态时的高频开关工作过程。此时，隔离 Buck 双向直流斩波器Ⅰ工作、Ⅱ不工作。

差动 Buck 直流斩波器型高频环节逆变器电路拓扑族的控制时序，如图 8-5 所示。图 8-5(a)所示推挽、推挽正激、半桥和全桥式电路拓扑，$S_{11}(S'_{11})$与 S_{14}、$S_{12}(S'_{12})$与 S_{13}互补导通且设有死区时间，以确保正向功率流时 S_{13}与 S_{14}的 ZVS，反向功率流时 $S_{11}(S'_{11})$与 $S_{12}(S'_{12})$的 ZVS；图 8-5(b)所示单管正激式和双管正激式电路拓扑的开关时序，整流开关 S_{13}滞后于功率开关 S_{11}的时间 t_α用来确保正向功率流时 S_{13}的 ZVS 开通和反向功率流时 S_{11}的 ZVS 关断，S_{11}与 S_{15}的死区时间 t_β、t_γ可避免正向功率流时的变压器短路和 S_{15}的导通。

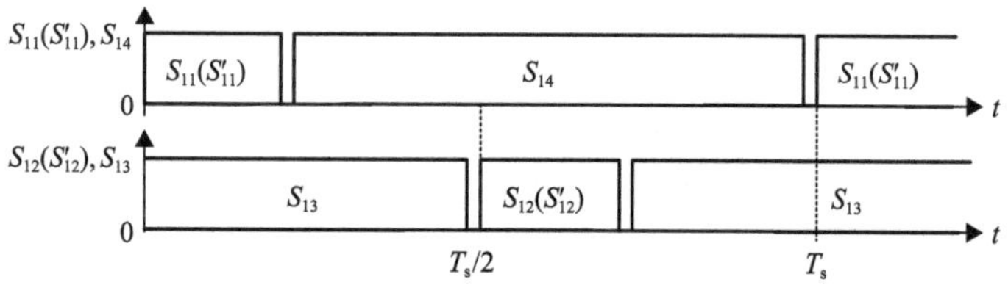

(a) 推挽、推挽正激、半桥和全桥式电路拓扑

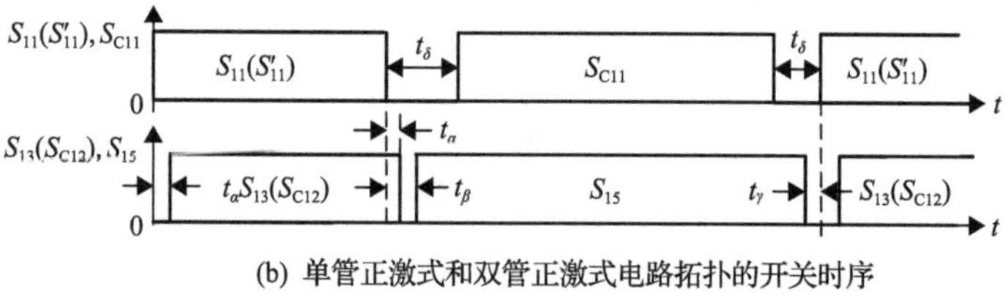

(b) 单管正激式和双管正激式电路拓扑的开关时序

图 8-5　隔离 Buck 双向直流斩波器Ⅰ的控制时序

以有源箝位单管正激式电路拓扑和正向传递功率为例，分析这类逆变器稳态时的高频开关过程，其等效电路如图 8-6 所示。图 8-6 中，高频变压器用励磁电感为 L_m、漏感为 L_{lk}和匝比为 N_1/N_2的理想变压器表示。

差动 Buck 直流斩波器型高频环节逆变器稳态时一个开关周期内有 12 个开关状态，其高频开关过程波形与开关状态等效电路如图 8-7 所示。

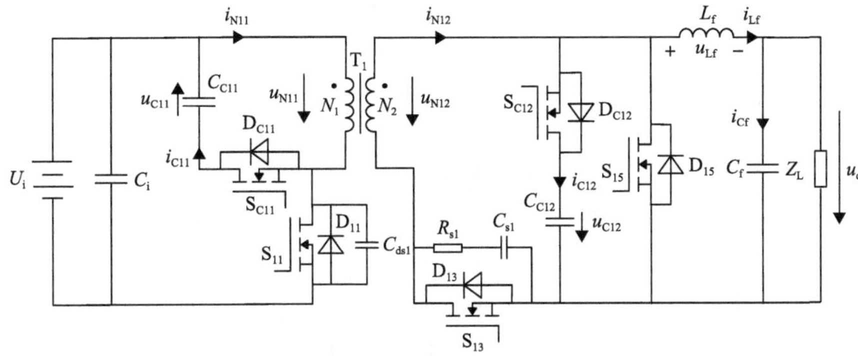

图 8-6　直流斩波器 I 正向传递功率时逆变器的等效电路

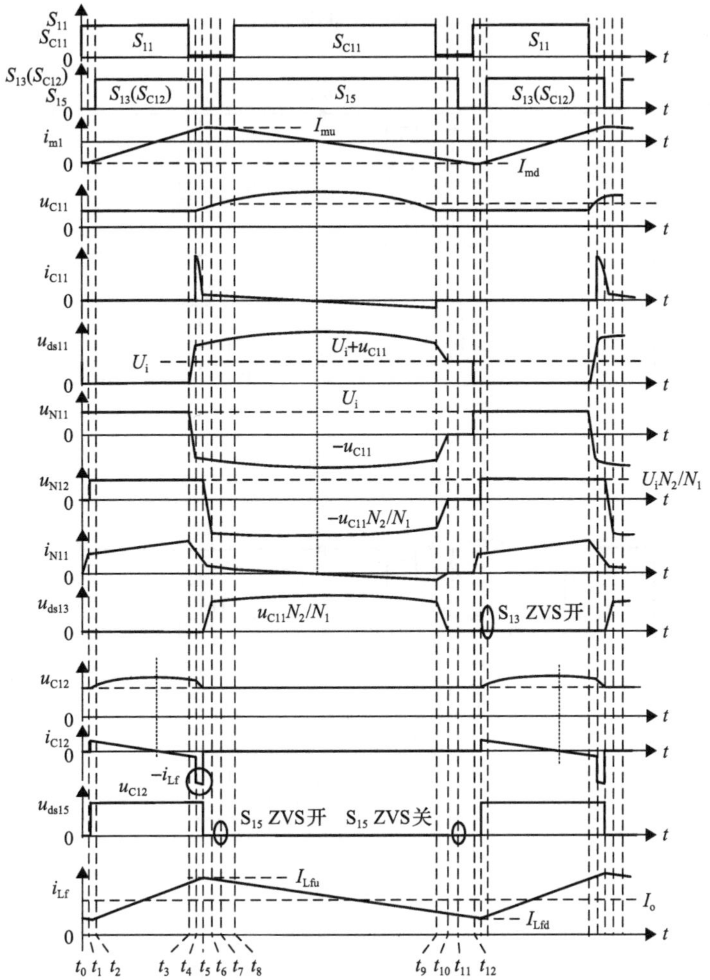

(a) 高频开关过程波形

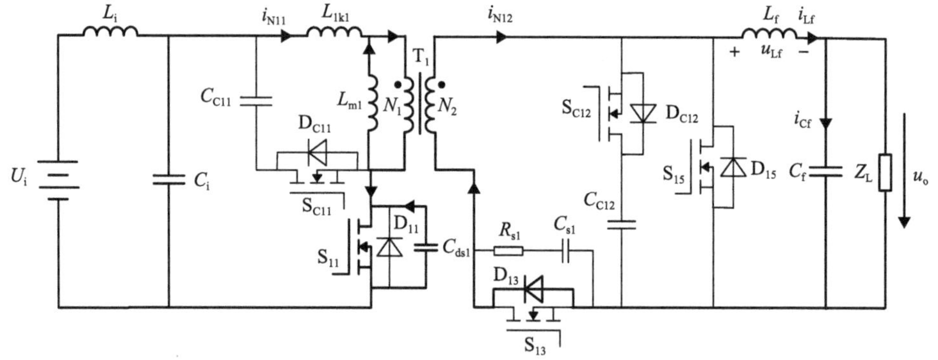

(b) t_0～t_1区间

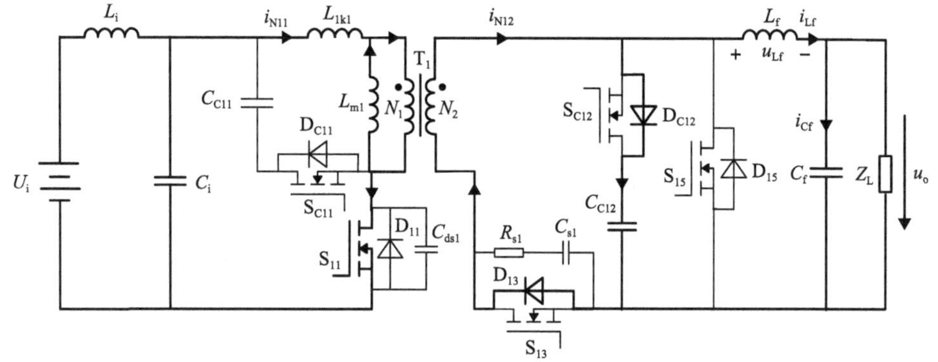

(c) t_1～t_2区间

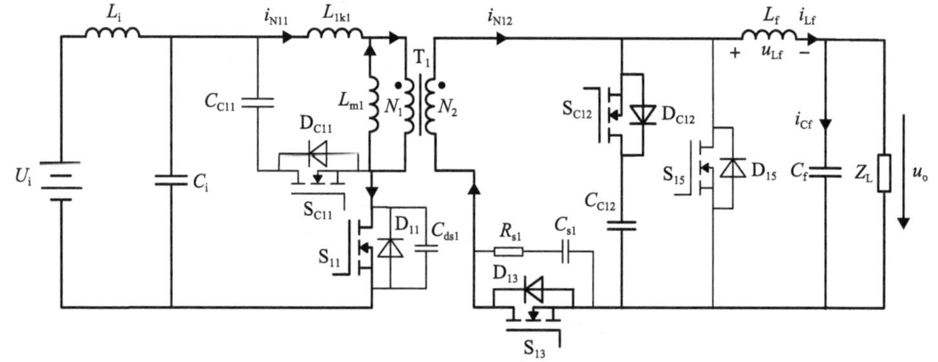

(d) t_2～t_3区间

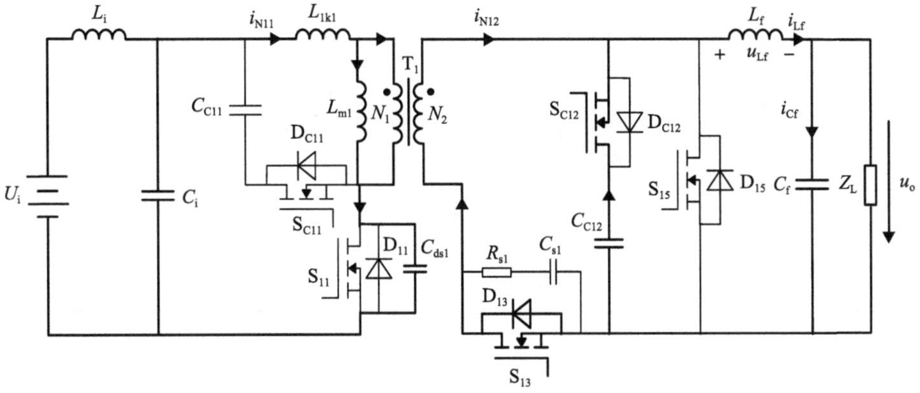

(e) $t_3 \sim t_4$区间

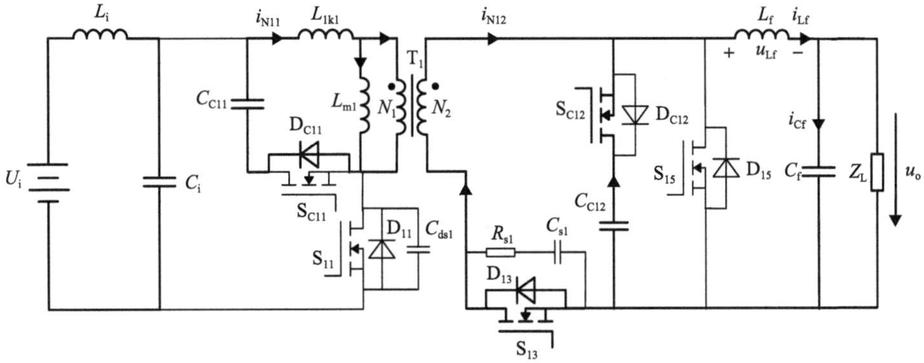

(f) $t_4 \sim t_5$区间

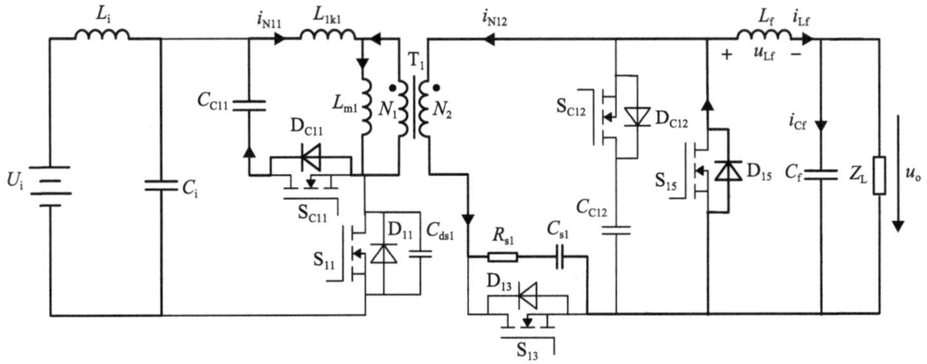

(g) $t_5 \sim t_6$区间

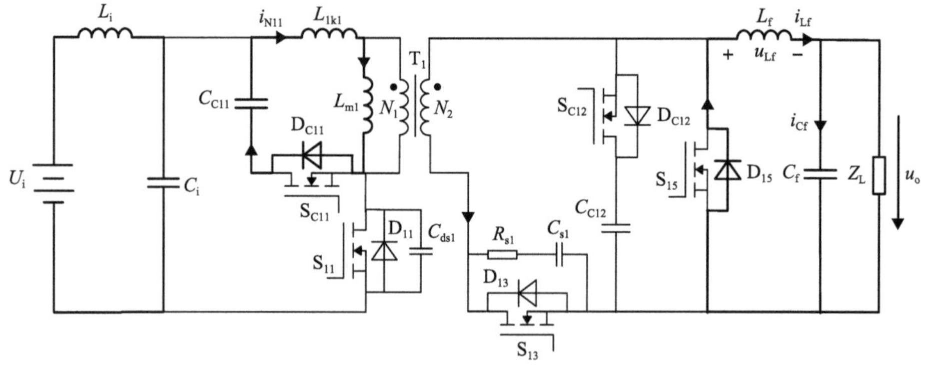

(h) t_6～t_7区间

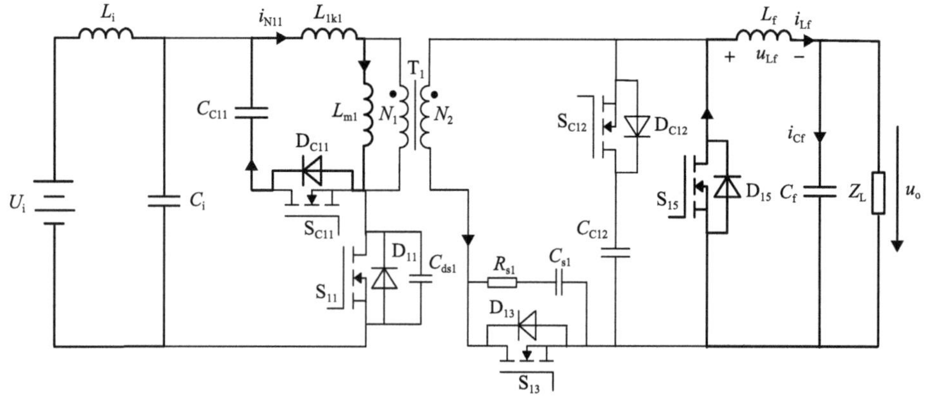

(i) t_7～t_8区间

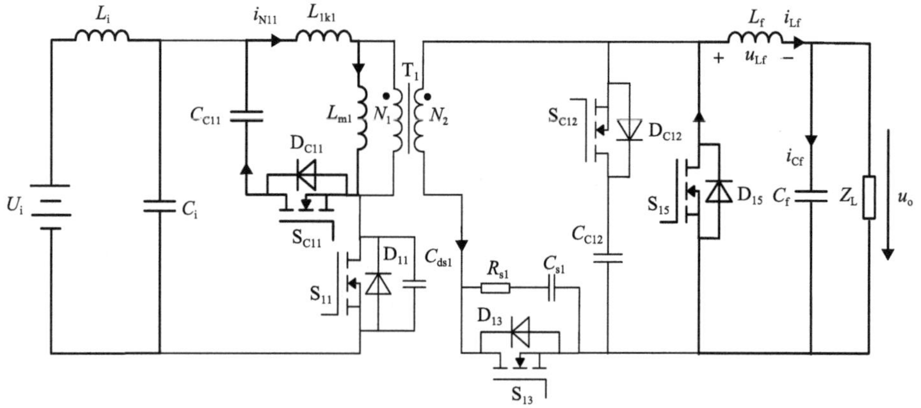

(j) t_8～t_9区间

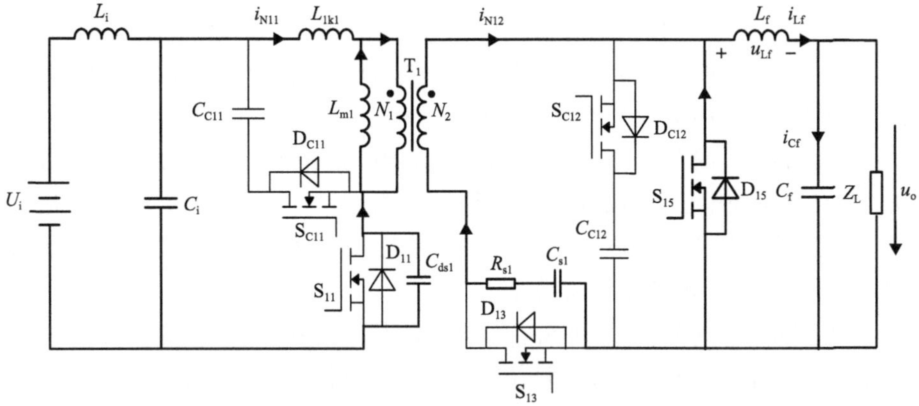

(k) $t_9 \sim t_{10}$区间

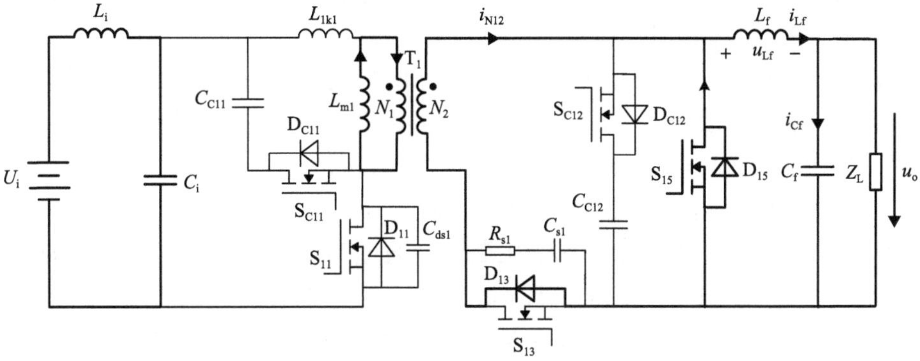

(l) $t_{10} \sim t_{11}$区间

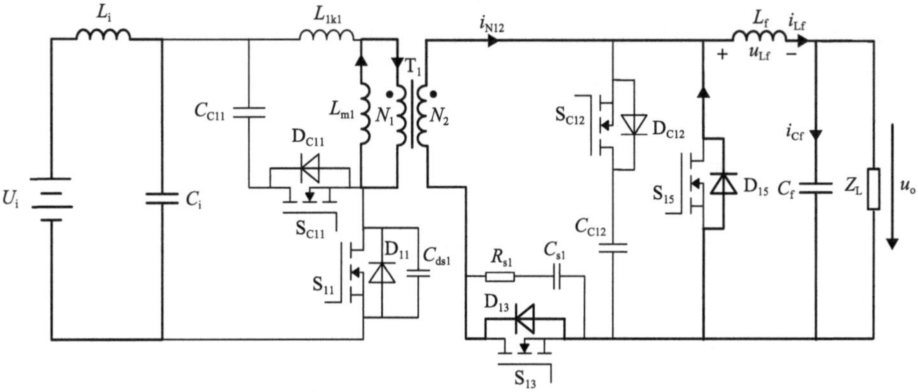

(m) $t_{11} \sim t_{12}$区间

图 8-7　直流斩波器 I 正向传递功率时的高频开关过程波形与开关状态电路

t_0～t_1区间：t_0时刻，S_{11}开通，开关与箝位电容C_{ds1}放电，u_{ds11}从U_i迅速减小，u_{N11}、u_{N12}从零迅速增加，磁化电流i_{m1}反向减小，变压器原边漏感L_{lk1}两端电压$u_{lk1}>0$，i_{N11}迅速增加，S_{13}反并联二极管D_{13}开通，电感L_f通过D_{13}续流，S_{15}反并联二极管D_{15}因承受反压而关断。

t_1～t_2区间：t_1时刻，C_{ds1}放电结束，$u_{ds11}=0$，$u_{N11}=U_i$、$u_{N12}\approx U_iN_2/N_1$，磁化电感$L_{m1}$因承受正向电压使得$i_{m1}$反向减小，$i_{N12}$继续增加，在达到并超过$i_{Lf}$后，通过$S_{C12}$反并联二极管$D_{C12}$向箝位电容$C_{C12}$充电，$u_{C12}$增加，$L_f$承受正向电压而使$i_{Lf}$以$(U_iN_2/N_1-u_o)/L_f$的速度正向增加。

t_2～t_3区间：t_2时刻，S_{13}和S_{C12}零电压开通，$u_{N12}=u_{C12}$。i_{m1}以U_i/L_{m1}的速率反向减小到零后继续正向增加，箝位电流i_{C12}正向降低到零后继续反向增加，同时，$u_{Lf}=u_{C12}-u_o>0$，电感正向充磁，i_{Lf}正向增加。

t_3～t_4区间：t_3时刻，S_{11}关断，漏感与磁化电感能量向开关电容C_{ds1}转移，u_{ds11}迅速上升，变压器副边电路工作状态均没有变化。

t_4～t_5区间：t_4时刻，$u_{ds11}=U_i+u_{C11}$，变压器原边箝位开关S_{C11}的反并联二极管D_{C11}承受正向电压而开通，$u_{N12}=u_{C12}$，i_{m1}磁化状态不变，L_{lk1}漏感能量通过变压器原、副边有源箝位电路向箝位电容C_{C11}、C_{C12}转移，$u_{lk1}=-(u_{C11}+U_iN_2/N_1)<0$，$i_{N11}$、$i_{N12}$迅速降低到零，漏感能量释放结束。

t_5～t_6区间：t_5时刻，S_{13}、S_{C12}关断，i_{Lf}通过D_{15}续流，缓冲电容C_{s1}充电，使得u_{ds13}从零上升至$u_{C11}N_2/N_1$，且$u_{ds13}=-u_{N12}$，i_{m1}承受反压而正向减小。

t_6～t_7区间：t_6时刻，$u_{ds13}=u_{C11}N_2/N_1$，i_{m1}通过原边有源箝位电路续流，i_{Lf}通过D_{15}续流。

t_7～t_8区间：t_7时刻，S_{15}零电压开通，其他物理量与上一开关状态相同。

t_8～t_9区间：t_8时刻，S_{C11}零电压开通，其他物理量与上一开关状态相同，i_{m1}正向降低至零后继续反向增加。

t_9～t_{10}区间：t_9时刻，S_{C11}关断，磁化电流通过C_{ds1}、R_{s1}、C_{s1}续流，C_{ds1}、C_{s1}放电，u_{ds11}、u_{ds13}降低，u_{N11}、u_{N12}反向减小，i_{m1}继续反向增加。

t_{10}～t_{11}区间：t_{10}时刻，$u_{ds11}=U_i$、$u_{ds13}=0$、$u_{N11}=u_{N12}=0$，i_{m1}保持不变。

t_{11}～t_{12}区间：t_{11}时刻，S_{15}零电压关断，电感继续通过D_{15}续流，电路工作状态不变。

由上述分析可见，变压器副边功率开关由于反并联二极管的存在实现了ZVS，两个箝位开关S_{C11}和S_{C12}关断电压无尖峰，且由于副边的箝位电路使得变压器漏感能量更快地转移到箝位电容上，从而减小漏感对原边功率开关的影响，使其关断电压尖峰大大降低。

8.4.3　输出外特性

与第 2 章论述的级联直流变换器 Buck 型逆变器的输出外特性相似，差动 Buck 直流斩波器型高频环节逆变器也具有四象限输出外特性，如图 8-8 所示。

根据差动 Buck 直流斩波器型高频环节逆变器的输出电压 $U_o=(U_iN_2/N_1)D/(1+r/R_L)$，可作出不同内阻 r/R_L 时逆变器输出电压标幺值 $U_o/(U_iN_2/N_1)$ 与等效占空比 D 的关系曲线，如图 8-8 所示。可以看出，相同等效占空比时，输出电压随内阻增加而降低；而内阻固定时，等效占空比越大，输出电压偏离理想电压值也越大。

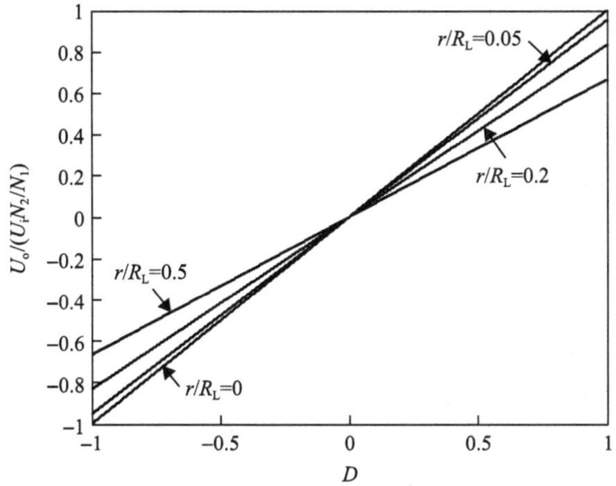

图 8-8　逆变器内阻对外特性的影响

8.4.4　若干关键问题的讨论

差动 Buck 直流斩波器型高频环节逆变器采用输出滤波电感和输出滤波电容两种电流瞬时值反馈控制策略，现讨论其输出外特性、短路能力和带非线性负载能力。

1. 输出外特性

根据电感电流与电容电流瞬时值反馈控制 Buck 型逆变器的闭环传递函数表达式，可作出闭环传递函数幅值与输入电压关系曲线，如图 8-9 所示[43]。可以看出，两种电流瞬时值反馈控制逆变器在空载时的闭环传递函数的幅值$|H_L(j\omega_o)|=|H_C(j\omega_o)|$；逆变器输出电压随输入电压增加而增加；电感电流瞬时值反馈、电容电流瞬时值反馈控制逆变器的输出电压分别随负载电流增加而降低、升高。

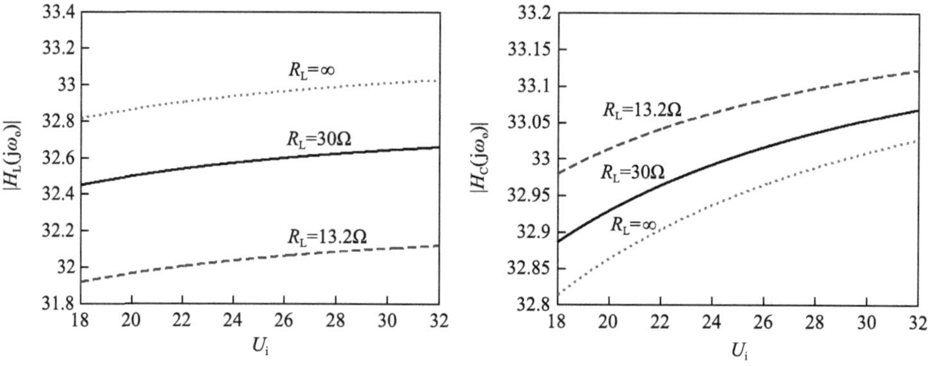

(a) 电感电流瞬时值反馈　　(b) 电容电流瞬时值反馈

图 8-9　逆变器的闭环传递函数幅值与输入电压的关系曲线

2. 短路特性

Buck 型逆变器短路时，滤波电感 L_f 单向磁化，电压调节器积分环节使 $u_e(i_r)$ 达到与 u_r 同方向饱和值 $I_{r\max}$。当 u_r=0 时，$u_e(i_r)$ 退饱和并快速进入反方向饱和，故 $u_e(i_r)$ 为低频对称梯形波，如图 8-10 所示。

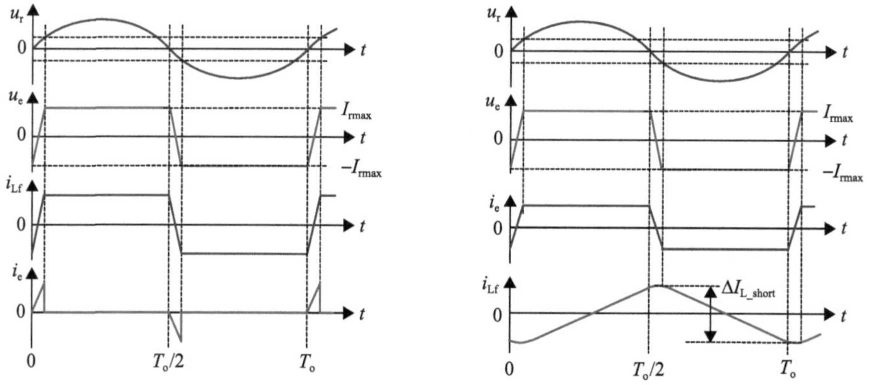

(a) 电感电流瞬时值反馈　　(b) 电容电流瞬时值反馈

图 8-10　Buck 型逆变器短路时的控制原理波形

对于图 8-10(a)电感电流瞬时值反馈控制，i_{Lf} 跟随 $u_e(i_r)$ 而变化，当 $i_r=\pm I_{r\max}$ 时，i_{Lf} 达到最大值 $I_{Lf\max}$，即

$$I_{Lf\max} = I_{r\max} / k_{if} \tag{8-1}$$

此时 i_e=0，电感持续续流。忽略 i_r 切换时间，则逆变器短路电流 $I_{L\_short} = I_{r\max} / k_{if}$。对于图 8-10(b)电容电流瞬时值反馈控制，$i_{Cf}$=0，故 i_e 跟随 $u_e(i_r)$ 变化，即 $i_e=k_{ip}i_r$。

当 i_e 处于饱和值时，逆变器工作在最大占空比状态。在低频正、负半周期内，电感单向磁化，i_{Lf} 持续增加，直至 i_e 退饱和到零时，i_{Lf} 达到最大值 I_{Lfmax}。忽略 i_r 切换时间，有

$$I_{Lfmax} = [(U_i N_2 / N_1) D_{max} T_o] / (4L_f) \tag{8-2}$$

电感低频双向对称磁化，所以逆变器短路电流 I_{C_short} 为

$$I_{C\_short} = \sqrt{\frac{4}{T_o}\int_0^{T_o/4}\left(\frac{I_{Lfmax}}{T_o/4}t\right)^2 dt} = \frac{(U_i N_2 / N_1) D_{max} T_o}{4\sqrt{3}L_f} \tag{8-3}$$

然而，电感电流在低频半周期内持续增加，必将导致电感饱和、变压器短路、功率开关过流损坏，故这种控制对电感电流无限制，逆变器不能短路工作。

两种电流瞬时值反馈控制 Buck 型逆变器在 U_i=27 V、D_{max}=0.7、I_{rmax} =15 A、k_{if}=1 时的短路电流仿真波形，如图 8-11 所示。可以看出，两种电流瞬时值反馈控制对应的电感电流有效值分别为 14.195A、176.79A，仿真结论与理论分析一致。

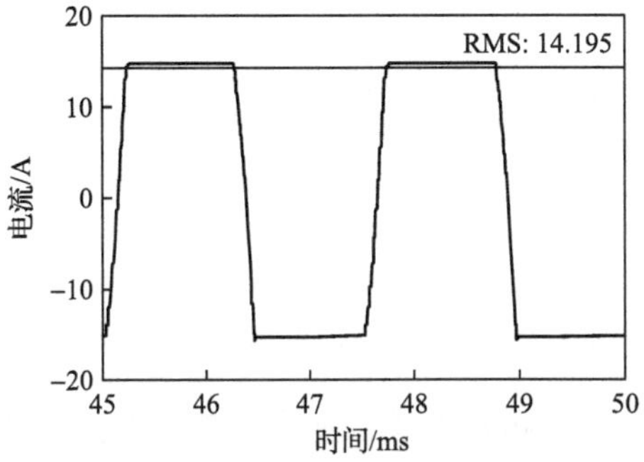

(a) 电感电流瞬时值反馈

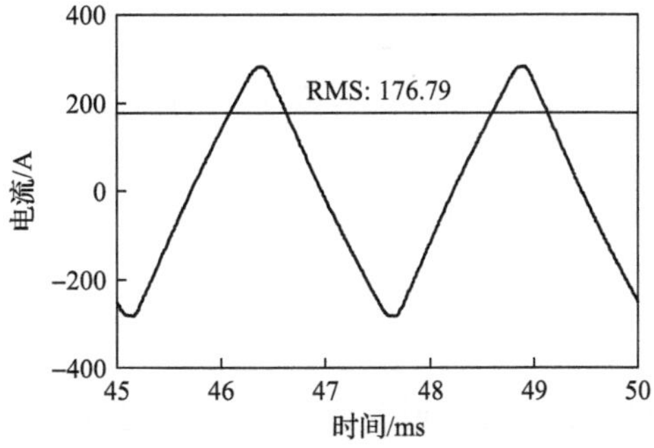

(b) 电容电流瞬时值反馈

图 8-11　Buck 型逆变器的短路电流仿真波形

3. 带非线性负载能力

典型的二极管整流电容滤波非线性负载，如图 8-12 所示。其中，θ_{on} 与 θ_{off} 分别为整流桥 RC 负载的开通角与关断角，且满足

$$\sqrt{2}U_o \sin\theta_{on} = \sqrt{2}U_o \sin\theta_{off} e^{-(\pi+\theta_{on}-\theta_{off})/(\omega_o RC)} \tag{8-4}$$

$$\sqrt{2}\omega_o U_o \cos\theta_{off} = -\sqrt{2}U_o \sin\theta_{off} / (RC) \tag{8-5}$$

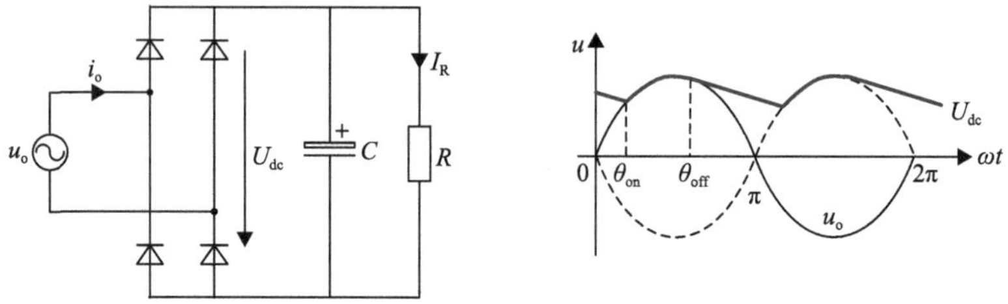

(a) RC整流器电路　　(b) 整流电压波形

图 8-12　典型的二极管整流电容滤波非线性负载

在[θ_{off}, π+θ_{on}−θ_{off}]内，电容 C 的电压差为

$$\Delta U_{dc}=\sqrt{2}U_o(\sin\theta_{off}-\sin\theta_{on}) \tag{8-6}$$

电阻电流为

$$I_R=\omega_o C\Delta U_{dc}/(\pi+\theta_{on}-\theta_{off}) \tag{8-7}$$

为分析方便，设二极管整流桥导通时输入电流 i_o 为正弦半波，则 I_R 还可表示为

$$I_R=[(\theta_{off}-\theta_{on})/\pi^2]\int_0^{\pi}I_{o\max}\sin(\omega t)\,d(\omega t)=I_{omax}2(\theta_{off}-\theta_{on})/\pi^2 \tag{8-8}$$

式中，I_{omax} 为 i_o 的最大值。由式(8-7)、式(8-8)可得

$$I_{omax}=\pi^2 I_R/[2(\theta_{off}-\theta_{on})]=\pi^2\omega_o C\Delta U_{dc}/[2(\theta_{off}-\theta_{on})(\pi+\theta_{on}-\theta_{off})] \tag{8-9}$$

可见，I_{omax} 与逆变器输出电压、整流桥后 RC 阻抗都有关。逆变器带非线性轻载($I_{omax} \leqslant I_{rmax}/k_{if}$)时，两类电流瞬时值控制逆变器呈电压源特性，在输出电压低频半周内非线性负载在空载与容性负载之间切换。由于电容电流瞬时值反馈逆变器输出电压对负载电流突变具有更快的动态调节时间和更小的超调，故逆变器输出电压波形质量高。

两种电流瞬时值控制逆变器在非线性重载($I_{omax} > I_{rmax}/k_{if}$)时输出电压与电流的仿真波形，如图 8-13 所示。电感电流与电容电流瞬时值反馈控制逆变器的输出电压 THD 分别为 17.21%和 7.10%。可以看出，电感电流瞬时值反馈控制逆变器的输出电流被限制在 I_{rmax}/k_{if}，使得输出电压波形严重畸变，电压大幅降低；而电容电流瞬时值反馈控制逆变器的输出电流大，没有限流功能，输出电压波形质量好，带非线性负载能力强。

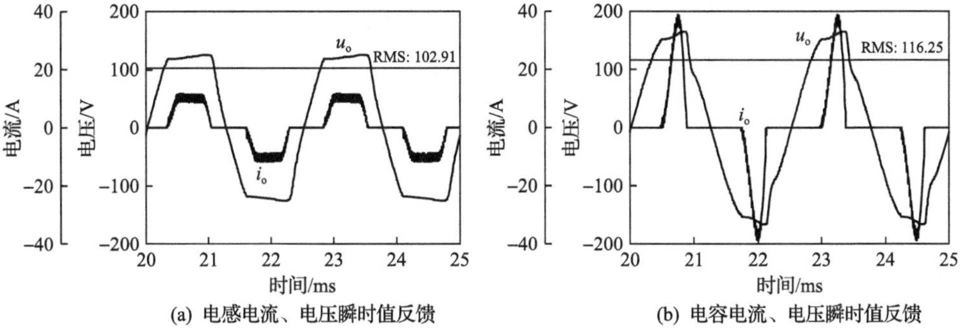

图 8-13　逆变器带非线性负载(C=440μF、R=25Ω)的仿真波形

与电感电流反馈双闭环控制策略相比，电容电流反馈双闭环控制具有更硬的输出外特性、更高的输出电压精度、更强的带非线性负载能力等优点，但没有限流能力。

8.5　1kVA 差动 Buck 直流斩波器型高频环节逆变装置实验

8.5.1　逆变装置构成

1kVA 27VDC/115V400HzAC 差动 Buck 直流斩波器型高频环节逆变装置由功率电路、控制电路、机内辅助电源三部分构成，如图 8-14 所示。

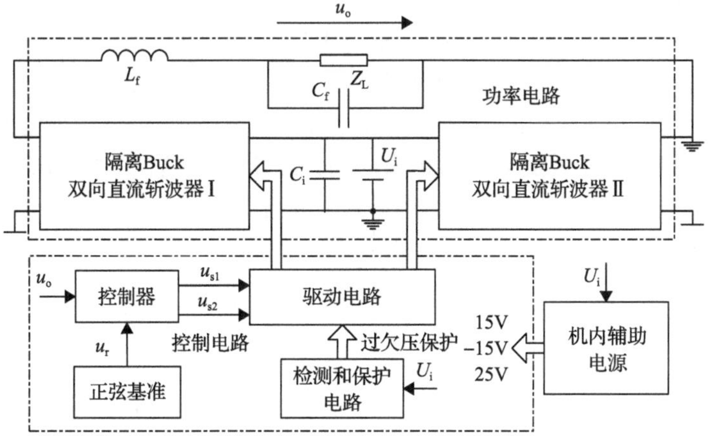

图 8-14　1kVA 差动 Buck 双向直流斩波器型高频环节逆变装置的构成

1. 功率电路

1kVA 差动 Buck 双向直流斩波器型高频环节逆变装置的功率电路，由分别输

出正、负半个输出周期单极性两态 SPWM 电压波且共用一个输入、输出滤波器的两个相同的有源箝位单管正激直流斩波器以输入直流端并联输出交流侧反向串联构建而成，如图 8-15 所示。

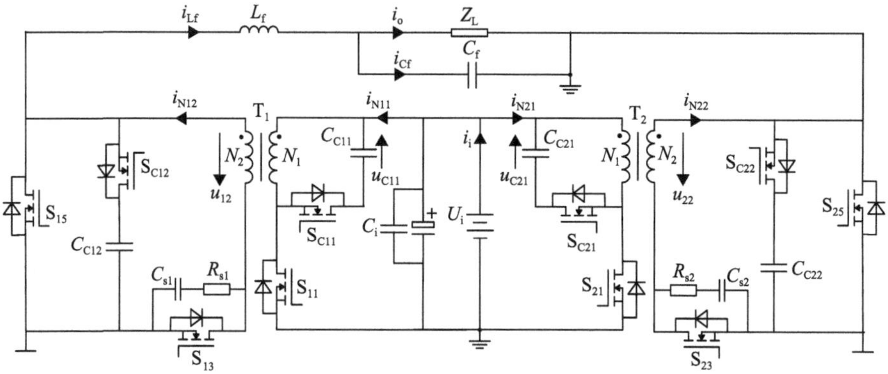

图 8-15　1kVA 差动 Buck 双向直流斩波器型高频环节逆变装置的功率电路

2. 控制电路

1kVA 逆变装置采用输出电压和输出滤波电容电流瞬时值反馈分时半波 SPWM 控制策略，其控制电路主要包括正弦基准电路、单极性三角波电路、电压外环和电流内环调节器电路、软启动电路、SPWM 比较器、过欠压检测与保护电路、延时与逻辑电路、驱动电路八个部分。

单极性三角载波电路是由集成函数发生器 ICL8038 实现的，电压外环和电流内环调节器分别采用 PI 调节器和 P 调节器，如图 8-16 所示。电压、电流调节器由集成运放 IC8 与 IC9、电阻 R_{23}～R_{31}、电容 C_{18}～C_{22} 组成。输出电压 u_o 和基准正弦电压 $-u_r$ 接到电压环运放的反相输入端，经 PI 调节后产生电流内环基准信号 $u_e(i_r)$，$u_e(i_r)$ 与电流反馈信号 i_f 经电流 P 调节器后产生电流误差信号 i_e，且有

$$u_e = \left(k_{up} + k_{ui}/s\right)\left(u_r - k_{uf}u_o\right) \tag{8-10}$$

$$i_e = k_{ip}\left(i_r - i_f/k_{if}\right) \tag{8-11}$$

式中，$k_{up}=R_{26}/R_{24}$，$k_{ui}=1/(R_{24}C_{20})$，$R_{30}(R_{28}+R_{29})=R_{29}(R_{27}+R_{30})$，$k_{ip}=R_{30}/R_{27}$。在电流调节器的输出端并接两个反向串联的稳压二极管 W_3、W_4，是用来限制逆变器最大等效占空比。

3. 机内辅助电源

1kVA 逆变装置的机内辅助电源由 UC1844 芯片电流型控制的 RCD 箝位反激

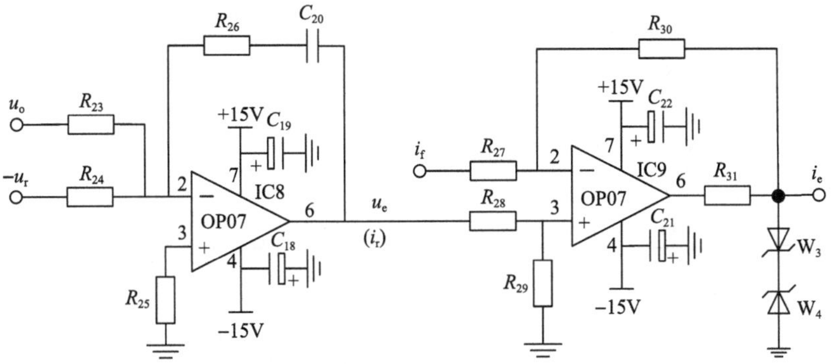

图 8-16　电压电流调节器

Flyback 变换器来实现，提供 15V、-15V 和相互隔离的 5 路 25V 输出，满足控制电路的需要。

8.5.2　功率电路参数设计

逆变装置的开关频率为 50kHz。

1. 高频变压器

逆变器在输入电压最小、输出电压最大时对应的等效占空比最大，故高频变压器的匝比 N_2/N_1 为

$$N_2 / N_1 = \sqrt{2}U_o / (D_{max}U_{imin}) \tag{8-12}$$

第 k 个开关周期变压器副边电流有效值 $I_{N2}(k)$ 为

$$I_{N2}(k) = \sqrt{(1/T_s)\int_0^{D(k)T_s} i_{Lf}^2(t)dt} \tag{8-13}$$

变压器副边电流有效值 I_{N2} 为

$$I_{N2} = \sqrt{\frac{1}{n}\sum_{k=1}^{n/2} I_{N12}^2(k)} = \sqrt{\frac{1}{T_s}\sum_{k=1}^{n/2}\int_{(k-1)T_s}^{(k-1)T_s+D(k)T_s} i_{Lf}^2(t)dt} \tag{8-14}$$

忽略变压器磁化电流，变压器原边电流有效值 I_{N1} 为

$$I_{N1} = I_{N2} N_2/N_1 \tag{8-15}$$

由式(8-12)可求得变压器的匝比为

$$N_2 / N_1 = \sqrt{2}U_o / (D_{max}U_{i\,min}) = \sqrt{2} \times 115 / (0.7 \times 18) = 12.91 \tag{8-16}$$

取 $N_2/N_1=13$。按逆变器带容性满载时计算高频变压器原、副边绕组的基波电流有效值，即 I_{N1}=62.87A、I_{N2}=4.84A，从而有

$$\begin{aligned}SQ&=\frac{2T_{\text{onmax}}\times 1.1P_{\text{omax}}/2}{\Delta B\eta k_{\text{c}}k_{\text{u}}j}\times 10^8\\&=\frac{2\times 20\times 10^{-6}\times 0.7\times 1100/2}{1700\times 0.9\times 1\times 0.4\times 300}\times 10^8=8.39<4.9\times 3.26\approx 16(\text{cm}^2)\end{aligned}\tag{8-17}$$

故可选择 Mn-Zn R2KBD 铁氧体 PM62×49 型磁心，磁路有效截面积 S=4.9cm^2、窗口面积 Q=3.26cm^2，饱和磁感应强度 B_s=5100Gs，并选取工作磁密 ΔB=1700Gs。变压器原边匝数为

$$N_1=\frac{U_{\text{imin}}\cdot T_{\text{onmax}}}{\Delta B\cdot S}\times 10^8=\frac{18\times 0.7\times 20\times 10^{-6}}{1700\times 4.9}\times 10^8=3.025\tag{8-18}$$

取 $N_1=3$，副边绕组匝数 $N_2=13\times 3=39$ 匝。

原边绕组选用 0.4mm×28mm 的铜皮两层并绕，副边绕组选用 0.05mm×28mm 的铜皮单层绕制。此时窗口利用系数 k_u 为

$$k_{\text{u}}=\frac{S_{\text{W1}}\cdot N_1+S_{\text{W2}}\cdot N_2}{Q}=\frac{0.05\times 28\times 39+0.4\times 28\times 2\times 3}{326}=0.37<0.5\tag{8-19}$$

说明可以绕得下。变压器原、副边绕组夹绕并紧密耦合。先绕副边绕组 20 匝，再绕原边绕组 3 匝，最后再绕副边绕组 19 匝，两个副边绕组在外部顺向串联。

2. 输出滤波器

输出滤波电感采用高频均值离散法计算。逆变器在第 k(k 为 $f_s/(2f_o)$ 以内的任意整数)个开关周期的等效占空比、输出电压和电感电流平均值分别为

$$D(k)=\frac{U_{\text{o}}(k)}{U_{\text{i}}N_2/N_1}=\frac{\sqrt{2}U_{\text{o}}}{(U_{\text{i}}N_2/N_1)\omega_{\text{o}}T_{\text{s}}}\left\{\cos\left[(k-1)\omega_{\text{o}}T_{\text{s}}\right]-\cos(k\omega_{\text{o}}T_{\text{s}})\right\}\tag{8-20}$$

$$U_{\text{oavg}}(k)=\frac{1}{T_{\text{s}}}\int_{(k-1)T_{\text{s}}}^{kT_{\text{s}}}u_{\text{o}}(t)\,\mathrm{d}t=\frac{\sqrt{2}U_{\text{o}}}{\omega_{\text{o}}T_{\text{s}}}\left\{\cos\left[(k-1)\omega_{\text{o}}T_{\text{s}}\right]-\cos(k\omega_{\text{o}}T_{\text{s}})\right\}\tag{8-21}$$

$$\begin{aligned}I_{\text{Lfavg}}(k)&=\frac{1}{T_{\text{s}}}\int_{(k-1)T_{\text{s}}}^{kT_{\text{s}}}i_{\text{Lf1}}(t)\,\mathrm{d}t\\&=\frac{\sqrt{2}I_{\text{o}}}{\omega_{\text{o}}T_{\text{s}}}\left\{\cos\left[(k-1)\omega_{\text{o}}T_{\text{s}}-\phi_{\text{L}}'\right]-\cos(k\omega_{\text{o}}T_{\text{s}}-\phi_{\text{L}}')\right\}\end{aligned}\tag{8-22}$$

第 k 个开关周期的电感电流 $i_{\mathrm{Lf}}(t)$ 可表示为

$$i_{\mathrm{Lf}}(t)=\begin{cases}I_{\mathrm{Lfavg}}(k)+\left[t-(k-1)T_{\mathrm{s}}-D(k)T_{\mathrm{s}}/2\right]\left(U_{\mathrm{o}}(k)-U_{\mathrm{i}}N_2/N_1\right)/L_{\mathrm{f}}, & (k-1)T_{\mathrm{s}}\leqslant t\leqslant(k-1)T_{\mathrm{s}}+D(k)T_{\mathrm{s}}\\ I_{\mathrm{Lfavg}}(k)-\left[t-(k-1)T_{\mathrm{s}}-(1+D(k))T_{\mathrm{s}}/2\right]U_{\mathrm{o}}(kT_{\mathrm{s}})/L_{\mathrm{f}}, & (k-1)T_{\mathrm{s}}+D(k)T_{\mathrm{s}}\leqslant t\leqslant kT_{\mathrm{s}}\end{cases} \tag{8-23}$$

第 k 个高频开关周期的电感电流纹波 $\Delta i_{\mathrm{Lf}}(k)$、峰值 $I_{\mathrm{Lfp}}(k)$ 分别为

$$\Delta i_{\mathrm{Lf}}(k)=\left(U_{\mathrm{oavg}}(k)-U_{\mathrm{i}}N_2/N_1\right)D(k)T_{\mathrm{s}}/L_{\mathrm{f}} \tag{8-24}$$

$$I_{\mathrm{Lfp}}(k)=I_{\mathrm{Lf1}}(k)+\left(U_{\mathrm{oavg}}(k)-U_{\mathrm{i}}N_2/N_1\right)D(k)T_{\mathrm{s}}/(2L_{\mathrm{f}}) \tag{8-25}$$

故在一个低频输出周期内的电感电流有效值 I_{Lf} 为

$$I_{\mathrm{Lf}}=\sqrt{\frac{1}{T_{\mathrm{o}}}\sum_{k=1}^{n}\left[\int_{(k-1)T_{\mathrm{s}}}^{(k-1)T_{\mathrm{s}}+D(k)T_{\mathrm{s}}}i_{\mathrm{Lf}}^2(t)\mathrm{d}t+\int_{(k-1)T_{\mathrm{s}}+D(k)T_{\mathrm{s}}}^{kT_{\mathrm{s}}}i_{\mathrm{Lf}}^2(t)\mathrm{d}t\right]} \tag{8-26}$$

式中，$n=f_{\mathrm{s}}/f_{\mathrm{o}}$。通过编程计算容性满载时对应的电感基波电流有效值 I_{Lfmax} 和峰值所在开关周期的纹波电流 Δi_{Lf}，进而得高频电感电流的最大峰值 I_{Lfpmax} 为

$$I_{\mathrm{Lfpmax}}=\sqrt{2}I_{\mathrm{Lfmax}}+\Delta i_{\mathrm{Lf}}/2 \tag{8-27}$$

最大负载电流 I_{omax} 为

$$I_{\mathrm{omax}}=P_{\mathrm{omax}}/U_{\mathrm{o}}=1100/115=9.565(\mathrm{A}) \tag{8-28}$$

容性满载时对应的最大电感基波电流有效值 I_{Lf1max} 为

$$\begin{aligned}I_{\mathrm{Lf1max}}&=\sqrt{2}\left|\dot{I}_{\mathrm{omax}}+\dot{I}_{\mathrm{Cf}}\right|\\&=\sqrt{2}\times\left|9.565\angle(\arccos 0.75)+1.908\angle 90^{\circ}\right|=15.44(\mathrm{A})\end{aligned} \tag{8-29}$$

取电感电流纹波 Δi_{Lf} 为 25% I_{Lf1max}，即 Δi_{Lf}=4A，则滤波电感值为

$$\begin{aligned}L_{\mathrm{f}}&=\left(U_{\mathrm{imax}}N_2/N_1\right)(1-D)DT_{\mathrm{s}}/\Delta i_{\mathrm{Lf}}\\&=115\sqrt{2}\times(1-0.392)\times 20\times 10^{-6}/4=494(\mu\mathrm{H})\end{aligned} \tag{8-30}$$

选择滤波电感量 L_{f} =500μH。容性满载时，I_{Lfmax}=10.1302A，I_{Lfpmax}=15.48A，从而有

$$SQ = \frac{L_{\text{f}} I_{\text{Lfmax}} I_{\text{Lfpmax}}}{B_{\text{m}} j k_{\text{c}} k_{\text{u}}} \times 10^8$$
$$= \frac{0.5 \times 10^{-3} \times 10.1302 \times 15.46}{3500 \times 300 \times 1 \times 0.5} \times 10^8 = 14.9 < 4.9 \times 3.26 \approx 16(\text{cm}^2) \quad (8\text{-}31)$$

选择 Mn-Zn R2KBD 的铁氧体 PM62×49 磁心，电感线圈匝数 N 和气隙 δ_{L} 分别为

$$N = L_{\text{f}} I_{\text{Lfpmax}} / (B_{\text{m}} S) = 0.5 \times 10^{-3} \times 15.46 / (3500 \times 10^{-4} \times 4.9 \times 10^{-4}) = 45.07 \quad (8\text{-}32)$$

$$\delta_{\text{L}} = \mu_0 N^2 S / L_{\text{f}} = (4\pi \times 10^{-7} \times 45^2 \times 4.9 \times 10^{-4}) / (0.5 \times 10^{-3}) = 2.49(\text{mm}) \quad (8\text{-}33)$$

取 N=45，导线电流密度 j=350A/cm^2，选用 0.1mm×22mm 的铜皮一层绕制，窗口利用系数为

$$k_{\text{u}} = 0.1 \times 28 \times 45 / 326 = 0.39 < 0.5 \quad (8\text{-}34)$$

说明可以绕得下。

功率开关 S_{11}/S_{21} 选用两个 MOSFET IXFK180N10T(180A/100V)并联使用，S_{13}/S_{23} 选用 IGBT IRG4PF50WD(28A/900V)，S_{15}/S_{25} 与 S_{C12}/S_{C22} 均选用 IGBT HGTG30N60A4D(30A/600V)，原边箝位开关 S_{C11}/S_{C21} 选用 MOSFET IXTP60N10T(60A/100V)。

8.5.3　逆变装置实验

设计实例：有源箝位单管正激式电路拓扑，输出电压输出滤波电容电流瞬时值反馈分时半波 SPWM 控制策略，额定容量 S=1kVA，输入电压 U_{i}=18～32VDC，输出电压 U_{o}=115V/400HzAC，开关频率 F_{s}=50kHz，负载功率因数 $\cos\varphi_{\text{L}}$= –0.75→1.0→0.75，逆变器最大的等效占空比 $D_{\max}$=0.7，高频变压器匝数比 $N_2 / N_1 = 39/3$。

1kVA 27VDC/115V400HzAC 输出电压输出滤波电容电流瞬时值反馈分时半波 SPWM 控制差动有源箝位正激直流斩波器型高频环节逆变装置在额定输入电压、不同性质额定负载下的实验波形，如图 8-17 所示。

1kVA 逆变装置的实验结果与理论分析一致，具体表现在：①两个直流斩波器分时工作半个低频输出周期，功率开关 S_{11}/S_{21}、S_{13}/S_{23}、S_{15}/S_{25} 的漏源/集射电压在低频输出周期内的变化规律与占空比有关，功率开关的电压尖峰较小，副边有源箝位电路很好地抑制了极性选择开关 S_{15}/S_{25} 的电压尖峰，如图 8-17(a)～(d)所示；②输出滤波电容电流是一个叠加滤波电感电流高频纹波分量的 400Hz 低频正弦波，如图 8-17(e)所示；③逆变器带额定感性、阻性和容性负载时的输出正弦电压波形 THD 小，如图 8-17(f)～(h)所示；④逆变器带非线性负载(C=440μF、

R=30Ω)时输出电压出现畸变现象，如图 8-17(i)所示。

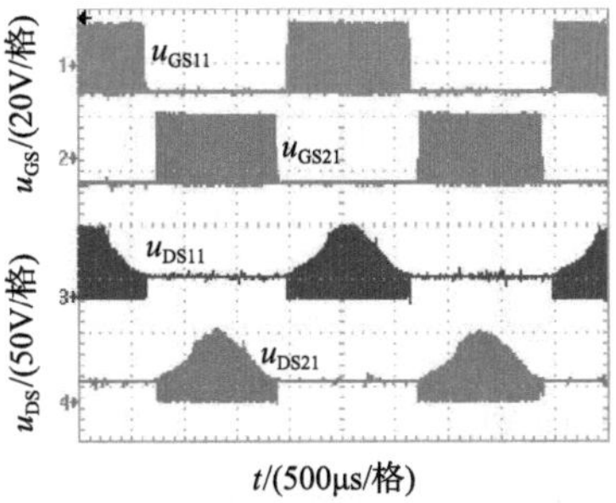

(a) S_{11}/S_{21}的u_{GS11}/u_{GS21}与u_{DS11}/u_{DS21}

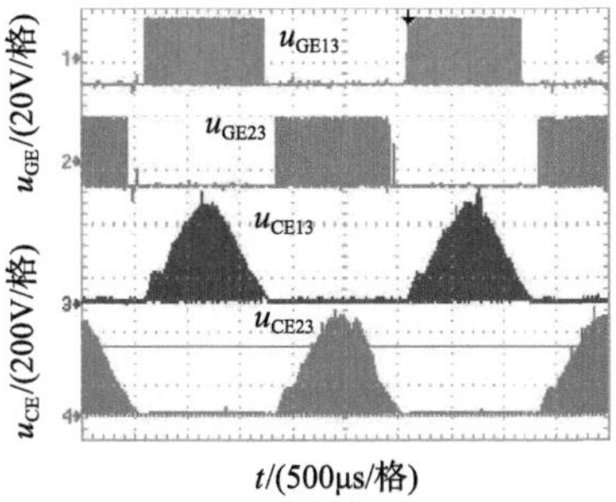

(b) S_{13}/S_{23}的u_{GE13}/u_{GE23}与u_{CE13}/u_{CE23}

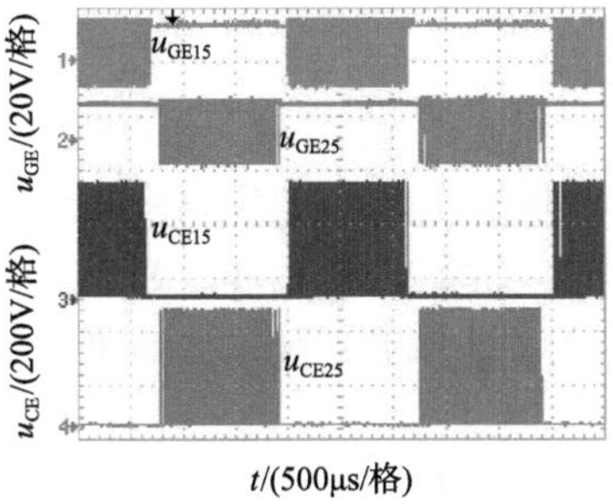

(c) S_{15}/S_{25}的u_{GE15}/u_{GE25}与u_{CE15}/u_{CE25}

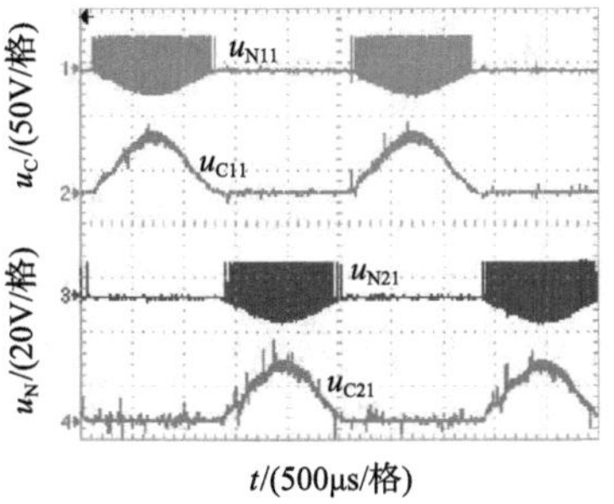

(d) 变压器端电压u_{N11}/u_{N21}与u_{C11}/u_{C21}

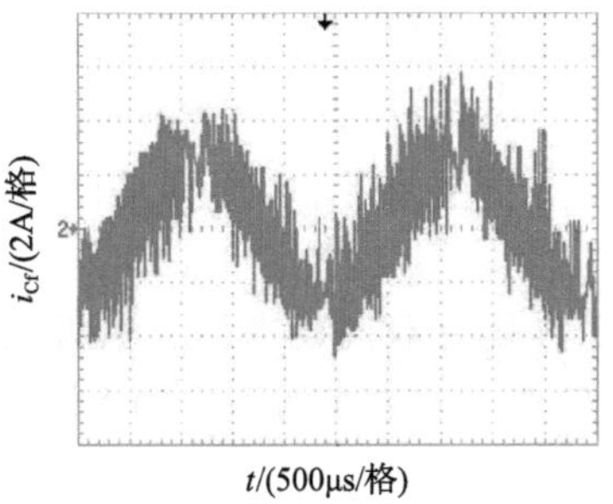

(e) 感性满载时滤波电容电流i_{Cf}

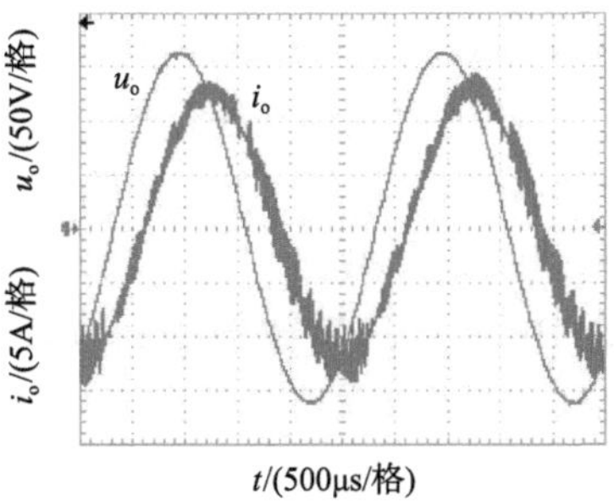

(f) 感性满载时电压u_o与电流i_o

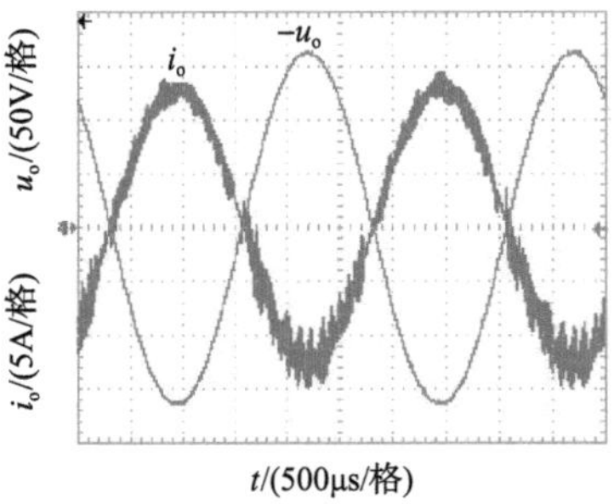

(g) 阻性满载时电压u_o与电流i_o

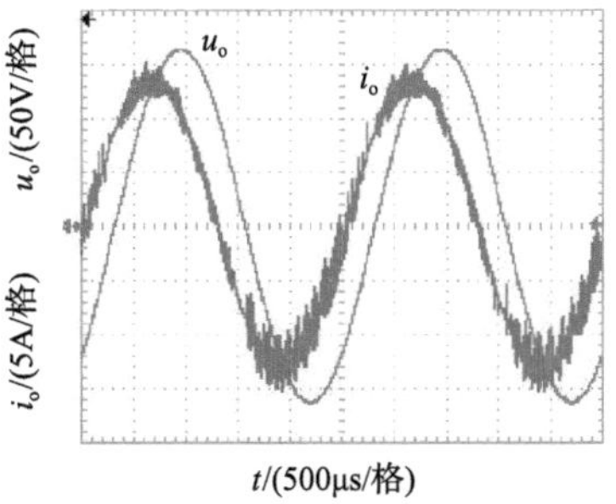

(h) 容性满载时电压u_o与电流i_o

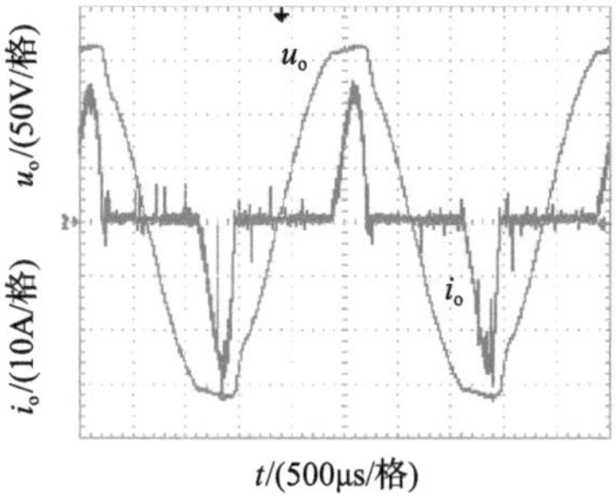

(i) 非线性负载时电压u_o与电流i_o

图 8-17　1kVA 分时半波 SPWM 控制差动双向正激直流斩波器型高频环节逆变装置的实验波形

本 章 小 结

差动 Buck 双向直流斩波器型高频环节逆变器电路结构是由分别输出正、负半个输出周期单极性两态 SPWM 电压波且共用一个输入、输出滤波器的两个相同的隔离 Buck 直流斩波器以输入直流侧并联输出交流侧并接的规律构建而成的，其电路拓扑族包括单管正激式等六个电路拓扑。

差动 Buck 双向直流斩波器型高频环节逆变器带感性、容性和阻性负载时一个低频输出周期的工作模式次序分别为 A→B→C→D→G→H→I→J、C→D→E→F→I→J→K→L 和 C→D→E→I→J→K，在一个开关周期内有 12 个开关状态。与输出电压电感电流反馈双闭环控制策略相比，输出电压电容电流反馈双闭环控制具有更硬的输出外特性、更高的输出电压精度、更强的带非线性负载能力等优点，但过载和短路能力弱。

差动 Buck 直流斩波器型高频环节逆变器具有双向功率流、单级功率变换(DC-LFAC)即两单元功率变换(DC-HFAC-LFAC)、变换效率高、因无输出电解滤波电容可靠性高等优点，适合于中大容量逆变场合。

第9章　差动 Buck-Boost 直流斩波器型高频环节逆变器

9.1　引　　言

差动 Buck 直流斩波器型高频环节逆变器具有双向功率流、单级功率变换(DC-LFAC)即两单元功率变换(DC-HFAC-LFAC)、很高的变换效率、体积和重量小、因无输出滤波电解电容可靠性高等优点，适用于中大容量的逆变场合。然而，这类逆变器在负载过载甚至短路时，其功率开关电流的上升率将比正常工作时大得多，要求功率开关保护电路动作的快速性也要高得多，因而其可靠性仍不够理想。

隔离 Buck-Boost 变换器的储能式变压器由于可起到限流作用，在负载过载甚至短路时功率开关电流的上升率与正常工作时相同，为功率开关的保护电路赢得了足够的动作时间，因而其可靠性高。因此，探索和研究拓扑结构更加简洁、成本更低、负载过载甚至短路时可靠性更高的差动 Buck-Boost 直流斩波器型高频环节逆变器已迫在眉睫。

本章提出差动 Buck-Boost 直流斩波器型高频环节逆变器的变换理论与方法，包括逆变器的电路结构构建规律、电路拓扑衍生推导、分时半波 SPWM 控制策略、稳态原理特性、关键电路参数设计准则等研究内容，获得重要研究结论和 1kVA 逆变装置的实验结果[44-46]。

9.2　差动 Buck-Boost 直流斩波器型高频环节逆变器电路结构与拓扑族

9.2.1　电路结构

差动 Buck-Boost 直流斩波器型高频环节逆变器电路结构，如图 9-1 所示。该电路结构由分别输出低频正、负半周单极性两态 SPWM 电流波且共用一个输入、输出滤波器的两个相同的隔离双向 Buck-Boost 直流斩波器以输入直流侧并联、输出交流侧反向串接的规律构建而成，两个隔离双向 Buck-Boost 直流斩波器工作半个低频输出周期，解决了半个低频输出周期能量回馈和负载过载甚至短路时可靠性不够理想等问题，提高了变换效率。

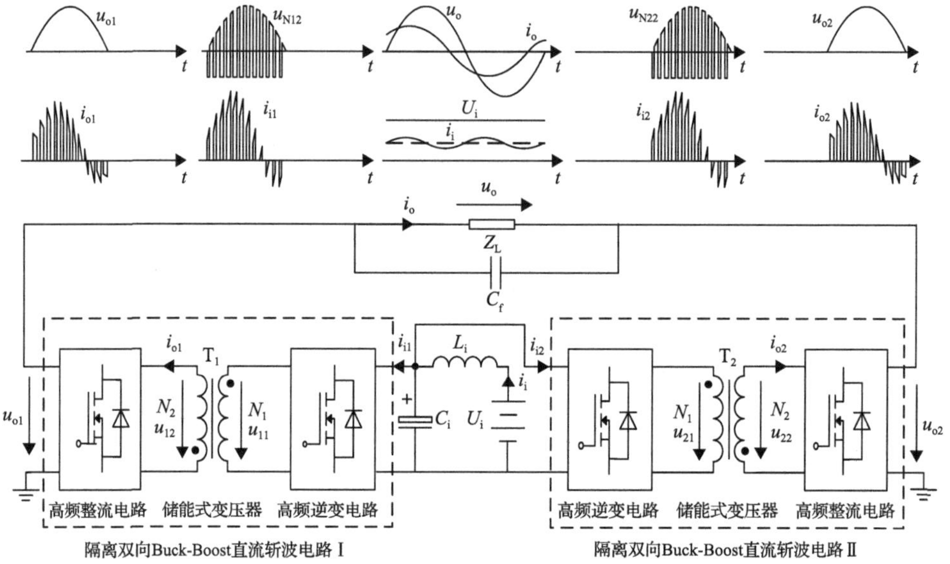

图 9-1　差动 Buck-Boost 直流斩波器型高频环节逆变器电路结构

当电源向输出负载传递能量时，两个隔离 Buck-Boost 双向直流斩波器正向传递功率，高频逆变电路将输入直流电压 U_i 逆变成单极性两态的高频脉冲电流 i_{i1}、i_{i2}，经高频储能式变压器 T_1、T_2 电气隔离、传输和电流匹配后，高频整流电路将高频脉冲电流 i_{i1} 和 i_{i2} 整流成单极性两态的高频脉冲电流 i_{o1}、i_{o2}，i_{o1} 和 i_{o2} 经滤波电容 C_f 分别得到正、负半周的低频正弦交流电压，并在交流负载 Z_L 上合成为优质低频正弦交流电压 u_o。当负载向电源回馈能量时，两个隔离 Buck-Boost 双向直流斩波器反向传递功率，整流电路工作在逆变状态，而逆变电路工作在整流状态。

9.2.2　电路拓扑族

差动 Buck-Boost 直流斩波器型高频环节逆变器电路拓扑族，如图 9-2 所示。该电路拓扑族包括单管反激式、双管反激式、并联交错单管反激式和并联交错双管反激式四个电路拓扑。

差动 Buck-Boost 直流斩波器型高频环节逆变器具有拓扑结构十分简洁、双向

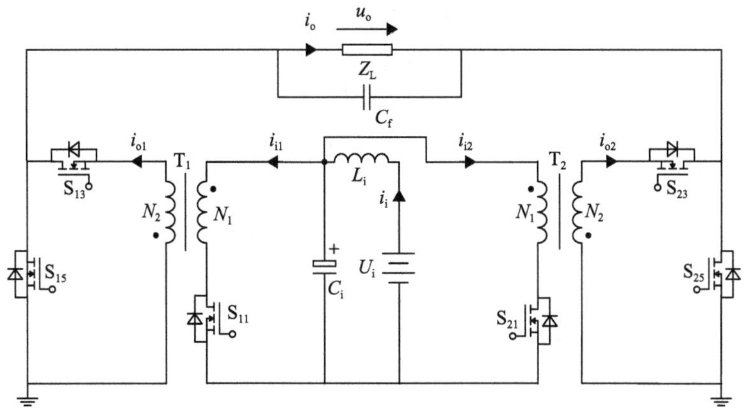

(a) 单管反激式

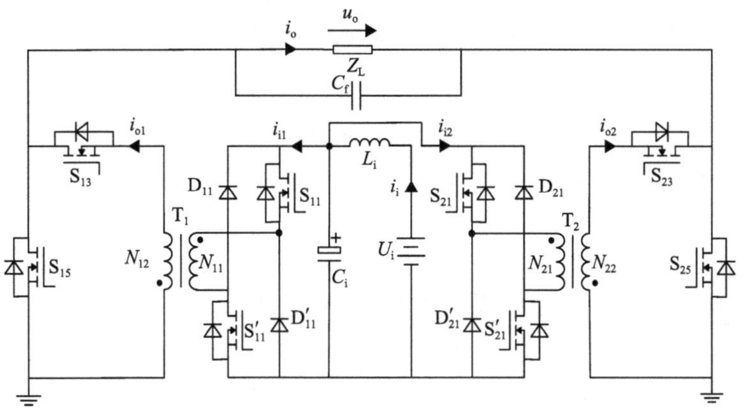

(b) 双管反激式

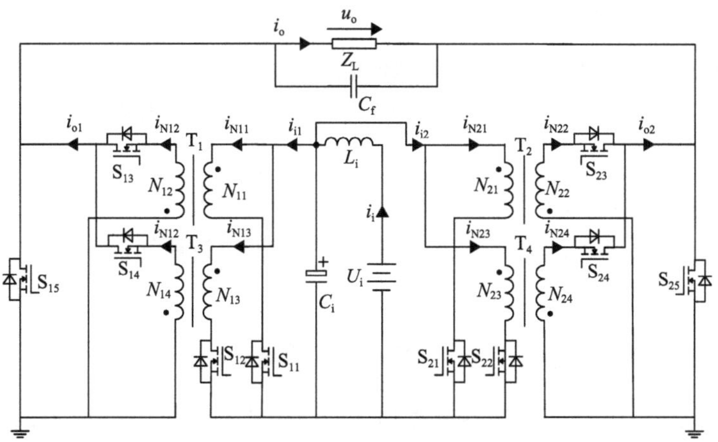

(c) 并联交错单管反激式

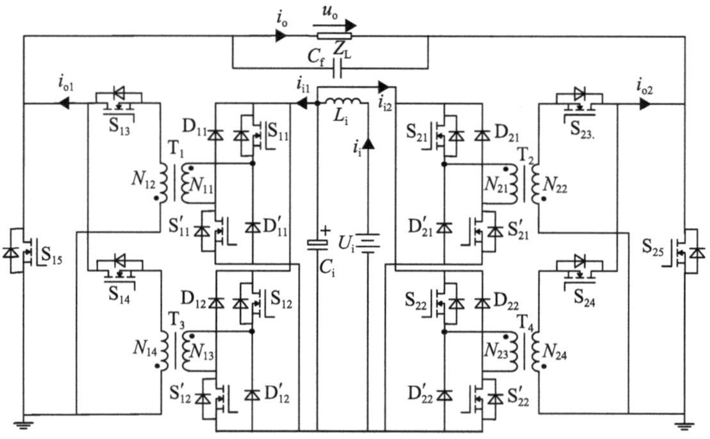

(d) 并联交错双管反激式

图 9-2　差动 Buck-Boost 直流斩波器型高频环节逆变器电路拓扑族

功率流、单级功率变换（DC-LFAC）即两单元功率变换（DC-HFAC-LFAC）、变换效率高、因无输出电解滤波电容可靠性高、负载过载和短路时可靠性高等优点，适合于小容量逆变场合。这类逆变器由于在任意时刻只有一个隔离 Buck-Boost 双向直流斩波器在工作，因而可获得很高的变换效率。

由于 Boost 型拓扑结构具有升压特性，利用两个 Boost 直流斩波器的差动连接构建而成的高频环节逆变器无法产生低频正弦波。

9.3　电压瞬时值反馈分时半波 SPWM 控制策略

9.3.1　控制策略的选择

差动 Buck-Boost 直流斩波器型高频环节逆变器可采用电压型控制策略和电流型控制策略，后者比前者有更优良的性能，但控制电路更复杂，设计和实现难度更大。

由于差动 Buck-Boost 直流斩波器型高频环节逆变器的拓扑结构具有负载过载和短路时理想可靠性的优势，故这类高频环节逆变器选用简洁的输出电压瞬时值反馈控制策略来开展研究。

9.3.2　电压瞬时值反馈分时半波 SPWM 控制策略

差动 Buck-Boost 直流斩波器型高频环节逆变器采用输出电压瞬时值反馈分时半波 SPWM 控制策略，如图 9-3 所示。u_o 与基准正弦电压 u_r 经电压误差放大器输出 u_e，u_e 经过零比较器得到输出电压正、负半周的极性选通信号 u_{sy} 和 $\overline{u}_{sy}$，

三角载波 u_c 经二分频后输出高频选通信号 u_s 及其反向信号 $\overline{u}_s$ 。当 $u_o>0$ 时，u_e 与 u_c 交截输出正半周的高频 SPWM 信号 u_{k1}，经适当的上升沿延时和整形电路后输出功率开关 $S_{11}(S'_{11})$、$S_{13}(S'_{13})$、$S_{12}(S'_{12})$、$S_{14}(S'_{14})$ 的控制信号 $u_{GS11}(u'_{GS11})$、$u_{GS13}(u'_{GS13})$、$u_{GS12}(u'_{GS12})$、$u_{GS14}(u'_{GS14})$；同理可得当 $u_o<0$ 时 $S_{21}(S'_{21})$、$S_{23}(S'_{23})$、$S_{22}(S'_{22})$、$S_{24}(S'_{24})$ 的控制信号 $u_{GS21}(u'_{GS21})$、$u_{GS23}(u'_{GS23})$、$u_{GS22}(u'_{GS22})$、$u_{GS24}(u'_{GS24})$ 以及 S_{25}、S_{15} 的控制信号 u_{GS25} 和 u_{GS15}。

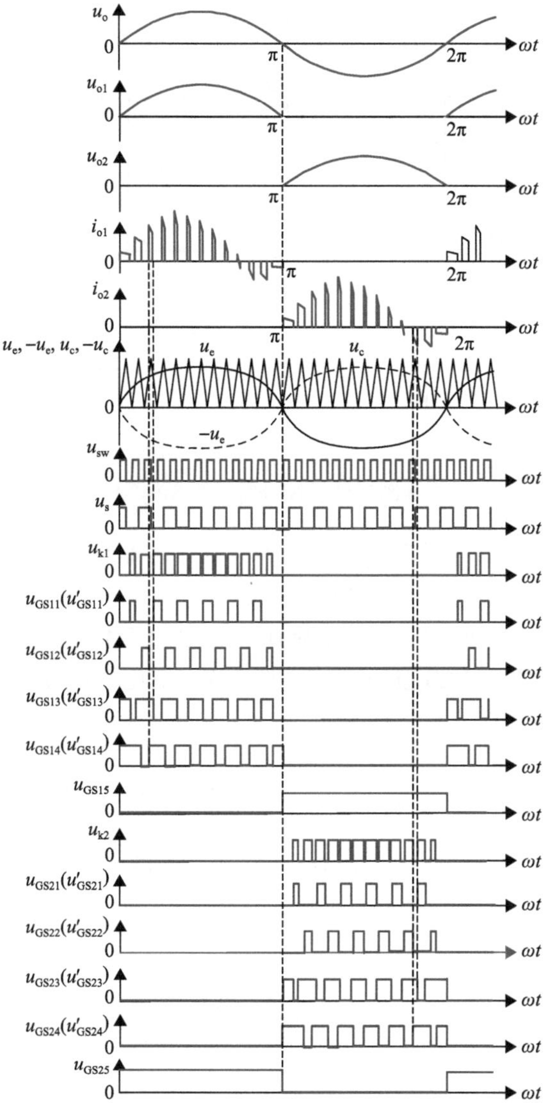

(a) 控制波形

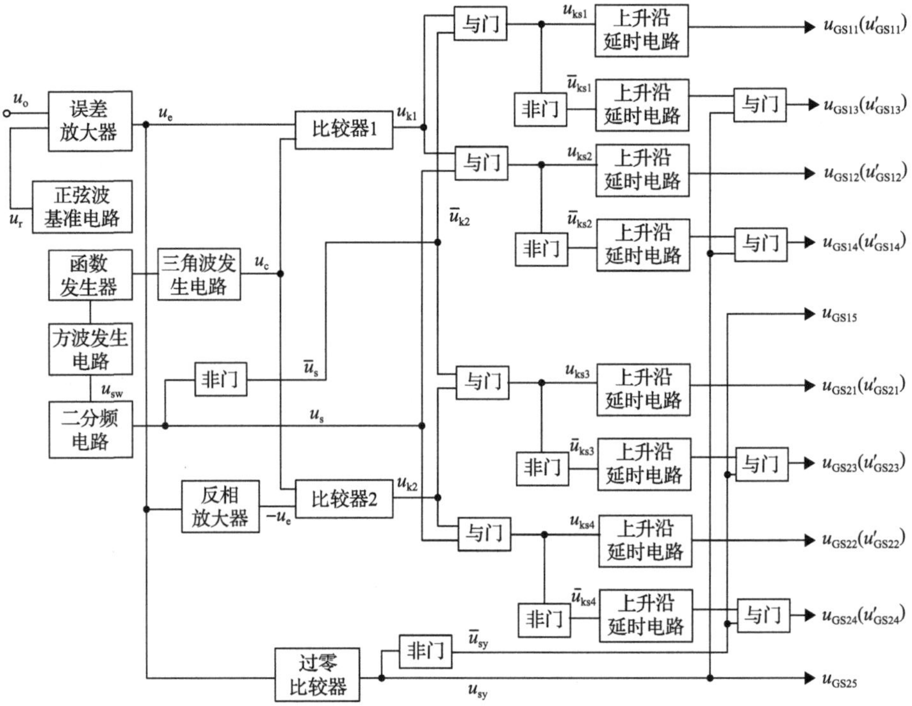

(b) 控制框图

图 9-3　电压瞬时值反馈分时半波 SPWM 控制策略

两个隔离 Buck-Boost 双向直流斩波器分别输出低频正、负半周的单极性两态 SPWM 电流波 u_{o1} 和 u_{o2}，经输出滤波电容 C_f 后在负载上获得优质的正弦交流电压 u_o。当电源电压、负载变化时，通过调节误差放大信号 u_e 的幅值来改变逆变器的调制度 m (m=u_e 幅值/三角载波 u_c 幅值) 即等效占空比，可实现逆变器输出电压的调节与稳定。

9.4　差动 Buck-Boost 直流斩波器型高频环节逆变器稳态原理特性

9.4.1　低频输出稳态分析

以图 9-2 (a) 单管反激式电路拓扑为例，分析差动 Buck-Boost 直流斩波器型高频环节逆变器的稳态原理特性。

1. 一个低频输出周期内的四种工作模式

将输出滤波电容并入输出负载考虑，按功率传递方向划分，差动 Buck-Boost

直流斩波器型高频环节逆变器在一个低频输出周期内可分为四种工作模式，即 A、B、C、D，每一种工作模式相当于一个隔离单向 Buck-Boost 直流变换器，如表 9-1 所示。

表 9-1　一个低频输出周期内的四种工作模式

工作模式	斩波器 I	斩波器 Ⅱ	状态
A	工作	不工作	斩波器 I 正向传递功率
B	工作	不工作	斩波器 I 反向传递功率
C	不工作	工作	斩波器 Ⅱ 正向传递功率
D	不工作	工作	斩波器 Ⅱ 反向传递功率

2. 低频输出工作模式分析

差动 Buck-Boost 直流斩波器型高频环节逆变器在不同性质等效阻抗负载时的低频输出稳态原理波形，如图 9-4 所示。该图中，i_{Cf1} 为滤波电容电流的基波分量。

当滤波电容 C_f 与负载 Z_L 的并联等效阻抗呈阻性时，负载电流 i_o 的相位滞后输出电压 u_o，等效负载电流基波分量 i_{oe1} 与 u_o 同相，如图 9-4(a)所示。

t_0～t_1：输出电压 $u_o>0$，等效负载电流基波分量 $i_{oe1}>0$，此时斩波器 I 工作，

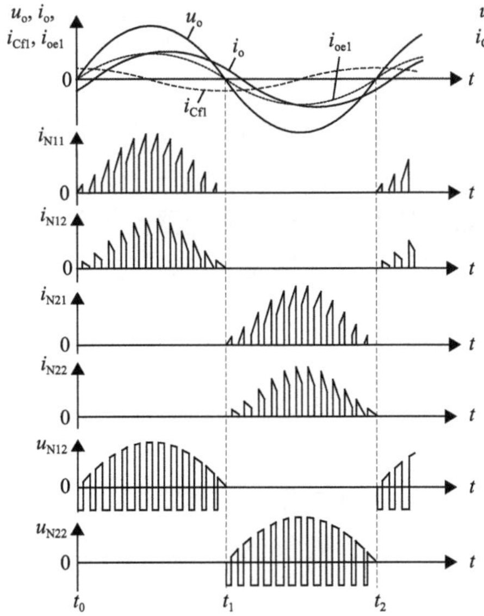

(a) 等效阻性负载

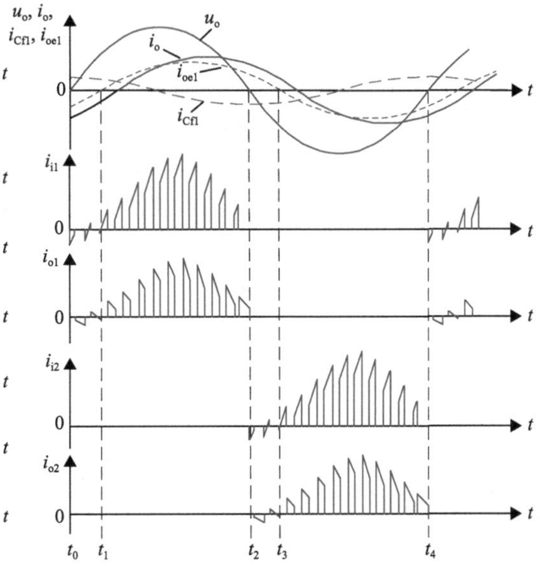

(b) 等效感性负载

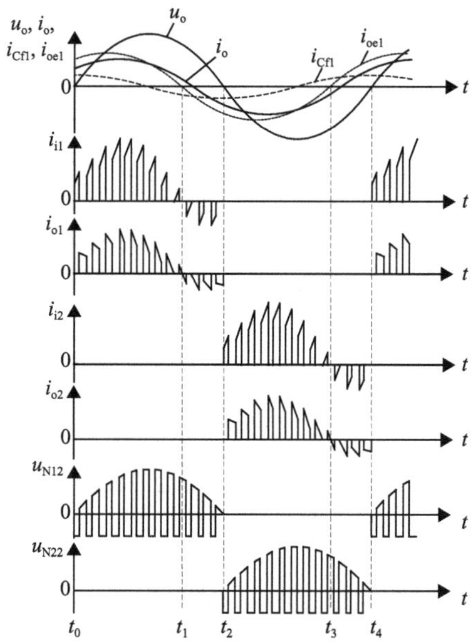

(c) 等效容性负载

图 9-4 逆变器在不同性质等效阻抗负载时的低频输出稳态原理波形

斩波器Ⅱ不工作，逆变器工作在模式 A，斩波器Ⅰ的功率开关 $S_{11}(S'_{11})$ 高频斩波，S_{13} 高频互补导通，输入电源通过斩波器Ⅰ向等效负载传递功率。

$t_1 \sim t_2$: $u_o<0$, $i_{oe1}<0$，斩波器Ⅰ不工作，斩波器Ⅱ工作，逆变器工作在模式 C，斩波器Ⅱ的功率开关 $S_{21}(S'_{21})$ 高频斩波，S_{23} 高频互补导通，输入电源通过斩波器Ⅱ向等效负载传递功率。

当滤波电容 C_f 与负载 Z_L 的并联等效阻抗呈感性时，负载电流 i_o 及其等效负载电流基波分量 i_{oe1} 滞后于输出电压 u_o，如图 9-4(b)所示。

$t_0 \sim t_1$: $u_o>0$、$i_{oe1}<0$，斩波器Ⅰ工作，斩波器Ⅱ不工作，逆变器工作在模式 B，功率开关的 S_{13} 高频斩波、$S_{11}(S'_{11})$ 高频互补导通，S_{25} 导通，等效负载通过斩波器Ⅰ向输入电源回馈能量。

$t_1 \sim t_2$: $u_o>0$、$i_{oe1}>0$，斩波器Ⅰ工作，斩波器Ⅱ不工作，逆变器工作在模式 A，$S_{11}(S'_{11})$ 高频斩波、S_{13} 高频互补导通，S_{25} 导通，输入电源通过斩波器Ⅱ向等效负载传递功率。

$t_2 \sim t_3$: $u_o<0$、$i_{oe1}>0$，斩波器Ⅰ不工作，斩波器Ⅱ工作，逆变器工作在模式 D，S_{23} 高频斩波、$S_{21}(S'_{21})$ 高频互补导通，S_{15} 导通，等效负载通过斩波器Ⅱ向输入电源回馈能量。

$t_3 \sim t_4$: $u_o<0$、$i_{oe1}<0$，斩波器Ⅰ不工作，斩波器Ⅱ工作，逆变器工作在模式 C，$S_{21}(S'_{21})$ 高频斩波、S_{23} 高频互补导通，S_{15} 导通，输入电源通过斩波器Ⅱ向等

效负载传递功率。

当滤波电容 C_f 与负载 Z_L 的并联等效阻抗呈容性时，等效负载电流基波分量 i_{oe1} 超前 u_o，而负载电流 i_o 超前、同相或稍滞后 u_o，阻性负载是其中的一种特殊情况，如图 9-4(c)所示。

$t_0 \sim t_1$：输出电压 $u_o>0$, $i_{oe1}>0$，斩波器 I 工作，斩波器 II 不工作，逆变器工作在模式 A，$S_{11}(S'_{11})$ 高频斩波，S_{13} 高频互补导通，S_{25} 导通，输入电源通过斩波器 I 向等效负载输出能量。

$t_1 \sim t_2$：输出电压 $u_o>0$, $i_{oe1}<0$，斩波器 I 工作，斩波器 II 不工作，逆变器工作在模式 B，S_{13} 高频斩波，$S_{11}(S'_{11})$ 高频互补导通，等效负载通过斩波器 I 向输入电源回馈能量。

$t_2 \sim t_3$：$u_o<0$, $i_{oe1}<0$，斩波器 I 不工作，斩波器 II 工作，逆变器工作在模式 C，$S_{21}(S'_{21})$ 高频斩波，S_{23} 高频互补导通，输入电源通过斩波器 II 向等效负载输出能量。

$t_3 \sim t_4$：$u_o<0$, $i_{oe1}>0$，斩波器 I 不工作，斩波器 II 工作，逆变器工作在模式 D，斩波器 II 的功率开关 S_{23} 高频斩波，$S_{21}(S'_{21})$ 高频互补导通，等效负载通过斩波器 II 向输入电源回馈能量。

由此可见，逆变器在等效阻性、等效感性和等效容性负载时的工作模式次序分别为 A→C、B→A→D→C 和 A→B→C→D。与容性负载相比，阻性负载时回馈能量的工作模式 B 和 D 的区间较短。

9.4.2　高频开关工作过程分析

1. Buck 箝位电路

为限制功率开关的关断电压尖峰，需要对差动 Buck-Boost 直流斩波器型高频环节逆变器的原边功率开关 S_{11}、S_{21} 附加一个由箝位电容 C_C、箝位开关 S_C、二极管 D_C、电感 L_C 和电容 C_i 组成的无损 Buck 箝位电路，副边功率开关 S_{13}、S_{23} 两端分别并接一个 RC 缓冲电路，如图 9-5 所示。

以输出电压正半周且正向传递功率为例，直流斩波器 I 工作，斩波器 II 不工作，功率开关 S_{11} 关断后，变压器 T_1 的原边漏感能量引起的 S_{11} 的关断电压上升到 Buck 箝位电路二极管 D_{C1} 的阴极电位，二极管 D_{C1} 开通，C_C 充电，通过 Buck 箝位电路将 C_C 的能量回馈到输入电源 U_i。如此，S_{11} 的端电压即 C_C 的端电压箝位在 u_oN_1/N_2+U_i 值上。反向回馈能量时，Buck 箝位电路的工作原理是类似的，即当 S_{13} 开通、S_{11} 关断时，变压器原边的漏感能量引起的 S_{11} 的关断电压上升到 Buck 箝位电路二极管 D_{C1} 的阴极电位，D_{C1} 开通，C_C 充电，通过 Buck 箝位电路将 C_C 的能量回馈到输入电源 U_i。

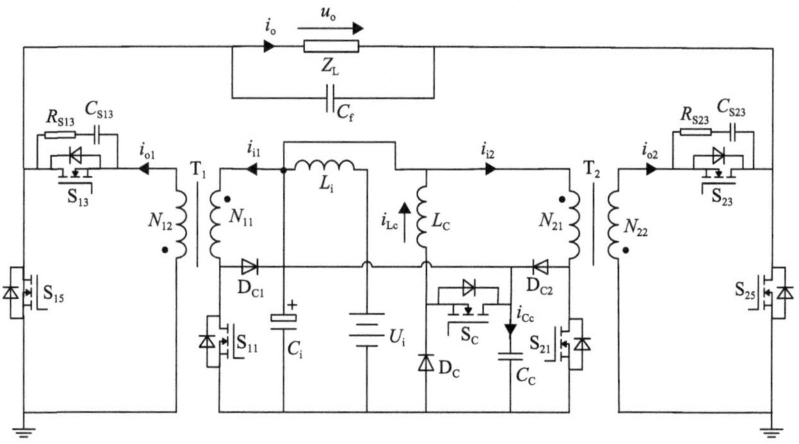

图 9-5　逆变器的 Buck 箝位电路和 RC 缓冲电路

2. 高频开关工作过程

以输出电压正半周、正向传递功率为例，直流斩波器 I 工作，斩波器 II 不工作，差动 Buck-Boost 直流斩波器型高频环节逆变器在箝位电路的电感电流 CCM 时的高频开关过程波形，如图 9-6 所示。

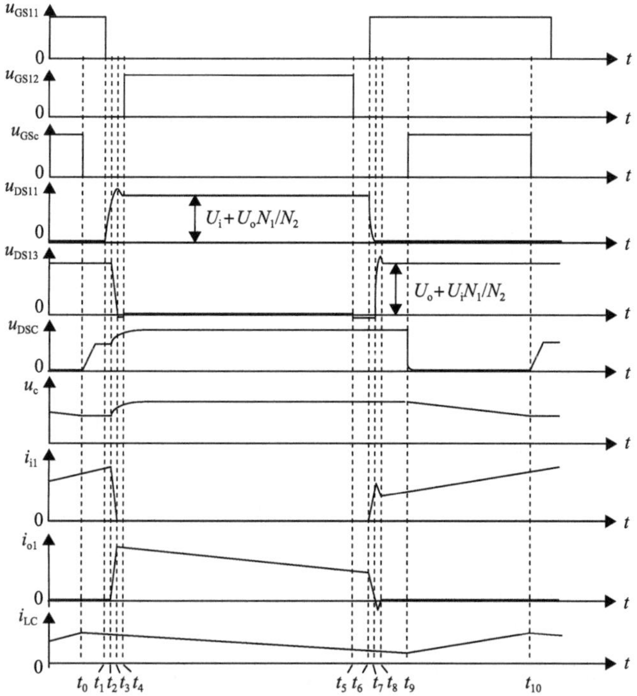

图 9-6　逆变器在 Buck 箝位电路 CCM 时的高频开关工作过程波形

逆变器在一个开关周期内分为十个工作区间，如下所述。

1) $t_0 \sim t_1$

t_0 时刻关断 S_C，C_C 停止释放能量，C_C 端电压维持不变；i_{LC} 通过 D_C 续流并线性减小，能量回馈至输入电源端；此时 S_C 的源极电位为 0，C_C 给 S_C 的结电容充电，u_{DSC} 逐渐上升至 C_C 的端电压值后保持不变。

2) $t_1 \sim t_2$

t_1 时刻关断 S_{11}，U_i 和 T_1 原边电感向 S_{11} 的结电容充电，在此期间 $u_{DS11} < U_i$，i_{i1} 继续增大。

3) $t_2 \sim t_3$

t_2 时刻 u_{DS11} 迅速上升至 U_i，此后 u_{DS11} 继续上升，同时 u_{DS13} 下降；原边绕组电压上负下正，i_{i1} 正向减小，i_{o1} 从 0 开始增大；由于漏感与 S_{11} 的结电容谐振，u_{DS11} 出现大于 U_oN_1/N_2+U_i 的电压尖峰，此尖峰电压使 D_{C1} 正向导通，漏感能量通过 D_{C1} 传递至 C_C，u_C 增大，u_{DSC} 也增大，直到 D_{C1} 反偏截止。

4) $t_3 \sim t_4$

t_3 时刻 u_{DS13} 降到 0；i_{i1} 下降到 0，i_{o2} 流过 S_{13} 体二极管并开始正向减小，变压器 T_1 储存的能量通过 S_{13} 体二极管释放给负载。

5) $t_4 \sim t_5$

t_4 时刻开通 S_{13}，功率开关的压降小于体二极管压降时，S_{13} 实现 ZVS 开通；储能变压器通过 S_{13} 向输出端释放能量，i_{o1} 继续正向减小；i_{LC} 继续通过 D_C 续流。

6) $t_5 \sim t_6$

t_5 时刻关断 S_{13}，此时储能式变压器的能量通过 S_{13} 体二极管向输出端释放，i_{o2} 继续正向减小。

7) $t_6 \sim t_7$

t_6 时刻开通 S_{11}，u_{DS11} 迅速减小，T_1 的原边绕组电压上正下负，i_{i1} 从 0 开始正向迅速增加，i_{o1} 正向迅速减小。

8) $t_7 \sim t_8$

t_7 时刻 i_{o1} 减小到 0，S_{13} 体二极管关断；T_1 副边绕组电压下正上负，输出电压和副边电感电压向 S_{13} 结电容和 C_{S13} 充电，漏感能量使 u_{DS13} 出现电压尖峰，i_{o1} 反向增大，i_{i1} 正向增大并出现电流尖峰。

9) $t_8 \sim t_9$

t_8 时刻 i_{o1} 反向减小到 0，输入电源通过 S_{11} 与 T_1 形成回路，T_1 储能，i_{i1} 正向增大。

10) t_9～t_{10}

t_9时刻开通 S_C，C_C开始通过 S_C、L_C放电，存储在箝位电容 C_C上的能量回馈回输入电源，u_{DSC}迅速下降至 0，i_{LC}开始线性上升；t_{10}时刻关断 S_C，开始下一个开关周期。

9.4.3 输出外特性

设储能式变压器的原边(副边)绕组电阻、原边功率开关 S_{11}(S_{21})(副边功率开关 S_{13}(S_{23})、S_{25}(S_{15}))通态电阻在内的等效电阻用 r_1(r_2)表示，D 为原边功率开关 S_{11}(S_{21})的等效占空比，$L_1 / L_2 = (N_1 / N_2)^2$、$N_1 I_{i1} = N_2 I_{o1}$、$r_1 / r_2 = (N_1 / N_2)^2$、$R_L = U_o / I_o$，根据状态空间平均法求得状态变量的稳态值为

$$U_o = (N_2 / N_1) U_i D / (1-D) - I_o r_2 / (1-D)^2 \tag{9-1}$$

$$I_{i1} = I_{i2} = (N_2 / N_1)^2 U_i D / [(1-D)^2 R_L + r_2] \tag{9-2}$$

逆变器的电感电流只存在 CCM，而不存在 DCM。储能式变压器原边电感电流存在电流初值大于零、电流初值小于零和终值大于零、电流初值和终值均小于零三种情形。理想情形(r_1=r_2=0)时逆变器的外特性为

$$U_o = U_i N_2 D / [(1-D) U_i N_1] \tag{9-3}$$

原边电感电流初值等于零时的负载电流为

$$I_G = I_{omin} = U_i D (1-D) T_s N_2 / [(2L_1) N_1] \tag{9-4}$$

当 D=0.5 时，I_G达到最大值，即

$$I_{Gmax} = U_i T_s N_2 / (8 N_1 L_1) \tag{9-5}$$

由式(9-4)和式(9-5)可知，理想情形、原边电感电流初值等于零时逆变器的外特性为

$$I_G = 4 I_{Gmax} D (1-D) \tag{9-6}$$

差动 Buck-Boost 直流斩波器型高频环节逆变器的四象限标幺外特性 $U_o/(U_i N_2/N_1) = f(I_o/I_{Gmax})$，如图 9-7 所示。当 u_o＞0 时，外特性曲线对应图 9-7 的上半平面，D 为斩波器 Ⅰ 的等效占空比；当 u_o＜0 时，外特性曲线对应图 9-7 的下半平面，D 为斩波器Ⅱ的等效占空比。以第一象限为例，曲线 a 为原边电感电流初值等于零时的外特性曲线，由式(9-6)决定，曲线 a 左、右两边分别为原边电感电流初值小

于零、大于零时的外特性曲线，实线为理想情形时的曲线，由式(9-3)决定，虚线为实际情形时的曲线，由式(9-1)决定，随着负载电流增加，输出电压下降。也可表述为，曲线 a 右边为原边电感电流 i_{L1} 的初值大于零时的外特性曲线，曲线 b 左边为 i_{L1} 的终值小于零时外特性曲线，曲线 a 与曲线 b 之间为 i_{L1} 的初值小于零、终值大于零时外特性曲线(即电流双向流动模式)，实线为理想情形时曲线，虚线为实际情形时曲线。显然，这类逆变器的外特性曲线不同于第 6 章论述的单级 Buck-Boost 周波变换器型高频环节逆变器。

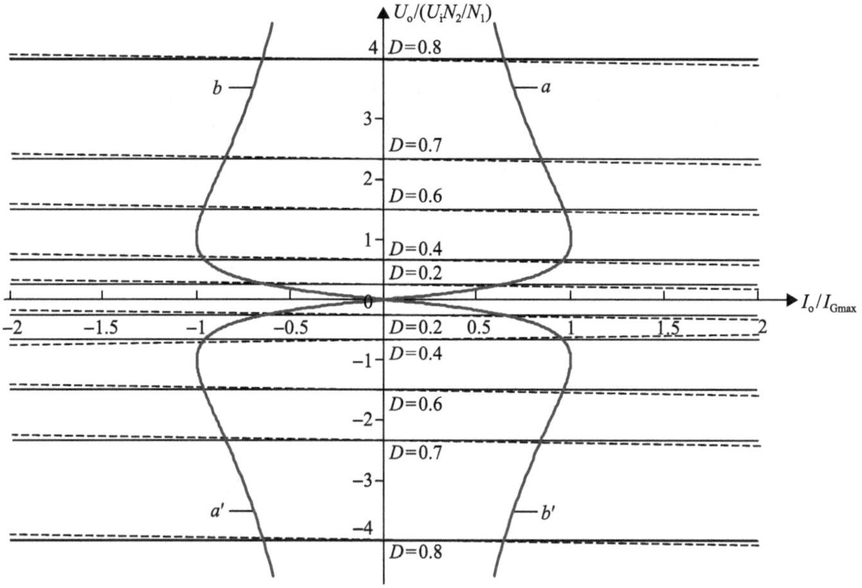

图 9-7　差动 Buck-Boost 直流斩波器型高频环节逆变器的四象限标幺外特性曲线

9.5　差动 Buck-Boost 直流斩波器型高频环节逆变器的关键电路参数设计

9.5.1　功率电路

1. 储能式变压器的匝比

当输入电压 $U_i=U_{imin}$ 时，等效占空比 $D=D_{max}$，输出电压峰值 $u_o=\sqrt{2}U_{orms}$，则储能式变压器的匝比为

$$N_2/N_1=\sqrt{2}U_o(1-D_{max})/(D_{max}U_{imin}) \tag{9-7}$$

设储能式变压器原边电感电流的初值 i_{L1} 为零时对应的最小输出功率为 p_{omin}，则原边电感为

$$L_1 \geqslant \eta U_i^2 D_{max}^2 T_s / (2 p_{omin}) \tag{9-8}$$

2. 逆变器的等效占空比变化规律

逆变器的等效占空比变化规律为

$$d(t) = \sqrt{2} U_o \sin(\omega t) / (U_i N_2 / N_1 + \sqrt{2} U_o \sin(\omega t)) \tag{9-9}$$

逆变器的等效占空比 $d(t)$ 在半个低频输出周期[0, T_o/2]的变化规律，如图 9-8 所示。逆变器的等效占空比信号由误差电压信号 u_e 与三角型载波 u_c 比较获得，如果 u_c 的幅值为 U_{cm}，则 $d(t) = u_e / U_{cm}$，与占空比呈线性关系的 u_e 是一个平顶的类似正弦波。

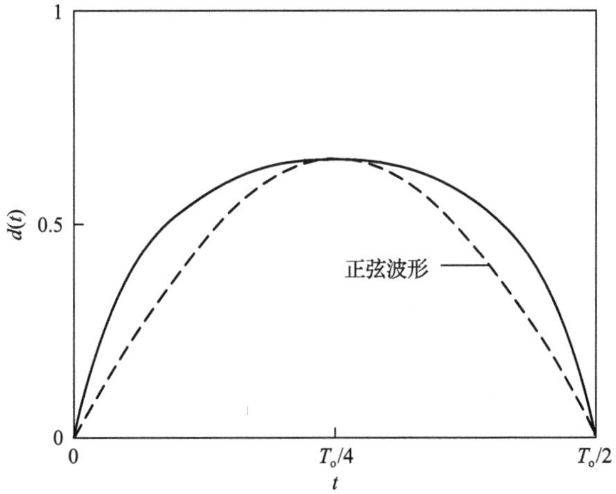

图 9-8 逆变器的等效占空比 $d(t)$ 在半个低频输出周期的变化规律

3. 功率开关应力

S_{11} 与 S_{21}、S_{13} 与 S_{23}、S_{15} 与 S_{25} 的电压分别为

$$u_{DS11} = u_{DS21} = \sqrt{2} U_o N_1 / N_2 + U_{imax} \tag{9-10}$$

$$u_{DS13} = u_{DS23} = U_{imax} N_2 / N_1 + \sqrt{2} U_o \tag{9-11}$$

$$u_{DS15} = u_{DS25} = \sqrt{2} U_o \tag{9-12}$$

功率开关 S_{11}、S_{21} 的电流即储能式变压器原边电感的电流，其在第 n 个开关

周期内的峰值、瞬时值和有效值分别为

$$I_{\mathrm{i1max}}(n)=P_{\mathrm{o}}(n)/(\eta_{\mathrm{n}}U_{\mathrm{i}}d(n))+U_{\mathrm{i}}d(n)T_{\mathrm{s}}/(2L_1) \tag{9-13}$$

$$i_{\mathrm{i1}}(t)=I_{\mathrm{i1max}}(n)-d(n)T_{\mathrm{s}}U_{\mathrm{i}}/L_1+(U_{\mathrm{i}}/L_1)[t-(n-1)T_{\mathrm{s}}],\quad (n-1)T_{\mathrm{s}}\leqslant t\leqslant (n-1)T_{\mathrm{s}}+d(n)T_{\mathrm{s}} \tag{9-14}$$

$$I_{\mathrm{i1rms}}(n)=\sqrt{(1/T_{\mathrm{s}})\int_{(n-1)T_{\mathrm{s}}}^{(n-1)T_{\mathrm{s}}+d(n)T_{\mathrm{s}}} i_{\mathrm{i1}}^2(t)\mathrm{d}t} \tag{9-15}$$

原边电感电流在一个低频输出周期的有效值为

$$I_{\mathrm{i1rms}}=\sqrt{\frac{1}{T}\sum_{n=1}^{N/2} I_{\mathrm{i1rms}}^2(n)T_{\mathrm{s}}} \tag{9-16}$$

式中，$N=T_{\mathrm{o}}/T_{\mathrm{s}}$ 为一个低频输出周期 T_{o} 内的开关周期数。S_{13}、S_{25} 的电流即储能式变压器的副边电感电流，同理，S_{23}、S_{15} 的电流也为储能式变压器的副边电感电流，其在第 n 个开关周期内的峰值、瞬时值和有效值分别为

$$I_{\mathrm{o1max}}(n)=I_{\mathrm{i1max}}(n)N_1/N_2 \tag{9-17}$$

$$i_{\mathrm{o1}}(t)=I_{\mathrm{o1max}}(n)-(U_{\mathrm{o}}(n)/L_2)[t-(n-1)T_{\mathrm{s}}-d(n)T_{\mathrm{s}}],\quad (n-1)T_{\mathrm{s}}+d(n)T_{\mathrm{s}}\leqslant t\leqslant nT_{\mathrm{s}} \tag{9-18}$$

$$I_{\mathrm{o1rms}}(n)=\sqrt{\frac{1}{T_{\mathrm{s}}}\int_{(n-1)T_{\mathrm{s}}+d(n)T_{\mathrm{s}}}^{nT_{\mathrm{s}}} i_{\mathrm{o1}}^2(t)\mathrm{d}t} \tag{9-19}$$

副边电感电流在一个低频输出周期的有效值为

$$I_{\mathrm{o1rms}}=\sqrt{\frac{1}{T}\sum_{n=1}^{N/2} I_{\mathrm{o1rms}}^2(n)T_{\mathrm{s}}} \tag{9-20}$$

9.5.2 Buck 型有源箝位电路

在每个开关周期内，储能式变压器的原边漏感 l_{leak1} 储存的能量被功率开关 $S_{11}(S_{21})$ 的结电容 C_{S} 和箝位电容 C_{C} 所吸收，即

$$(C_{\mathrm{S}}+C_{\mathrm{C}})U_{\mathrm{CC2}}^2 f_{\mathrm{s}}/2-C_{\mathrm{C}}U_{\mathrm{CC1}}^2 f_{\mathrm{s}}/2=l_{\mathrm{leak1}}I_{\mathrm{i1p}}^2 f_{\mathrm{s}}/2 \tag{9-21}$$

式中，U_{CC1}、U_{CC2}分别为箝位电容 C_C 每个开关周期充电前后的电压值。当 C_C 足够大时，可将 $S_{11}(S_{21})$的最大漏源电压限制在$\sqrt{2}\,U_oN_1/N_2+U_{imax}$，即箝位电容 C_C 可取为

$$C_C=\frac{l_{leak1}I_{i1p}^2-C_S\ (U_oN_1/N_2+U_{imax})^2}{(U_oN_1/N_2+U_{imax})^2-U_{CC1max}^2} \tag{9-22}$$

式中，U_{CC1max}取 0.9～0.95（$\sqrt{2}\,U_oN_1/N_2+U_{imax}$），调试中确定。箝位开关 S_C 的电压为

$$u_{SC}\geqslant\sqrt{2}U_{orms}N_1/N_2+U_{imax} \tag{9-23}$$

箝位开关 S_C 的电流可根据回馈的能量大小和箝位电容电压来近似计算。

Buck 箝位开关 S_C 的控制电路，如图 9-9 所示。将直流基准电压 U_b 与 50kHz 的三角形载波信号 u_c 交截得到一个固定占空比的恒频时钟信号，当箝位电容电压的取样信号 ku_{CC}(k 为分压系数)大于设定的 U_b 值时将得到 S_C 的控制信号 u_{GSC}，否则，S_C 将停止工作。直流基准电压 U_b 应按 U_i 和 u_o 的最大值情况来设定，通常取为

$$U_b=\left(\sqrt{2}U_oN_1/N_2+U_{imax}\right)/50 \tag{9-24}$$

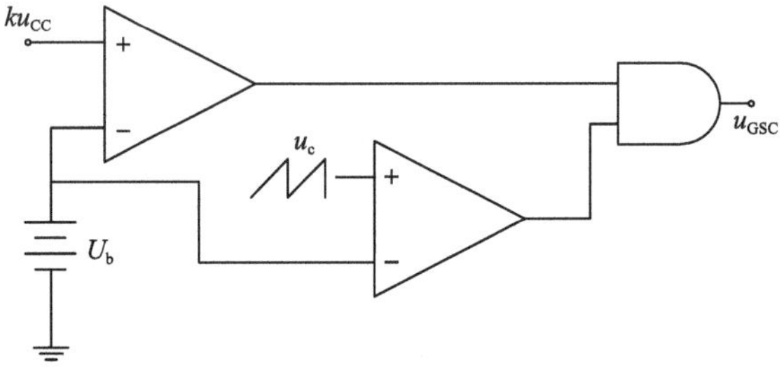

图 9-9　Buck 箝位开关 S_C 的控制电路

9.6　1kVA 差动 Buck-Boost 直流斩波器型高频环节逆变装置实验

9.6.1　逆变装置构成

1kVA 260VDC/220V50HzAC 差动 Buck-Boost 直流斩波器型高频环节逆变装置由功率电路、控制电路和机内辅助电源三部分构成，如图 9-10 所示。

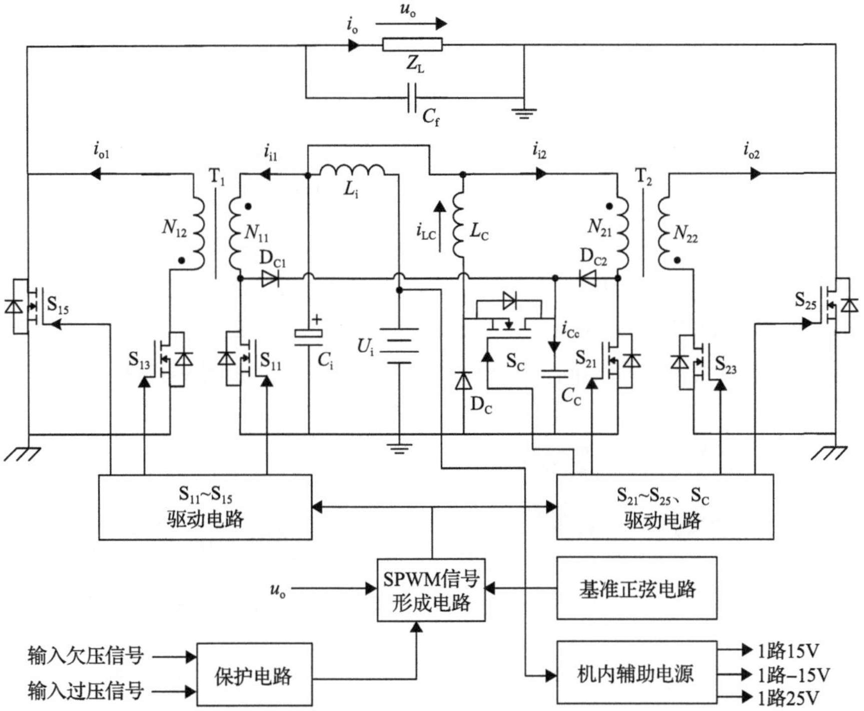

图 9-10　1kVA 差动 Buck-Boost 直流斩波器型高频环节逆变装置的构成

1. 功率电路

1kVA 差动 Buck-Boost 直流斩波器型高频环节逆变装置的功率电路，是由分别输出低频正、负半周单极性两态 SPWM 电流波且共用一个输入、输出滤波器的两个相同的隔离双向 Buck 箝位单管 Buck-Boost 直流斩波器以输入直流侧并联、输出交流侧反向串接的规律构建而成的。

2. 控制电路

1kVA 逆变装置采用输出电压瞬时值反馈分时半波 SPWM 控制策略，其控制电路主要包括正弦基准电路、单极性三角波电路、误差放大电路、SPWM 比较器、过欠压检测与保护电路、延时与逻辑电路、驱动电路七个部分。

3. 机内辅助电源

机内辅助电源采用 UC3843 芯片峰值电流型控制 RCD 箝位反激变换器实现。该机内辅助电源的性能指标为：输入电压 U_i=40～60VDC，开关频率 300kHz，三路输出为 15V(1.5A)、−15V(0.2A)和 25V(0.4A)，提供的三路输出电压满足控制电路的需要。由于功率开关 S_{13}、S_{15}、S_{23}、S_{25} 的源极共地，故隔离驱动电路的辅助电源只需 1 路，减少了辅助电源的路数。

9.6.2　逆变装置实验

设计实例：Buck 箝位单管反激式电路拓扑，输出电压瞬时值反馈互补同时半波 SPWM 控制策略，额定容量 S=1kVA，输入电压 U_i=185～350V，输出电压 U_o=220V50HzAC，负载功率因数–0.75→1.0→0.75，开关频率 f_s=50kHz，储能式变压器原边电感 L_m=350μH、匝比 $n=N_1/N_2$=65/49，最大等效占空比 d_{max}=0.7。

1kVA 260VDC/220V50HzAC 差动单管 Buck-Boost 直流斩波器型高频环节逆变装置在额定输入电压和不同性质负载时的实验波形，如图 9-11 所示。

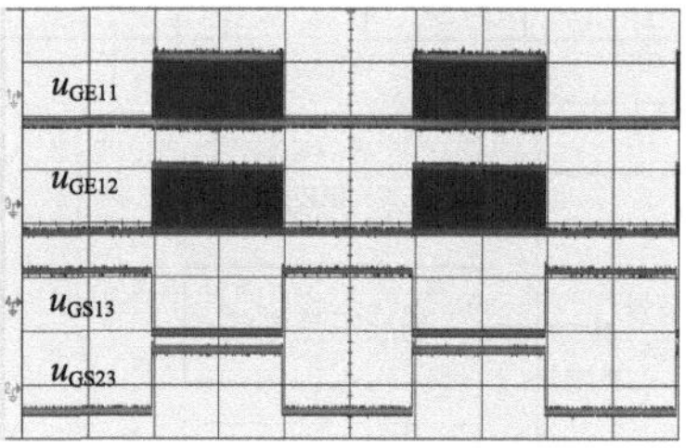

纵轴:20V/格 时间:5ms/格

(a) S_{11}、S_{12}、S_{13}、S_{23}驱动波形

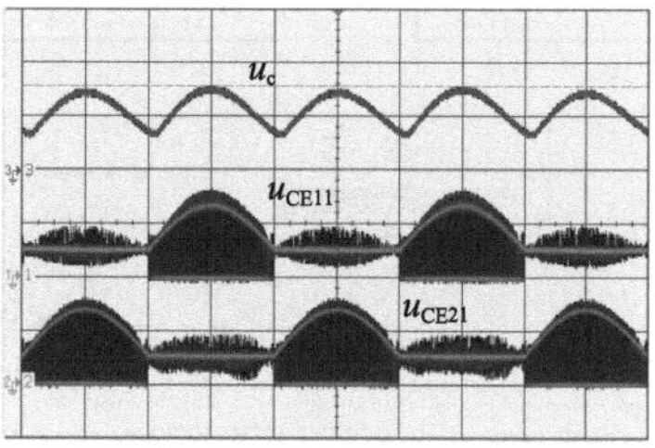

u_c:500V/格 u_{CE11}:500V/格 u_{CE21}:500V/格
时间:5ms/格

(b) 箝位电容电压和S_{11}、S_{21}集射电压

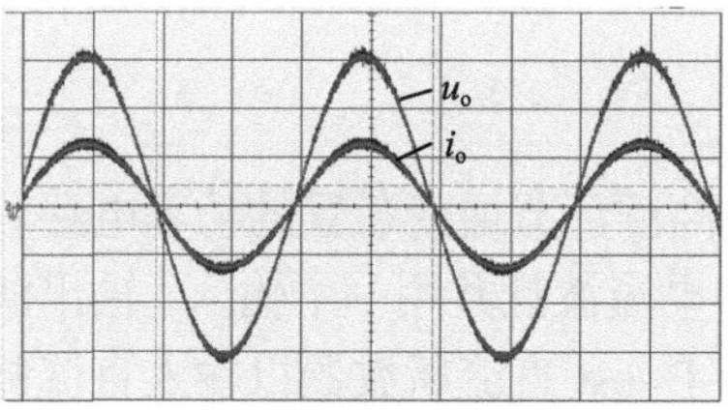

u_o:100V/格 i_o:5A/格
时间:5ms/格

(c) 阻性负载时输出电压u_o和电流i_o

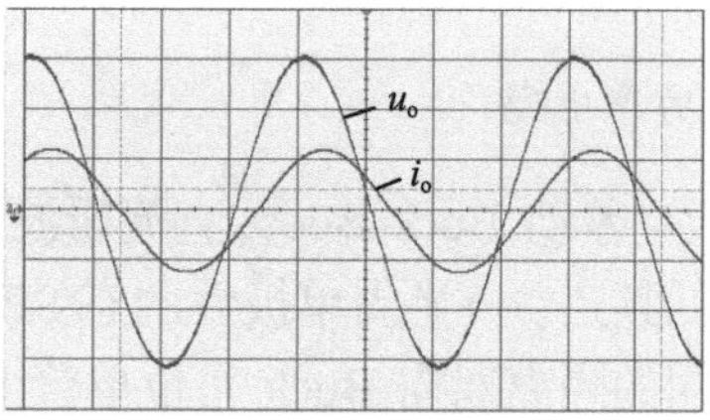

u_o:100V/格 i_o:5A/格
时间:5ms/格

(d) 感性负载时u_o和i_o

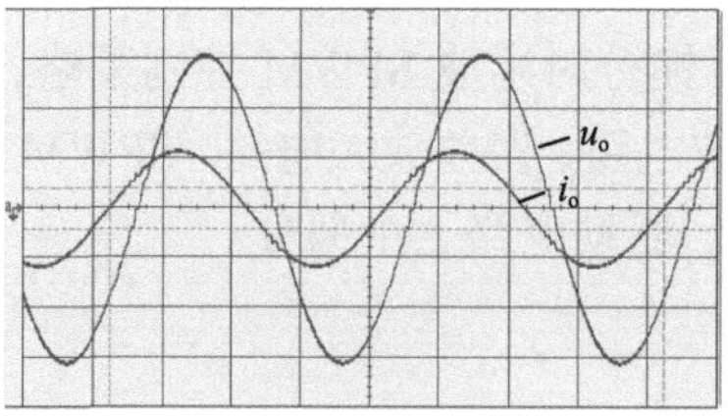

u_o:100V/格 i_o:5A/格
时间:5ms/格

(e) 容性负载时u_o和i_o

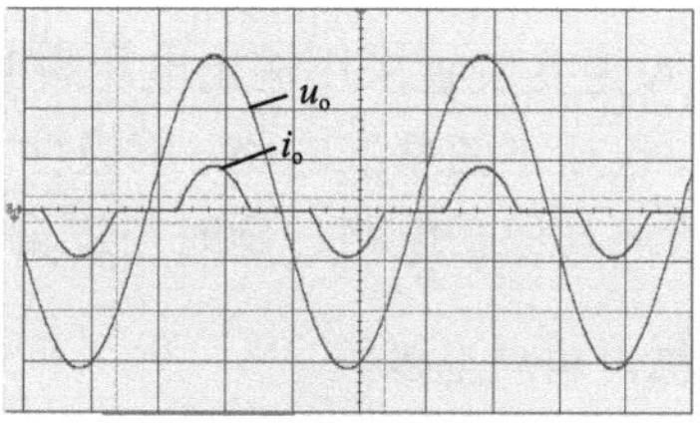

u_o:100V/格 i_o:2A/格
时间:5ms/格

(f) 非线性负载时u_o和i_o

图 9-11　1kVA 差动单管 Buck-Boost 直流斩波器型高频环节逆变装置的实验波形

1kVA 逆变装置的实验结果与理论分析一致，具体表现在：①功率开关 S_{11} 和 S_{21} 工作半个低频周期，S_{11} 的漏源电压 u_{DS11} 是幅值包络线为 $U_i+U_oN_1/N_2$ 的半个低频周期 SPWM 波和幅值为 U_i 的半个低频周期直流电压波，S_{12} 的集射电压 u_{CE12} 是幅值包络线为 $U_o+U_iN_2/N_1$ 的半个低频周期 SPWM 波和幅值为零的半个低频周期直流电压波，功率开关关断电压尖峰分别被无损 Buck 箝位电路和 RC 缓冲电路所抑制，如图 9-11(a) 和 (b) 所示；②逆变器输出电压 u_o 为 220V50Hz 的正弦波，带线性和非线性负载时输出波形质量高，如图 9-11(b)～(e) 所示。

本 章 小 结

差动 Buck-Boost 直流斩波器型高频环节逆变器电路结构由分别输出正、负半个输出周期单极性两态 SPWM 电流波和共用输入、输出滤波器的两个相同的隔离双向 Buck 箝位单管 Buck-Boost 直流斩波电路以输入直流侧并联、输出交流侧反向串接的规律构建而成，该电路拓扑族包括单管反激式等四个电路拓扑。

差动 Buck-Boost 直流斩波器型高频环节逆变器采用输出电压瞬时值反馈分时半波 SPWM 控制策略，在等效阻性、等效感性和等效容性负载时的工作模式次序分别为 A→C、B→A→D→C、A→B→C→D，在一个开关周期内存在 12 个工作区间。

差动 Buck-Boost 直流斩波器型高频环节逆变器具有拓扑结构十分简洁、双向功率流、单级功率变换(DC-LFAC)即两单元功率变换(DC-HFAC-LFAC)、变换效率高、因无输出电解滤波电容可靠性高、负载过载和短路时可靠性高等优点，适合于小容量逆变场合。

第 10 章　并联和三相高频环节逆变器

10.1　引　　言

第 2～9 章论述的五类高频环节逆变器基本上都是针对单相逆变器。为了满足逆变器扩容的需要，宜采用并联单相逆变器或三相逆变器。三相逆变器不仅是扩容的需要，而且也是三相交流用电负载所必需的。由于扩容是并联逆变器和三相逆变器的共同属性，本书将并联高频环节逆变器和三相高频环节逆变器撰写在同一章。

多个逆变器并联不仅可以灵活地扩容，而且还有利于实现并联冗余系统，提高系统运行可靠性和可维护性，减小单个逆变器模块器件的电流。然而，逆变器的并联运行要比同步发电机的并联运行困难：①后者比前者有更高的输出阻抗，因而具有下垂特性而自动均流；②后者输出功率时有降低电机转速趋向的功能，而前者不具备；③后者采用励磁电流控制，动态响应速度较慢、电压控制带宽较窄，而前者则具有较高带宽的电压控制特性；④后者的连接电缆通常为电感性，而前者的互连线通常为电阻性。因此，同步发电机并联供电系统的输出电压频率和相位可自同步，而逆变器并联系统不具备这种自同步能力，需要从控制电路解决稳态与动态均流、输出电压同步、N+1 冗余与热切换三类关键问题。而三相逆变器需要解决三相输出电压的幅值对称与相位对称以及带三相不对称负载能力等关键问题。

本章论述并联高频环节逆变器产生不均流的原因、均流方式和输出电压同步策略，并重点从带三相不对称负载能力的角度论述三相四线制输出三相高频环节逆变器负载侧并接变压器、直流侧并接电容桥臂、直流侧并接开关桥臂和三个独立单相逆变器负载联成公共端的四种中点形成方法，包括拓扑结构、控制策略、输出电压不对称度、三相基准正弦电路等研究内容，给出重要研究结论和 3kVA 组合型单相并联/三相高频环节逆变装置实验结果[17,18,48-56]。

10.2　并联高频环节逆变器

10.2.1　不均流的产生原因与抑制

1. 并联逆变器不均流产生的原因

分析并联逆变器的均流可按两个逆变器模块输出端并接来看待，其等效电路如图 10-1 所示。图 10-1 中，$\dot{U}_{o1}$、$\dot{U}_{o2}$、$\dot{U}_{o}$ 和 $\dot{I}_{o1}$、$\dot{I}_{o2}$、$\dot{I}_{o}$ 分别为并联逆变器模块Ⅰ、Ⅱ、负载两端的正弦输出电压和正弦输出电流，Z_L 为负载阻抗，R_{l1}、R_{l2} 分别为并联逆变器模块Ⅰ、Ⅱ的输出线路电阻。

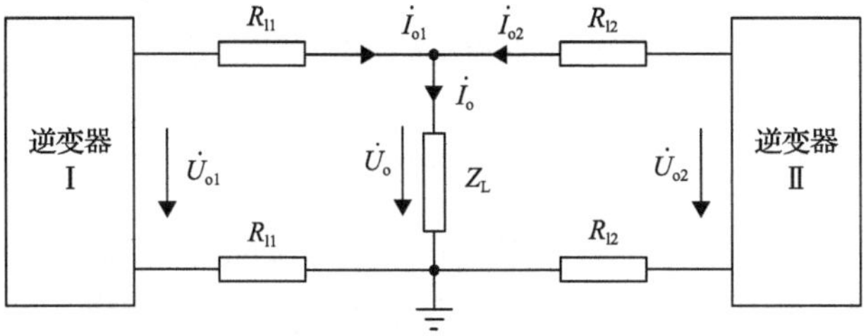

图 10-1　两个逆变器模块输出端并接的等效电路

图 10-1 所示电路可近似看成线性电路，根据叠加原理可得

$$\dot{U}_{o}=\frac{2R_{l2}Z_L}{2R_{l1}Z_L+2R_{l2}Z_L+4R_{l1}R_{l2}}\dot{U}_{o1}+\frac{2R_{l1}Z_L}{2R_{l1}Z_L+2R_{l2}Z_L+4R_{l1}R_{l2}}\dot{U}_{o2} \tag{10-1}$$

$$\dot{I}_{o1}=\left(\dot{U}_{o1}-\dot{U}_{o}\right)/\left(2R_{l1}\right)=\frac{2R_{l2}+Z_L}{2R_{l1}Z_L+2R_{l2}Z_L+4R_{l1}R_{l2}}\dot{U}_{o1}-\frac{Z_L}{2R_{l1}Z_L+2R_{l2}Z_L+4R_{l1}R_{l2}}\dot{U}_{o2} \tag{10-2}$$

$$\dot{I}_{o}=\dot{I}_{o1}+\dot{I}_{o2}=\dot{U}_{o}/Z_L \tag{10-3}$$

设 $R_{l1}=R_{l2}=R_l\ll|Z_L|$，由式(10-1)可得

$$\dot{U}_{o}=\frac{2R_lZ_L}{4R_lZ_L+4R_l^2}\left(\dot{U}_{o1}+\dot{U}_{o2}\right)\approx\left(\dot{U}_{o1}+\dot{U}_{o2}\right)/2 \tag{10-4}$$

由式(10-2)和式(10-3)可得并接逆变器两模块输出电流的差值为

$$\dot{I}_{o1}-\dot{I}_{o2}=\frac{2R_l+2Z_L}{4R_lZ_L+4R_l^2}\left(\dot{U}_{o1}-\dot{U}_{o2}\right)=\left(\dot{U}_{o1}-\dot{U}_{o2}\right)/\left(2R_l\right)=\Delta\dot{U}_{o}/\left(2R_l\right) \tag{10-5}$$

并联逆变器输出电压相量，如图 10-2 所示。由式(10-4)、式(10-5)和图 10-2 可知，由于输出线路电阻 R_l 很小，当 $\dot{U}_{o1}$、$\dot{U}_{o2}$ 的相位和幅值不同时，即使存在很小的电压差 $\Delta\dot{U}_{o}$，电流差值也可能远大于额定负载电流，这就是并联逆变器不均流产生的根本原因。该电流差值不经过负载，而在并联逆变器两模块的输出端间流动，可将其称为并联逆变器两模块输出端间的环流，与并联逆变器两模块在输入直流电源与交流负载间流动的环流是有很大区别的。

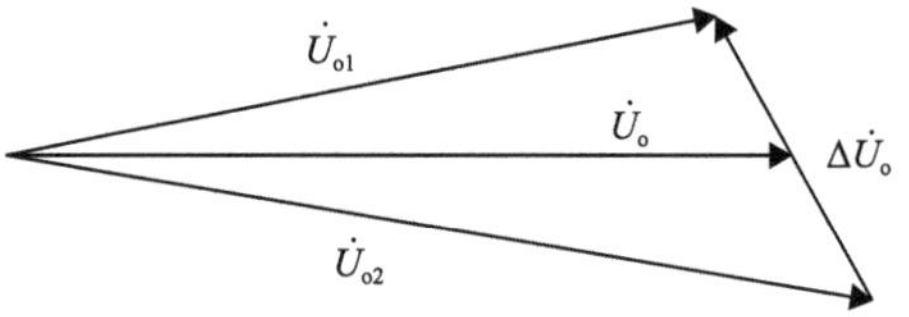

图 10-2　并联逆变器的输出电压相量

2. 并联逆变器不均流对输出电压的影响

并联逆变器的反馈电压取样点通常在系统输出电压两端或负载阻抗 Z_L 两端，反馈电压已不再是单个逆变器输出电压 $\dot{U}_{o1}$ 或 $\dot{U}_{o2}$，而是并联系统的电压 $\dot{U}_o$，这将导致并联逆变系统两模块输出电压的差异增大。这可以从图 10-3 所示逆变器闭环控制系统的模型中得到解释。图 10-3 中，$G_1(s)$、$G_2(s)$ 为开环传递函数，$U_{r1}(s)$、$U_{r2}(s)$ 为给定电压。

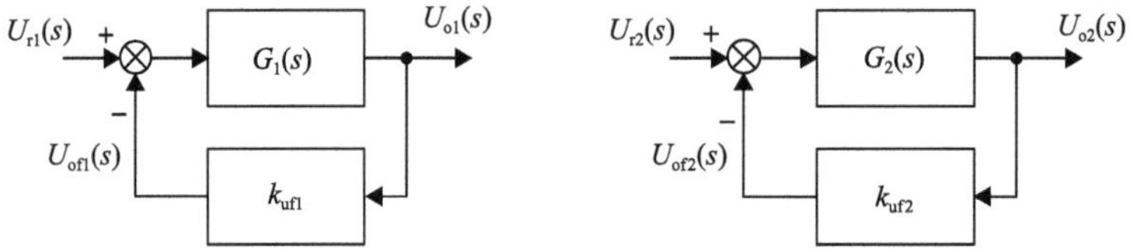

图 10-3　逆变器两模块的闭环控制系统模型

由图 10-3(a)可得

$$U_{o1}(s)=G_1(s)\big(U_{r1}(s)-k_{uf1}U_{o1}(s)\big)=G_1(s)U_{r1}(s)\big/\big(1+k_{uf1}G_1(s)\big) \tag{10-6}$$

设并联系统的两模块输出电压 u_{o1}、u_{o2} 的频率和相位相同，有效值 U_{o1} 大于 U_{o2}，由式(10-4)可知，$U_{o1}>U_o>U_{o2}$。并联逆变器各模块输出电压的调节过程为

$$\left.\begin{aligned}&U_o<U_{o1}\rightarrow U_{of1}\downarrow\rightarrow\left(U_{r1}-U_{of1}\right)\uparrow\rightarrow U_{o1}\uparrow\\&U_o>U_{o2}\rightarrow U_{of2}\uparrow\rightarrow\left(U_{r2}-U_{of2}\right)\downarrow\rightarrow U_{o2}\downarrow\end{aligned}\right\}\rightarrow\Delta U_o\uparrow\rightarrow(\dot{I}_{o1}-\dot{I}_{o2})\uparrow$$

显然，这将使 U_{o1} 加大、U_{o2} 减小、ΔU_o 加大，形成正反馈，从而引起更大的电流差值 $\dot{I}_{o1}-\dot{I}_{o2}$，加剧并联模块输出电流的不均衡。

3. 并联逆变器不均流的简捷抑制策略

即使稳态时并联逆变系统是均流的，即稳态时输出电压的幅值、频率和相位都相等，但由于逆变器参数的变化等原因，系统的动态调节过程也不完全一致，

故存在动态的 Δu_{o}。为了限制并联逆变系统两模块间输出电流的差值，一种简洁的方法是在负载与各模块输出端之间串接限流电感 L_{LC1}、L_{LC2}，如图 10-4 所示。

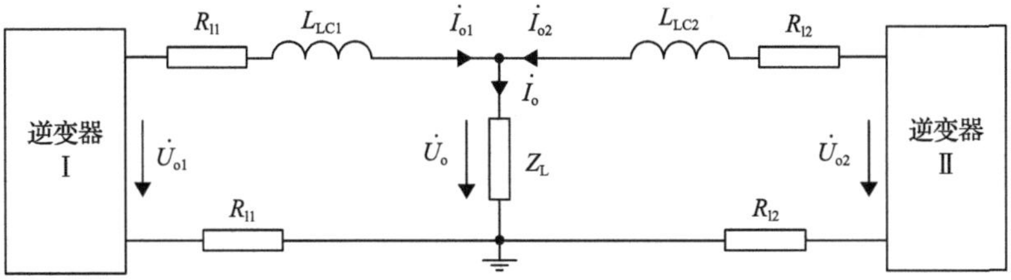

图 10-4　并联逆变器不均流的简洁抑制策略

图 10-4 中，设 $L_{\mathrm{LC1}}=L_{\mathrm{LC2}}=L_{\mathrm{LC}}$、$R_{l1}=R_{l2}=R_l$，则

$$U_{\mathrm{o}}(s)=\left[Z_{\mathrm{L}}/\left(sL_{\mathrm{H}}+2R_l+2Z_{\mathrm{L}}\right)\right]\left(U_{\mathrm{o1}}(s)+U_{\mathrm{o2}}(s)\right)=G_{\mathrm{u}}(s)\left(U_{\mathrm{o1}}(s)+U_{\mathrm{o2}}(s)\right) \tag{10-7}$$

$$\dot{I}_{\mathrm{o1}}(s)-\dot{I}_{\mathrm{o2}}(s)=\left(U_{\mathrm{o1}}(s)-U_{\mathrm{o2}}(s)\right)/\left(sL_{\mathrm{LC}}+2R_l\right) \tag{10-8}$$

式(10-7)和式(10-8)中，$G_{\mathrm{u}}(s)$、$1/\left(sL_{\mathrm{LC}}+2R_l\right)$为输出电压、两模块不均流产生环节的传递函数。限流电感 L_{LC} 的加入降低了两模块不均流的程度，有利于并联逆变系统的运行，但却降低了系统的稳压性能。因此，限流电感 L_{LC} 不宜过大，通常按 $Z_{\mathrm{L}} \gg \omega L_{\mathrm{LC}} \gg R_l$ 选择。

10.2.2　并联逆变器的均流方式

并联逆变器的均流方式包括自整步、功率调节、主从模块、同步开关控制和平均值电流五种，这里分析前三种方式。

1. 自整步均流方式

并联系统中各模块等价，通过模块间的均流线实现同步和均流。并联逆变器模块的输出等效电路与输出相量，如图 10-5 所示。逆变器输出端通常为 LC 滤波器，并联逆变器模块的差模阻抗 Z_1–Z_2 只包含输出滤波电感 L_{f}，输出滤波电容 C_{f} 并入负载阻抗 Z_{L}。当并联逆变器模块的输出电压 $\dot{U}_{\mathrm{o1}}$、$\dot{U}_{\mathrm{o2}}$ 存在偏差电压 $\dot{U}_{\mathrm{od}}$ 时，其幅值偏差 $\dot{U}_{\mathrm{odm}}$ 与 $\dot{U}_{\mathrm{o1}}$、$\dot{U}_{\mathrm{o2}}$ 基本同相，相位偏差 $\dot{U}_{\mathrm{odp}}$ 超前 $\dot{U}_{\mathrm{o1}}$、$\dot{U}_{\mathrm{o2}}$ 约 90°。减小幅值偏差 $\dot{U}_{\mathrm{odm}}$ 和相位偏差 $\dot{U}_{\mathrm{odp}}$ 将会减小偏差电压 $\dot{U}_{\mathrm{od}}(=\dot{U}_{\mathrm{odm}}+\dot{U}_{\mathrm{odp}})$，从而减小偏差电流 $\dot{I}_{\mathrm{od}}(=\dot{I}_{\mathrm{odm}}+\dot{I}_{\mathrm{odp}})$。$\dot{U}_{\mathrm{odm}}$ 引起的偏差电流 $\dot{I}_{\mathrm{odm}}$ 滞后 $\dot{U}_{\mathrm{o1}}$、$\dot{U}_{\mathrm{o2}}$ 90°；$\dot{U}_{\mathrm{odp}}$ 引起的偏差电流 $\dot{I}_{\mathrm{odp}}$ 滞后 $\dot{U}_{\mathrm{odp}}$ 90°，与 $\dot{U}_{\mathrm{o1}}$、$\dot{U}_{\mathrm{o2}}$ 基本同相。因此，控制偏

差电流的无功分量 $\dot{I}_{\mathrm{odm}}$ 可实现对幅值偏差的控制，使并联逆变器模块的无功功率趋于均衡；控制偏差电流的有功分量 $\dot{I}_{\mathrm{odp}}$ 可实现对相位偏差的控制，使并联逆变器模块的有功功率趋于均衡。

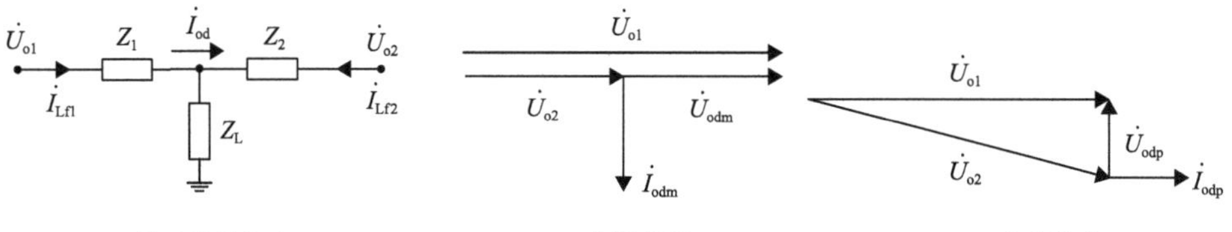

(a) 输出等效电路　　(b) 幅值偏差　　(c) 相位偏差

图 10-5　并联逆变器模块的输出等效电路与输出相量

偏差电流检测电路，如图 10-6 所示。设逆变器模块 1、2 的电流互感器副边电流分别为 $\dot{I}_1$、$\dot{I}_2$，检测电阻 R_{S1}、R_{S2} 中的电流分别为 $\dot{I}_{\mathrm{RS1}}$、$\dot{I}_{\mathrm{RS2}}$，则偏差电流检测电路满足

$$\dot{I}_{\mathrm{RS1}}R_{\mathrm{S1}}+\dot{I}_{\mathrm{RS2}}R_{\mathrm{S2}}=\left(\dot{I}_1-\dot{I}_{\mathrm{A}}\right)R_{\mathrm{S1}}+\left(\dot{I}_2-\dot{I}_{\mathrm{A}}\right)R_{\mathrm{S2}}=0 \tag{10-9}$$

若 $R_{\mathrm{S1}}=R_{\mathrm{S2}}$，则

$$\dot{I}_{\mathrm{A}}=\left(\dot{I}_1+\dot{I}_2\right)/2 \tag{10-10}$$

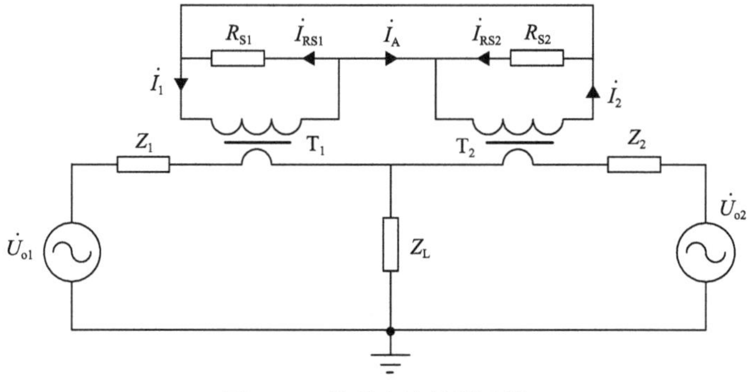

图 10-6　偏差电流检测电路

式(10-10)表明，$\dot{I}_{\mathrm{A}}$ 代表负载电流的平均值，$\dot{I}_{\mathrm{RS1}}$、$\dot{I}_{\mathrm{RS2}}$ 表示电流偏差。电流偏差分离成的无功和有功分量分别用来调整电压幅值和相位，从而实现无功功率和有功功率的均衡，如图 10-7 所示。这种逆变器均流方式的电流检测、分离和控制电路复杂，调节时间长，精度低。

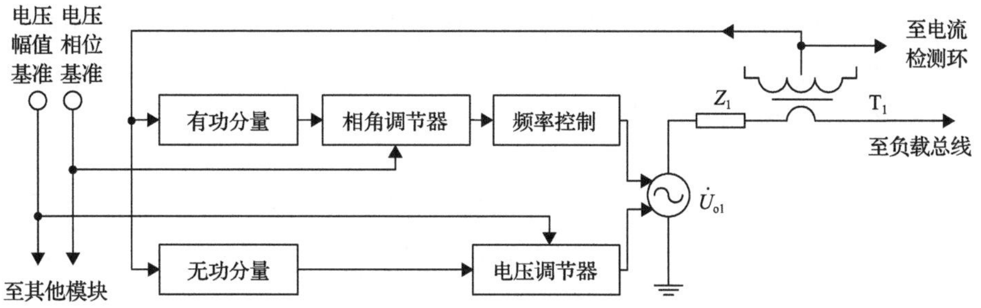

图 10-7　具有自整步均流方式的并联逆变系统控制框图

2. 功率调节均流方式

具有功率调节均流方式的并联逆变系统简化电路，如图 10-8 所示。设并联逆变器模块 1、模块 2、并联汇流条的输出电压分别为 $U_{o1}\angle\alpha_1$、$U_{o2}\angle\alpha_2$、$U_o\angle 0°$，线路输出端导线阻抗为纯电感，即 $Z_1=jX_1$，则模块 $i\,(i=1, 2)$ 的有功功率、无功功率分别为

$$P_{oi}=(U_{oi}U_o/X_1)\sin\alpha_i \tag{10-11}$$

$$Q_{oi}=(U_{oi}U_o\cos\alpha_i-U_o^2)/X_1 \tag{10-12}$$

由于相位差 α_i 很小，$\sin\alpha_i\approx\alpha_i$，$\cos\alpha_i\approx 1$，并联逆变器的有功功率 P_{oi} 主要由相位差 α_i 决定，无功功率 Q_{oi} 主要由幅值差 $U_{oi}-U_o$ 决定，即输出电压的幅值差与无功功率成正比，相位差与有功功率成正比。或者说，并联逆变器模块的有功功率均衡主要取决于输出电压相位 α_1、α_2 的一致性，无功功率的均衡主要取决于输出电压 U_{o1}、U_{o2} 的一致性。因此，通过调节并联逆变器各模块的基准电压幅值和相位，即可实现并联逆变器各模块输出的无功功率和有功功率的均衡。

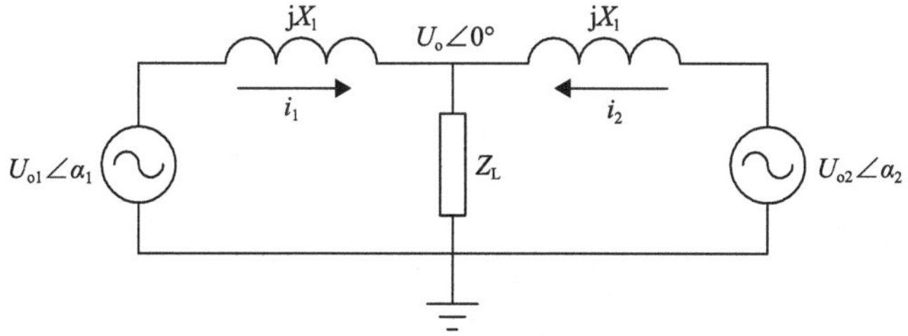

图 10-8　具有功率调节均流方式的并联逆变系统简化电路

功率调节均流方式的外特性下垂法，可以实现模块间的无通信线工作。并联逆变器模块间唯一的连接是输出负载端，仅以一个逆变器模块的有功功率、无功功率和失真功率为控制变量，从而使各模块独立工作。并联逆变器模块依靠内部

输出频率、电压和谐波电压分别随输出的有功功率、无功功率和失真功率呈下垂特性，从而实现同步和均流。

各逆变器模块的下垂特性为

$$\omega_{oi} = \omega_{oi0} - k_{1i}P_{oi} \tag{10-13}$$

$$U_{oi} = U_{oi0} - k_{2i}Q_{oi} \tag{10-14}$$

式(10-13)和式(10-14)中，ω_{oi}、U_{oi}分别为空载时输出电压的角频率、有效值，k_{1i}、k_{2i}分别为ω_{oi}、U_{oi}的下降斜率。下垂特性使各逆变器模块的功率流受控，系统的频率和电压跌落到新的工作点，该点环流最小。

非线性负载时，视在功率 S 的表达式中又增加了一项谐波电流引起的失真功率 D，即

$$S^2 = P^2 + Q^2 + D^2 \tag{10-15}$$

与基波无功功率不同，只调整输出电压的基波分量不会影响失真功率。解决此问题的一个方法是，作为失真功率的函数调整电压环增益，使电压环增益和带宽随谐波分量而降低，从而得到所需的输出阻抗特性，以此降低谐波电压分量，改善并联逆变器各模块对谐波电流的均流。

3. 主从模块法

主从式并联逆变系统由一个电压型控制 PWM 逆变器主模块、多个电流控制型 PWM 逆变器从模块和一个功率分配中心组成，如图 10-9 所示。主模块确保系统输出正弦电压的幅值、频率稳定，从模块的输出电流跟随参考电流的变化来实现负载均分，功率分配中心检测负载电流并分配每个从模块的参考电流。功率分配中心检测并联系统的输出电流，决定投入工作的电流型控制 PWM 逆变器模块

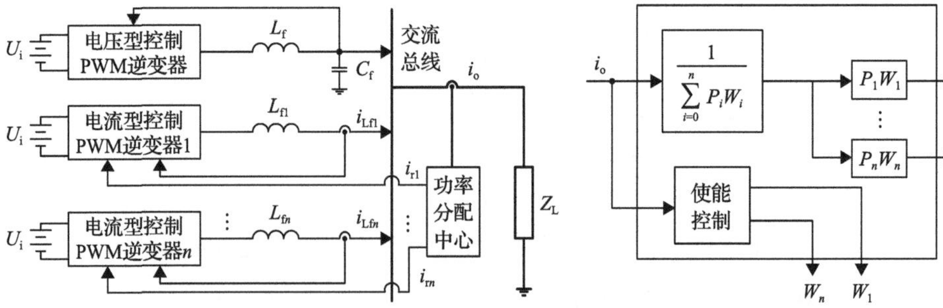

(a) 系统框图　　(b) 功率分配中心

图 10-9　主从式并联逆变系统

数并为其提供参考电流。$W_i=1$ 或 0 取决于输出功率的大小（$i=1, 2, \cdots, n$），$W_i=1$ 表示模块投入工作，$W_i=0$ 表示模块不投入工作，$W_0\equiv 1$ 表示电压型控制 PWM 逆变器模块必须投入工作。

主从式并联逆变系统具有如下特点：①电压型控制 PWM 逆变器模块和电流型控制 PWM 逆变器模块均有独立的控制环路，系统稳定性强，易于容量扩展，均流效果好；②电压型控制 PWM 逆变器、电流型控制 PWM 逆变器和功率分配中心属于不同性质的模块单元，主模块一旦失效，从模块将无法工作，系统没有实现冗余，可靠性低；③各并联模块间的相互连接线会引入噪声干扰。

"民主"主从模块法逆变器并联系统，如图 10-10 所示。通过硬件开关选择或软件设置，将任一逆变器模块设置为主模块 1 并控制其输出电压，电压环的输出即所有并联模块的电流给定信号 i_r，从模块 2, 3, …, n 各自的电压环不再起作用。当主模块发生故障时，任一从模块上升为主模块。这种主从模块法可实现并联系统的冗余和系统的模块化，提高系统的可靠性，但模块间仍有通信线。

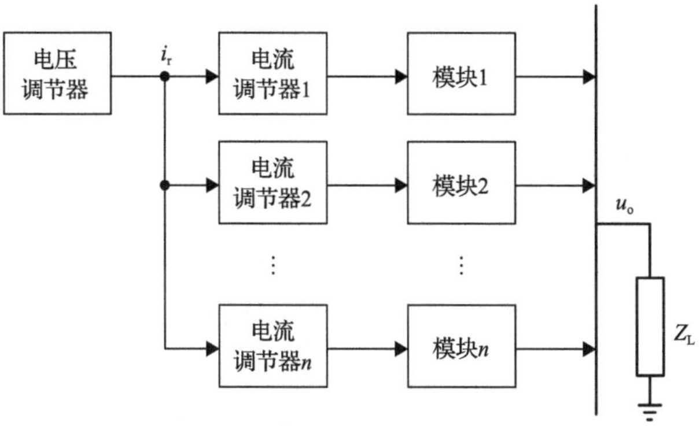

图 10-10　"民主"主从模块法逆变器并联系统

并联逆变器正朝着高功率密度、高变换效率、大容量、高可靠性、无污染、智能化的方向发展，具体表现在如下诸方面：①逆变器并联时无须附加额外的控制模块；②各并联逆变器模块间无通信线；③能实现任意个逆变器模块的并联和 n+1 冗余工作，n+1 冗余系指 n 个逆变器并联达到额定容量输出，而实际系统包含 n+1 个逆变器，正常运行时 n+1 个模块并联工作，当其中任一模块失效时其余 n 个模块仍可继续提供 100%的负载；④采用高速数字信号处理器对并联逆变器进行检测、故障诊断、控制、保护和报警，实现负载均流和输出同步；⑤当一个模块出现故障时，第 n+1 个冗余模块能自动接入并联系统取代故障模块，实现热插拔更换，系统可靠性和可维修性高。

10.2.3 并联逆变器的均流电路与同步

1. 并联逆变器的均流电路

并联逆变器的典型均流电路，如图 10-11 所示。输出电流经互感器检测和整流滤波放大电路后得到直流电压信号 U_B，各逆变器模块的 U_B 信号通过电阻 R_S 连接到公共的均流母线 SCB，均流母线的电压 U_A 反映了所有逆变器模块的 U_B 信号的平均值。当某个逆变器模块的输出电流大于平均负载电流，即 $U_B > U_A$ 时，通过放大器 OA_1 使给定电压 U_r 下降，则该逆变器的输出电压降低；反之，则该逆变器的输出电压增大。因此，各逆变器模块可根据其输出电流与平均负载电流的偏差值来调整输出电压，达到均流的目的。

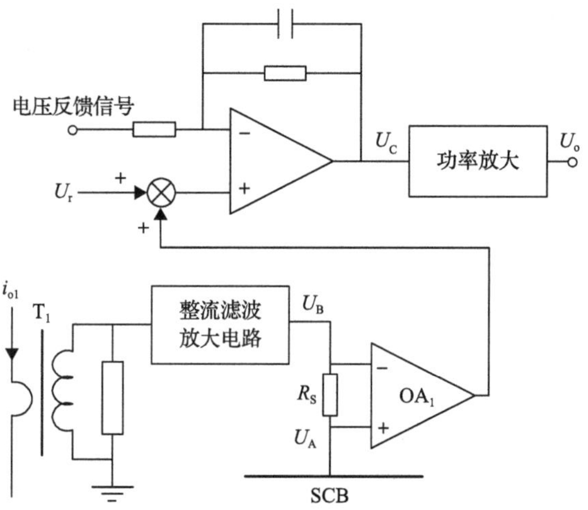

图 10-11 并联逆变器的典型均流电路

2. 并联逆变器的输出电压同步

并联逆变器的输出电压同步，如图 10-12 所示。在并联运行控制器中设置一个公共同步基准信号 u^*，并联逆变器各模块均能接收到该同步信号，并使输出电压跟踪该信号，从而达到各逆变器模块输出电压同步的目的。

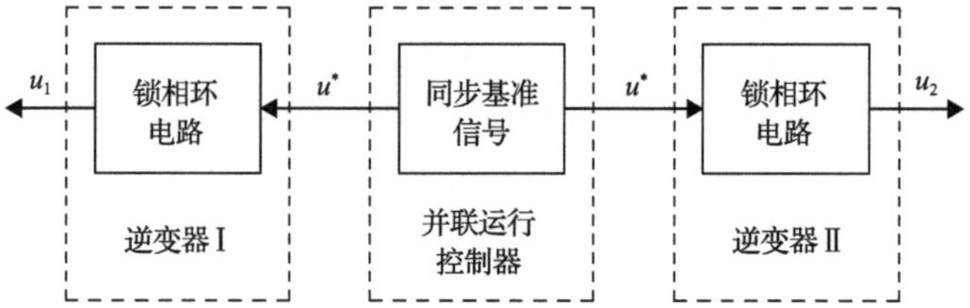

图 10-12 并联逆变器的输出电压同步

输出电压 u_o 跟踪同步信号 u^* 由锁相环电路完成。由于晶振的振荡频率精度很高，并具有良好的稳定性，所以可认为并联逆变器各模块的输出电压频率近似相等，同步的主要任务是使 u_o 与 u^* 的相位一致。

10.3　三相高频环节逆变器电路结构与拓扑族

10.3.1　级联直流变换器 Buck 型

级联直流变换器 Buck 型三相高频环节逆变器是在输入电源电压 U_i 和 Buck 型三相 DC-AC 变换器之间加入一级隔离型单向直流变换器，即由隔离型单向直流变换器(电感 L 分别位于输出侧、输入侧、不存在)分别与 Buck 型三相 DC-AC 变换器两级级联构成，其电路结构如图 10-13 所示。前置直流变换器将输入电源电压 U_i 变换成后级所需的平滑直流电 U_{dc}，后置 Buck 型三相 DC-AC 变换器再将平滑的直流电 U_{dc} 变换成负载所需的正弦交流电 u_o。

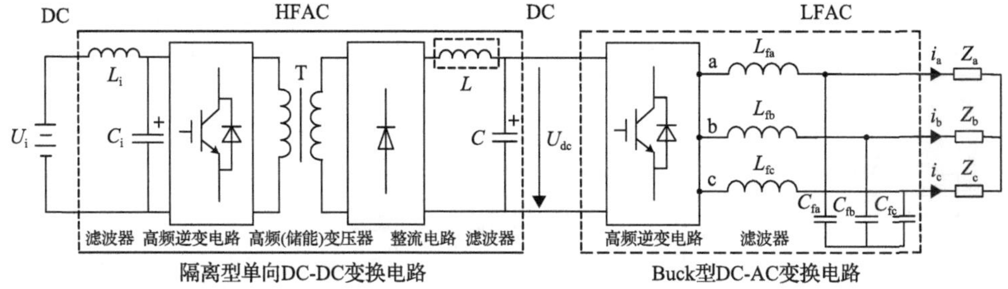

(a) 电路结构

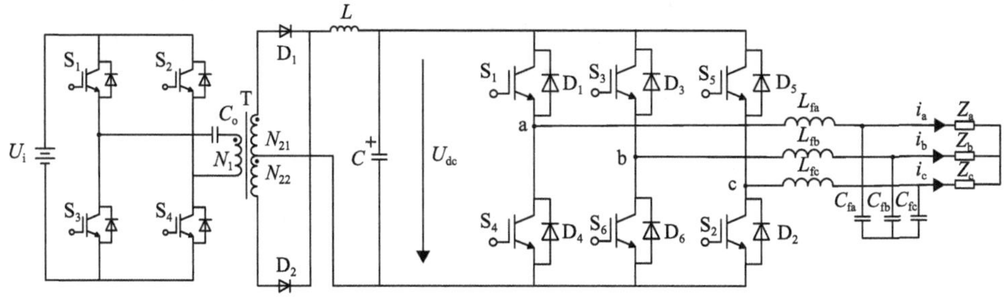

(b) 电路拓扑实例

图 10-13　级联直流变换器 Buck 型三相高频环节逆变器电路结构与拓扑实例

级联直流变换器 Buck 型三相高频环节逆变器，具有高频电气隔离、单向功率流、两级功率变换(DC-DC-LFAC)即三单元功率变换(DC-HFAC-DC-LFAC)、变换效率较高、输出电压纹波小等特点。这类三相逆变器带三相对称负载的能力强，当带三相不对称负载时需要解决三相输出中线问题。

10.3.2　单级周波变换器型

单级 Buck 和 Boost 周波变换器型高频环节三相逆变器电路结构与拓扑族，如图 10-14 所示。其电路结构由输入滤波器、单相高频逆变电路、单相高频变压器、三相周波变换电路和三相输出滤波器以级联的规律构建而成，其电路拓扑族包括推挽 Buck 型、半桥 Buck 型、全桥 Buck 型、全桥 Boost 型共四种。图 10-14(e) 为 Boost 周波变换器型电路拓扑，此时虚框内的三个输出滤波电感不存在且有一个储能电感位于输入侧，由于在任何区间总存在输出线电压大于 U_iN_2/N_1，故可直接获

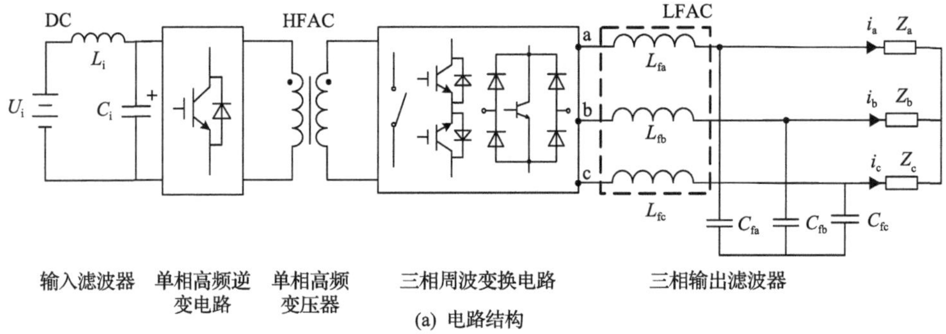

(a) 电路结构

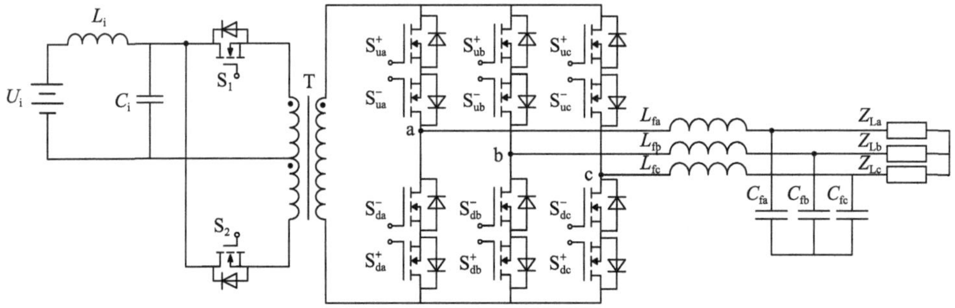

(b) 推挽 Buck 型拓扑

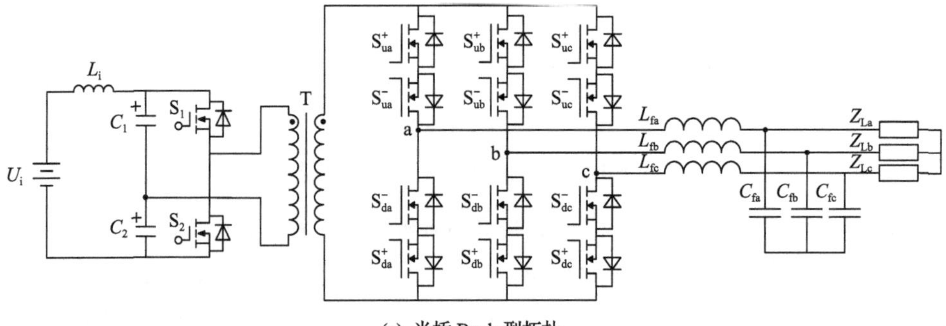

(c) 半桥 Buck 型拓扑

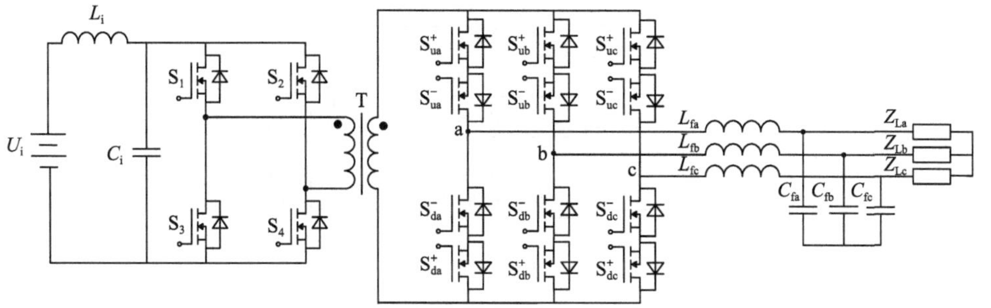

(d) 全桥 Buck 型拓扑

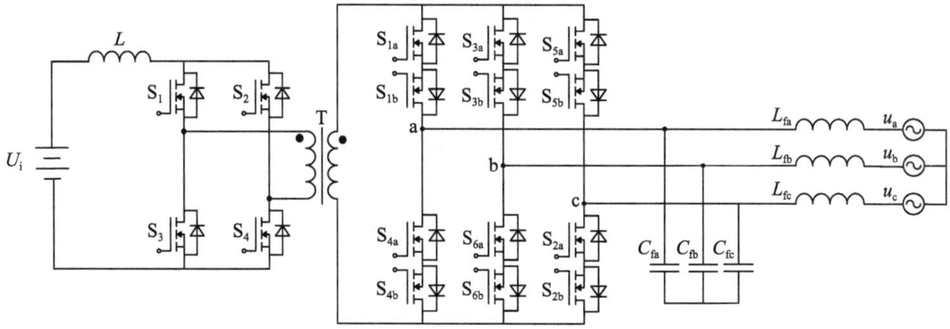

(e) 全桥 Boost 型拓扑实例

图 10-14　单级 Buck 和 Boost 周波变换器型高频环节三相逆变器电路结构与拓扑族

得高质量的三相正弦电压输出。这类三相逆变器具有高频电气隔离、双向功率流、单级功率变换 DC-LFAC（即两单元功率变换 DC-HFAC-LFAC）、变换效率和可靠性高等优点。

当电源向负载传递能量时，单相高频逆变电路将输入电压 U_i（含低频脉动的直流电流 i_L）调制成双极性两态高频方波电压（双极性三态高频脉冲电流 i_1），经高频电气隔离和电压（电流）匹配，三相周波变换电路再将其解调成三相双极性两态 SPWM 电压波（单极性三态低频脉冲电流），经输出滤波器后得到优质低频正弦交流电压 u_o；当负载向电源回馈能量时，三相周波变换电路工作在调制状态，而单相高频逆变电路工作在解调状态。这类三相逆变器带三相对称负载的能力强，但当带三相不对称负载时也需要解决三相输出中线问题。

10.3.3　组合型

三个独立的单相逆变器负载侧连成公共端即组合型三相高频环节逆变器电路结构与拓扑实例，如图 10-15 所示。其电路结构由三个级联直流变换器型、级联 Buck 直流斩波器型、单级周波变换器型、差动直流变换器型和差动直流斩波器型

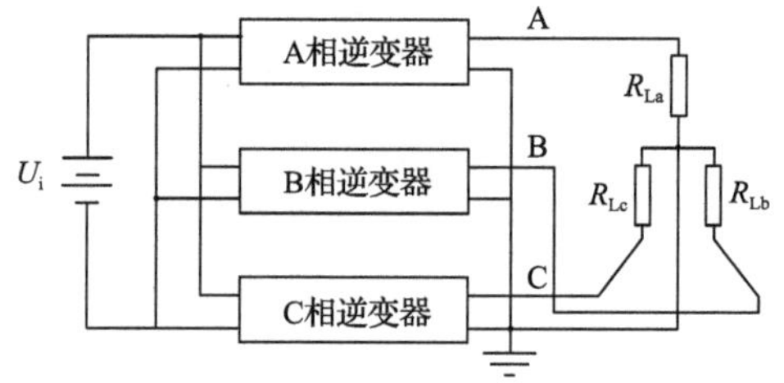

(a) 电路结构

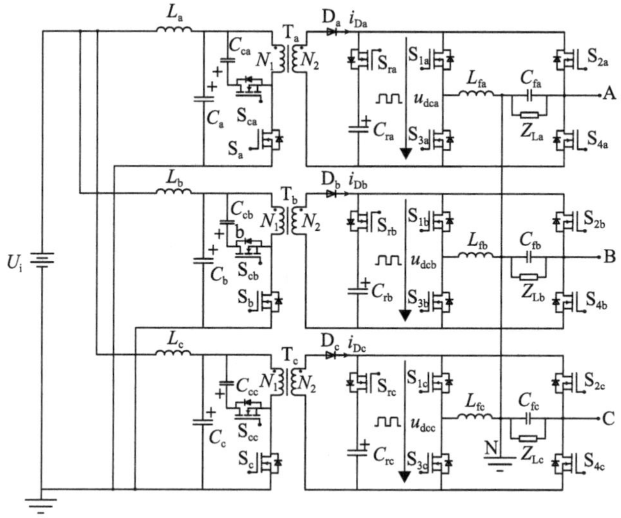

(b) 三个独立的单相逆变器拓扑实例

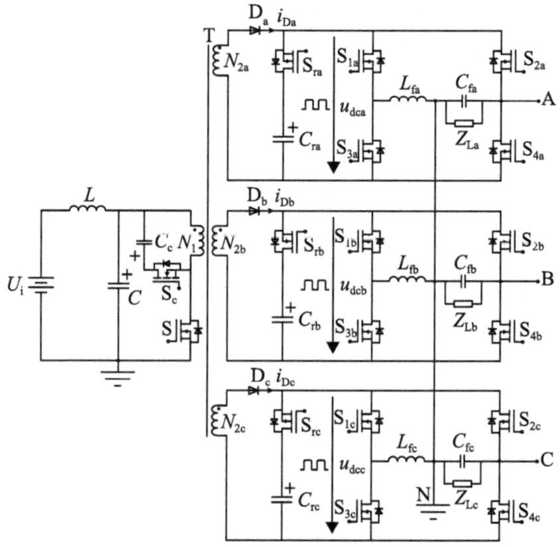

(c) 共用高频脉冲直流环节电路的三相逆变器拓扑实例

图 10-15　组合型三相高频环节逆变器电路结构与拓扑实例

单相高频环节逆变电路星型连接构成，可同时实现单相和三相四线制供电；其电路拓扑族也包括相应五类的单相电路。

图 10-15(b)和(c)分别为三个独立的、三个共用高频脉冲直流环节电路的级联 Buck 直流斩波器单相高频环节逆变器构成的组合型三相逆变器，前者更体现模块化设计的思想，后者成本会有所降低。

10.4　具有三相三线制输出的高频环节逆变器

级联直流变换器 Buck 型三相高频环节逆变器由于没有形成输出中点，通常只适合于带三相对称负载。本节以后级全桥 Buck 型三相 DC-AC 变换电路为例，分析这类逆变器矩形波、SPWM 波输出时的稳态原理。

10.4.1　全桥 Buck 型三相矩形波调制 DC-AC 变换电路

全桥 Buck 型三相矩形波调制 DC-AC 变换电路及其带三相对称星型阻性负载时的稳态波形，如图 10-16 所示。负载和直流电源的中点分别为 N、O。每个桥臂上下管轮流导通 180°，一个输出周期每隔 60°换流一次，每相负载电流是不间断的，六个功率开关的导通次序为 S_1、S_2、S_3、S_4、S_5、S_6。

线电压 u_{AB}、u_{BC}、u_{CA} 是宽度为 120°、幅值为 $\pm U_{dc}$、相位相差 120°的矩形波，相电压 u_{AN}、u_{BN}、u_{CN} 及其对应的相电流是相位相差 120°的六阶梯波，负载中点 N 与直流电源中点 O 间的电压 u_{NO} 是幅值为 $U_{dc}/6$、频率为 3 倍基波频率的矩形波。输入直流电源两端的等效负载电阻为 $3R_L/2$，输入直流电源提供的电流为平滑的直流电，即 $I_i = U_{dc}/(3R_L/2)$。

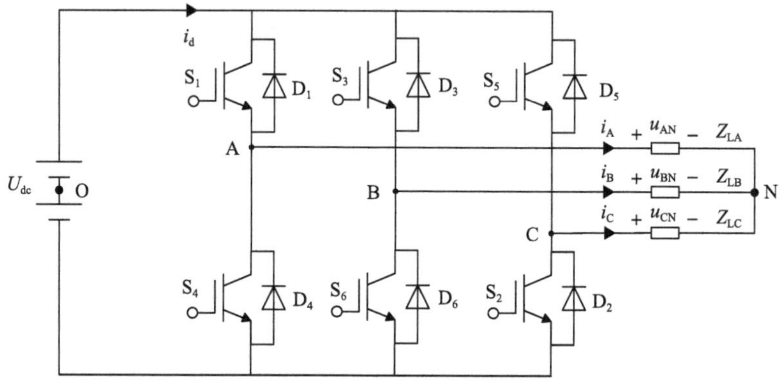

(a) 电路拓扑

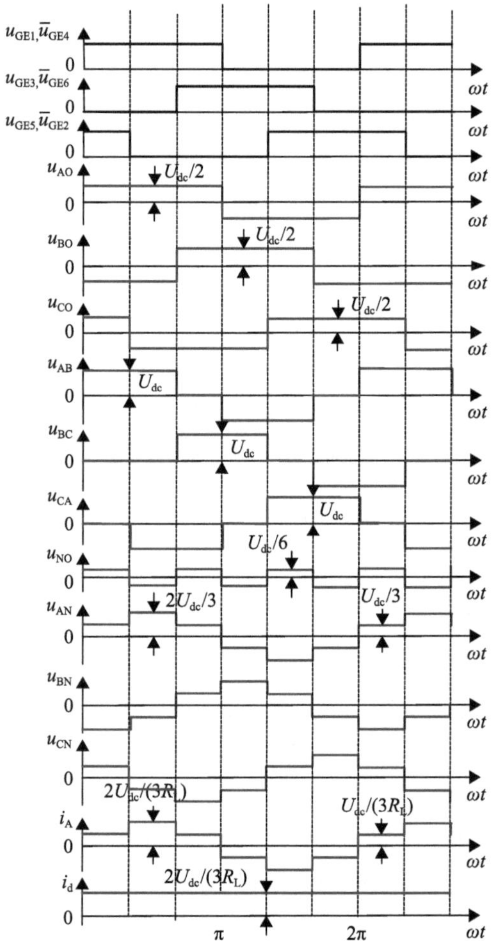

(b) 稳态波形

图 10-16　全桥 Buck 型三相矩形波调制 DC-AC 变换电路及其稳态波形

三相矩形波调制 DC-AC 变换电路的输出线电压的有效值为

$$U_{AB,rms} = \sqrt{(1/2\pi)\int_0^{2\pi} u_{AB}^2 d(\omega t)} = 0.86U_{dc} \tag{10-16}$$

输出相电压的有效值为

$$U_{AN,rms} = \sqrt{(1/2\pi)\int_0^{2\pi} u_{AN}^2 d(\omega t)} = 0.471U_{dc} \tag{10-17}$$

输出线电压 u_{AB}、相电压 u_{AN} 的傅里叶级数表达式为

$$u_{AB}(t)=\frac{2\sqrt{3}U_{dc}}{\pi}\left(\sin(\omega t)-\frac{1}{5}\sin(5\omega t)-\frac{1}{7}\sin(7\omega t)+\frac{1}{11}\sin(11\omega t)\right.$$
$$\left.+\frac{1}{13}\sin(13\omega t)+\cdots+\frac{(-1)^k}{n}\sin(n\omega t)+\cdots\right) \tag{10-18a}$$

$$u_{AN}(t)=\frac{2U_{dc}}{\pi}\left(\sin(\omega t)+\frac{1}{5}\sin(5\omega t)+\frac{1}{7}\sin(7\omega t)+\frac{1}{11}\sin(11\omega t)\right.$$
$$\left.+\frac{1}{13}\sin(13\omega t)+\cdots+\frac{1}{n}\sin(n\omega t)+\cdots\right) \tag{10-18b}$$

式(10-17)和式(10-18)中，$n=6k\pm1$，k 为自然数，可见输出线电压和相电压中不含三次谐波。由式(10-18)可知，输出线电压的基波幅值 $U_{AB1m}=1.1U_{dc}$、基波有效值 $U_{AB1}=0.78U_{dc}$，输出相电压的基波幅值 $U_{AN1m}=2U_{dc}/\pi=0.636U_{dc}$、基波有效值 $U_{AN1}=\sqrt{2}U_{dc}/\pi=0.45U_{dc}$。

10.4.2　全桥 Buck 型三相 SPWM DC-AC 变换器

全桥 Buck 型三相 DC-AC 变换电路与 SPWM 控制策略，如图 10-17 所示。a 相电压有效值 U_a 和基准值 U_{ar} 经电压调节器比较放大后输出三相正弦调制参考电压波的幅值 U_{mr}，经参考波形成电路产生幅值为 U_{mr}、频率为 f_r、相位依次三相

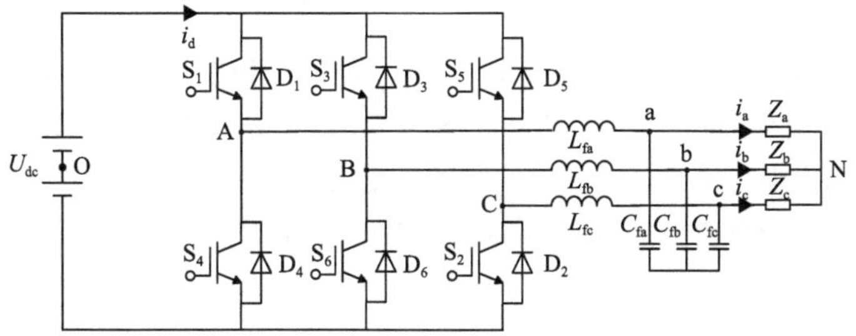

(a) 电路拓扑

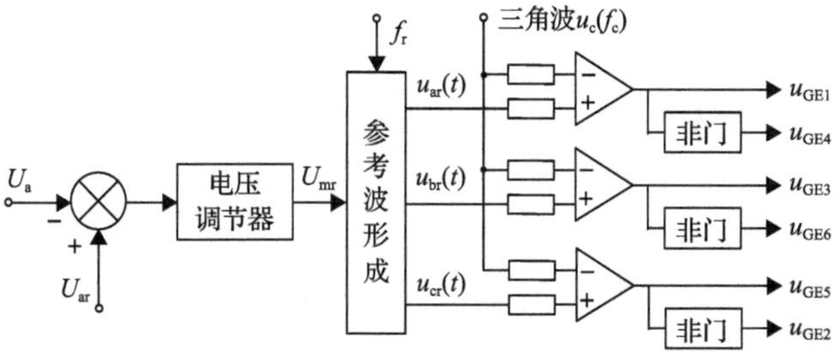

(b) 控制框图

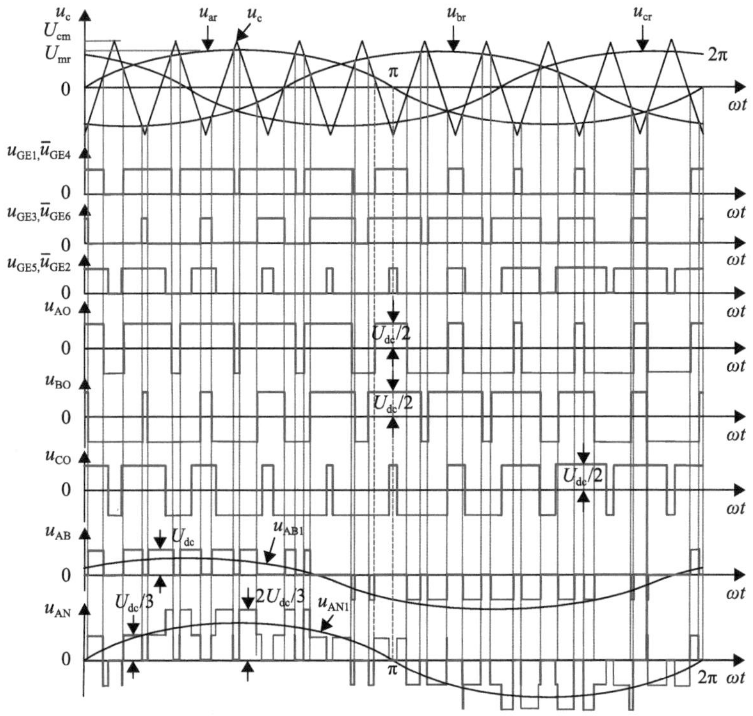

(c) 调制波形

图 10-17　全桥 Buck 型三相 DC-AC 变换电路与 SPWM 控制策略

120°的三相调制电压参考波 $u_{ar}(t)$、$u_{br}(t)$、$u_{cr}(t)$，三相电压参考波再与幅值为 U_{cm}、频率为 f_c 的三角载波 u_c 比较生成 S_1、S_2、S_3、S_4、S_5、S_6 的控制信号。例如，当 U_i 下降导致输出电压降低时，反馈控制通过增大 U_{mr} 来增大调制比 M，输出电压有效值最终稳定在指令值上。该控制策略稳定的是输出电压有效值，输出波形质量并不高。

对于 a 相输出，S_1 导通时，$u_{AO}=U_{dc}/2$，S_4 导通时，$u_{AO}=-U_{dc}/2$。因此，u_{AO}、u_{BO}、u_{CO} 是相位相差 120°的具有 $\pm U_{dc}/2$ 电平的 SPWM 波；根据 $u_{AB}=u_{AO}-u_{BO}$、$u_{BC}=u_{BO}-u_{CO}$、$u_{CA}=u_{CO}-u_{AO}$ 求得，线电压 u_{AB}、u_{BC}、u_{CA} 为相位相差 120°、幅值为 $\pm U_i$ 的单极性 SPWM 波，u_{AB} 的基波相位比 u_{ar} 超前 30°；根据 $u_{AN}=u_{AO}-u_{NO}$、$u_{BN}=u_{BO}-u_{NO}$、$u_{CN}=u_{CO}-u_{NO}$，可求得相电压 u_{AN}、u_{BN}、u_{CN} 是具有 0、$\pm U_{dc}/3$、$\pm 2U_{dc}/3$ 五个电平的 SPWM 波，u_{AN} 的基波相位与 u_{ar} 相同，u_{AN}、u_{BN}、u_{CN} 经 LC 滤波后输出三相正弦输出相电压；再根据负载求出三相输出相电流；忽略滤波电容的无功电流分量，各相输出相电流叠加对应的高频脉动分量得到滤波电感电流波形。

10.5　具有三相四线制输出的三相高频环节逆变器

10.5.1　负载侧并接中点形成变压器

级联直流变换器 Buck 型三相全桥高频环节逆变器的三相输出滤波电容的星型连接虽可得到中点，但为了能对三相不对称负载供电，第一种方法是在三相逆变器的负载侧并接形成中点变压器(NFT)，如图 10-18 所示。NFT 是一个频率为 400Hz 或 50Hz、变比为 1 的自耦变压器或双绕组变压器，但由于 NFT 是与交流负载侧并接的，未位于主功率通道，故此时逆变器仍可近似看成高频环节逆变器。

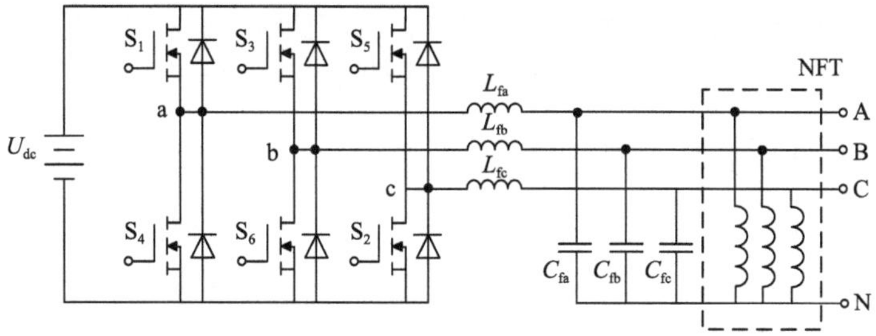

图 10-18　交流负载侧并接中点形成变压器的 Buck 型三相全桥逆变电路

当三相负载对称时，自耦变压器绕组中仅有磁化电流通过；当三相负载不对称时，自耦变压器绕组中有负载电流分量通过，减小了三相输出电压不对称度。如果限定不对称负载的大小，则自耦变压器的体积和重量比双绕组变压器小得多。因此，NFT 常采用变比为 1∶1 的自耦式变压器结构。三相四线制电源向不对称负载供电时，可用对称分量法分析。

NFT 的引入使逆变器存在下列不足：①NFT 的体积、重量随系统容量和负载不对称程度的增加而增加；②为了达到较好的相间耦合，NFT 的绕制工艺和接线复杂；③NFT 自身的功耗降低了变流器系统的效率。

10.5.2　直流侧并接中点形成电容桥臂

为了使级联直流变换器 Buck 型三相全桥高频环节逆变器能带三相不对称负载，第二种方法是在后级 Buck 型三相全桥逆变电路的直流侧并接一个中点形成电容桥臂，如图 10-19 所示。也有人把这种三相逆变器电路看成三个单相半桥逆变电路的组合。

直流侧并接中点形成电容桥臂的方法，具有如下特点：①拓扑结构简洁，实现起来方便；②桥臂两个串联的电解电容如果足够大，即可确保中点电位不偏移，也具有强的带不对称负载的能力，但也大大增加了逆变器的体积和重量；③输入直

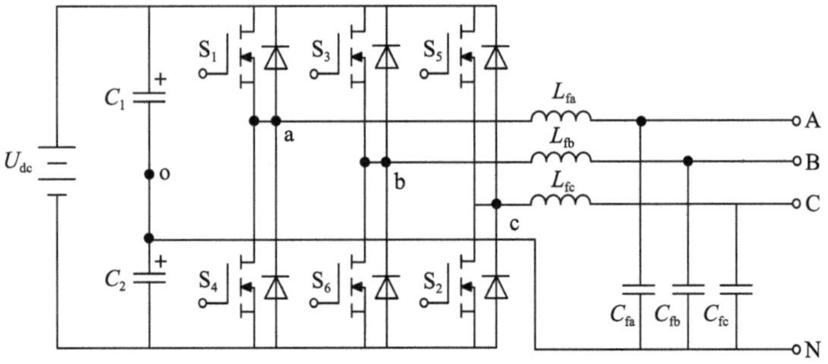

图 10-19　直流侧并接中点形成电容桥臂的 Buck 型三相全桥逆变电路

流电源电压利用率较低，与传统 Buck 型三相全桥逆变器相比，相同输出电压时此逆变器所需的直流电源电压增大为 $2\sqrt{3}/3$；④与传统 Buck 型三相全桥逆变器相比，相同输出电压时此逆变器所需的输入直流电压和承受的功率开关电压应力大。

10.5.3　直流侧并接中点形成开关桥臂

为了级联直流变换器 Buck 型三相全桥高频环节逆变器能带三相不对称负载，第三种方法是在后级 Buck 型三相全桥逆变电路的直流侧并接一个由 S_7、S_8 组成的中点形成开关桥臂，如图 10-20 所示。

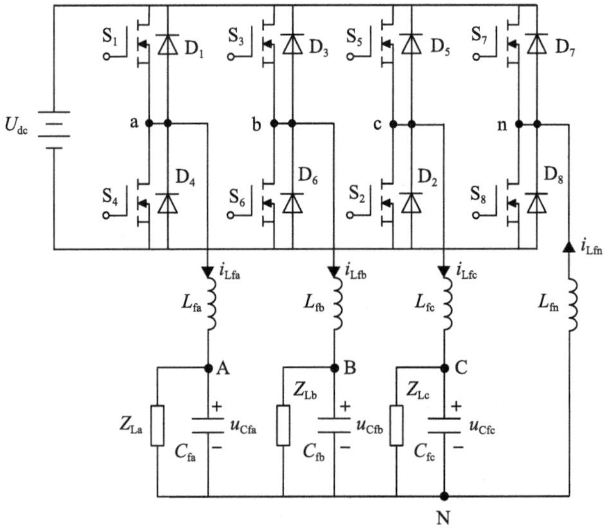

图 10-20　直流侧并接中点形成开关桥臂的 Buck 型三相全桥逆变电路

设 a、b、c、n 四个桥臂的开关状态分别用开关变量 S_a、S_b、S_c、S_n 表示，即

$$S_i=\begin{cases}1\ (\text{桥臂上管导通})\\0\ (\text{桥臂下管导通})\end{cases}\tag{10-19}$$

式中，i=a, b, c, n。三相输出状态分别用输出模态变量 k_a、k_b、k_c 表示，即

$$k_i=\begin{cases} 1\ (\text{相桥臂上管导通、中性点桥臂下管导通}) \\ 0\ (\text{相桥臂与中性点桥臂上管或下管导通}) \\ -1\ (\text{相桥臂下管导通中性点桥臂上管导通}) \end{cases} \tag{10-20}$$

式中，i=a, b, c。因此，三相输出相电压 u_{an}、u_{bn}、u_{cn} 为

$$u_{in}=k_iU_{dc} \tag{10-21}$$

式中，i=a, b, c。三相输出相电压模态与开关状态的组合如表 10-1 所示。

表 10-1　三相输出相电压与开关状态的组合

开关状态				三相输出电压		
S_a	S_b	S_c	S_n	u_{an}	u_{bn}	u_{cn}
0	0	0	0	0	0	0
0	0	0	1	$-U_{dc}$	$-U_{dc}$	$-U_{dc}$
0	0	1	0	0	0	U_{dc}
0	0	1	1	$-U_{dc}$	$-U_{dc}$	0
0	1	0	0	0	u_{Cr}	0
0	1	0	1	$-U_{dc}$	0	$-U_{dc}$
0	1	1	0	0	u_{Cr}	u_{Cr}
0	1	1	1	$-U_{dc}$	0	0
1	0	0	0	U_{dc}	0	0
1	0	0	1	0	$-U_{dc}$	$-U_{dc}$
1	0	1	0	U_{dc}	0	U_{dc}
1	0	1	1	0	$-U_{dc}$	0
1	1	0	0	U_{dc}	U_{dc}	0
1	1	0	1	0	0	$-U_{dc}$
1	1	1	0	U_{dc}	U_{dc}	U_{dc}
1	1	1	1	0	0	0

由表 10-1 可知：①开关状态组合为(0 0 0 0)、(1 1 1 1)时，三相输出电压均为(0 0 0)，三相电流均处于续流状态，这两个开关状态的组合本质上相同，即三相四桥臂逆变器共有 15 种开关状态组合；②三相输出也只有 15 种模态，由于电路拓扑的制约，其余 12(=3^3−15)种模态相电压是不存在的。

Buck 型三相全桥逆变电路直流侧并接的中点形成开关桥臂能为三相不对称负载提供电流通路，因而可以对三相输出电压进行独立闭环控制。但这种方法增

加了电路拓扑和控制的复杂性。

10.5.4 三个单相逆变电路的负载端连成公共端

为了使逆变器能带三相不对称负载，第四种方法是将三个独立的单相逆变器的负载端连成公共端，即 10.3.3 节论述的三个单相逆变器构成的组合型三相高频环节逆变器，其电路结构与拓扑实例如图 10-15 所示。

为了实现逆变器三相输出电压的对称，首先要确保：①三相基准电压对称，即幅值相等、频率相同、相位相差 120°；②组合型逆变器的三个单相模块的元器件参数一致；③每个单相输出电压幅值和相位的调节精度高。

逆变器带不对称负载时的三相输出电压是不对称的。组合式三相逆变器也存在一定程度的不对称性，其原因是各独立单相逆变器带不同性质负载和不同大小负载时存在不同的输出电压变化量 ΔU_o。逆变器三相输出电压的对称度常用电压幅值偏差 ΔU_o 和相位偏差 $\Delta\theta_o$ 来表示，即

$$\Delta U_o = \frac{\text{最高相电压的幅值-三相电压幅值的平均值}}{\text{三相电压幅值的平均值}} \times 100\% \quad (10\text{-}22a)$$

$$\Delta\theta_o = \text{两相电压相位差的最大值}-\text{三个两相电压相位差的平均值} \quad (10\text{-}22b)$$

由式(10-22a)容易计算出 $\Delta U_o(\%)$，但由式(10-22b)计算出 $\Delta\theta_o$ 需要先已知任意两相电压之间的相位差。可通过实验测出逆变器三相输出电压的相电压和线电压有效值，再根据余弦定理计算得到任意两相电压之间的相位差(初相位差) θ_{AB}、θ_{BC}、θ_{CA}，即

$$\theta_{AB} = \arccos\left[\left(U_A^2 + U_B^2 - U_{AB}^2\right)/\left(2U_A U_B\right)\right] \quad (10\text{-}23a)$$

$$\theta_{BC} = \arccos\left[\left(U_B^2 + U_C^2 - U_{BC}^2\right)/\left(2U_B U_C\right)\right] \quad (10\text{-}23b)$$

$$\theta_{CA} = \arccos\left[\left(U_C^2 + U_A^2 - U_{CA}^2\right)/\left(2U_C U_A\right)\right] \quad (10\text{-}23c)$$

将式(10-23)代入式(10-22b)可计算得到 $\Delta\theta_o$。以 3kVA 27VDC/115V400HzAC 逆变装置为例，实验测得逆变装置阻性满载时的相电压有效值 U_A=113.9V、U_B=113.8V、U_C=114.0V，线电压有效值 U_{AB}=194.4V、U_{BC}=198.2V、U_{CA}=195.8V，由式(10-23)计算得 θ_{AB}=118.08°、θ_{BC}=120.93、θ_{CA}=119.29V，由式(10-22)计算得 $\Delta U_o(\%)$=0.088、$\Delta\theta_o$=1.50°。这种幅值偏差和相位偏差产生的主要原因是，实验时使用的三相负载并不完全对称以及实验数据存在测量误差。

三相逆变器输出电压的变化量 ΔU_o 可等效为单相逆变器输出电压的负载调整率。以三态 DPM 电流滞环控制级联 Buck 直流斩波器型单相高频环节逆变系统为例，其简化框图如图 10-21 所示。

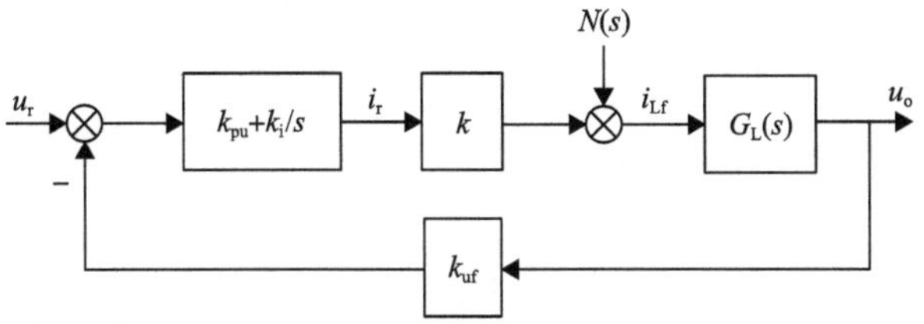

图 10-21　级联 Buck 直流斩波器型单相高频环节逆变系统简化框图

图 10-21 中，令扰动信号 $N(s)=0$，则系统的闭环传递函数为

$$G(s)=\frac{(k_{pu}+k_i/s)kG_L(s)}{1+k_{uf}(k_{pu}+k_i/s)kG_L(s)} \tag{10-24}$$

空载、阻性负载、感性负载和容性负载时，$G_L(s)$ 分别为

$$G_L(s)=\frac{1}{sC_f}\quad（空载） \tag{10-25a}$$

$$G_L(s)=\frac{1}{sC_f+1/R_L}\quad（阻性负载） \tag{10-25b}$$

$$G_L(s)=\frac{s}{s^2C_f+s/R_L+1/L_L}\quad（感性负载） \tag{10-25c}$$

$$G_L(s)=1/[s(C_f+C_L)+1/R_L]\quad（容性负载） \tag{10-25d}$$

由式(10-24)和式(10-25)可得，空载、阻性负载、感性负载和容性负载时系统的闭环传递函数分别为

$$G_O(s)=\frac{k_{pu}ks+k_ik}{C_fs^2+k_{pu}kk_{uf}s+k_ikk_{uf}}\quad（空载） \tag{10-26a}$$

$$G_R(s)=\frac{k_{pu}ks+k_ik}{C_fs^2+(k_{pu}kk_{uf}+1/R_L)s+k_ikk_{uf}}\quad（阻性负载） \tag{10-26b}$$

$$G_{RL}(s)=\frac{k_{pu}ks+k_ik}{C_fs^2+(k_{pu}kk_{uf}+1/R_L)s+k_ikk_{uf}+1/L_L}\quad（感性负载） \tag{10-26c}$$

$$G_{RC}(s)=(k_{pu}ks+k_ik)/[(C_f+C_L)s^2+(k_{pu}kk_{uf}+1/R_L)s+k_ikk_{uf}]\quad（容性负载） \tag{10-26d}$$

式(10-26)的幅频特性为

$$|G_O(\omega)|=\sqrt{\frac{(k_{pu}k\omega)^2+(k_ik)^2}{(k_ikk_{uf}-C_f\omega^2)^2+k_{pu}kk_{uf}\omega^2}}\quad(空载)\tag{10-27a}$$

$$|G_R(\omega)|=\sqrt{\frac{(k_{pu}k\omega)^2+(k_ik)^2}{(k_ikk_{uf}-C_f\omega^2)^2+[(k_{pu}kk_{uf}+1/R_L)\omega]^2}}\quad(阻性负载)\tag{10-27b}$$

$$|G_{RL}(\omega)|=\sqrt{\frac{(k_{pu}k\omega)^2+(k_ik)^2}{(k_ikk_{uf}+1/L_L-C_f\omega^2)^2+[(k_{pu}kk_{uf}+1/R_L)\omega]^2}}\quad(感性负载)\tag{10-27c}$$

$$|G_{RC}(\omega)|=\sqrt{\frac{(k_{pu}k\omega)^2+(k_ik)^2}{(k_ikk_{uf}-C_f\omega^2-C_L\omega^2)^2+[(k_{pu}kk_{uf}+1/R_L)\omega]^2}}\quad(容性负载)\tag{10-27d}$$

由式(10-27)可知，$|G_O(\omega)|>|G_R(\omega)|>|G_{RL}(\omega)|$。至于$|G_{RC}(\omega)|$的大小，与容性负载参数($C_L$、$R_L$)即容性负载功率因数有关,容性负载功率因数为–0.75时$|G_{RC}(\omega)|>|G_O(\omega)|>|G_R(\omega)|>|G_{RL}(\omega)|$。因此，逆变器从容性负载、空载、阻性负载、感性负载变化时，输出电压将单调下降，输出电压的负载调整率由容性负载到感性负载时的电压降落ΔU_o决定。

组合型三相逆变器通过三个独立的单相逆变器输出负载端相连接的公共端作为输出中点，不但具有极强的带三相不对称负载的能力，而且每相还可分别独立控制且控制简洁，易于实现模块化结构、N+1 模块冗余和在线热更换，提高了供电系统的可靠性，但元器件数量多、成本高。

10.6 3kVA 三态 DPM 电流滞环控制级联 Buck 直流斩波器型三相/单相并联高频环节逆变装置实验

10.6.1 逆变装置的构成

3kVA 27VDC/200V(115V)400HzAC 三态 DPM 电流滞环控制级联 Buck 直流斩波器型三相/单相并联高频环节逆变装置，是由完全相同的三个 1kVA27VDC/115V400HzAC 级联有源箝位正激直流斩波器型单相高频环节逆变器模块输出端连接成三相或并联构成，每个 1kVA 逆变模块均由功率电路、控制电路和机内辅助电源三部分构成，如图 10-22 所示。三个 1kVA 单相高频环节逆变模块的基准正弦信号的相位错开 120°，可实现 3kVA 三相高频环节逆变装置；三个 1kVA 单相

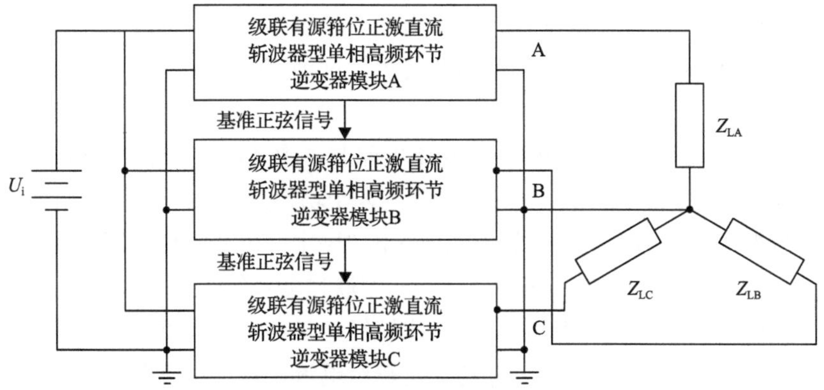

(a) 三相逆变装置

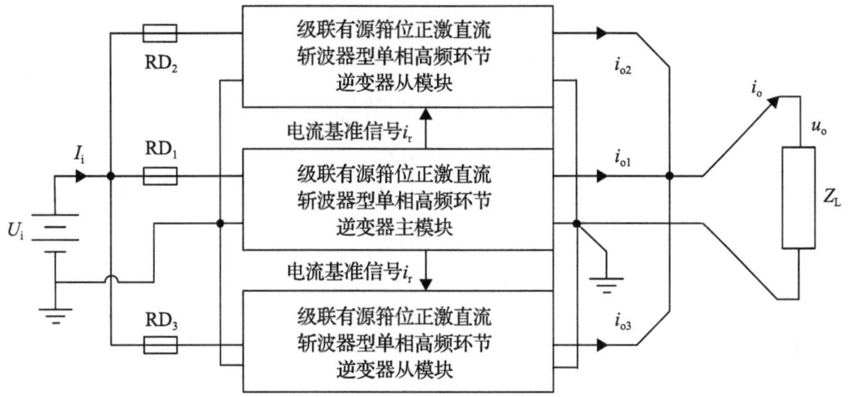

(b) 单相并联逆变装置

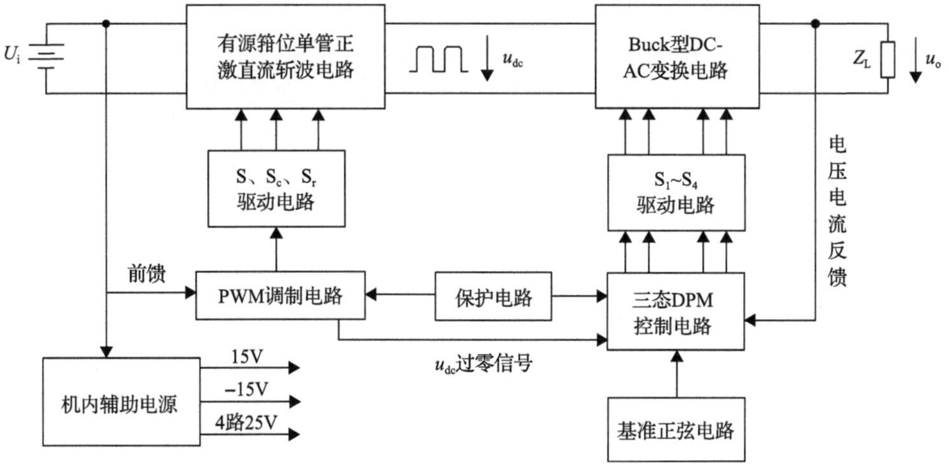

(c) 单相逆变模块

图 10-22　3kVA 级联 Buck 直流斩波器型三相/单相并联高频环节逆变装置的构成

高频环节逆变模块共用一个电压外环并作为三个模块各自电流内环的基准电流信号，可实现 3kVA 单相并联高频环节逆变装置，这种模块并联属于“民主”主从模块并联均流方式。

图 10-22 系统每个单相逆变模块的功率电路与本书 4.6.1 节论述的相同，控制电路与本书 4.6.1 节论述的相似，只是逆变桥的四个功率开关 S_1～S_4 采用图 2-32 所示 A3120 光耦隔离型驱动电路。这里讨论一下“民主”主从模块并联系统——共用电压调节器的三态 DPM 电流滞环控制单相并联逆变系统，如图 10-23(a)所示。输出电压反馈信号 u_{of} 与电压基准信号 u_r 比较经电压误差放大器得到电流给定信号 i_r，输出滤波电感电流反馈信号 i_{Lf} 与 i_r 比较经电流误差放大器和三态电流滞环比较器输出逆变桥功率开关的控制信号。n 个电压电流双闭环控制的单相逆变器模块并联，共用一个电压调节器并将其输出信号作为每个单相逆变器模块电流内环的基准信号，实现各单相逆变器模块的均流。电流内环控制实际上是一个受控于电流基准信号 i_r 的电流放大器，共用电压调节器的三态 DPM 电流滞环控制单相并联逆变系统的简化框图，如图 10-23(b)所示。

机内辅助电源采用 UC1843 芯片峰值电流控制的有源箝位反激变换器实现，如图 10-24 所示。该辅助电源的主要性能指标：输入电压 U_i=18～32VDC，开关频率 F_s=300kHz，6 路输出 15V(1.0A)、–15V(0.2A)、4×25V(0.1A)满足控制电路的需要。

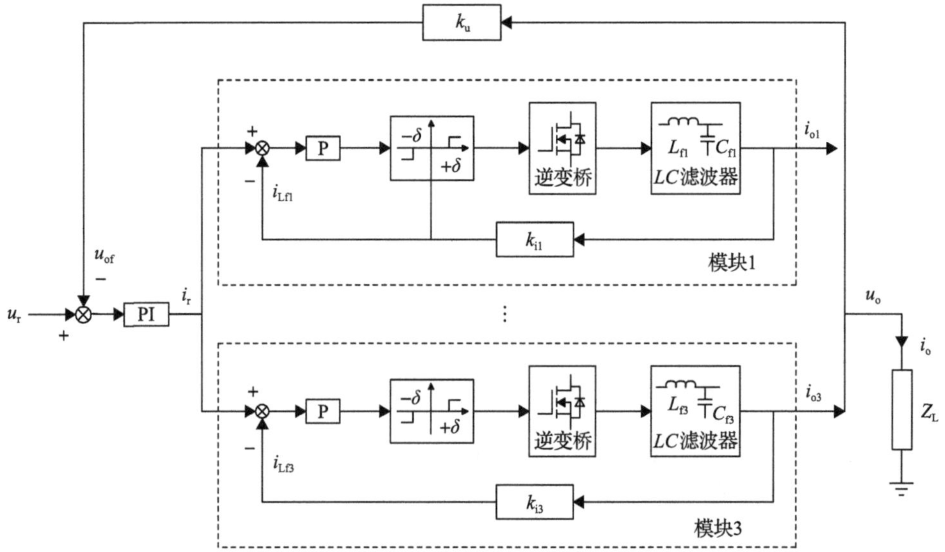

(a) 系统框图

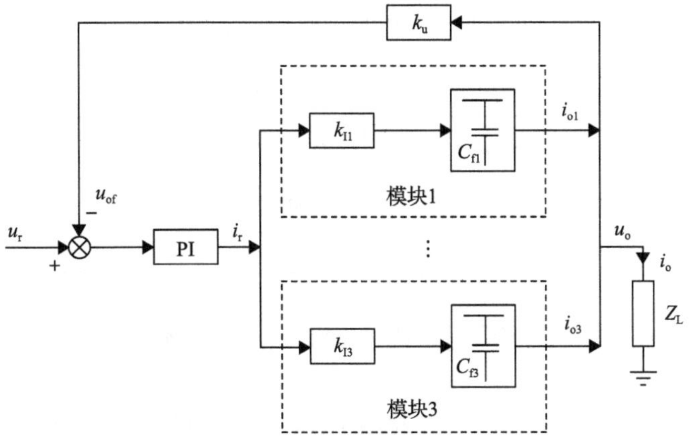

(b) 简化框图

图 10-23　共用电压调节器的三态 DPM 电流滞环控制单相并联逆变系统

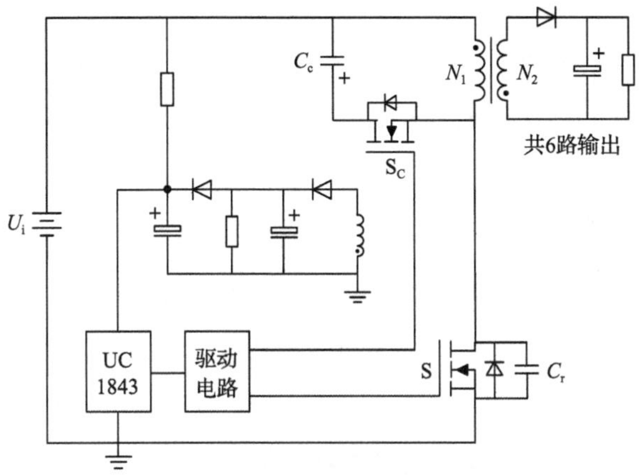

图 10-24　机内辅助电源

10.6.2　功率电路参数的设计

3kVA 27VDC/200V(115V)400HzAC 级联有源箝位正激直流斩波器型三相/单相并联高频环节逆变装置的设计，只要按三个完全相同的 1kVA 27VDC/115V400HzAC 级联有源箝位正激直流斩波器型单相高频环节逆变器模块设计即可。

1. 高频变压器

功率开关 S 的最大占空比 D_{max}=0.6，u_{dc} 扩展的占空比 ΔD=0.3；考虑到 U_i=18～32V，由 $U_{imin}D_{max}=U_{imax}D_{min}$，可知 D_{min}=0.3375。故 u_{dc} 的占空比范围为

$$D_{min}+\Delta D\sim D_{max}+\Delta D=0.6375\sim0.9 \tag{10-28}$$

选取 U_{dcavg}=190V，高频变压器副边与原边匝数之比为

$$\frac{N_2}{N_1}=\frac{U_{dcavg}}{(D_{max}+\Delta D)U_{imin}}=\frac{190}{0.9\times 18}=11.73 \tag{10-29}$$

取 N_2/N_1=12。高频脉冲直流电压波 u_{dc} 的幅值为

$$(U_{imin}\sim U_{imax})N_2/N_1=(18\sim 32)\times 12=216\sim 384(V) \tag{10-30}$$

选用 Mn-Zn LP3 型铁氧体材料磁心 PM74，其磁路截面积 $S=\pi(2.90^2-0.51^2)/4=6.40(cm^2)$，窗口面积 $Q=(5.70-2.90)\times 3.6/2=5.04(cm^2)$、饱和磁密 B_s=5100Gs，工作磁密 ΔB=1200Gs、变换器的开关频率 F_s=80kHz。变压器原边绕组匝数为

$$N=\frac{U_{imin}\cdot T_{onmax}}{\Delta B\cdot S}\times 10^8=\frac{18\times 0.60/(80\times 10^3)}{1200\times 6.40}\times 10^8\approx 2(匝) \tag{10-31}$$

设高频脉冲直流环节电路、DC-AC 变换器的变换效率分别为 0.9、0.95，磁心的填充系数 k_c=1，磁心的窗口利用系数 k_u=0.3，导线电流密度 j=250A/cm^2，变压器按 110%额定负载设计，故

$$\begin{aligned}SQ&=\frac{2T_{onmax}P_{omax}}{\Delta B\eta k_C k_u j}\times 10^8=\frac{2\times 0.60/(80\times 10^3)\times 1000\times 100\%/0.95}{1200\times 0.9\times 1\times 0.3\times 250}\times 10^8\\&=19.5<6.40\times 5.04\approx 32.26(cm^4)\end{aligned} \tag{10-32}$$

磁心 PM74 的 SQ 值大于计算值，选定该磁心型号。变压器副边绕组的匝数 N_2=24 匝。

高频脉冲直流环节电路输出的平均功率为

$$P_{dc}=\frac{1000\times 110\%}{0.95}=1158(W) \tag{10-33}$$

未扩展的高频脉冲直流电压波的平均值为

$$U'_{dcavg}=DU_iN_2/N_1 \tag{10-34}$$

未扩展的高频脉冲直流电压波的有效值为

$$U'_{dcrms}=\sqrt{\frac{1}{T_s}\int_0^{DT_s}{u'_{dc}}^2dt}=\frac{N_2}{N_1}\sqrt{D}U_i \tag{10-35}$$

变压器副边绕组电流的有效值为

$$I_2 = \frac{P_{dc}}{U'_{dcrms}} = \frac{P_{dc} \cdot \sqrt{D}}{U'_{dcavg}} \tag{10-36}$$

当 U_i=18V、$D=D_{max}$=0.6 时，I_{2max}=6.92A。变压器原边绕组电流的有效值为

$$I_{1max} = \frac{N_2}{N_1} I_{2max} + I_{Lm} = 1.05\frac{N_2}{N_1} I_{2max} = 87.2(A) \tag{10-37}$$

式中，I_{Lm} 为变压器磁化电流的有效值，取 $I_{Lm} = 5\% I_2 N_2/N_1$ 。原边绕组选用 0.5mm×36mm 的铜皮三层并绕，副边绕组选用 0.1mm×36mm 的铜皮一层绕制。磁心的窗口利用系数为

$$k_u = \frac{0.5 \times 36 \times 3 \times N_1 + 0.1 \times 36 \times N_2}{Q} = 0.3857 \tag{10-38}$$

式(10-38)说明绕组能绕得下。

变压器原、副边绕组分层交叉绕制。先绕副边绕组 12 匝，再绕原边绕组 2 匝，最后再绕副边绕组 12 匝；在外部将副边绕组的两组 12 匝铜皮顺向串联。

2. 吸收支路电容 C_r

C_r 选用 150μF/450V 的高频电解电容，同时并联了 1 个 0.1μF/500V 的瓷片电容。高频脉冲直流电压波占空比扩展期间，吸收支路电容 C_r 对 DC-AC 逆变桥供电引起的最大电压降落为

$$\Delta U'_{Crmax} = \frac{I_{Lfshort} \cdot \Delta D \cdot T_S}{C_r} = \frac{21 \times 0.3}{150 \times 10^{-6} \times 80 \times 10^3} = 0.53 \tag{10-39}$$

调节吸收支路阻抗 Z_s，将功率开关 S 开通瞬间吸收支路的冲击电流 I_{Crpeak} 限制在 3A 之内。此时，空载时逆变桥回馈的无功能量引起吸收电容电压上升的幅度 $\Delta U_{Cr} \leqslant 5V$ 。

3. 箝位电容 C_C

由式(4-15)可得，箝位电容 C_C 可选用 3.3μF/63V 的 CBB 电容。

4. 功率器件

忽略漏感能量，箝位开关 S_C 的电流应力最大值发生在输入电压从 18V 大信号瞬变到 32V 时，即

$$I_{\text{Crpeak}}=I_{\text{Lmpeak}}=I_{\text{Lmmax}}+\frac{U_{\text{i max}}}{2L_{\text{m}}}D_{\min}T_{\text{s}}=\frac{U_{\text{c}}(0)-U_{\text{cnew}}}{\sqrt{L_{\text{m}}/C_{\text{c}}}}+\frac{U_{\text{i max}}}{2L_{\text{m}}}D_{\min}T_{\text{S}}$$

$$=\frac{18\times0.6/(1-0.6)-32\times0.3375/(1-0.3375)}{\sqrt{48.0/3.3}}+\frac{32\times0.3375\times12.5\times10^{-6}}{2\times48.0\times10^{-6}}=4.21(\text{A})$$

(10-40)

式中，$U_{\text{c}}(0)$、U_{cnew}分别为瞬变前、后的箝位电容电压稳态值。由式(4-53)、式(4-54)、式(4-56)～式(4-59)可知，功率开关 S 选用 IXFK180N10 MOSFET(180A/100V)三个并联，箝位开关 S_{C}选用 IRF540 MOSFET(27A/100V)，吸收支路开关 S_{r}选用 IXFK48N50 MOSFET(48A/500V)，整流二极管 D 选用超快恢复二极管 DSEI60-12A (60A/1200V)。

5. *LC* 输入滤波器

输入滤波电容 C=19800μF，由六个高频电解电容 3300μF/63V 并联组成。输入滤波电感 L=7.2μH。110%额定负载时，最大的输入滤波电感平均电流值(有效值)为

$$I_{\text{imax}}=\frac{P_{\text{o}}\times110\%}{\eta U_{\text{i min}}}=\frac{1000\times110\%}{0.9\times0.95\times18}=71.5(\text{A})\qquad(10\text{-}41)$$

选用 Mn-Zn R2kBD 型铁氧体磁心 PM50×39，其磁路截面积 S=π(2.0²−0.54²)/4=2.91cm²，窗口面积$Q=(3.9-2)\times2.2/2=2.09\text{cm}^2$，选用 B_{m}=3500Gs，磁心的填充系数 k_{c}=1，磁心的窗口利用系数 k_{u}=0.4，导线密度 j=500A/cm²，由 $N=LI_{\text{imax}}/(BS\cdot k_{\text{C}})$、$k_{\text{u}}\cdot Q=NI_{\text{imax}}/j$ 可得

$$SQ=\frac{LI_{\text{imax}}^2}{B_{\text{m}}jk_{\text{c}}k_{\text{u}}}=\frac{7.2\times10^{-6}\times71.5^2}{3500\times500\times1\times0.4}\times10^8=5.26(\text{cm}^4)<6.1(\text{cm}^4)\qquad(10\text{-}42)$$

$$N=\frac{LI_{\text{imax}}}{BS_{\text{C}}}=\frac{7.2\times10^{-6}\times71.5}{3500\times10^{-4}\times2.91\times10^{-4}}=5(\text{匝})\qquad(10\text{-}43)$$

$$\delta=\frac{u_0N^2S_{\text{C}}}{L}=\frac{4\pi\times10^{-7}\times5^2\times2.91\times10^{-4}}{7.2\times10^{-6}}\times10^3=1.25(\text{mm})\qquad(10\text{-}44)$$

选用 0.5mm×22mm 的铜皮两层并绕。磁心的窗口利用系数为

$$k_{\text{u}}=\frac{0.5\times2\times22\times5}{2.09\times10^2}=0.53\qquad(10\text{-}45)$$

说明可以绕得下。

6. 逆变器

输出滤波电容 C_f 选用两个 5.6μF/250V CBB 电容并联，输出滤波电感 L_f 为 0.7mH。输出滤波电容电流的有效值为

$$I_{Cf} = \omega C_f U_o = 3.2(A) \tag{10-46}$$

110%负载时，负载电流有效值为

$$I_{omax} = \frac{P_{omax}}{U_o} = \frac{1000 \times 110\%}{115} = 9.57(A) \tag{10-47}$$

阻性负载时电感电流最大，即电感电流有效值为

$$I_{Lf} = \sqrt{I_{Cf}^2 + I_{omax}^2} = 10.0(A) \tag{10-48}$$

考虑滤波电感电流的脉动量，滤波电感的电流峰值为

$$I_{Lfmax} = (1+10\%)\sqrt{2} I_{Lf} = 14.9(A) \tag{10-49}$$

L_f 选用 Mn-Zn LP3 型铁氧体磁心 PM74，选用 B_m=3500Gs，滤波电感绕组匝数为

$$N = \frac{L_f L_{Lf\,max}}{B_m S_C} = \frac{0.7 \times 10^{-3} \times 14.9}{3500 \times 10^{-4} \times 6.40 \times 10^{-4}} = 46.56(匝) \tag{10-50}$$

取 N=46.5 匝，$\delta = u_0 N^2 S_C / L_f$=2.48mm。按滤波电感电流有效值 I_{Lf}=10.0A 选取导线，取 I_j=3A/mm^2，导线选用 0.1mm×36mm 的铜皮。窗口利用系数 k_u=0.1×36×N/Q=0.332，说明可以绕下。

逆变桥功率开关的电流应力为最大滤波电感电流 $I_{Lfshort}$=21A，最大的电压应力为 U_{Crmax}=389V。逆变桥功率开关 S_1、S_2、S_3、S_4 均选用 IXFK48N50MOSFET（48A/500V）。

10.6.3　3kVA 27DC/200V400HzAC 三相/单相并联逆变装置实验

1. 1kVA 27DC/115V400HzAC 单相逆变器模块实验

1kVA 27DC/115V400HzAC 三态 DPM 电流滞环控制级联有源箝位正激直流斩波器型单相高频环节逆变器模块在额定输入电压和不同性质额定负载下的实验波形，如图 10-25 所示。

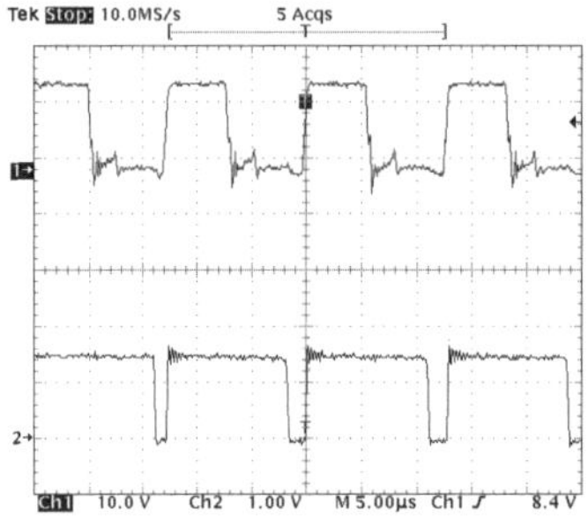

Ch1：S的驱动电压；Ch2：u_{dc}(1∶200衰减)

(a) u_{dc}占空比的扩展

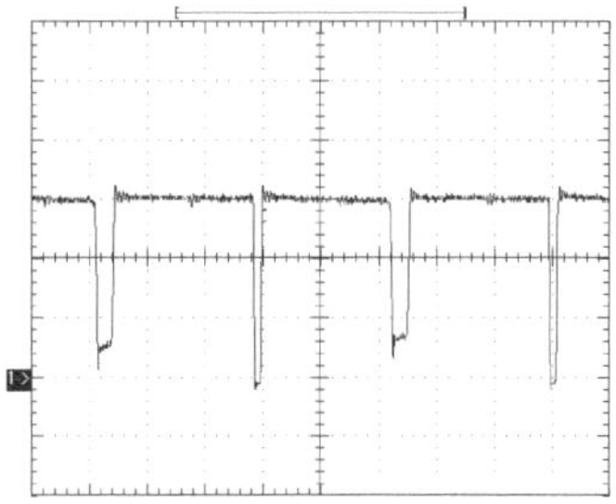

(b) 无能量回馈时的u_{dc}波形(1∶200衰减)

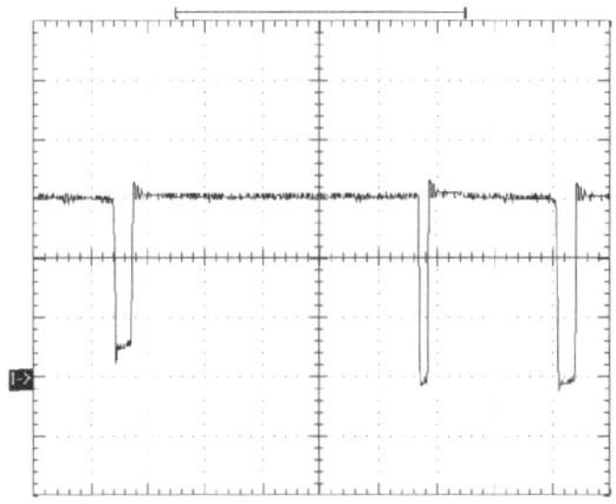

(c) 有能量回馈时的u_{dc}波形
(1∶200衰减)

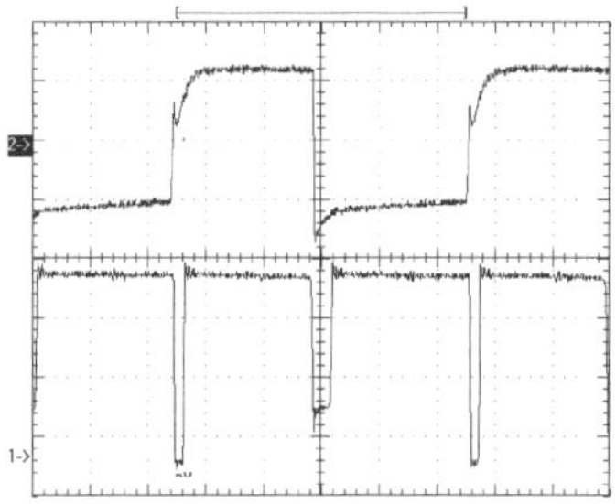

Ch1：u_{dc}(1∶200衰减)；Ch2：u_{GS}
(1∶20衰减)

(d) 逆变桥上桥臂开关ZVS开关波形

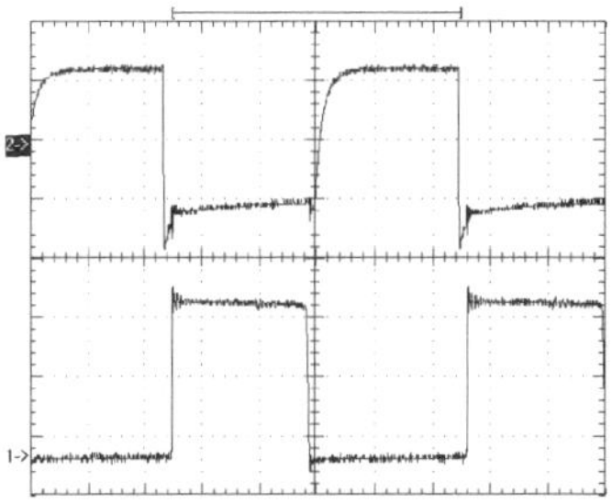

Ch1：u_{DS}(1∶200衰减)；Ch2：u_{GS}(1∶20衰减)

(e) 逆变桥下桥臂开关ZVS开关波形

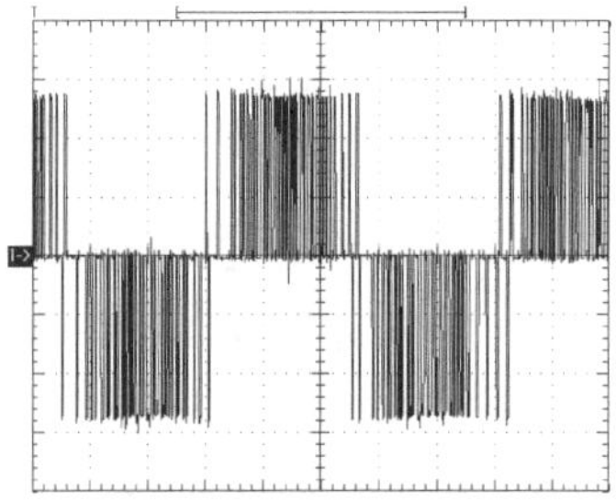

Ch1：u_{AB}(1∶200衰减)

(f) 逆变桥调制电压u_{AB}波形

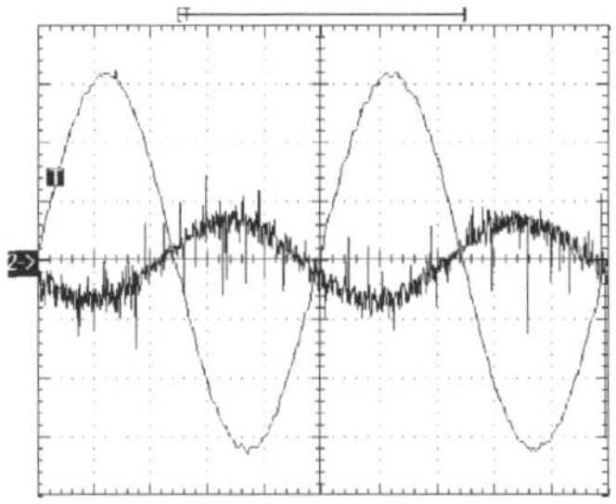

Ch1：i_{Lf}；Ch2：u_o(1∶10衰减)

(g) 额定阻性负载时u_o和i_{Lf}波形

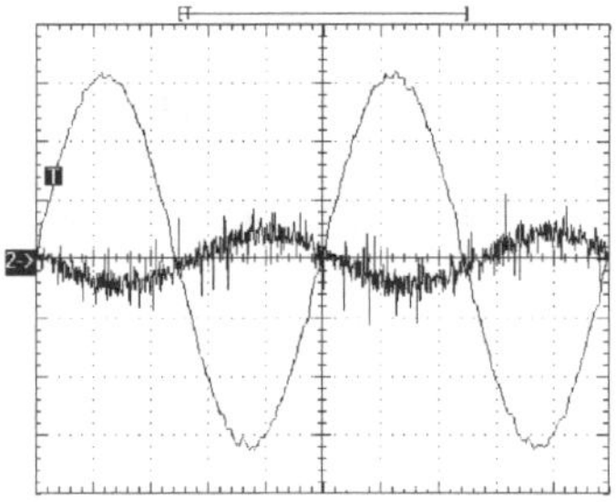

Ch1：i_{Lf}；Ch2：u_o(1∶10衰减)

(h) 额定感性负载时u_o和i_{Lf}波形

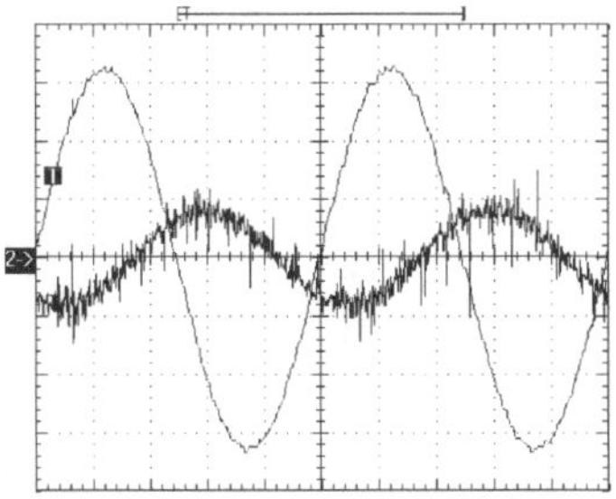

Ch1：i_{Lf}；Ch2：u_o(1∶10衰减)

(i) 额定容性负载时u_o和i_{Lf}波形

图 10-25　1kVA 单相高频环节逆变器模块在额定输入电压和不同性质额定负载下的实验波形

2. 3kVA 27DC/200V400HzAC 三相逆变装置实验

3kVA 27VDC/200V400HzAC 级联有源箝位正激直流斩波器型三相高频环节逆变装置在额定输入电压、三相不对称阻性负载时的实验波形，如图 10-26 所示。三相输出电压满足幅值相等、相位相差 120°的关系，具有很强的带不平衡负载能力。但是，滤波电感电流却不再满足 120°的相位关系，其相位关系受各相负载电流的制约。

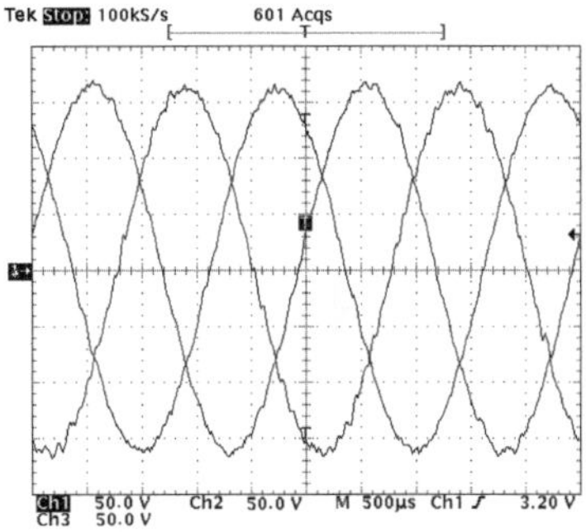

(a) 三相输出电压

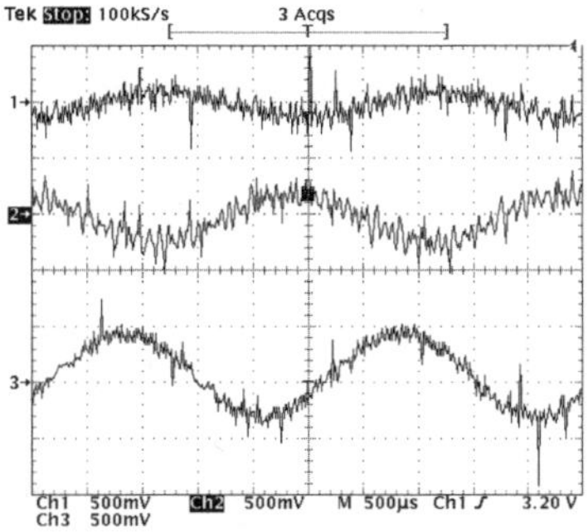

(b) 三相输出滤波电感电流

图 10-26　3kVA 三相逆变装置在额定输入电压和 A 相空载、B 相半载、C 相满载时的实验波形

3kVA 27VDC/200V400HzAC 级联有源箝位正激直流斩波器型三相高频环节逆变装置在三相 150%额定负载时的实验波形，如图 10-27 所示。此时，三相输出电压满足相位相差 120°的关系，但是输出电压削顶，滤波电感电流受到了限制。

3kVA 27VDC/200V400HzAC 级联有源箝位正激直流斩波器型三相高频环节逆变装置负载短路时的实验波形，如图 10-28 所示。当 C 相短路时，其他两相仍然正常工作，此时 C 相的滤波电感电流饱和(限流)，如图 10-28(a)和(b)所示；当三相同时短路时，三相滤波电感电流波形如图 10-28(c)所示。

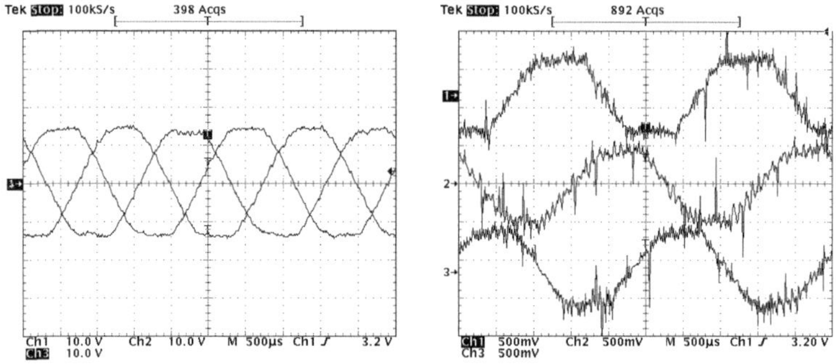

(a) 三相输出电压(1∶10衰减)　　(b) 三相输出滤波电感电流

图 10-27　3kVA 三相高频环节逆变装置在三相 150%额定负载时的实验波形

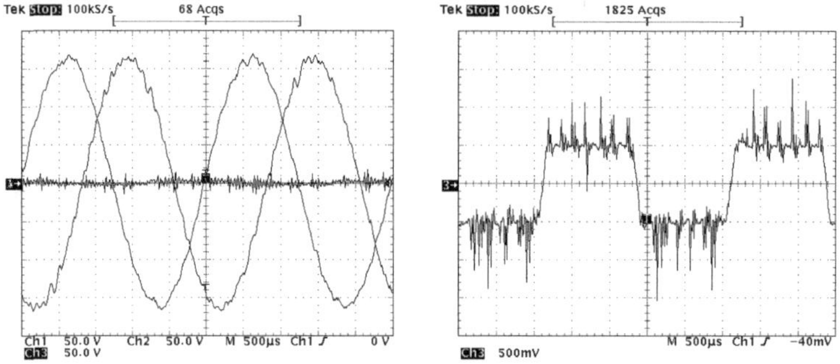

(a) C相短路时三相输出电压　　(b) C相短路时C相滤波电感电流

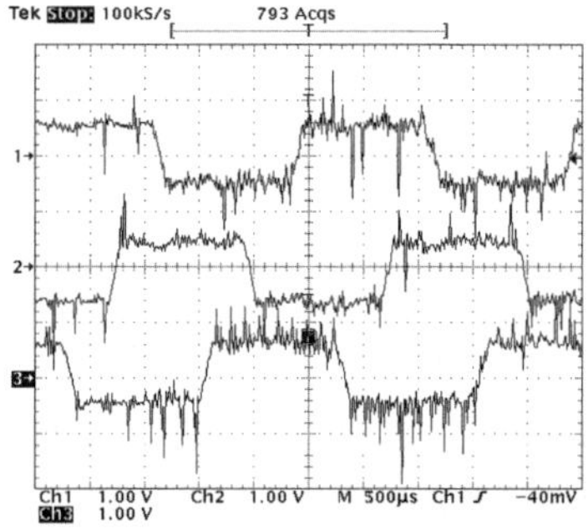

(c) 三相短路时三相滤波电感电流

图 10-28　3kVA 三相高频环节逆变装置在负载短路时的实验波形

3kVA 27DC/200V400HzAC 三相逆变装置实验表明，这类组合式三相逆变器能同时实现单相、三相四线制供电，三相输出电压满足幅值相等、相位相差 120°的关系，具有极强的带不平衡负载能力，易实现模块化结构，系统的可靠性高。

3. 3kVA 27DC/115V400HzAC 三个单相逆变器模块并联实验

3kVA 27VDC/115V400HzAC 三个级联有源箝位正激直流斩波器型单相高频

环节逆变装置并联在额定输入电压、不同负载下的实验波形，如图 10-29 所示。

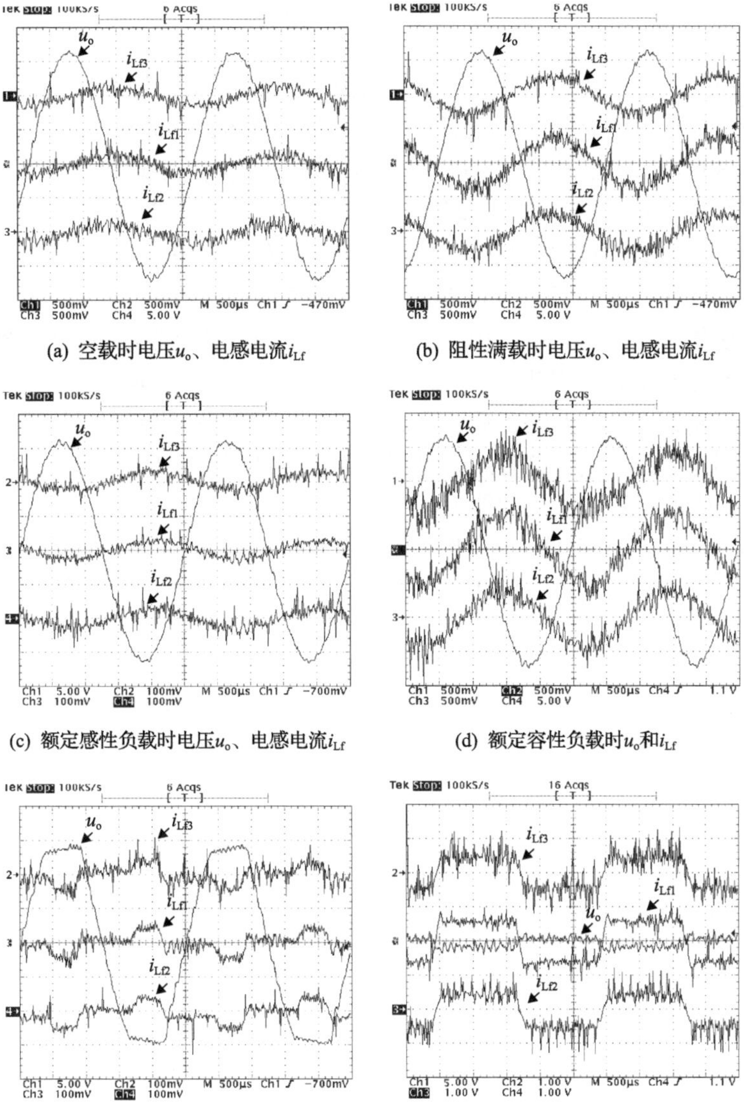

(a) 空载时电压u_o、电感电流i_{Lf}　(b) 阻性满载时电压u_o、电感电流i_{Lf}

(c) 额定感性负载时电压u_o、电感电流i_{Lf}　(d) 额定容性负载时u_o和i_{Lf}

(e) 额定非线性负载时u_o和i_{Lf}　(f) 负载短路时u_o和i_{Lf}

图 10-29　3kVA 三个单相高频环节逆变装置并联在不同负载下的实验波形

图 10-29 所示 3kVA 27VDC/115V400HzAC 三个单相高频环节逆变装置并联的实验表明，这类逆变器具有强的负载适应能力、强的过载和短路能力以及良好的均流效果。

本 章 小 结

并联逆变系统需要重点解决均流、同步、N+1 冗余与热切换三类关键问题。两模块输出存在电压差 $\Delta\dot{U}_o$ 是并联逆变器产生不均流的主要原因。并联逆变器的均流包括自整步、功率调节、主从模块、同步开关控制、平均值电流等多种方式。共用电压调节器的电流型控制并联逆变器是实现并联逆变系统的有效方案。

三相逆变器带不对称负载时需要三相四线制输出，其中点形成的典型方法有四种：①Buck 型三相全桥逆变电路的负载侧并接中点形成变压器，中点形成变压器体积和重量大；②Buck 型三相全桥逆变电路的直流侧并接电容桥臂，实现简单，输入直流电源电压利用率低，桥臂电容的体积和重量大；③Buck 型三相全桥逆变电路的直流侧并接桥臂开关，体积和重量最小，但控制复杂；④三个单相逆变电路的负载端连成公共端，这种组合型三相逆变器能同时实现单相、三相四线制供电，具有极强的带不平衡负载能力。

3kVA 组合式单相并联/三相级联 Buck 直流斩波器型高频环节逆变器，具有变换效率高、体积和重量小、负载适应能力强、过载和短路能力强等优点。

第 11 章　输入直流与输出交流滤波器

11.1　引　　言

逆变器和直流变换器的输入脉动电流会污染直流电源，并且还会影响直流电源的其他用电设备。因此，为了使输入电流平稳和将谐波降低到允许值，需要设置输入直流滤波器。输入直流滤波器有双重功能，既能抑制从直流电源来的瞬变量，又能抑制逆变器或直流变换器对直流电源产生的瞬变量和噪声。逆变器和交流变换器的输出电压波形，除了基波分量外还含有谐波分量。为了使输出电压波形正弦化和 THD 或单次谐波含量降低到允许值，需要设置输出交流滤波器。

对于恒定的负载，滤波器设计较容易；对于变化范围宽的负载并要求谐波含量低，滤波器的设计就困难，其体积和重量将很大。对滤波器设计的基本要求是：①输入电流和输出电压 THD 或单次谐波含量均应降低到允许值；②不致过分增加整机的设计容量，即滤波电容不会过多增加功率开关电流；③滤波电感基波压降小，负载变化所引起的输入、输出电压波动小；④滤波器体积、重量小，成本低。

本章论述输入直流滤波器和输出交流滤波器的组成与特性，分别从限制动态谐振峰值、抑制扰动振荡谐波的角度提出可控谐振阻尼两级 *LC* 输入直流滤波器和可控谐振阻尼单级 *LC* 输出交流滤波器的设计方法，并对其进行谐波分析，给出重要研究结论和设计实例[57-61]。

11.2　输入直流滤波器

11.2.1　单级 *LC* 输入直流滤波器

单级 *LC* 输入直流滤波器及其 k 次谐波等效电路，如图 11-1 所示。单级 *LC* 输入直流滤波器位于输入直流电源 U_{i} 和变换器的输入端之间，变换器可用脉动量较大的直流电流源 $i_{\mathrm{d}}(t)$ 表示，电阻 R_{i} 为输入直流电源 U_{i} 的内阻。显然，该 *LC* 输入直流滤波器的负担较重。

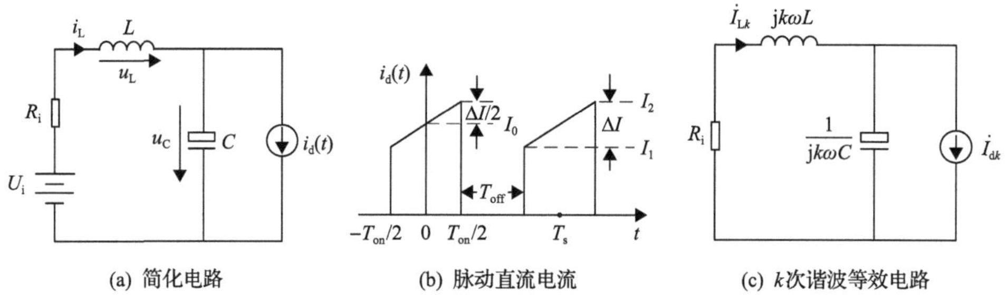

图 11-1　单级 LC 输入直流滤波器及其 k 次谐波等效电路

电源侧的 k 次谐波电流有效值相量为

$$\begin{aligned}\dot{I}_{Lk} &= -\mathrm{j}/(k\omega C)\dot{I}_{dk}/\{R_i+\mathrm{j}[k\omega L-\mathrm{j}/(k\omega C)]\}=\dot{I}_{dk}/(1+R_i\mathrm{j}k\omega C-k^2\omega^2LC)\\ &=\dot{I}_{dk}\Big/\left[1+\mathrm{j}R_ik\omega/(L\omega_r^2)-(k\omega/\omega_r)^2\right]\end{aligned} \tag{11-1}$$

式中，k 为谐波次数；$\omega=2\pi/T_s$ 为脉动电流基波的角频率；I_{dk} 为变换器输入电流的 n 次谐波有效值；$\omega_r=1/\sqrt{LC}$ 为 LC 输入滤波器的谐振角频率。由式(11-1)可知，如果 $\omega=\omega_r$，将产生谐振现象，引起大的谐振电流，特别是 $k=1$、$\omega=\omega_r$ 时，情况最危险。为了避免这种谐振现象，通常要求：

$$\omega=(2\sim 3)\omega_r \tag{11-2}$$

电源内阻 R_i 很小可忽略不计，则由式(11-1)和式(11-2)可得

$$\dot{I}_{Lk}=-[\omega_r/(k\omega)]^2\dot{I}_{dk} \tag{11-3}$$

由式(11-1)～式(11-3)可知，谐波次数越高，对应的电源侧谐波次数的分量就越小，并可通过如下方法来降低电源侧谐波电流：①增大脉动直流电流基波的角频率 ω，即逆变器的开关角频率；②增大滤波电感 L、滤波电容 C，即减小 LC 输入滤波器的谐振角频率 ω_r；③增大输入电源内阻 R_i；④相同输出功率时，提高逆变器的等效占空比，减小脉动直流电流的幅值。

11.2.2　电容输入直流滤波器

如果变换器输入端只有滤波电容，而没有滤波电感，则在式(11-1)中令 $L=0$，可得

$$\dot{I}_{Lk}=-\mathrm{j}/(k\omega C)\dot{I}_{dk}/[R_i-\mathrm{j}/(k\omega C)]=\dot{I}_{dk}/(1+R_i\mathrm{j}k\omega C) \tag{11-4}$$

式(11-4)表明，欲降低电源侧 k 次谐波电流，仍可通过上述四种方法来实现。

如果电压源是理想的，即 $R_i=0$，而输入滤波电容 C 为有限值，由式(11-4)可

得 $\dot{I}_{\mathrm{L}k}=\dot{I}_{\mathrm{d}k}$。这表明变换器所需的输入电流 $i_{\mathrm{d}}(t)$ 全部由输入直流电源提供，而输入滤波电容 C 中的电流为零。也就是说，如果没有 R_{i} 的存在，则输入滤波电容 C 将不能起到任何作用。

事实上，由于输入直流电源总存在一定的内阻抗，包括电源内阻和线路引线阻抗，所以电容 C 仍能起到一定的滤波效果，此时变换器工作所需的谐波电流由电容器 C 来提供，这就是仅采用电容元件也能实现输入滤波作用的理论依据。欲得到很平稳的电源侧电流，则需要很大的高频特性好的优质电解电容器，从而将大幅增加成本。为了减少输入滤波电容值，同时又能获得相同的滤波效果，采用上述单级 LC 输入直流滤波器更合适。

11.3　两级 LC 输入直流滤波器

11.3.1　两级 LC 输入直流滤波器的比较

上述单级 LC 输入直流滤波器，由于阻尼因数(damping factor)低，因而效率高，但谐振峰值很大。在输入电源电压 U_{i} 接通、突变等瞬变期间，动态谐振峰值将使滤波电容 C 和变换器的功率开关处于危险境地。为了解决这一问题，可以在滤波电容 C 支路中串联一个阻尼电阻 R_{d}，从而提高该滤波器的阻尼因数以限制谐振峰值。由于大部分脉动电流都要通过电阻 R_{d}，所以滤波器的效率会下降许多。无阻尼两级 LC 输入直流滤波器改善了稳态滤波效果，但未解决动态谐振峰值问题。

可控谐振阻尼两级 LC 输入直流滤波器在确保稳态滤波效果的同时限制了滤波器的动态谐振峰值，如图 11-2 所示。第一级 LC 滤波器(L_1、C_1、R_{d})控制了谐振峰值，而第二级 LC 滤波器(L_2、C_2)提供变换器所需的大部分脉动电流。该两级 LC 输入直流滤波器能将脉动电流 $i_{\mathrm{d}}(t)$ 的交变分量衰减到输入直流电源允许的谐波电流值；电容器 C_2 通过绝大部分脉动电流的交流分量，必须选用高频特性好、低等效串联电阻(ESR)的电解电容器，其功耗极低；除了电网电压或负载突

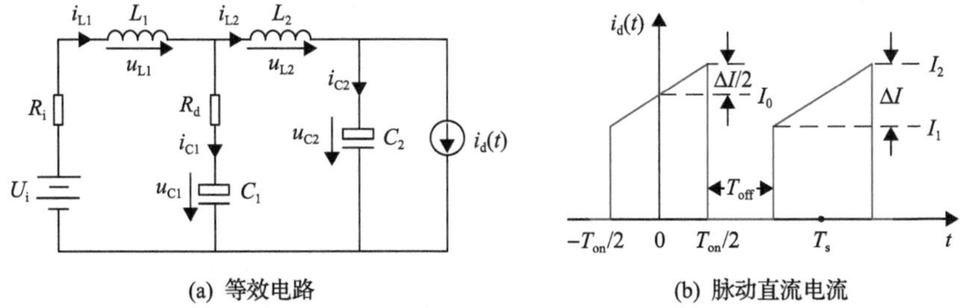

图 11-2　两级 LC 输入直流滤波器的简化电路

变，电容 C_1 和电阻 R_d 的串联支路流过的电流很小，电阻 R_d 在增加很小滤波器损耗的情况下有效控制了滤波器的谐振峰值。

文献[55]和[56]从优化设计的角度出发，采用变换器的平均模型和小信号模型分析具有 LC 输入直流滤波器的功率变换系统的稳定性，得出两个重要结论：①相同重量时，单级 LC 输入直流滤波器比两级 LC 输入直流滤波器有大得多的正向传输函数谐振峰值 B_F 和输出阻抗谐振峰值 B_R；②相同的 B_F、B_R 时，单级 LC 输入直流滤波器比两级 LC 输入直流滤波器重得多。

可控谐振阻尼两级 LC 输入滤波器在确保稳态滤波效果的同时，限制了动态谐振峰值，具有无功耗、高衰减、可控谐振峰值等优点。

11.3.2 两级 LC 输入直流滤波器的设计

1. 设计方法[59]

可控阻尼两级 LC 输入直流滤波器的运算电路，如图 11-3 所示。输出电压对输入电压的传递函数为

$$G(s)=\frac{U_o(s)}{U_i(s)}=\frac{1+sC_1R_d}{(C_2/C_1+sC_2R_d+1+s^2L_2C_2)(1+sC_1R_d+s^2L_1C_1)-(1+sC_1R_d)^2C_2/C_1} \tag{11-5}$$

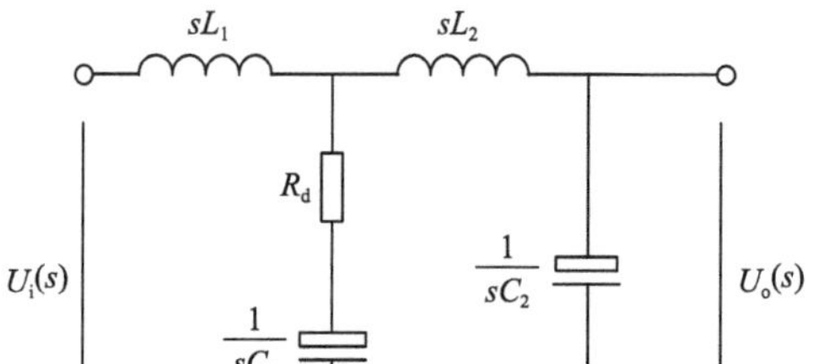

图 11-3 两级 LC 输入直流滤波器的运算电路

LC 网络谐振时会产生很大的峰值，所以必须对三个频率点的传递函数大小进行限制。这三个频率点是第一级 LC 滤波器的谐振频率 $F_{r1}=1/(2\pi\sqrt{L_1C_1})$、第二级 LC 滤波器的谐振频率 $F_{r2}=1/(2\pi\sqrt{L_2C_2})$ 和脉动直流电流 $i_d(t)$ 的基波频率 F_s。在第一级 LC 滤波器的谐振频率 F_{r1} 处，有 $S^2=(\mathrm{j}2\pi F_{r1})^2=-1/(L_1C_1)$，此时 $G(s)$ 的大小，即谐振峰值为

$$P_1=|G(\mathrm{j}2\pi F_{r1})|=\sqrt{(1+D_d^2)\Big/\left\{(C_2/C_1)^2+D_d^2\left[1-(F_{r1}/F_{r2})^2-C_2/C_1\right]^2\right\}} \tag{11-6}$$

式中，D_d为第一级 LC 滤波器的阻尼因数，即

$$R_d = D_d\sqrt{L_1 / C_1} \tag{11-7}$$

在第二级滤波器谐振频率 F_{r2}处，$S^2=(j2\pi F_{r2})^2=-1/(L_2C_2)$，此时 $G(s)$的大小，即谐振峰值为

$$P_2 = |G(j2\pi F_{r2})| = L_2 / L_1 \tag{11-8}$$

由式(11-8)可知，由于存在第一级滤波器，高品质因数的第二级滤波器的谐振峰值将被箝位在 L_2/L_1 值上。在脉动直流电流 $i_d(t)$的基波频率 F_s 处，$F_s \gg F_{r1}$、$F_s \gg F_{r2}$，此时 $G(s)$的大小为

$$P_{F_s} = |G(j2\pi F_s)| = \left| 1 \middle/ \left[\left(\frac{F_{r1}}{F_{r2}}\right)^2 \left(\frac{F_s}{F_{r1}}\right)^3 \frac{1}{D_d} - \frac{C_2}{C_1}\left(\frac{F_s}{F_{r1}}\right)^2 \right] \right| \tag{11-9}$$

由式(11-9)可得

$$\frac{F_s}{F_{r1}} \approx \frac{1}{(F_{r1}/F_{r2})^{2/3}(1/D_d)^{1/3}P_{F_s}^{1/3}} + \frac{C_2/C_1}{3(F_{r1}/F_{r2})^2/D_d} \tag{11-10}$$

为了限制频率点 F_{r2}处的谐振峰值，要求 $20\lg P_2<0$，即比值 L_2/L_1 小于 1，一般取

$$L_2/L_1=0.25\sim0.6 \tag{11-11}$$

由式(11-6)可得

$$D_d^2 = [1-P_1^2(C_2/C_1)^2] \Big/ \left\{P_1^2[1-(C_2/C_1)(1+L_2/L_1)]^2 - 1\right\} \tag{11-12}$$

由式(11-12)可知，为了使阻尼因数 D_d有实根，比值 C_2/C_1应尽可能小。例如，设谐振峰值 $20\lg P_1$=+3dB，即 $P_1=\sqrt{2}$，取 L_2/L_1=0.25，则 $(C_2/C_1)^2<0.5$，$[1-(1+0.25)C_2/C_1]^2>0.5$，从而得

$$C_2/C_1<0.234 \tag{11-13}$$

为了使阻尼因数 D_d不过大，一般取

$$C_2/C_1=0.05\sim0.1 \tag{11-14}$$

2. 设计步骤

两级 LC 输入直流滤波器的设计步骤为：①计算在给定输入电源电压和最大负载(包括过载)时电容 C_2 的最大交变电流有效值，C_2 通过脉动直流电流 $i_d(t)$ 的绝大部分交变分量，因而要求选用高频特性好、ESR 小的优质电解电容器；②根据电容 C_2 的最大交变电流有效值选择 C_2 容量，随后计算 C_2 两端的稳态纹波电压，如果 C_2 两端的稳态纹波电压值过大，则应增大 C_2 容量；③比值 L_2/L_1 和 C_2/C_1 应按照对于某一指定的频率，如 $i_d(t)$ 的基波频率 F_s，可获得某一给定衰减量(如 $20\lg P_{Fs}<-20\sim-150$dB)的原则进行选择；④比值 C_2/C_1、L_2/L_1 选定后，选取 C_1 容量和由式(11-12)计算对于给定的频率点 F_{r1} 处的谐振峰值 P_1 时的阻尼因数 D_d，电容 C_1 中只通过很小的交变电流；⑤对于一组给定的 F_s、$20\lg P_{Fs}$ 值，由式(11-10)计算第一级滤波器的谐振频率 F_{r1}；⑥由式 $F_{r1}=1/\left(2\pi\sqrt{L_1C_1}\right)$，求电感 L_1 之值，电感 L_1 的电流基本上是 $i_d(t)$ 的直流分量；⑦由式 $R_d=D_d\sqrt{L_1/C_1}$，求阻尼电阻 R_d；⑧由比值 L_2/L_1 选取 L_2，L_2 通过 $i_d(t)$ 中较小的交变分量，由式 $F_{r2}=1/\left(2\pi\sqrt{L_2C_2}\right)$ 计算第二级滤波器的谐振频率 F_{r2}。

由上述设计步骤计算得到四组设计实例的元器件参数，如表 11-1 所示。

表 11-1 滤波器四组元件参数

C_2 /μF	C_1 /μF	C_2 /C_1	F_s /kHz	$20\lg P_{Fs}$ /dB	P_1	D_d	F_{r1} /Hz	L_1 /μH	R_d /Ω	L_2 /μH	L_2 /L_1	F_{r2} /Hz	P_2
220	2200	1/10	100	−9.1	$\sqrt{2}$	2.2	1200	8	0.13	4	4/8	5368	0.5
220	2200	1/10	100	−9.9	$\sqrt{2}$	1.4	849	16	0.12	4	4/16	5368	0.25
220	4400	1/20	100	−10.1	$\sqrt{2}$	1.2	849	8	0.05	4	4/8	5368	0.5
220	4400	1/20	100	−10.4	$\sqrt{2}$	1.15	600	16	0.07	4	4/16	5368	0.25

11.3.3 两级 LC 输入直流滤波器谐波分析

1. 脉动直流电流 $i_d(t)$ 的傅里叶级数分解

在一个开关周期 T_s 内，电流瞬时值 $i_d(t)$ 为

$$i_d(t)=I+\sum_{\substack{k=-\infty\\k\neq0}}^{+\infty}I_{dk}e^{jk\omega t} \tag{11-15}$$

式中，k 为谐波次数；I 为一个周期 T_s 内的平均值；$\omega=2\pi/T_s$。k 次谐波幅值为

$$I_{dk}=\frac{1}{T_s}\int_{-T_s/2}^{T_s/2}i_d(t)e^{-jk\omega t}dt \tag{11-16}$$

电流瞬时值 $i_d(t)$ 也可表示为

$$i_d(t)=(I_1+I_2)/2+(I_2-I_1)t/(DT_s),\quad -DT_s/2\leqslant t\leqslant DT_s/2 \tag{11-17}$$

将式(11-17)代入式(11-16)，且从 $-DT_s/2$ 到 $DT_s/2$ 积分，得

$$I_{dk}=(1/2k\pi)\{(I_1+I_2)\sin(k\pi D)+j(I_2-I_1)[\cos(k\pi D)-(1/k\pi D)\sin(k\pi D)]\} \tag{11-18}$$

式中，$k=-\infty\sim+\infty$。若定义 $I_0=(I_1+I_2)/2$、$\Delta I=I_2-I_1$，由式(11-18)可得 k 次谐波的幅值大小为

$$\left|I_{dk}\right|=(1/k\pi)\{4I_0^2\sin(k\pi D)+\Delta I^2[\cos(k\pi D)-1/(k\pi D)\sin(k\pi D)]^2\}^{1/2} \tag{11-19}$$

k 次谐波的初相位为

$$\theta_{dk}=\arctan(\Delta I[\cos(k\pi D)-1/(k\pi D)\sin(k\pi D)]/(2I_0\sin(k\pi D))) \tag{11-20}$$

式中，$k=1\sim+\infty$。考虑到 $I=DI_0=D(I_1+I_2)/2$，$i_d(t)$ 的有效值可表示为

$$I_d=\sqrt{\frac{1}{2}\sum_{k=1}^{\infty}\left|I_{dk}\right|^2+I^2} \tag{11-21}$$

2. 谐波分析

两级 LC 输入直流滤波器的 k 次谐波交流等效电路，如图 11-4 所示。其网孔电流方程为

$$\begin{cases}Z_{11}\dot{I}_{L1k}-Z_{12}\dot{I}_{L2k}=0\\ -Z_{21}\dot{I}_{L1k}+Z_{22}\dot{I}_{L2k}=Z_A\dot{I}_{dk}\end{cases} \tag{11-22}$$

式中，$Z_{11}=R_i+R_d+j[k\omega L_1-1/(k\omega C_1)]$，$Z_{12}=Z_{21}=R_d-j/(k\omega C_1)$，$Z_{21}=R_d+j[k\omega L_2-1/(k\omega C_2)-1/(k\omega C_1)]$，$Z_{22}=R_d+j[k\omega L_2-1/(k\omega C_2)-1/(k\omega C_1)]$，$Z_A=-j/(k\omega C_2)$。

由式(11-22)可求得

$$\dot{I}_{L1k}=\dot{I}_{dk}Z_AZ_{12}/(Z_{22}Z_{11}-Z_{21}Z_{12}) \tag{11-23}$$

$$\dot{I}_{L2k}=\dot{I}_{dk}Z_AZ_{11}/(Z_{22}Z_{11}-Z_{21}Z_{12}) \tag{11-24}$$

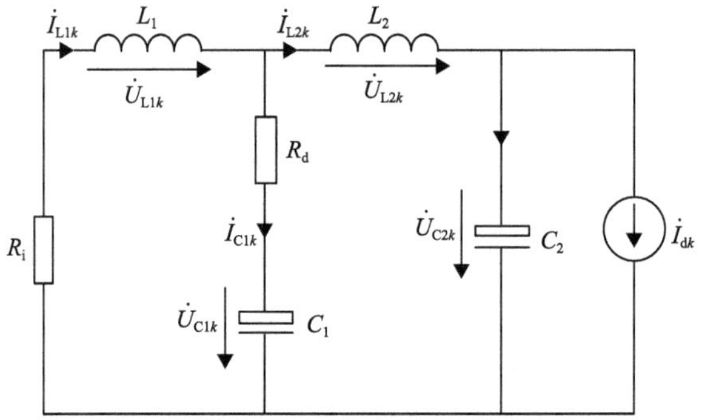

图 11-4　两级 LC 输入直流滤波器的 k 次谐波交流等效电路

$$\dot{I}_{C1k} = \dot{I}_{L1k} - \dot{I}_{L2k} \tag{11-25}$$

$$\dot{I}_{C2k} = \dot{I}_{L2k} - \dot{I}_{dk} \tag{11-26}$$

$$\dot{U}_{C1k} = \dot{I}_{C1k} / (jk\omega C_1) \tag{11-27}$$

$$\dot{U}_{C2k} = \dot{I}_{C2k} / (jk\omega C_2) \tag{11-28}$$

各电量的有效值分别为

$$I_{L1} = \sqrt{\frac{1}{2}\sum_{k=1}^{\infty}\left|I_{L1k}\right|^2 + I^2} \tag{11-29}$$

$$I_{L2} = \sqrt{\frac{1}{2}\sum_{k=1}^{\infty}\left|I_{L2k}\right|^2 + I^2} \tag{11-30}$$

$$I_{C1} = \sqrt{\frac{1}{2}\sum_{k=1}^{\infty}\left|I_{C1k}\right|^2} \tag{11-31}$$

$$I_{C2} = \sqrt{\frac{1}{2}\sum_{k=1}^{\infty}\left|I_{C2k}\right|^2} \tag{11-32}$$

$$U_{C1} = \sqrt{\frac{1}{2}\sum_{k=1}^{\infty}\left|U_{C1k}\right|^2 + (U_i - IR_i)^2} \tag{11-33}$$

$$U_{C2} = \sqrt{\frac{1}{2}\sum_{k=1}^{\infty}\left|U_{C2k}\right|^2 + (U_i - IR_i)^2} \tag{11-34}$$

由式(11-23)～式(11-28)求各电量的各次谐波分量，再按式(11-29)～式(11-34)求各电量的有效值，有助于工程中元器件的选择。式(11-21)、式(11-23)～式(11-34)求解时，k 通常取 10 即可。若求 C_1、C_2 两端纹波电压的有效值，则式(11-33)和式(11-34)中无直流分量项(U_i–IR_i)。

在一个开关周期 T_s 内，各电量的瞬时值表达式分别为

$$i_d(t)=|I_{dk}|\sin(k\omega t+\theta_{dk}) \tag{11-35}$$

$$i_{L1}(t)=I+\sum_{k=1}^{\infty}\left(|I_{L1k}|\sin(k\omega t+\theta_{dk}+\theta_{L1k})\right) \tag{11-36}$$

$$i_{L2}(t)=I+\sum_{k=1}^{\infty}\left(|I_{L2k}|\sin(k\omega t+\theta_{dk}+\theta_{L2k})\right) \tag{11-37}$$

$$i_{C1}(t)=\sum_{k=1}^{\infty}\left(|I_{L1k}|\sin(k\omega t+\theta_{dk}+\theta_{L1k})-|I_{L2k}|\sin(k\omega t+\theta_{dk}+\theta_{L2k})\right) \tag{11-38}$$

$$i_{C2}(t)=\sum_{k=1}^{\infty}\left(|I_{L2k}|\sin(k\omega t+\theta_{dk}+\theta_{L2k})-|I_{dk}|\sin(k\omega t+\theta_{dk})\right) \tag{11-39}$$

$$\begin{aligned}u_{C1}(t)=(U_i-IR_i)+\sum_{k=1}^{\infty}\Bigg(&\frac{|I_{L1k}|}{k\omega C_1}\sin(k\omega t+\theta_{dk}+\theta_{L1k}-90^\circ)\\&-\frac{|I_{L2k}|}{k\omega C_1}\sin(k\omega t+\theta_{dk}+\theta_{L2k}-90^\circ)\Bigg)\end{aligned} \tag{11-40}$$

$$\begin{aligned}u_{C2}(t)=(U_i-IR_i)+\sum_{k=1}^{\infty}\Bigg(&\frac{|I_{L2k}|}{k\omega C_2}\sin(k\omega t+\theta_{dk}+\theta_{L2k}-90^\circ)\\&-\frac{|I_{dk}|}{k\omega C_2}\sin(k\omega t+\theta_{dk}-90^\circ)\Bigg)\end{aligned} \tag{11-41}$$

式(11-36)～式(11-41)中，θ_{L1k}、θ_{L2k} 分别为

$$\begin{aligned}\theta_{L1k}=\arctan\Bigg(&\left(\frac{R_iL_2}{C_1}-\frac{R_i}{k^2\omega^2C_1^2}-\frac{R_i}{k^2\omega^2C_1C_2}-R_d^2R_i+k^2\omega^2L_1L_2R_d-\frac{R_dL_1}{C_2}\right)\\&\Bigg/\Bigg(\frac{k\omega L_1L_2}{C_1}-\frac{L_1}{k\omega C_1C_2}-\frac{L_1+L_2}{k\omega C_1^2}+\frac{1}{k^3\omega^3C_1^2C_2}-k\omega L_1R_d^2-k\omega L_2R_dR_i\\&+\frac{R_dR_i+R_d^2}{k\omega C_2}-k\omega L_2R_d^2\Bigg)\Bigg)\end{aligned} \tag{11-42}$$

$$\theta_{\mathrm{L}2k}=\arctan\left(\left[\frac{1}{k\omega}\left(R_{\mathrm{d}}R_{\mathrm{i}}^{2}-R_{\mathrm{d}}^{2}R_{\mathrm{i}}-\frac{R_{\mathrm{i}}}{k^{2}\omega^{2}C_{1}^{2}}-k^{2}\omega^{2}L_{1}^{2}R_{\mathrm{d}}\right)\right]\right.$$
$$\Bigg/\left[\frac{L_{1}^{2}+2L_{1}L_{2}}{C_{1}}+\frac{L_{1}^{2}}{C_{2}}-k^{2}\omega^{2}L_{1}^{2}L_{2}+\frac{1-2k^{2}\omega^{2}L_{1}C_{1}}{k^{4}\omega^{4}C_{1}^{2}C_{2}}-\frac{L_{1}+L_{2}}{k^{2}\omega^{2}C_{1}^{2}}+\frac{(R_{\mathrm{i}}+R_{\mathrm{d}})^{2}}{k^{2}\omega^{2}C_{2}}\right.$$
$$\left.\left.+\frac{R_{\mathrm{i}}^{2}}{k^{2}\omega^{2}C_{1}}-R_{\mathrm{d}}^{2}L_{1}-L_{2}(R_{\mathrm{i}}+R_{\mathrm{d}})^{2}\right]\right)$$
(11-43)

由上述各式可求得每个开关周期 T_s 内电流 i_{L1}、i_{L2} 的峰峰值。

11.3.4　两级 *LC* 输入直流滤波器的动态仿真分析

以输入电压突变$(0\to U_i)$为例，研究两级 *LC* 输入直流滤波器的动态特性。当滤波电容比值 $C_1/C_2=2200\mu F/220\mu F$、不同滤波电感比值 L_1/L_2 和不同阻尼电阻 R_d 时，两级 *LC* 输入直流滤波器的动态仿真波形，如图 11-5 所示。

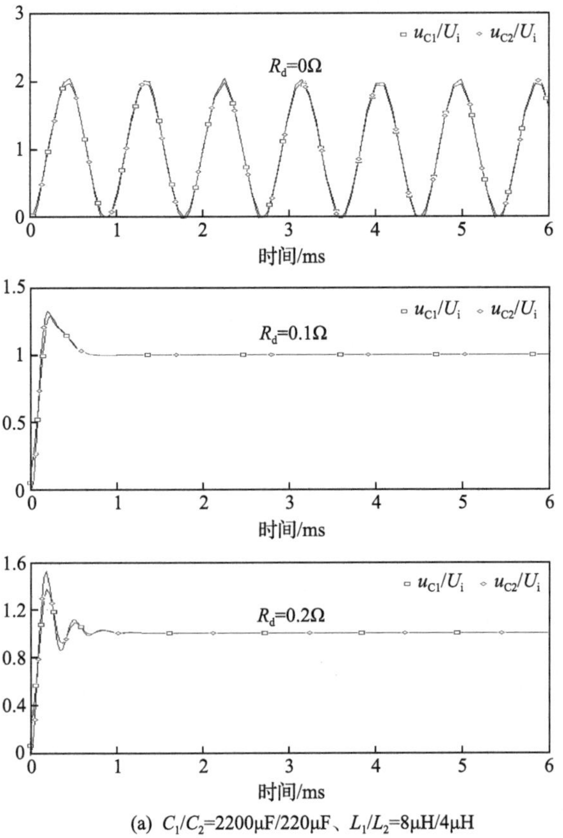

(a) C_1/C_2=2200μF/220μF、L_1/L_2=8μH/4μH

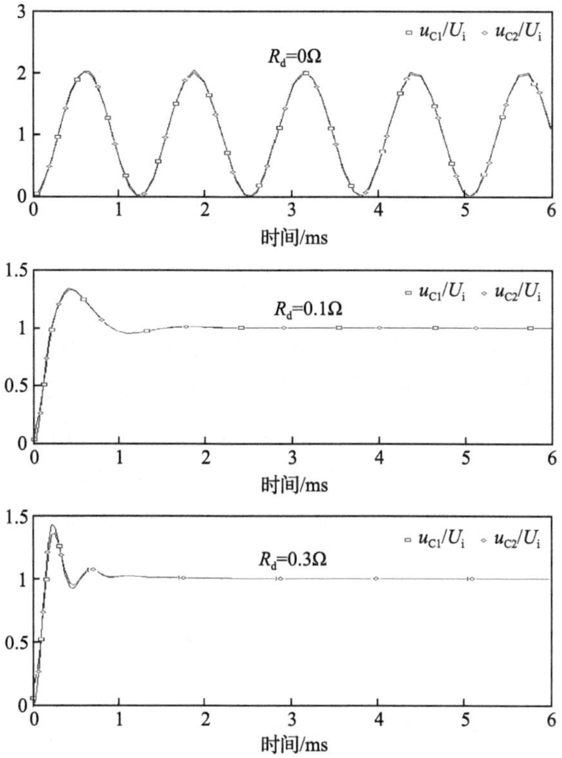

(b) C_1/C_2=2200μF/220μF、L_1/L_2=16μH/4μH

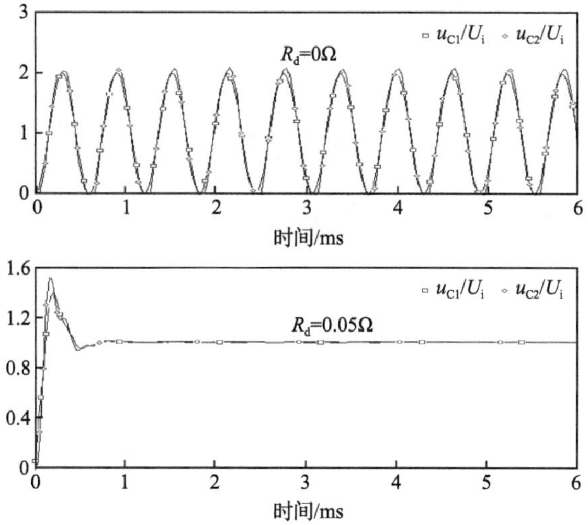

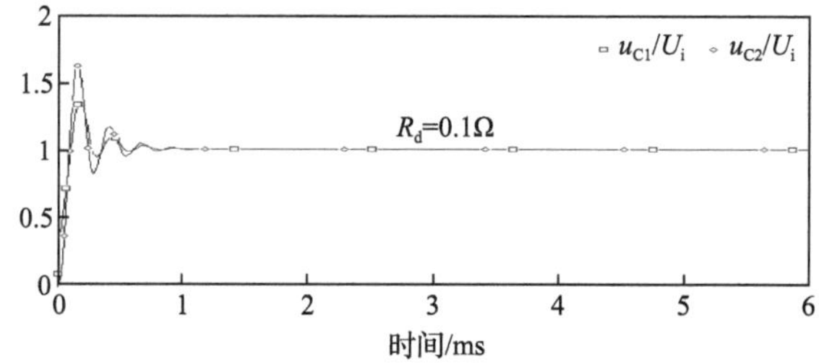

(c) C_1/C_2=2200μF/220μF、L_1/L_2=3.8μH/4μH

图 11-5　两级 LC 输入直流滤波器的动态仿真波形

根据不同比值 C_1/C_2、L_1/L_2 和阻尼电阻 R_d 时的动态仿真波形的数组数据，可作出动态谐振峰值 u_{C2}/U_i 与滤波器参数的关系曲线。由图 11-5 可知，滤波器动态过程的谐振峰值 u_{C2}/U_i 与滤波器参数的比值 C_1/C_2、L_1/L_2 和阻尼电阻 R_d 有关。相同的比值 C_1/C_2、L_1/L_2 时，不同 R_d 值将导致不同的谐振峰值 u_{C2}/U_i，且 R_d 存在一个优化值，因而称为可控阻尼两级 LC 输入直流滤波器；相同的 R_d、L_1/L_2 比值时，比值 C_1/C_2 越大，谐振峰值 u_{C2}/U_i 就越小；相同的 R_d、C_1/C_2 比值时，比值 L_1/L_2 越大，谐振峰值 u_{C2}/U_i 就越小。将滤波器的谐振峰值 u_{C2}/U_i 限制在一定范围内，以确保变换器功率开关的安全工作。

11.4　单级 LC 输出交流滤波器

11.4.1　常 K 两元件 Γ 型低通滤波器

1. 滤波器组成与原理特性[60]

常 K 两元件 Γ 型低通滤波器，如图 11-6 所示。串臂阻抗 Z_1 与并臂阻抗 Z_2 的乘积 $Z_1Z_2=j\omega L_f[1/(j\omega C_f)]=L_f/C_f=K$，一旦 L_f、C_f 值确定后，K 为常数、不随频率变化，故称为常 K 两元件 Γ 型低通滤波器。

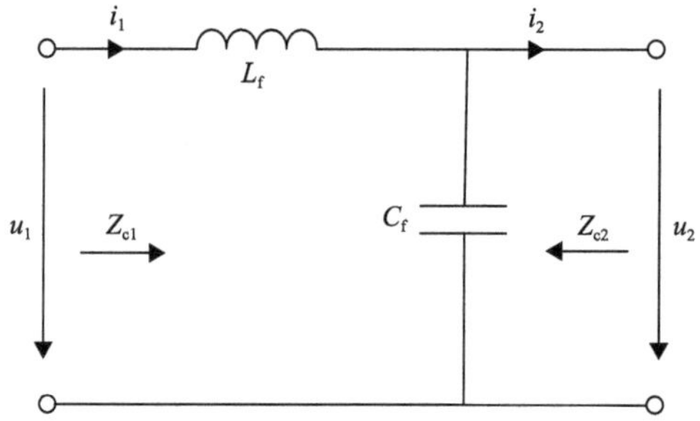

图 11-6　常 K 两元件 Γ 型低通滤波器

由于 L_f/C_f 具有阻抗平方量纲，故常数 K 也可用滤波器的另一重要参数 R 表示，即

$$L_f / C_f = k = r^2 \tag{11-44}$$

$$r = \sqrt{L_f / C_f} \tag{11-45}$$

四端网络在输入端、输出端均处于阻抗匹配时工作最好，图 11-7 所示的四端网络的输入端、输出端特性阻抗分别为

$$Z_{c1} = \sqrt{Z_1 Z_2}\sqrt{1 + Z_1 / Z_2} = \sqrt{L_f / C_f}\sqrt{1 - \omega^2 L_f C_f} = r\sqrt{1 - \omega^2 L_f C_f} \tag{11-46}$$

$$Z_{c2} = \sqrt{Z_1 Z_2} / \sqrt{1 + Z_1 / Z_2} = \sqrt{L_f / C_f} \Big/ \sqrt{1 - \omega^2 L_f C_f} = r \Big/ \sqrt{1 - \omega^2 L_f C_f} \tag{11-47}$$

当 $\omega=0$ 时，$Z_{c1} = Z_{c2} = \sqrt{L_f / C_f}$，故 R 是频率为零时的特性阻抗，称为标称特性阻抗。Γ 型滤波器的传通条件为 $-1 \leqslant Z_1/Z_2 \leqslant 0$，即 $-1 \leqslant (\mathrm{j}\omega L_f / r)^2 \leqslant 0$，故可得

$$0 \leqslant \omega L_f \leqslant r \tag{11-48}$$

当 $|Z_1| = \omega L_f = 0$ 时，ω 必定为零，此为通频带的最低角频率；当 $|Z_1| = \omega L = r$ 时，则 $\omega = R / L_f = \omega_c$ 为通频带的最高角频率，即滤波器截止频率。因 $\omega_c = r / L_f = 1 / \sqrt{L_f C_f}$，可得滤波器的截止频率 f_c 为

$$f_c = r / (2\pi L_f) = 1 / (2\pi\sqrt{L_f C_f}) \tag{11-49}$$

因此，当 $0 \leqslant f \leqslant f_c$ 时，Γ 型滤波器的衰耗为零；当 $f > f_c$ 时，Γ 型滤波器开始有衰耗，其衰耗频率特性如图 11-7 所示。图中，$b = \ln(U_1 / U_2)$ 为对称四端网络的衰耗常数。通带内的衰耗为零，是因为这时的 Z_{c1}、Z_{c2} 均为纯电阻，只有滤波器的阻抗相当于电阻时，它才能从输入端吸收能量，而当滤波器元件没有损耗时，

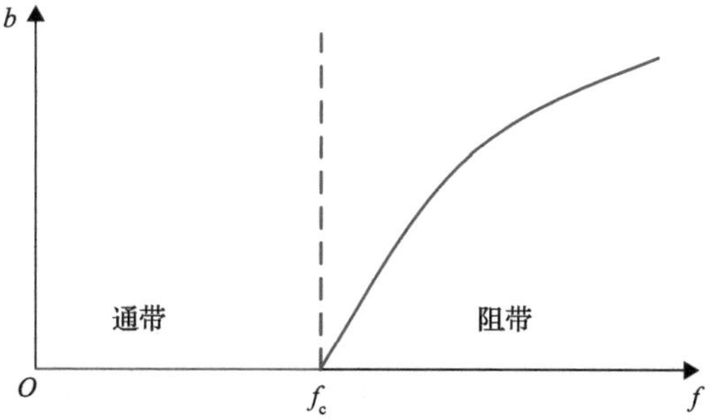

图 11-7　常 K 两元件 Γ 型滤波器的衰耗特性

能量才能完整地送入负载中，因此衰耗可为零；在阻带中，特性阻抗具有电抗性质，滤波器从电源吸收的能量将部分返回电源，负载只能部分得到电源供给的能量，呈现出甚大的衰耗。

对称四端网络的衰耗常数还可表示为

$$b=\ln(U_1/U_2)=\ln\left(\sqrt{1+|Z_1/Z_2|}+\sqrt{|Z_1/Z_2|}\right) \tag{11-50}$$

若 b 用双曲线函数 $\mathrm{ch}b=(\mathrm{e}^b+\mathrm{e}^{-b})/2$ 表示，令 $\eta=f/f_\mathrm{c}$ 为无量纲频率或通用频率，将 $Z_1=\mathrm{j}\omega L_\mathrm{f}$、$Z_2=1/(\mathrm{j}\omega C_\mathrm{f})$ 和式(11-49)代入式(11-50)，可得阻带衰耗公式为

$$\mathrm{ch}b=\sqrt{|Z_1/Z_2|}=\omega\sqrt{L_\mathrm{f}C_\mathrm{f}}=\omega/\omega_\mathrm{c}=f/f_\mathrm{c}=\eta \tag{11-51}$$

2. L_f 与 C_f 的确定

由式(11-44)和式(11-49)可得

$$L_\mathrm{f}=r/(2\pi f_\mathrm{c}) \tag{11-52}$$

$$C_\mathrm{f}=L_\mathrm{f}/r^2=L_\mathrm{f}/(2\pi f_\mathrm{c}L_\mathrm{f}r)=1/(2\pi f_\mathrm{c}r) \tag{11-53}$$

L_f 与 C_f 的值取决于 f_c 与 R 的选择。

若最低次谐波为 11 次，理论上可将 f_c 定在 11 次谐波频率左右，从而只需很小的 L_f 与 C_f 值。然而，最低次谐波的理论计算值只能作为参考和分析问题的依据；由于变压器绕制的偏差、功率晶体管动态压降或饱和压降不一致，以及各种非线性等因素，实际电路中往往具有较高的二次与三次谐波电压。故实际中滤波器 f_c 的选取有时要低到三次或二次谐波频率，才能得到满意的正弦波形。这需要根据元件与工艺水平的实际情况来选定。当输出电压基波频率为 50Hz 时，f_c 通常选在 100～400Hz。显然，f_c 选得低，L_f 与 C_f 值将增大，成本将增加；但由图 11-8 可知，若 f_c 低，则谐波频率处的衰耗将增大，可得到较好的正弦波。

由式(11-46)、式(11-47)和式(11-51)可得

$$Z_{\mathrm{c}1}=\sqrt{1-\omega^2L_\mathrm{f}C_\mathrm{f}}=r\sqrt{1-\eta^2} \tag{11-54}$$

$$Z_{\mathrm{c}2}=r\Big/\sqrt{1-\omega^2L_\mathrm{f}C_\mathrm{f}}=r\Big/\sqrt{1-\eta^2} \tag{11-55}$$

由式(11-54)和式(11-55)可得，$Z_{\mathrm{c}1}$、$Z_{\mathrm{c}2}$ 与频率 η 的关系如图 11-8 所示。需要关心的是通带内($0\sim\eta_\mathrm{c}$ 区间) Z_c 的变化。在通带内，只有当负载电阻 R_L 等于特性阻抗(电阻性)时，才能使衰耗真正为零。然而，由图 11-8 可以看出，Z_c 在通带内并不

是常数，故 R_L 需取某一合适值，使其在通带内与 Z_c 的正负偏差适中，滤波器才能传送较多的有功功率，而返回至逆变器的无功功率较少。在Γ型滤波器中，R_L 与 Z_{c2} 端相接，设 R_L 在 Z_{c2} 曲线上的位置适中。由图可得

$$R=(0.5\sim0.8)R_L \tag{11-56}$$

当逆变器的输出功率和输出电压已知时，R_L 就是已知量，则滤波器的标称特性阻抗 R 即可选定，将其代入式(11-52)和式(11-53)中，即可决定 L_f、C_f 的值。

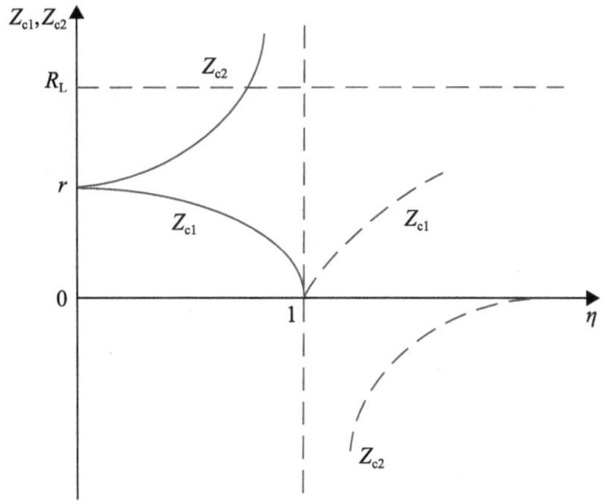

图 11-8　Z_c 与频率 η 的关系

3. 谐波含量的计算

常 K 两元件Γ型低通滤波器对各次谐波的衰减，已由式(11-51)决定。当 f_c 选定后，即可进行计算。例如，f_c 选定为三次谐波，欲求 f=11 次、13 次、23 次和 25 次谐波的衰减值，则可由 $\text{ch}b=f/f_c$=11/3、13/3、23/3、25/3 和双曲线函数表，可求出 b 值。

若最后的结果还嫌谐波过大，则可将 f_c 定在 2.5 次谐波上，甚至更低些，直至谐波含量满足要求。

4. 设计实例

单相逆变器的额定容量为 5kVA，输出电压为 220V/50Hz，输出为常 K 两元件Γ型低通滤波器。其理论上最低次谐波为 11 次，占基波的 9.08%，13 次占基波的 7.68%；但实测结果 2 次谐波为基波的 1.6%，3 次谐波为基波的 6.88%。若要求任意次谐波不超过基波的 3%，滤波器 L_f、C_f 值为多大?

因 2 次谐波不大，暂不考虑；3 次谐波有 6.88%，要使它减小到 3%，则有 e^b=

$|U_1/U_2|$=6.88%/3%=2.29，求得 b=0.83。根据式(11-51)和双曲线函数表，可得 f_3/f_c=ch$b$=1.36。因 f_3=150Hz，故可求得 f_c=150/1.36≈110Hz。考虑到 L_f、C_f元件本身的损耗会降低滤波性能，可将 f_c定为 100Hz。

当 f_c定为 100Hz 后，11 次谐波的衰减 ch$b$=f_{11}/f_c=550/100=5.5，查表得 b=2.4，则 $e^{2.4}$≈11，即 11 次谐波将由 9.08%减到 9.08%/11=0.82% ，满足要求。同理，13 次以及更高次的谐波就更小了，不必再核算。

由于额定负载电阻 R_L=220^2/5000=9.68Ω，若取 R=0.5R_L=4.8Ω，则由式(11-52)和式(11-53)可得，常 K 两元件Γ型滤波器的元件值为 $L_f = r/(2\pi f_c) = 4.8/(2\times\pi\times 100) \approx 7.6(\mathrm{mH})$ ， $C_f = 1/(2\pi f_c r) = 1/(2\times\pi\times 100\times 4.8) \approx 330\mu\mathrm{F}$ 。

L_f、C_f 确定之后可求出输出滤波器前端电压的基波分量，以作为变压器匝比设计的依据。若要调整滤波器的元件值，则变压器的匝比也应做相应变动。

11.4.2　可控谐振阻尼 *LC* 输出交流滤波器

1. 扰动振荡谐波现象的产生

当逆变器的动态响应不够快，空载和轻载时会产生扰动谐波振荡。当滤波器出现扰动输入时，由于欠阻尼则在其输出端会产生相应的振荡分量。单极 *LC* 输出交流滤波器空载时的扰动输入振荡等效电路，如图 11-9 所示。该图中 R_x为包括引线电阻、滤波电感、滤波电容在内的寄生电阻。

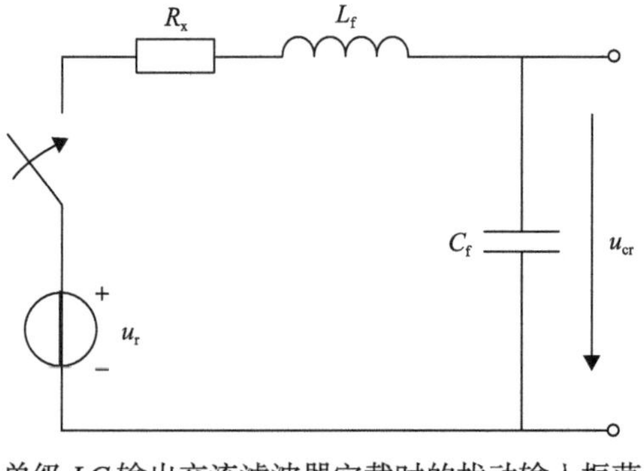

图 11-9　单级 *LC* 输出交流滤波器空载时的扰动输入振荡等效电路

单极 *LC* 输出交流滤波器的输出端电压对输入端电压的传递函数为

$$G(s) = \frac{U_2(s)}{U_1(s)} = \frac{R_L}{s^2 R_L C_f L_f + sL_f + R_L} \tag{11-57}$$

滤波器的有效阻尼比 $\xi = \sqrt{L_f / C_f}\Big/(2R_L)$ 、谐振峰值 $M_P = 1\Big/\left(2\xi\sqrt{1-\xi^2}\right)$ 。当负载 $R_L\to\infty$时，$\xi\to 0$、谐振峰值 $M_P\to\infty$，M_P 表征二阶系统的相对稳定性。当 1.0＜

M_P<1.4，即 0.4<ξ<0.7 时，系统可获得满意的动态性能；当 M_P>1.5 时，系统的阶跃响应将出现数次超调。一般地，M_P 越大，系统的动态超调量也越大。当 M_P 很大时，如果系统受到谐振频率 $\omega_r=\omega_n\sqrt{1-2\xi^2}$（空载、轻载时与无阻尼自然谐振频率 ω_n 很接近）处附近的干扰信号作用，LC 输出滤波器不能对其进行有效滤除，则输出端便具有较大的扰动分量，可能会造成严重后果。

LC 滤波器在空载、轻载时若存在幅值为 U_r 的扰动阶跃输入信号 u_r，则其输出端会出现多次振荡，该振荡电压分量为

$$u_{Cr}=U_r\left(1-e^{-\delta t}\omega_n/\omega_1\sin(\omega_1 t+\beta)\right) \tag{11-58}$$

式中，$\delta=R_x/(2L_f)$；$\omega_1=\sqrt{1/(L_fC_f)-R_x^2/(2L_f)^2}$；$\omega_n=1/\sqrt{L_fC_f}$。因 R_x 很小，振荡分量的幅值衰减很慢。由于 ω_1 与 ω_n 很接近，系统的动态响应不够快时就会受到该振荡分量的影响，引起滤波器输入端电压包含频率与 ω_n 相近的谐波分量，LC 输出滤波器不能对其进行有效滤除，从而导致输出电压基波上叠加有扰动振荡谐波分量。

2. 扰动振荡谐波的抑制

系统扰动振荡谐波的抑制有两种方法：一种方法是调整控制系统的补偿网络或控制策略，以提高系统的动态响应速度。例如，电流型控制策略可使输出滤波器由二阶（LC）降为一阶（C），系统具有高度的稳定性，但电流型控制策略较复杂。另一种方法是在不调整系统控制策略情况下加大 δ，加快式（11-58）中第二项幅值的衰减。

加大 δ 一般通过增大 R_x 来实现，有四种方法。

第一种方法是在图 11-9 中与 R_x 串接一个阻尼电阻 R_d，R_x 很小可忽略不计，空载时系统的传递函数为

$$G(s)=\frac{U_2(s)}{U_1(s)}=\frac{1}{s^2C_fL_f+sR_dC_f+1} \tag{11-59}$$

式（11-59）与式（11-57）相比，根轨迹的极点从虚轴向左半平面移动，系统的稳定性提高。但是，这种方法存在逆变器带载时电阻 R_d 的损耗过大的缺陷。

第二种方法是与滤波电容 C_f 并联一个较大的电阻 R_d，R_d 折算成串联的等效电阻 $R_d'=L_f/(C_fR_d)$，$\delta=1/(2R_dC_f)$。以 1kVA 270VDC/115V400HzAC 逆变器为例，开关频率 F_s=50kHz，L_f=1mH，C_f=4μF，若 R_d'=1Ω，则 R_d=250Ω，损耗为 52.9W。显然这种方法是不合理的，同时这也解释了轻载时系统会出现干扰谐波振荡、重载时容易稳定的原因。

第三种方法是与 C_f 串联阻尼电阻 R_d，如图 11-10(a)所示。其传递函数为

$$G(s)=\frac{U_2(s)}{U_1(s)}=\frac{sR_dC_f+1}{s^2C_fL_f+sR_dC_f+1} \tag{11-60}$$

系统多了一个左半平面的零点，系统的稳定性提高，动态响应时间减小。这种方法由于 R_d 有高频谐波压降会使输出电压高频谐波效果不佳，当 C_f 较大时电阻 R_d 上的损耗也不能忽视。

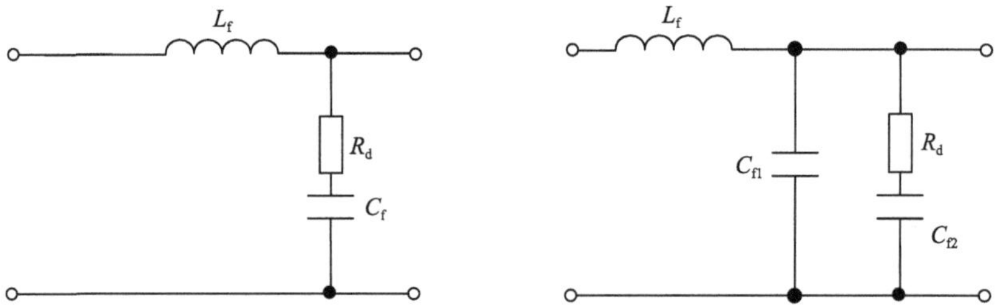

(a) 与 C_f 串联阻尼电阻　　(b) 与 C_{f2} 串联阻尼电阻

图 11-10　可控谐振阻尼 LC 输出交流滤波器

第四种方法是将 C_f 变成两个电容 C_{f1}、C_{f2} 并联，并且电容 C_{f2} 串联阻尼电阻 R_d，如图 11-10(b)所示。C_{f1} 主要用来滤除输出电压中的高频谐波分量，R_d 与 C_{f2} 串联用来抑制振荡且 R_d 的损耗大大下降。为了尽量减小 R_d 的损耗，C_{f2} 值应尽可能取小，一般为 C_f 的一半，而阻尼电阻在满足 $R_d \ll 1/(\omega_o C_{f2})$ 的条件下应尽可能取大。以半个无阻尼自然谐振周期 $T_n/2=1/(2f_n)$ 内式(11-58)中第二项幅值衰减到 36.8%(即 1/e)作为 R_d 计算标准，有 $0.5T_n\delta=0.5T_nR_d/(2L_f)=1$，得

$$R_d=4L_f/T_n=2\sqrt{L_f/C_f}\Big/\pi \tag{11-61}$$

综上所述，可控谐振阻尼 LC 输出交流滤波器能有效地抑制扰动谐波振荡，具有电路简洁、振荡抑制效果明显、损耗低、工程实现容易等优点。

3. 设计实例

设计并研制的 1kVA 270VDC/115V400HzAC 单极性移相控制单级 Buck 周波变换器型高频环节逆变器，开关频率 F_s=50kHz，L_f=1mH，C_{f1}=C_{f2}=2.2μF，R_d=10Ω，ω_n=15811rad/s=$2\pi f_n$，f_n=2518Hz，R_d 损耗约为 1.32W。逆变器采用不同输出滤波器时的空载输出电压实验波形，如图 11-11 所示。采用传统 LC 输出交流滤波器时，逆变器的空载输出电压存在频率为 400×13=5200Hz≈$2.1f_n$ 的扰动谐波振荡；采用可控谐振阻尼 LC 输出交流滤波器时，逆变器的空载输出电压波形质量高，实验结果与理论分析一致。

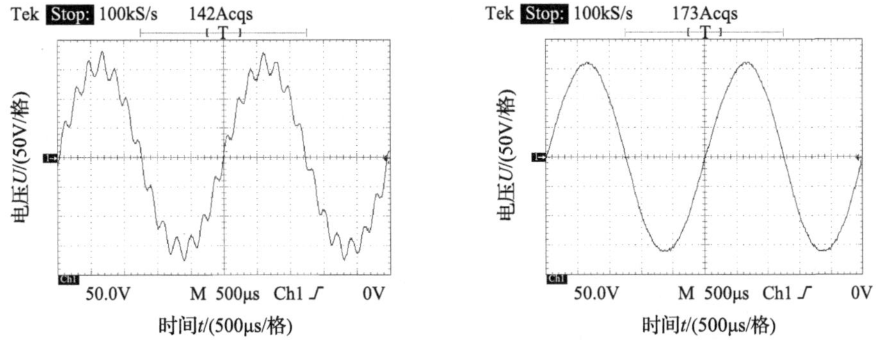

图 11-11　1kVA 单级 Buck 周波变换器型高频环节逆变器采用不同 *LC* 输出滤波器时的空载输出电压波形

11.4.3　谐振型 *LC* 输出交流滤波器

1. 滤波器的组成

阶梯波、SPWM 波输出逆变器一般采用常 K 两元件 Γ 型、可控谐振阻尼型单级 *LC* 输出交流滤波器，其输出电压 THD 可小于 5%；而矩形波逆变器需要采用三阶以上的低通或带通滤波器，如图 11-12 所示。图 11-12(a)所示滤波器，L_{f2}、C_{f2} 谐振于某次谐波(如 3 次)，还可采用同样的谐振网络对 5, 7, 9, …次等谐波谐振，这类滤波器具有滤波效果与负载大小有关、输入阻抗对基波不是纯电阻等缺点；图 11-12(b)所示串并联谐振四阶 *LC* 滤波器克服了图 11-12(a)所示滤波器的缺点，L_{f1}、C_{f1} 对基波串联谐振，L_{f2}、C_{f2} 对基波并联谐振滤波器，对基波的输入阻抗为负载 R_L，输出电压 THD 可小于 2%。

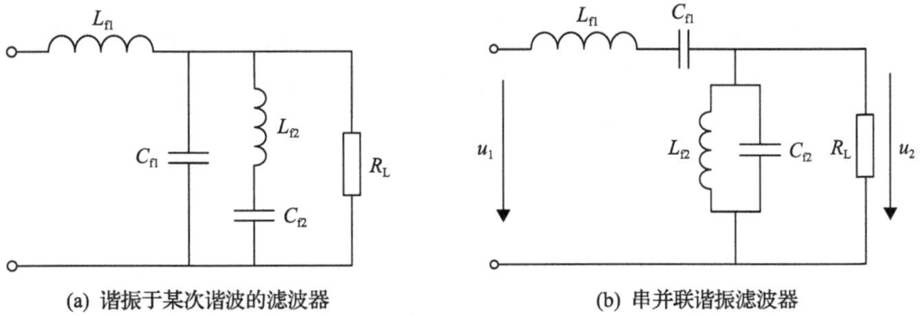

图 11-12　四阶 *LC* 输出交流滤波器

2. 滤波器的谐振原理

对于图 11-12(b)所示串并联谐振滤波器，设基波角频率为 ω_1，$\omega_1 L_{f1}=1/(\omega_1 C_{f1})$，串联谐振支路对基波的阻抗为零；$\omega_1 L_{f2}=1/(\omega_1 C_{f2})$，并联谐振回路对基波的阻抗为

无穷大。故滤波器对基波电压无衰减。串联、并联回路对 n 次谐波的阻抗 Z_{1n}、Z_{2n} 分别为

$$Z_{1n} = \mathrm{j}n\omega_1 L_{\mathrm{f1}} + 1/(\mathrm{j}n\omega_1 C_{\mathrm{f1}}) = \mathrm{j}\omega_1 L_{\mathrm{f1}}(n^2-1)/n \tag{11-62}$$

$$Z_{2n} = 1/[1/(\mathrm{j}n\omega_1 L_{\mathrm{f2}}) + \mathrm{j}n\omega_1 C_{\mathrm{f2}}] = n/[(n^2-1)\mathrm{j}\omega_1 C_{\mathrm{f2}}] \tag{11-63}$$

由式(11-62)和式(11-63)可知，串联谐振支路对 n 次谐波呈感抗，而并联谐振回路对 n 次谐波呈容抗。串并联谐振滤波器 n 次谐波的等效电路，如图 11-13 所示。空载时滤波器 n 次谐波的输出电压为

$$\dot{U}_{2n} = \dot{U}_{1n} Z_{2n}/(Z_{1n} + Z_{2n}) \tag{11-64}$$

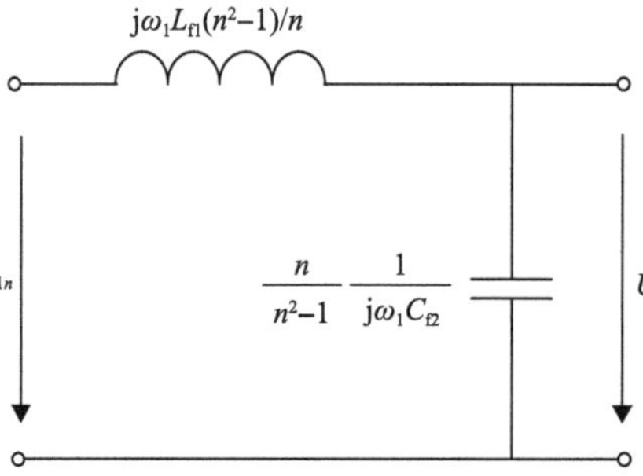

图 11-13　串并联谐振滤波器 n 次谐波的等效电路

设逆变器额定容量为 1000VA、输出电压为 115V/400Hz。若选 C_{f1}=10μF，则 L_{f1}、C_{f1} 的基波阻抗 $\omega_1 L_{\mathrm{f1}}=1/(\omega_1 C_{\mathrm{f1}})=40\Omega$，$L_{\mathrm{f1}}$、$C_{\mathrm{f1}}$ 端电压均为 348V，无功功率均为 3028var；若选 C_{f2}=91μF，则 L_{f2}、C_{f2} 的基波阻抗 $\omega_1 L_{\mathrm{f2}}=1/(\omega_1 C_{\mathrm{f2}})=4.37\Omega$，$L_{\mathrm{f2}}$、$C_{\mathrm{f2}}$ 端电压均为 115V，无功功率均为 3028var。因此，为得到 1kVA 的正弦波输出，整个滤波器需要承受 12112var 无功功率，滤波器的体积和重量大、损耗大。

此外，回路电流(环流)需要一个低阻抗通路。如果逆变器输出方波，由于功率开关导通 180°，故逆变器输出变压器的次级绕组可作为通路；如果逆变器输出矩形波，由于功率开关存在同时截止期，故变压器的次级绕组只能通过励磁电流，而不能作为环流的通路，需要采用如图 11-14 所示电路。在串联谐振支路前加 R_1、C_3 并联支路(或谐振于 3 次谐波的 L_3、C_3 支路)，电阻 R_1 的引入增大了该支路阻抗，避免逆变器工作于容性负载而损坏功率开关，但增大了环流阻抗，设计时要折中考虑。必须强调的是，若输出变压器原边具有能量反馈通路，则不必加 R_1、C_3 支路；但当采用交流开关调压时，就必须加这个支路。

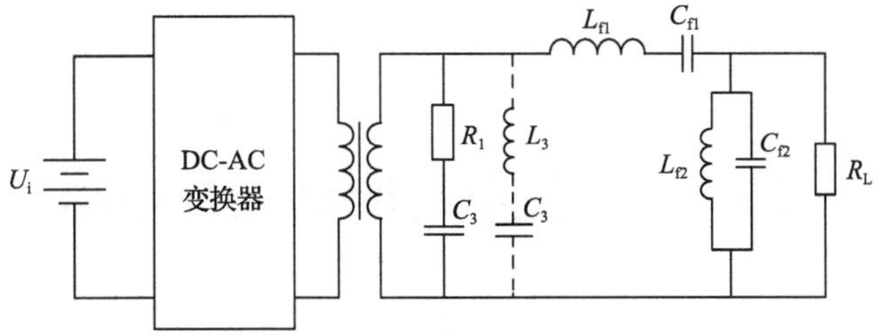

图 11-14　具有环流通路的串并联谐振滤波器

本 章 小 结

为了使输入电流平稳并将纹波降低到允许值，需要设置输入直流滤波器；为了使输出电压波形正弦化和 THD 或单次谐波含量降低到允许值，需要设置输出交流滤波器。输入直流滤波器适用于 DC-DC 变换器和 DC-AC 变换器，而输出交流滤波器则适用于 DC-AC 变换器和 AC-AC 变换器。

单级 *LC* 输入直流滤波器具有较好的稳态滤波效果，但不能抑制动态谐振峰值；而可控谐振阻尼两级 *LC* 输入直流滤波器在确保稳态滤波效果的同时限制了动态谐振峰值，具有低损耗、高衰减、可控谐振峰值等优点。从限制动态谐振峰值的角度出发提出可控谐振阻尼两级 *LC* 输入直流滤波器的设计方法并进行谐波分析。

可控谐振阻尼单级 *LC* 输出交流滤波器可有效地抑制逆变器空载和轻载时的扰动谐波振荡，从抑制扰动振荡谐波的角度提出这种滤波器的设计方法并进行谐波分析。常 *K* 两元件 Γ 型 *LC* 输出交流滤波器和可控谐振阻尼单级 *LC* 交流输出滤波器适用于阶梯波合成和 SPWM 逆变器；而串并联谐振 *LC* 输出滤波器适用于矩形波逆变器。

第 12 章　控制与驱动缓冲电路

12.1　引　　言

第 1～10 章论述的拓扑结构与调制策略是电力电子学的基础，调制策略是控制策略的核心，而控制策略又是控制电路的基础；驱动与缓冲电路是确保电力半导体器件工作在最佳状态以实现变换器高可靠性的关键组成单元。

为使变换器输出达到要求的静态和动态性能，需要采用 PWM 或 PFM 控制电路；按照反馈环路的类型，变换器控制电路分为电压型和电流型两类。驱动电路是对控制电路输出的信号进行功率放大以驱动电力半导体器件，驱动电路的设计与选用要从功率器件、电气隔离、开关信号类型和开关信号频率四个方面加以综合考虑。电力半导体器件附加缓冲电路是对负载线进行整形，即改变其端电压和流过的电流的轨迹并工作在安全工作区内，合理的缓冲电路降低了电力半导体器件的 du/dt、di/dt、开关损耗和 EMI（电磁干扰），避免出现二次击穿现象。

本章论述电压型与电流型控制策略、电流型控制器件与电压型控制器件的驱动电路、电力半导体器件的开通、关断和复合三类缓冲电路的构成原理，特别是有创新地作出三类变换器缓冲电路的电力半导体器件的开关过程轨迹，给出重要研究结论和基准正弦电路设计实例[1,10,62-67]。

12.2　电压型与电流型控制策略

12.2.1　电压型控制策略

1. 电压反馈控制策略

输出电压反馈控制策略，如图 12-1 所示。将变换器输出电压反馈信号 u_{of} 与基准电压信号 u_r 比较，经误差放大器（PI、PID 调节器）后得到误差信号 u_e，u_e 再与载波 u_c 交截并经适当的逻辑变换和驱动电路产生驱动信号。图 12-1(b) 中，$G_1(s)$ 为误差放大器的传递函数，$d\approx k_1u_e$ 为 PWM 信号占空比，N_1、N_2 为变压器原、副边绕组匝数，$k_{uf}=R_1/(R_1+R_2)$ 为输出电压反馈系数。

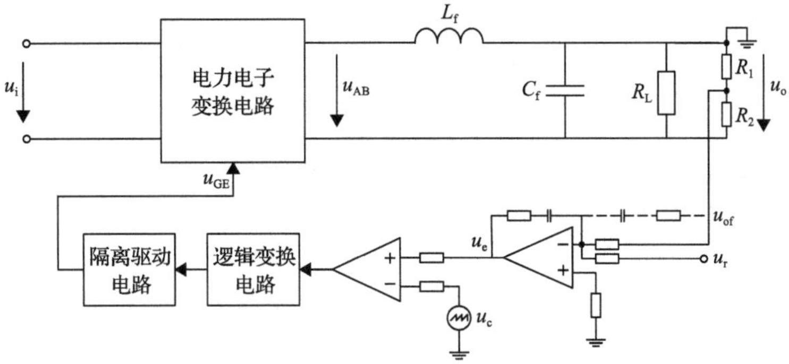

(a) 控制系统

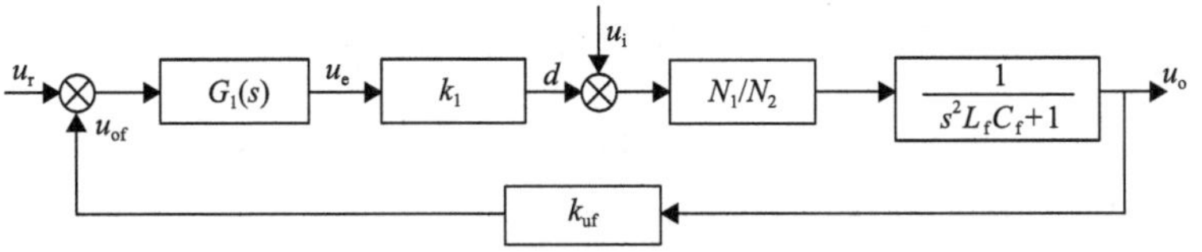

(b) 系统结构

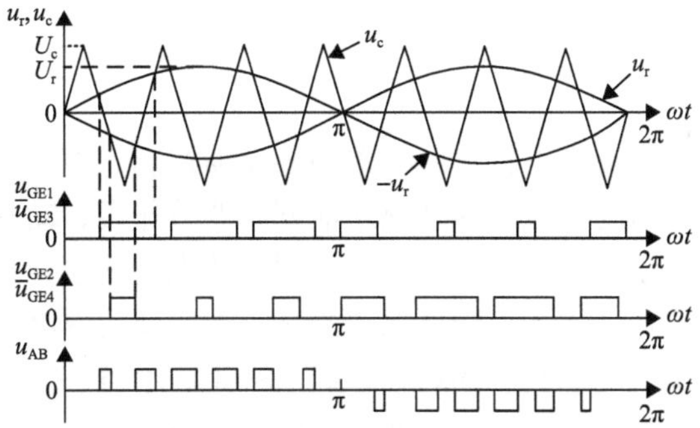

(c) 调制波形

图 12-1　输出电压反馈控制策略

控制系统的开环传递函数 $G(s)H(s)$ 和闭环传递函数分别为

$$G(s)H(s)=k_{uf}k_1G_1(s)N_2/[N_1(s^2L_fC_f+1)] \tag{12-1}$$

$$\frac{U_o(s)}{U_r(s)}=\frac{G(s)}{1+G(s)H(s)}=\frac{k_1G_1(s)N_2/N_1}{s^2L_fC_f+k_1k_{uf}G_1(s)N_2/N_1+1} \tag{12-2}$$

由式(12-1)和式(12-2)可见，该系统为有条件稳定的二阶系统。滤波电感 L_f 和滤波电容 C_f 较大，谐振频率 $f_r=1/(2\pi\sqrt{L_fC_f})$ 较低。该控制系统的幅频特性曲线，如图 12-2(a)所示。系统在中频段以–40dB/dec 的斜率穿过横坐标，系统不稳定。采用 PI 调节器只是为了减小稳态误差，零点很低，中频段仍然以 40dB/dec 的斜率穿越横坐标，故系统需要校正。在中频段加一个串联的超前校正环节就能使开环幅频特性在低、中、高频段都能满足要求，如图 12-2(b)所示。

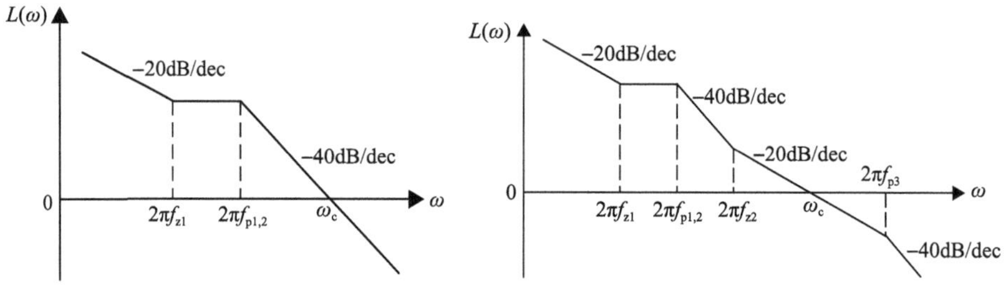

(a) 无校正网络　　(b) 有校正网络

图 12-2　电压型控制系统的幅频特性曲线

若截止频率 ω_c 太小，则系统的动态响应太慢；若 ω_c 太大，则系统的稳定性差。设 f_s 为开关频率，则截止频率 ω_c 一般选为

$$\omega_c = (1/5 \sim 1/4) 2\pi f_s \tag{12-3}$$

2. 电压型控制策略的特点

电压型控制策略具有如下特点：①单闭环反馈控制，控制电路简单，设计和分析较易；②输出电压变化后反馈环路才能起到调节作用，动态响应慢；③输出滤波器为控制环路增添两个极点，需要降低误差放大器的主极点低频响应或在补偿网络中增添一个零点；④为了降低系统静态误差以及功率电路大时间常数、控制信号传递延迟对系统动态响应的影响，必须采用高增益、宽频带的运放，从而导致系统的稳定性变差，即系统静态性能、快速性与稳定性之间存在矛盾。

12.2.2　峰/谷值电流型控制策略

电流型控制策略，包括峰/谷值电流型控制和平均值电流型两类控制策略[1,10,62,63]。其中，峰/谷值电流型控制策略包括恒定截止时间、恒定导通时间、恒定开通时刻、恒定关断时刻和恒定迟滞环宽五种，这里仅论述前四种，而第五种恒定迟滞环宽峰谷值电流控制策略已在 2.3.2 节讨论过，这里不再赘述。峰/谷值电流型控制策略是将电感电流或功率开关电流作为电流内环的反馈信号与电压外环输出信号(电流给定)经比较器比较产生功率开关的控制信号，功率开关的峰值或谷值电流直接跟随电压反馈回路中误差放大器输出信号的变化。

1. 恒定截止时间峰值电流控制策略

恒定截止时间峰值电流控制策略，如图 12-3 所示。将电感电流或功率开关电

流的反馈信号 i_{Lf} 与电压误差放大器输出的电流给定信号 $i_r(u_e)$ 比较，当 i_{Lf} 上升到 i_r 时，功率开关关断，i_{Lf} 下降。功率开关的截止时间 T_{off} 并不是由 i_{Lf} 的下降量 Δi_{Lf} 决定的，而是由单稳态触发器设置的恒定低电平时间决定的。在每个开关周期 T_s 内，功率开关的 T_{off} 是恒定的，而导通时间和 T_s 是变化的。这种峰值电流控制策略设置了电感电流或功率开关电流的最大值，属于变频 PFM 控制策略。

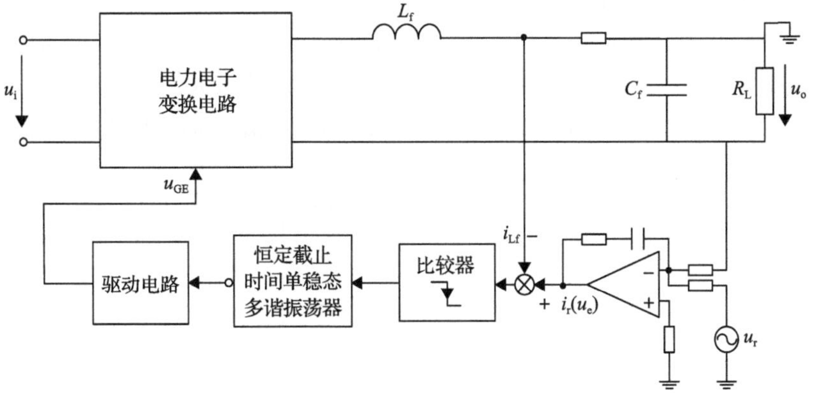

(a) 控制系统

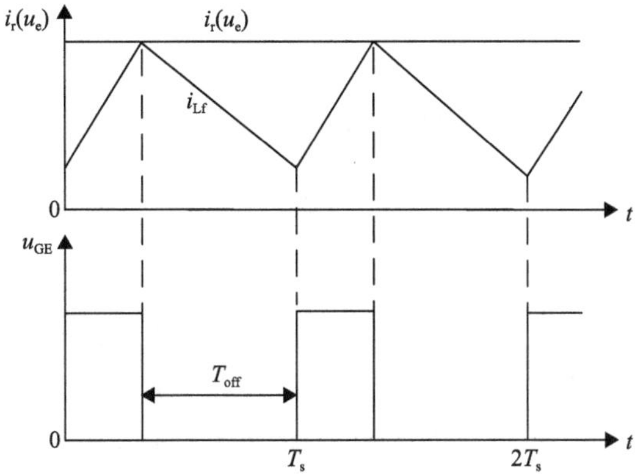

(b) 调制策略

图 12-3　恒定截止时间峰值电流控制策略

2. 恒定导通时间谷值电流控制策略

将图 12-3(a)所示控制系统中的峰值电流下翻转比较器和恒截止时间单稳态多谐振荡器变为谷值电流上翻转比较器和恒导通时间单稳态多谐振荡器，即可获得恒定导通时间谷值电流控制策略。在每个 T_s 内，功率开关的 T_{on} 是恒定的，而 T_{off} 和 T_s 是变化的，也属于变频 PFM 控制策略。

3. 恒定开通时刻峰值电流控制策略

恒定开通时刻峰值电流控制策略，如图 12-4 所示。当恒频时钟电压到来时，RS 触发器置位，功率开关开通，i_{Lf}开始上升；当 i_{Lf}及其电流补偿信号 i_c之和上升到 $i_r(u_e)$时，RS 触发器复位，功率开关关断，i_{Lf}开始下降。功率开关的开通时刻并不是由 i_{Lf}的下降量 Δi_{Lf}决定的，而是由 RS 触发器的恒定置位时刻，即恒频时钟电压到来时刻决定的。在每个 T_s内，功率开关的 T_{on}和 T_{off}均变化，而 T_s是恒定的。这种峰值电流控制策略设置了电感电流或功率开关电流的最大值，属于恒频 PWM 控制策略。当占空比大于 0.5 时，为了确保系统的工作稳定，需要加入电流补偿信号。

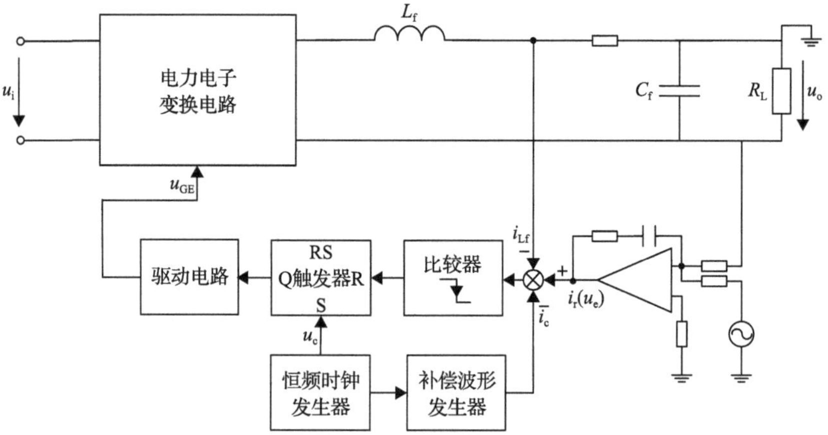

(a) 控制系统

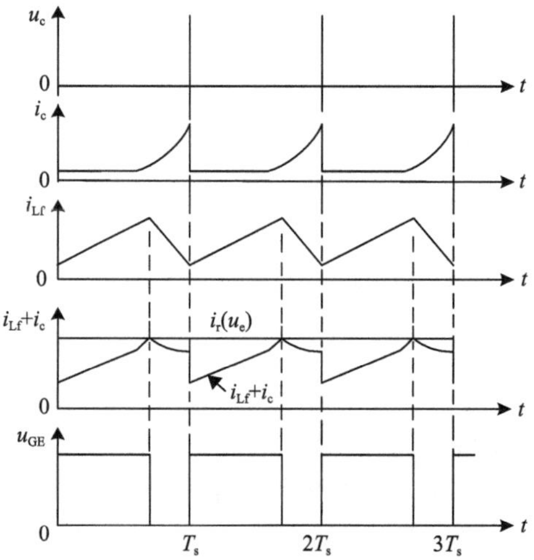

(b) 调制原理

图 12-4　恒定开通时刻峰值电流控制策略

4. 恒定关断时刻谷值电流控制策略

将图 12-4 所示控制系统中的峰值电流下翻转比较器和 RS 触发器的 S、R 端变为谷值电流上翻转比较器和 RS 触发器的 R、S 端，即可获得恒定关断时刻谷值电流控制策略。每个 T_s 内，功率开关的 T_{off} 和 T_{on} 均变化，而 T_s 是恒定的，属于恒频 PWM 控制策略。当占空比大于 0.5 时，也需要加入电流补偿信号。

峰/谷值电流型控制策略具有如下特点：①输入电压或负载变化引起电感电流斜率的改变而使占空比发生变化，相当于电压前馈控制的作用，电压反馈外环的动态响应速度取决于滤波电容和负载性质，动态响应快；②反馈环路的增益可设计得很大，输出电压具有很高的静态精度；③内在的对功率开关的电流控制和限流能力，过载和短路能力强，并联逆变器各模块共用一个电压误差放大器时自动均流；④存在较大的电感电流峰值/平均值误差，负载调整率变差；⑤占空比大于 0.5 时，电流上升率不够大，系统会产生次谐波振荡，从而需要斜坡补偿。

12.2.3　平均值电流型控制策略

平均值电流型控制策略是将高增益的积分电流误差放大器(CA)引入电流内环，有效地克服了峰/谷值电流型控制策略电流环增益低的缺陷，如图 12-5 所示。它是将电感电流检测电阻 R_s 上的电压作为电流内环的反馈信号与电压外环的输出信号(电流给定)比较，经电流误差放大器放大后并在 PWM 比较器的输入端与锯齿波比较产生功率开关的控制信号。为了工程实现方便，电流误差放大器一般采用比例(P)调节器。

平均值电流型控制策略具有如下特点：①平均电流可以精确地跟踪电流基准；②不需斜坡补偿，但为使系统稳定，开关频率处的环路增益要受到限制；③噪声

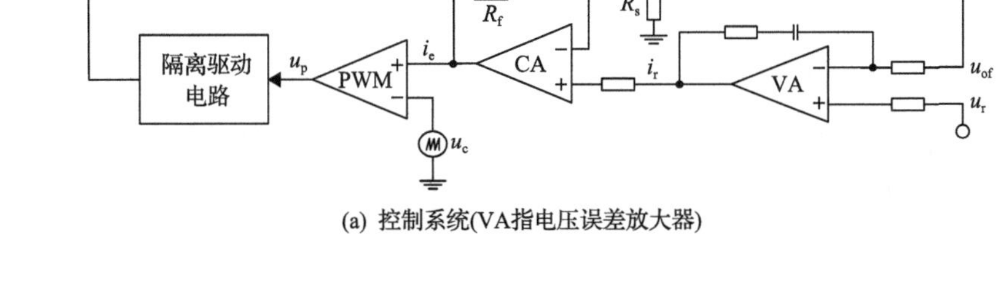

(a) 控制系统(VA指电压误差放大器)

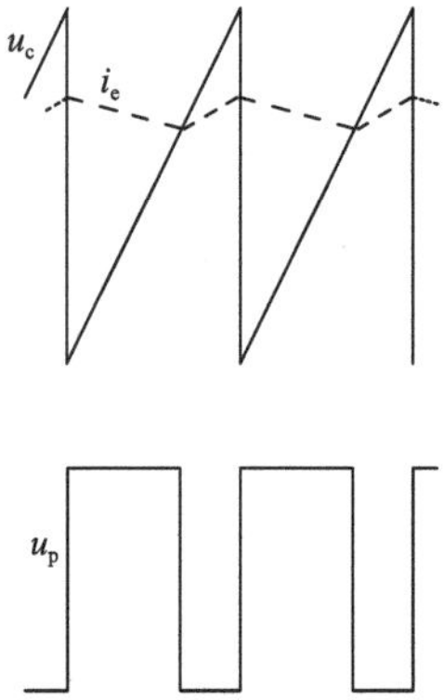

(b) 调制波形

图 12-5　平均值电流型控制系统与调制波形

免疫力强；④动态响应、控制简洁程度和应用广泛程度不及峰/谷值电流型控制策略。UC1848/2848/3848 系列为平均值电流型 PWM 集成控制器芯片。

12.2.4　单周期控制策略

1. 电压型与电流型控制策略的动态调节时间

电压型控制策略是将电压误差信号 $u_r - u_{of}$ 线性地调制成占空比信号 d，即

$$d = \alpha(u_r - u_{of}) \tag{12-4}$$

式中，α 为常数。当电源电压或负载变化时，输出电压的动态调节时间由环路增益带宽决定，一般为多个开关周期。电流型控制变换器的占空比 d 由包含一些非线性状态反馈的关系式所决定，Buck 型变换器满足

$$i_{Lf} + (u_i - u_o)\,dT_s/(2L_f) = i_r \tag{12-5}$$

式中，i_r、i_{Lf} 分别为电流基准和电感 L_f 的电流反馈信号。当输入电压突增时，电流斜率立即增大，占空比由 d_n 减小为 d_{n+1}，有

$$d_{n+1} - d_n \approx (d_n - d_{n-1})\,u_o/(u_i - u_o) \tag{12-6}$$

输出电压的动态调节也需要几个开关周期。

2. 单周期控制策略

以 Buck 型直流变换器为例，恒频 PWM 单周期非线性控制策略的实质是斩波电压 u_D，即续流二极管 D 的端电压的积分值等于基准电压，如图 12-6 所示。

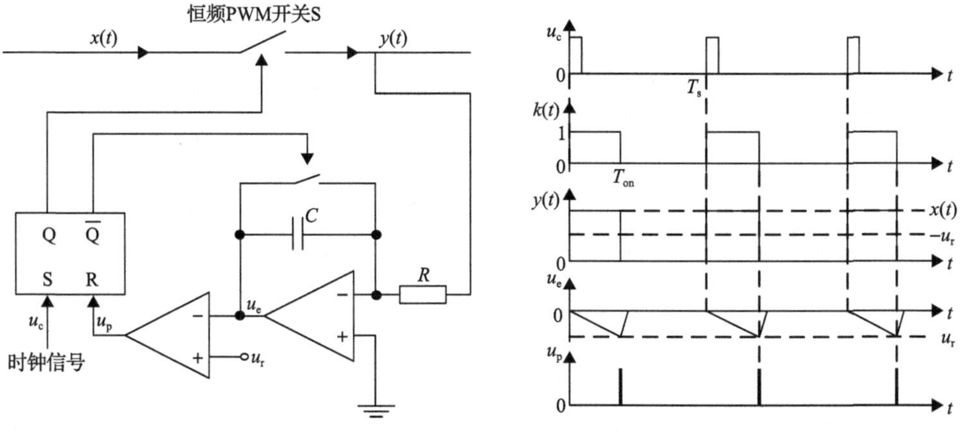

(a) 系统框图　　(b) 调制波形

图 12-6　恒频 PWM 单周期非线性控制策略

功率开关 S 由固定频率的时钟脉冲开通，实时积分器开始工作，其积分值为

$$u_e = -(1/T_s)\int_0^t x(t)\mathrm{d}t \tag{12-7}$$

当 u_e 达到 $u_r(t)$ 时，RS 触发器复位，S 截止，实时积分器复位，以等待下一个 T_s。由式(12-7)可得，当前 T_s 的占空比满足

$$Y(t)_{avg} = (1/T_s)\int_0^{T_{on}} x(t)\mathrm{d}t = -u_r(t) \tag{12-8}$$

每间隔一个 T_s，时钟信号 u_c 使 RS 触发器置位，S 开通；S 导通期间，二极管 D 的端电压，即斩波电压 u_D 被实时地反馈到积分器的输入端，u_e 实时地与 u_r 比较，当 u_e 下降到 u_r 时，u_p 为高电平，RS 触发器复位，S 关断、积分器复位。由于 u_o 和 u_r 均为 u_D 在一个 T_s 内的平均值，即

$$u_o = -u_r = (1/T_s)\int_0^{T_s} u_D\mathrm{d}t = (1/T_s)\int_0^{dT_s} u_i\mathrm{d}t = du_i \tag{12-9}$$

所以积分器的输出电压 u_e 跟踪 u_r，就相当于 u_o 跟踪 u_r。

斩波电压 u_D 与基准电压 u_r 的关系，如图 12-7 所示。如果 u_r 为常值 U_r，则 u_D 的平均值为常值，u_o 也为常值。积分斜率直接与 u_i 成比例，积分值连续地与恒定的 U_r 相比较。当 u_i 增大时，积分斜率变陡，积分值 u_e 就更快达到 U_r，占空比 d 减小。如果 u_r 是变化的，则 u_D 的平均值在每个 T_s 内都等于变化的 u_r。u_r 突变时，积分值 u_e 能立即跟踪 u_r。

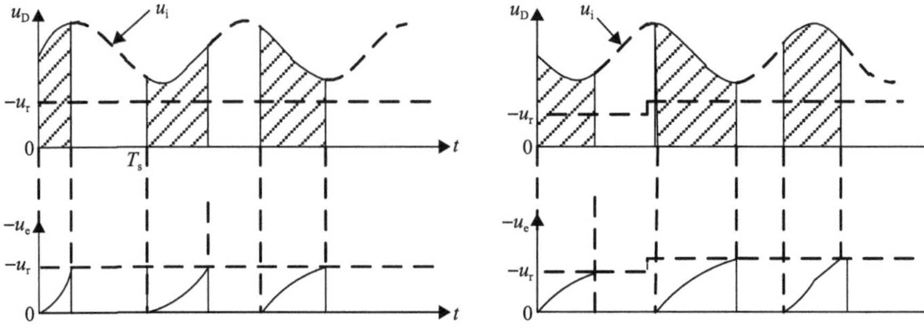

(a) u_r恒定时　　(b) u_r变化时

图 12-7　斩波电压 u_D 与基准电压 u_r 的关系

对于输入 $x(t)$ 的扰动，输出 $y(t)$ 的平均值 $Y(t)_{avg}$ 的动态过程在一个 T_s 内就可完成；对于负载的扰动，由于输入源存在内阻，因而 $y(t)$ 的幅值也存在扰动，$Y(t)_{avg}$ 的动态过程在一个 T_s 内也可完成，故称为单周期控制策略。单周期控制对 $x(t)$ 的扰动、$y(t)$ 处负载的扰动都完全有抑制能力，可以确保 $Y(t)_{avg}$ 恒定，但 $y(t)$ 经 LC 滤波器后的输出信号的平均值将受到扰动。也就是说，单周期控制策略抗输入信号的扰动能力比抗负载的扰动强，其动态性能优于电压型和电流型控制策略，但经输出滤波器的输出电压的稳态精度不及电压型和电流型控制策略。

12.3　驱 动 电 路

驱动电路的设计与选用应从功率器件、电气隔离、开关信号类型、开关信号的频率等四个方面加以综合考虑。按功率器件的类型，驱动电路分为 GTR 等电流型控制器件和 MOSFET、IGBT 等电压型控制器件的驱动电路，后者更简单；按输出与输入电气隔离类型，驱动电路分为光耦隔离型和磁耦隔离型，后者的速度快很多；按开关信号类型和对驱动电路的要求，驱动电路分为 PFM、SPWM、PWM 信号驱动电路；按开关信号频率类型，驱动电路分为低频信号驱动电路、高频信号驱动电路。对于频率变化范围很大(50Hz 至数百千赫兹)的 PFM 信号，只能选用调制解调式磁耦隔离型驱动电路。

12.3.1　电流控制型器件驱动电路

1. 恒流驱动电路

恒流驱动电路包括加速电容型、抗饱和型、正激型、调制解调型等，这里论述加速电容型和调制解调型驱动电路。

加速电容型恒流驱动电路及其基极电流波形，如图 12-8 所示。在驱动开关 S_1 关断、功率开关 S 开通瞬间，加速电容 C 上的电压为零，初始基极电流为

$$I_{bp} = (U_{cc} - U_{be}) / R_1 \tag{12-10}$$

S_1截止、S 导通时，C充电很快完成，此时基极电流和加速电容端电压分别为

$$I_b = (U_{cc} - U_{be}) / (R_1 + R_2) > I_c / \beta \tag{12-11}$$

$$U_C = (U_{cc} - U_{be}) R_2 / (R_1 + R_2) \tag{12-12}$$

当 S_1开通瞬间，u_C反向加在 S 的基射极，加速 S 的关断。S 关断后，C 通过 R_2 的放电时间常数为

$$R_2 C < (1 - D_{max}) T_s / (3\sim5) \tag{12-13}$$

式中，D_{max}、T_s分别为最大占空比和开关周期。因此，C 能加速功率开关 S 的开通和关断。

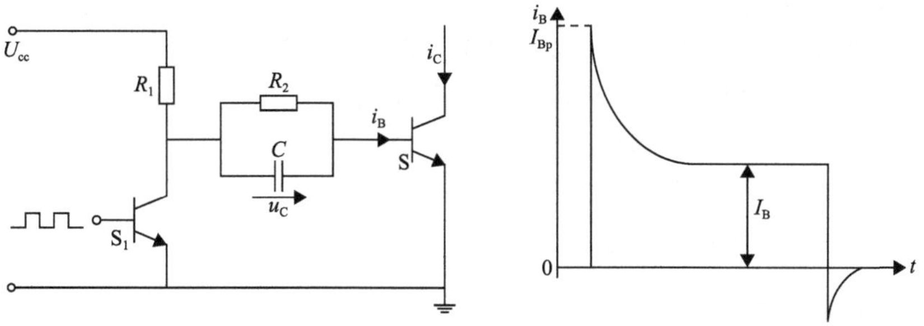

(a) 驱动电路　　(b) 基极电流波形

图 12-8　加速电容型恒流驱动电路及其基极电流波形

调制解调型恒流驱动电路及其在级联直流变换器 Buck 型高频环节逆变器中的应用，如图 12-9 所示。高频变压器 T_d耦合一个大于 25MHz 的高频载波信号，工作波形，如图 12-9(c)所示。

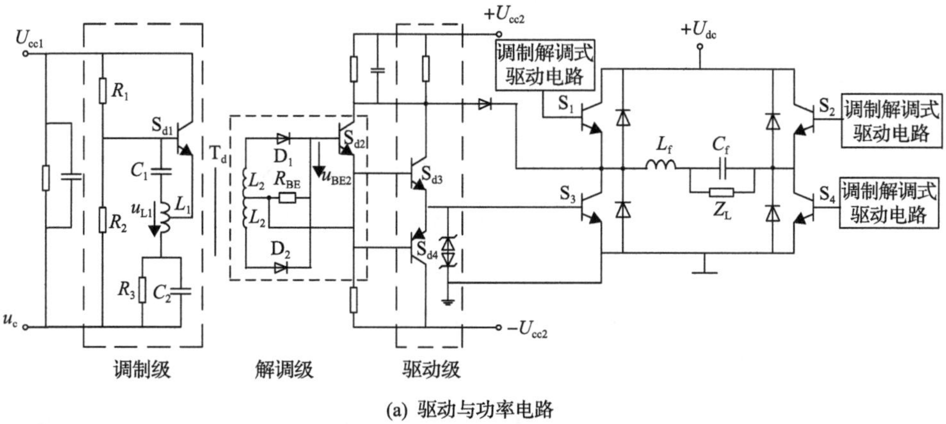

(a) 驱动与功率电路

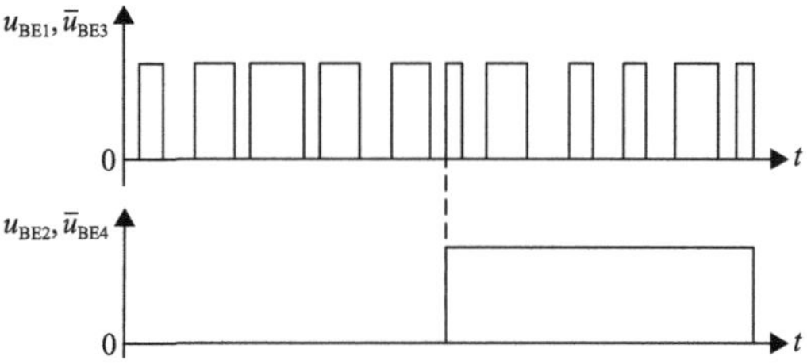

(b) 一个输出周期内的驱动信号

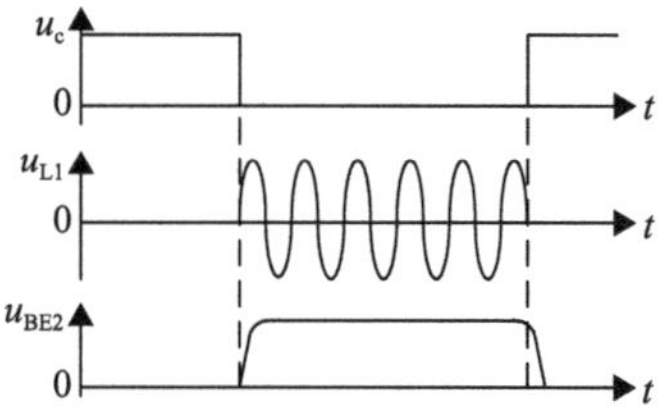

(c) 一个开关周期内的驱动电路工作波形

图 12-9　调制解调型恒流驱动电路及其在逆变器中的应用

调制级是一个受控制信号 u_c 控制的电感三点式高频正弦波自激振荡电路，由 S_1、L_1、R_3、C_2 和偏置电路组成；R_1 和 R_2 为决定放大器静态工作点的直流偏置电阻，R_3 用来稳定静态工作点；当 u_c 为低电平时，振荡器起振，振荡频率大于 25MHz，变压器绕组两端产生高频正弦交流电压；当 u_c 为高电平时，S_1 无直流偏置，振荡器停振。解调级由 S_2、D_1、D_2、R_{BE} 组成，调制级的高频振荡信号经变压器 T_d 的副边 L_2 耦合、D_1 和 D_2 整流，再被 S_2 的基极电容滤波得到一个直流电压信号，使 S_2 饱和导通；振荡频率很高且经全波整流电路，故不必外加平滑滤波电容；控制信号再经驱动级产生驱动信号。这种调制解调型恒流驱动电路性能优良，适用于 PWM、SPWM 和 PFM 等信号。

2. 比例驱动电路

比例驱动电路包括反激式比例、自适应比例等驱动电路，这里论述后者。

自适应比例驱动电路及其在级联直流变换器 Buck 型高频环节逆变器中的应用，如图 12-10 所示。这种驱动电路引入功率开关集电极电流反馈和集射极电压反馈，除具有提供初始驱动电流和正比于集电极电流的基极电流等比例驱动电路的共性特点外，还具有功率开关放大倍数和负载电流变化时自动使功率开关关断前处于临界饱和状态的特点，大大缩短了存储时间 t_s。

当 u_c 为高电平时，S_1 导通、S_2 截止，$+U_{cc}$ 经 R_1、S_1、R_2 及 S_3 的 be 极给功率开关 S 提供初始基极电流 i_{BO}，使 S 开通，其 i_C 上升。驱动变压器 T_d 的绕组 N_1 与 N_f 形成电流互感器，N_1 的电流 i_1 与 i_C 成比例，i_1 经 S_3 流至 S 的基极成为 S 的比例驱动电流；随着 S 的 i_C 增长，或其他原因使 β 减小时，S 接近浅饱和，其 u_{CE} 上升；当 u_{CE} 上升到一定值，D_3 导通，N_2 的电流 i_2 参与驱动，使 S 保持在临界饱和状态，并将 u_{CE} 箝位；i_B 正比于 i_C。i_B、初始基极驱动电流 i_{BO}、i_1 和 i_C 的关系为

$$i_B = i_{BO} + i_1 = i_{BO} + i_C N_f / N_1 \tag{12-14}$$

式(12-14)可化简为

$$i_B / i_C = i_{BO} / i_C + N_f / N_1 \tag{12-15}$$

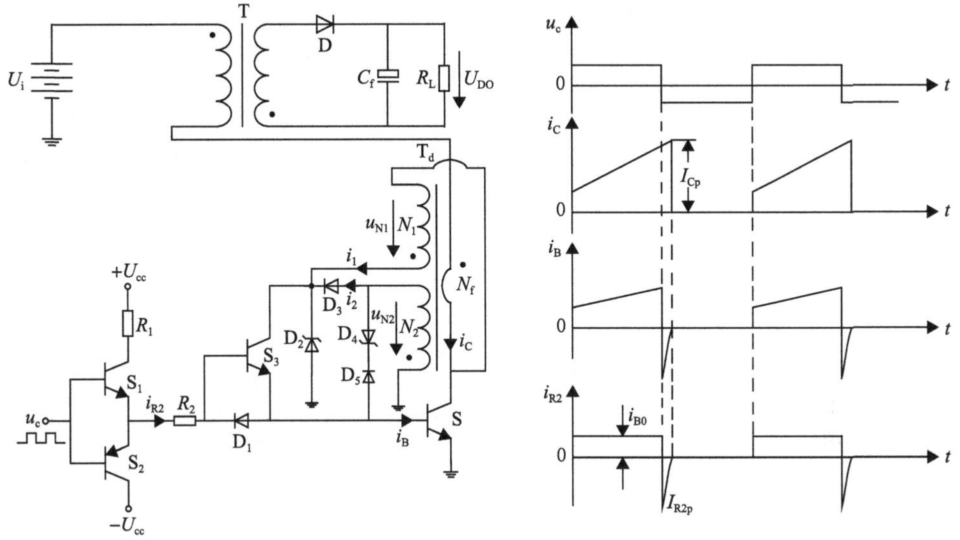

(a) 电路　　(b) 驱动波形

图 12-10　自适应比例驱动电路及其在逆变器中的应用

电流 i_{R2} 的正向幅值为 S 的 i_{BO}，它主要与电阻 R_1（$R_1 \gg R_2$）有关，与 i_C 无关，即

$$i_{BO}=(U_{cc}-U_{CES1}-U_{BE3}-U_{BE})/(R_1+R_2) \tag{12-16}$$

欲使基极电流与集电极电流形成正反馈，则要求：

$$\beta(i_1+i_{BO})>i_C \tag{12-17}$$

当 u_c 变为低电平时，S_1 关断、S_2 开通，$-U_{cc}$、S_2、R_2 及 D_1 构成低阻抗的反向抽基流电路，同时 N_2 给 S 的基射极加一反偏电压，S 加速关断。在 S 截止期间，T_d 的磁心由绕组 N_2、D_2 和 D_3 回路磁复位。稳压管 D_2 承受功率开关关断时的集射电压尖峰，以保护 S_3 和 S；稳压管 D_4 使功率开关关断时 N_2 产生的感应电动势不超过 U_{EBO}，D_5 用来阻止 N_2 感应电动势产生的电流成为驱动电流。为了尽可能减小 t_s，可增大反向抽流峰值 I_{R2p}，但也要考虑到 S_2 的承受能力，即

$$I_{R2p}=(U_{cc}-U_{D1}-U_{CES2}-U_{EB})/R_2 \tag{12-18}$$

12.3.2　电压控制型器件驱动电路

1. 非隔离型驱动电路

MOSFET、IGBT 等电压型器件的非隔离型驱动电路，如图 12-11 所示。多个 CMOS（互补金属氧化物半导体）门电路并联可增加射极输出器的基极电流，提高

S_1 和 S_2 的开关速度；采用射极输出器是为了提供一个快速的电流源，以减小 S 的开通和关断时间；R_1 为数欧至数十欧的阻尼电阻，R_2 为 3.3kΩ 左右的静电泄放电阻。

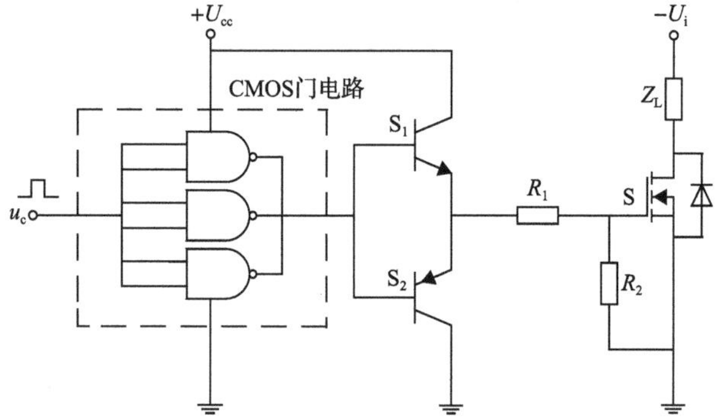

图 12-11　典型的非隔离驱动电路

2. 光耦隔离型驱动电路

光耦隔离型驱动电路主要有美国惠普公司芯片 A3120、日本三菱公司芯片 M57962(A)L/M57959(A)L 等。A3120 的芯片结构及其应用接线，如图 12-12 所示。该芯片的主要特点：①集成有光耦、接口和功放单元，可驱动 1200V/100A IGBT 模块和 P-MOSFET 器件；②工作电源电压范围宽(15～30V)；③最小输出电流峰值 2A；④最大交换速度 500ns；⑤具有欠压锁定保护(UVLO)功能；⑥输出与输入信号同相。该驱动电路是由 A3120 芯片、S_1 和 S_2 组成的射极输出器、–10V 偏置电压产生电路构成，电源电压为 25V。其中，–10V 偏置电压是由电阻 R_2 和 10V 稳压管 D 组成的稳压电路产生的，以提高驱动信号的抗干扰能力。

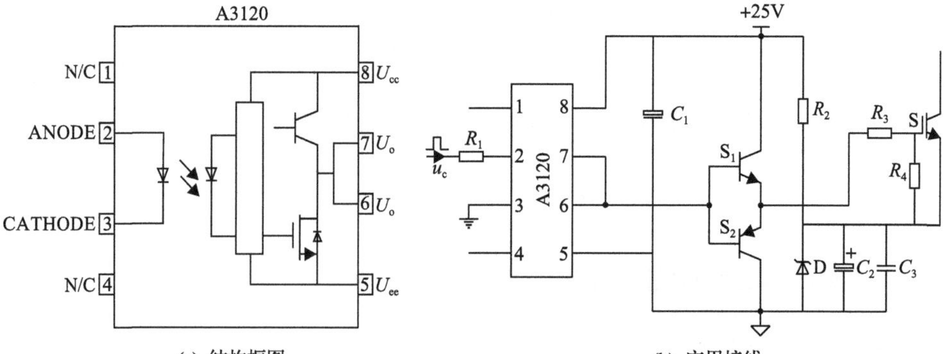

图 12-12　A3120 结构框图与应用接线

A3120 光耦隔离型驱动电路应用于逆变器的实验波形，如图 12-13 所示。当输入信号为高电平时，A3120 输出为高电平，由功放级的 NPN 晶体管放大后输出，驱动功率器件；当输入信号为低电平时，A3120 输出为低电平，功放级的 PNP 晶体管导通，功率器件极间承受反向电压关断。

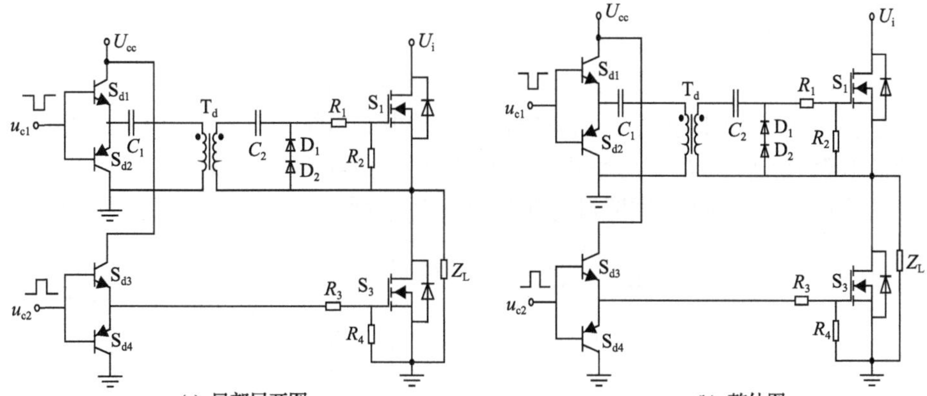

(a) 局部展开图　　(b) 整体图

图 12-13　A3120 输入与输出驱动信号实验波形

3. *磁耦隔离型驱动电路*

PWM 信号磁耦隔离型驱动电路，如图 12-14 所示。驱动开关 S_{d1} 和 S_{d2}、S_{d3} 和 S_{d4} 各组成一个射极跟随器，电容 C_1 为变压器 T_d 的原边隔直电容，电容 C_2 和二极管 D_1、D_2 构成高频脉冲恢复电路，二极管 D_1 和 D_2 串联是提供具有副偏置电压(–1.4V)的驱动信号。两个控制信号 u_{c1}、u_{c2} 反相，功率开关 S_1、S_3 分别由变压器耦合驱动和直接驱动。当 S_1 导通时，S_3 截止，反之亦然。该驱动电路仅适用于 PWM 信号，而不适用于 SPWM 和 PFM 信号。

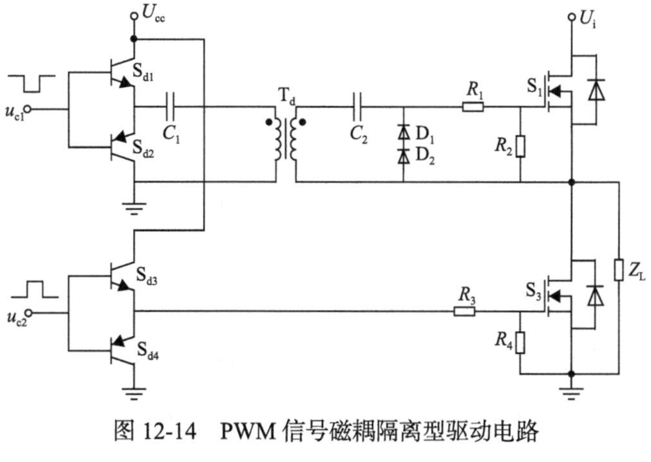

图 12-14　PWM 信号磁耦隔离型驱动电路

12.4 缓 冲 电 路

12.4.1 开通缓冲电路

1. 有损开通缓冲电路

下面均以 Boost 型变换器为例，分析变换器功率开关的有损开通缓冲电路与开关过程，如图 12-15 所示。该有损开通缓冲电路由缓冲电感 L_s、缓冲二极管 D_s 和缓冲电阻 R_s 组成，L_s 与功率开关 S 串联用来整形开通负载线，L_s 在 S 导通期间储存的能量通过 D_s 和 R_s 回路进行泄放而被 R_s 消耗，故称为有损开通缓冲电路。

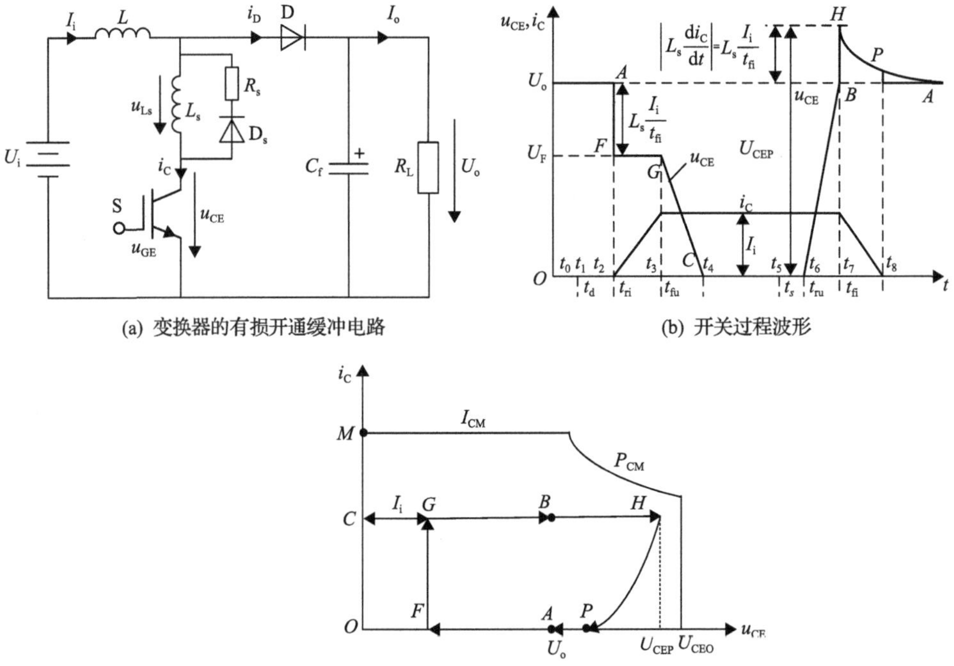

(a) 变换器的有损开通缓冲电路

(b) 开关过程波形

(c) 开关轨迹

图 12-15 变换器功率开关的有损开通缓冲电路与开关过程

附加有损开通缓冲电路的变换器功率开关的开通轨迹为 *AFGC*，经推导，得

$$L_s=U_o t_{ri}/I_i=L_{sc} \tag{12-19}$$

式中，L_{sc} 称为临界开通缓冲电感。按式(12-19)选取 L_{sc}，可进一步将开通轨迹改善为 *AOC*，这是非常理想的。变换器功率开关的关断轨迹为 *CBHPA*，当 $t=t_7$ 时，有

$$u_{CE}=U_o-L_s \mathrm{d}i_C/\mathrm{d}t=U_o+L_s I_i/t_{fi}=U_o+\Delta U_{CE}=U_{CEP}>U_o \tag{12-20}$$

式中，ΔU_{CE} 即 L_s 引入的 S 的关断附加电压。*RLD* 有损开通缓冲电路参数设计时，必须确保功率器件在工作点 H 的最大电压应力 $U_{CEP} < U_{CEO}$、最大瞬时功率 $p_S < P_{CM}$。L_s 参数的选取应从 L_{sc} 和 ΔU_{CE} 两方面同时加以考虑；而 R_s 参数的取值与能量损耗无关，取决于 ΔU_{CE} 和 L_s 的能量释放完全所需的时间，即下一次开通时 L_s 中的电流初值必须为零，即

$$R_s \geqslant 3L_s / T_{offmin} \tag{12-21a}$$

或

$$R_s \geqslant 5L_s / T_{offmin} \tag{12-21b}$$

式中，T_{offmin} 是功率开关 S 的最小截止时间。

2. 无损开通缓冲电路

如果将串联的缓冲电感 L_s 在功率开关导通期间储存的能量无损地输送到负载端或回馈到电源端，则称为无损开通缓冲电路。图 12-16 给出的变换器的功率开关无损开通缓冲电路由原、副边绕组匝数分别为 N_1、N_2 的高频储能式变压器 T_s 的储能电感 L_s、缓冲二极管 D_s 和输出电容 C_f 组成。N_1 的电感相当于缓冲电感 L_s，S 串联 L_s 以整形开通负载线。

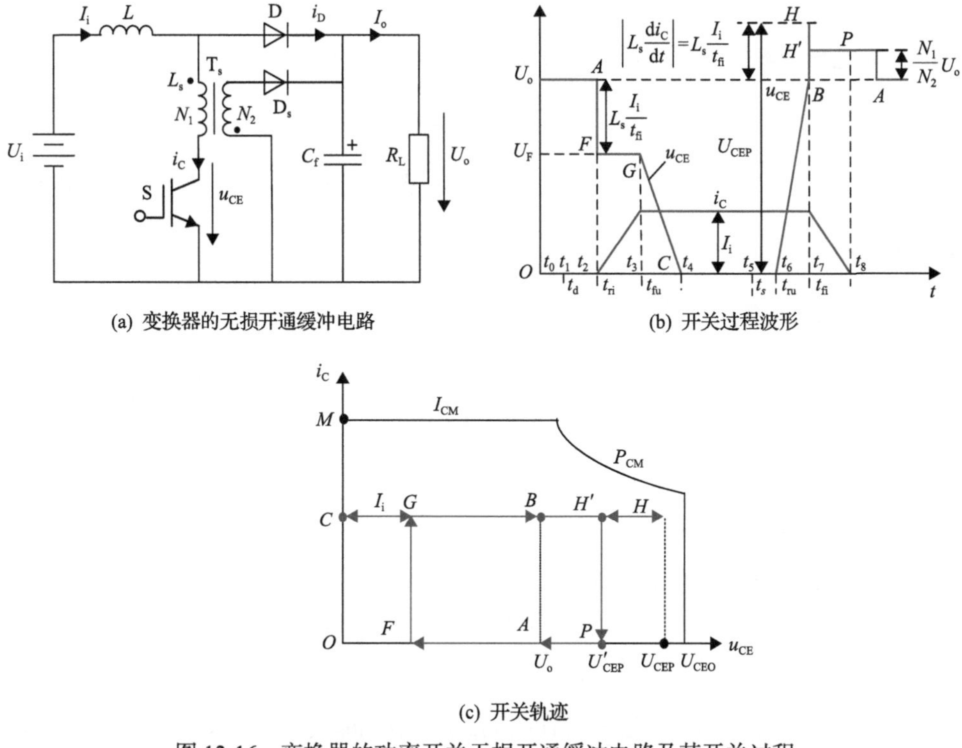

(a) 变换器的无损开通缓冲电路　(b) 开关过程波形

(c) 开关轨迹

图 12-16　变换器的功率开关无损开通缓冲电路及其开关过程

附加无损开通缓冲电路的变换器的功率开关开通轨迹与附加有损开通缓冲电路的相同，而关断过程与附加有损开通缓冲电路的有一定区别。

当 $t=t_6$ 时开始，u_{CE} 从零增大到 U_o 之前，$i_C=I_i$ 不变，工作点从 C 点转移到 B 点；$t=t_7 \sim t_8$ 的 t_{fi} 期间，$i_D=I_i t/t_{fi}$ 从零线性上升到 I_i，$i_C=I_i(1-t/t_{fi})$ 从 I_i 线性下降到零，L_s 感应出下端"+"、上端"–"的电压来阻止 i_C 的减小，$t=t_7$ 时 $u_{CE}=U_o+L_sI_i/t_{fi}=U_o+\Delta U_{CE}=U_{CEP}$，工作点从 B 点突增到 H 点，$t=t_7$ 时 L_s 的端电压还因 T_s 的能量通过二极管 D_s 释放而被钳位在 U_oN_1/N_2，u_{CE} 也随之下降到 $u_{CE}=U_o+\Delta U'_{CE}=U_o+U_oN_1/N_2=U'_{CEP}<U_{CEP}$，工作点从 H 点突减到 H' 点；$t=t_8$ 时 i_C 减小到 0、$i_D=I_i$，S 截止，D 导通，工作点从 H 点转移到 P 点；$t=t_8$ 时，L_s 未完全放电，此时 L_s 的端电压仍不为 0，再经一段时间的能量释放，u_{CE} 下降至 U_o，工作点从 P 点转移到 A 点。因此，与有损开通缓冲电路相比，关断轨迹 $CBHH'PA$ 有所改善，关断损耗也有所降低，缓冲电路损耗无损地输送到输出端。

LCD 无损开通缓冲电路设计时，应确保功率器件在工作点 H 的最大电压应力 $U_{CEP}<U_{CEO}$ 最大瞬时功率 $p_S<P_{CM}$。设 i_C 的最大值为 I_{Cmax}，为确保 T_s 高频磁复位，最小截止时间 T_{offmin} 应满足

$$T_{offmin} \geqslant L_sI_{Cmax}N_2/(U_oN_1) \tag{12-22}$$

S 的最大电压尖峰为 $U_{CEP}=U_o+L_sI_i/t_{fi}$，但截止期间的电压应力为

$$u_{CE}=U_o+U_oN_1/N_2=U'_{CEP}<U_{CEP} \tag{12-23}$$

$\Delta U_{CE}=L_sI_i/t_{fi}$、$\Delta U'_{CE}=U_oN_1/N_2$ 分别为 L_s 和缓冲电路引入的 S 的关断附加电压。

12.4.2 关断缓冲电路

1. 有损关断缓冲电路

变换器的功率开关有损关断缓冲电路与开关过程，如图 12-17 所示。该有损关断缓冲电路由缓冲电容 C_s、缓冲电阻 R_s 和阻尼二极管 D_s 组成，C_s 与功率开关 S 并联用来整形关断负载线，C_s 在 S 截止期间通过 D_s 储存的能量在 S 导通期间通过 R_s 进行释放而主要被 R_s 消耗，故称为有损关断缓冲电路。

先分析开通过程。S 的截止态为 A 点，$t=t_2$ 开始，i_C 在 $t_{ri}(t_2\sim t_3)$ 期间从零线性增大到 I_i，i_D 从 I_i 线性下降到 0，二极管 D 仍导通，$u_{CE}=U_o$，C_s 端电压保持为 U_o 而不放电，工作点从截止态 A 点转到 B 点；在 u_{CE} 下降期间 $t_{fu}(t_3\sim t_4)$，u_{CE} 从 U_o 下降到零，C_s 端电压 u_{Cs} 和 i_C 分别为

$$u_{Cs}=U_o(1-t/t_{fu})-i_{Cs}R_s=U_o(1-t/t_{fu})-C_sR_s\mathrm{d}u_{Cs}/\mathrm{d}t, \quad t_3\leqslant t\leqslant t_4 \tag{12-24a}$$

$$i_{\mathrm{C}}=I_{\mathrm{i}}-C_{\mathrm{s}}\mathrm{d}u_{\mathrm{Cs}}/\mathrm{d}t,\quad t_3\leqslant t\leqslant t_4 \tag{12-24b}$$

t_3时刻，u_{CE}一旦下降，由于R_{s}参与限流，i_{C}就从I_{i}突增为$I_{\mathrm{S}}<I_{\mathrm{Q}}=I_{\mathrm{i}}+C_{\mathrm{s}}U_{\mathrm{o}}/t_{\mathrm{fu}}$，工作点从$B$点转到$S$点，$I_{\mathrm{S}}-I_{\mathrm{i}}<C_{\mathrm{s}}U_{\mathrm{o}}/t_{\mathrm{fu}}$为缓冲电路引入的 S 的开通附加电流，$t_3$～$t_4$期间 i_{C} 按关于 u_{Cs} 的非齐次一元微分方程(12-23)和(12-24)规律下降；$t=t_4$时刻u_{CE}从U_{o}下降到 0 时，i_{C}下降到$I_{\mathrm{V}}<I_{\mathrm{S}}$，工作点从$S$点转移到$V$点；$t_4$时刻后，S 已导通，$i_{\mathrm{C}}$按指数规律从$I_{\mathrm{V}}$下降到$I_{\mathrm{i}}$，工作点从$V$点转移到$C$点。因此，开通轨迹为$ABSVC$，$C_{\mathrm{s}}$恶化了开通轨迹。

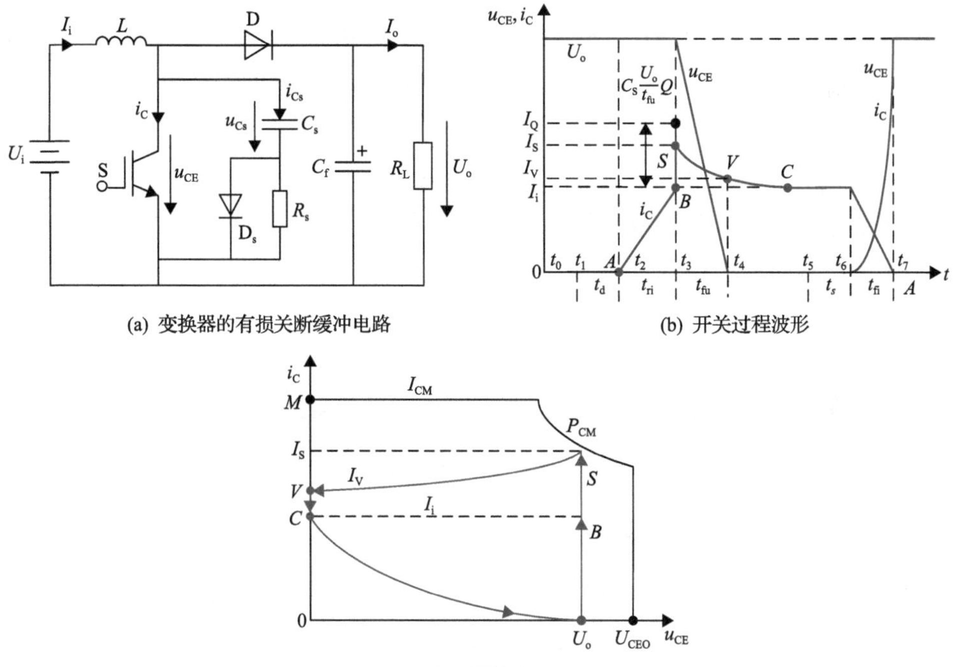

(a) 变换器的有损关断缓冲电路　　(b) 开关过程波形

(c) 开关轨迹

图 12-17　变换器的功率开关有损关断缓冲电路与开关过程

再分析关断过程。S 导通态工作点为C，$t=t_6$时刻后，i_{C}从I_{i}线性下降到零，通过$\mathrm{D_s}$的充电电流i_{Cs}从零线性上升到I_{i}，u_{CE}随C_{s}的充电而缓慢上升；如果$t=t_{\mathrm{fi}}$时i_{C}下降为零，u_{CE}正好上升到U_{o}，则临界关断缓冲电容$C_{\mathrm{Sc}}=I_{\mathrm{i}}t_{\mathrm{fi}}/(2U_{\mathrm{o}})$；当$t=t_7$时，S 截止，$i_{\mathrm{C}}=0$，二极管 D 导通，$u_{\mathrm{CE}}=U_{\mathrm{o}}$，工作点从$C$点转到$A$点。因此，关断轨迹为$CA$。

该有损关断缓冲电路的不同C_{s}值对变换器的功率开关关断电压尖峰的影响，如图 12-18 所示。当C_{s}值偏小时，u_{CE}上升很快且尖峰电压大，缓冲电路对线路电感储能的吸收效果不够，S 的关断损耗较大，如图 12-18(a)所示；当C_{s}值偏大时，u_{CE} 上升缓慢且无尖峰电压，整流二极管开通时刻将改变，缓冲电路的损耗 $C_sU_o^2f_s/2$ 加大，影响了变换器的有效占空比和性能，如图 12-18(b)所示；当 C_s 值适中时，u_{CE} 波形上升速率适中且尖峰电压基本被抑制，缓冲电路对线路电感储能的吸收效果好，S 的关断损耗和缓冲电路的损耗适中，如图 12-18(c)所示。

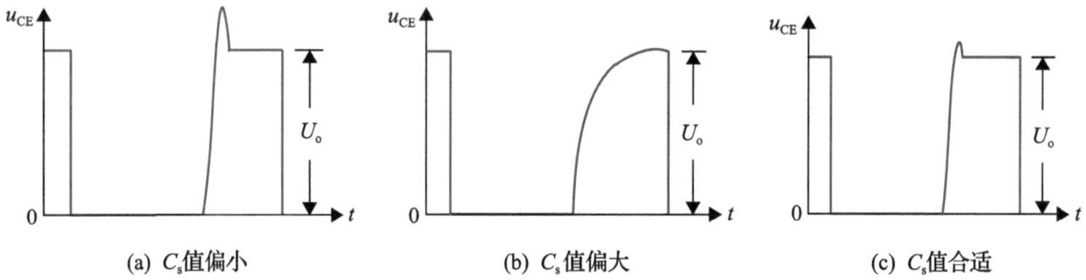

图 12-18 不同的 C_s 值对变换器的功率开关两端电压 u_{CE} 的影响

RCD 有损缓冲电路参数设计时，必须确保功率器件在工作点 *S* 的最大电流应力小于 I_{CM}、最大瞬时功率小于 P_{CM}。如果近似认为线路电感 L_σ 的能量在 S 截止期间全部转移到 C_s 中去，则有

$$C_s = L_\sigma I_i^2 / U_o^2 \tag{12-25}$$

为了确保在 S 的最小导通时间 T_{onmin} 内，C_s 上的电荷全部放完，则必须满足

$$R_s = T_{onmin} / [(3\sim5)C_s] \tag{12-26}$$

为了防止 C_s 放电时不会过多增加 S 的负担，通常将 C_s 的初始放电电流限制在 $I_i/4$ 以内，R_s 可近似按式(12-27)计算：

$$U_o / R_s \leqslant 0.25I_i \tag{12-27}$$

R_s 消耗的功率为

$$P_{Rs} = C_sU_o^2f_s / 2 \tag{12-28}$$

缓冲二极管 D_s 的电压应力为 U_o，峰值电流为 I_i。

2. 有损关断箝位电路

有损 *RCD* 关断箝位电路是有损 *RCD* 关断缓冲电路的一种变化形式，这里以图 12-19 所示 *RCD* 箝位反激变换电路为例，论述其工作原理。图 12-19 中，*RCD* 关断箝位电路由钳位电阻 R_c、钳位电容 C_c 和钳位二极管 D_c 组成。

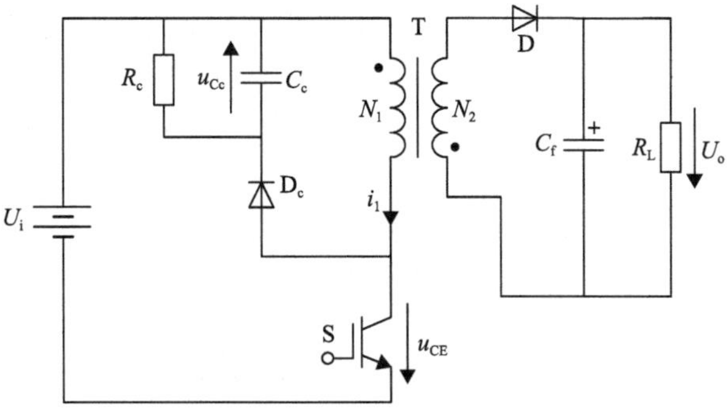

图 12-19　*RCD* 箝位反激变换电路

当功率开关 S 关断后，u_{CE}从零逐渐上升到 U_i+u_{Cc}，钳位二极管 D_c开通，高频储能变压器 T 的漏感能量转移到 C_c中，钳位电容电压 u_{Cc}上升且大于 U_oN_1/N_2，随后 D_c关断， C_c通过 R_c放电；在下一个开关周期 S 开通时，如果 u_{Cc}正好下降到 U_oN_1/N_2,如此可实现最佳钳位效果,并且还可避免成为反激变换电路的死负载。

不同的 R_c、C_c值对功率开关 S 的关断电压尖峰乃至变换器效率均有影响，如图 12-20 所示。当 R_c、C_c值偏小时，电压 u_{CE}上升很快，电压尖峰 U_{Ccmax}过大，D_c关断后 u_{Cc}很快就下降到 U_oN_1/N_2，随后 D_c又开通，箝位电路成为变换电路的死负载，降低了变换效率；当 R_c、C_c值偏大时，电压 u_{CE}上升缓慢，储能变压器 T 储存的能量不能及时传递到副边电路；当 R_c、C_c值合适时，电压 u_{CE}上升较快，电压尖峰 U_{Ccmax}得到较好抑制，D_c关断后 C_{Cc}通过 R_c放电，在下一个开关周期 S 开通时 u_{Cc}下降到 U_oN_1/N_2，既抑制了电压尖峰，又确保了变换效率。

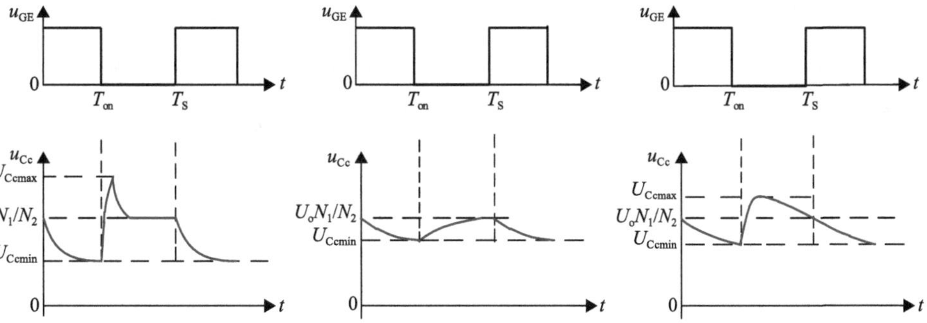

(a) R_c、C_c值偏小　(b) R_c、C_c值偏大　(c) R_c、C_c值合适

图 12-20　不同 R_c、C_c值对箝位电容电压 u_{Cc}的影响

设储能式变压器 T 的原边漏感 L_{lk}的电流峰值为 I_{L1p}，在功率开关 S 导通的 T_{on}期间，C_c吸收漏感能量，从而有

$$C_c = L_{lk}I_{L1p}^2 / (U_{Ccmax}^2 - U_{Ccmin}^2) \tag{12-29}$$

在功率开关 S 截止的 T_{off} 期间，C_c 通过 R_c 放电使得 u_c 下降到 U_oN_1/N_2，即

$$U_{\text{Cc max}}\mathrm{e}^{-T_{\text{off}}/(R_cC_c)} \geqslant U_oN_1/N_2 \tag{12-30}$$

R_c 的功耗为

$$P_{\text{Rc}} = L_{\text{lk}}I_{\text{L1p}}^2 f_s/2 = \left(C_cU_{\text{Cc max}}^2 - C_cU_{\text{Cc min}}^2\right)f_s/2 \tag{12-31}$$

钳位二极管 D_c 的电压应力为 $U_i+U_oN_1/N_2$，峰值电流为 I_{L1P}。

3. 无损关断缓冲电路

变换器的功率开关无损关断缓冲电路与开关过程，如图 12-21 所示。该无损关断缓冲电路由缓冲电感 L_s、缓冲电容 C_s 和二极管 D_{s1}、D_{s2} 组成，用来整形功率开关 S 的关断负载线、吸收 S 关断后(储能式)变压器 T 的原边漏感 L_{lk} 的能量使其无损地回馈到输入电源 U_i 并抑制 S 的关断电压尖峰，实现图 12-21(b)所示单端正激式电路变压器的磁化能量回馈和磁复位，故称为无损关断缓冲电路。

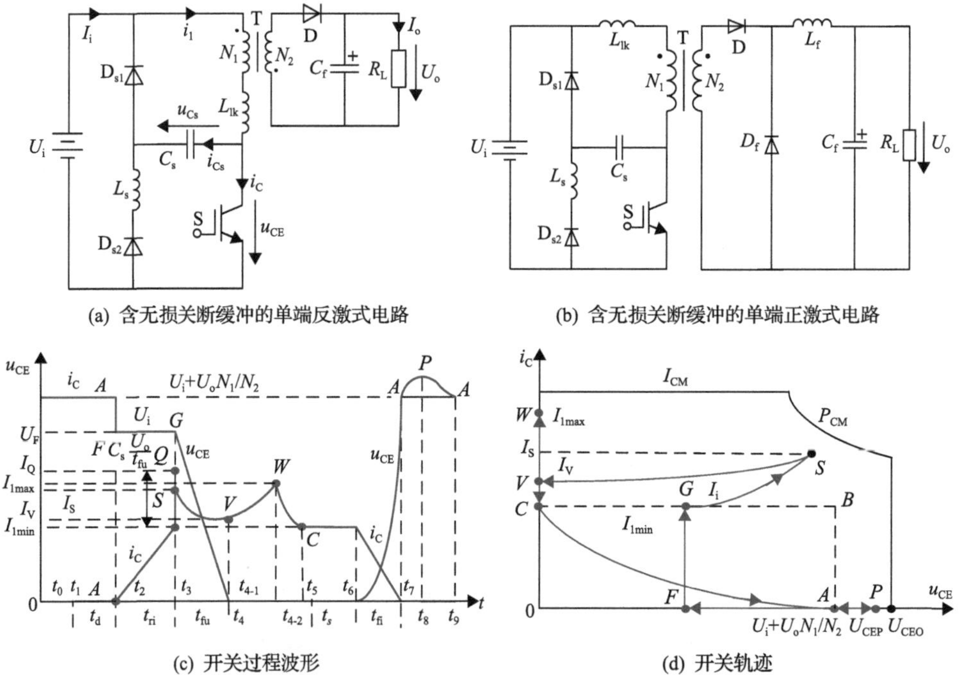

(c) 开关过程波形　　(d) 开关轨迹

图 12-21　变换器的功率开关无损关断缓冲电路与开关过程

这里分析附加 *LCD* 无损关断缓冲电路的反激式变换器功率开关的开关过程。S 的截止态为 *A* 点，$t=t_2$ 开始，一旦有电流 i_C，变压器漏感 L_{lk} 就会产生感应电动势

阻碍 i_C 的增长，漏感 L_{lk} 端电压 $L_{lk}di_C/dt$ 突增到 U_oN_1/N_2，u_{CE} 就从 $U_i+U_oN_1/N_2$ 突降到 $U_F=U_i+U_oN_1/N_2-U_oN_1/N_2=U_i$，二极管 D 反偏，$I_{1min}N_1=I_{2min}N_2$，$L_{lk}I_{1min}/t_{ri}=U_oN_1/N_2$，工作点从截止点 A 转到 F 点；然后在 $u_{CE}=U_F=U_i$ 的情况下，i_C 在 $t_{ri}(t_2\sim t_3)$ 期间从零上升到 I_{1min}，i_D 从 I_{2imin} 下降到 0，工作点从 F 点转移到 G 点；在 u_{CE} 下降期间 $t_{fu}(t_3\sim t_4)$，u_{CE} 从 $U_F=U_i$ 下降到零，C_s 通过 S、D_{s2}、L_s 回路放电，C_s 的端电压 u_{Cs} 和 S 的集电极电流 i_C 分别满足

$$u_{Cs}=U_i(1-t/t_{fu})-L_s di_{Cs}/dt=U_i(1-t/t_{fu})-L_sC_s du_{Cs}/dt,\quad t_3\leqslant t\leqslant t_4 \tag{12-32}$$

$$i_C=I_{1min}-C_s du_{Cs}/dt,\quad t_3\leqslant t\leqslant t_4 \tag{12-33}$$

t_3 时刻，u_{CE} 一旦下降，由于 L_s 参与限流，i_C 就从 I_{1min} 突增为 $I_S<I_Q=I_{1min}+C_sU_i/t_{fu}$，工作点从 G 点转到 S 点，$t_3\sim t_4$ 期间 i_C 按关于 u_{Cs} 的非齐次一元微分方程(12-32)和(12-33)规律上升；$t=t_4$ 时刻 u_{CE} 从 U_i 下降到 0 时，S 导通，i_C 上升到 $I_V<I_S$，工作点从 S 点转移到 V 点；t_4 时刻后，i_C 按 L_s、C_s 二阶谐振规律从 I_V 上升到 $t_{4\text{-}1}$ 时刻的 I_{1max}、工作点从 V 点转移到 W 点，再从 I_{1max} 上下降到 $t_{4\text{-}2}$ 时刻的 I_{1min}、工作点从 W 点转移到 C 点，$u_{Cs}=-U_i$，如果 u_{Cs} 刚要低于$-U_i$，则二极管 D_{s1} 导通并经 D_{s2}、L_s 将多余的能量返回电源，从而保证电感 L_s 的能量泄放和回收，之后 D_{s1} 中的电流以 U_i/L_s 的速率下降到零。因此，开通轨迹为 *AFGSVWC*。

S 导通态工作点为 C，$t=t_6$ 时刻后，漏感 L_{lk} 储能式变压器 T 的原边电流 $I_{1p}=i_C+i_{Cs}$ 维持不变，i_C 在 $t_{fi}(t_6\sim t_7)$ 从 I_{1p} 线性下降到零，C_s 的电流 i_{Cs} 从零线性上升到 I_{1p}，i_{Cs} 经 C_s、二极管 D_{s1}、原边绕组 N_1 和 L_{lk} 回路流动，u_{CE} 随 C_s 的正向充电而缓慢上升，$u_{Cs}>0$，对关断负载线起整形作用；$t=t_7$ 时，如果 i_C 下降为零，u_{Cs} 正好上升到 U_oN_1/N_2，$u_{CE}=U_i+U_oN_1/N_2$，则临界关断缓冲电容 $C_{sc}=I_{1p}t_{fi}/(2U_oN_1/N_2)$，S 关断，副边二极管 D 开通，工作点从 C 点转移到 A 点；t_7 时刻之后，L_{lk} 中的能量继续对 C_s 正向充电，u_{Cs} 上升，如果 u_{Cs} 超过 $U_i+U_oN_1/N_2$，此时 C_s 就会通过 N_1、二极管 D_{s2}、L_s 向输入电源 U_i 放电到 $U_i+U_oN_1/N_2$，u_{CE} 在 $t=t_8$ 时刻就会上升到最大值 $U_{CEP}\leqslant 2U_i+U_oN_1/N_2$，如果副边绕组 N_2 中电流在 S 下一次开通前已降为零，u_{Cs} 就由上述路径放电到 U_i，而 $u_{CE}=2U_i$，工作点从 A 点转到 P 点，一直持续到 L_{lk} 的能量释放完；$t=t_8$ 之后，u_{Cs}、u_{CE} 下降，t_9 时刻 u_{Cs} 下降到 U_oN_1/N_2，u_{CE} 下降到 $U_i+U_oN_1/N_2$，工作点从 P 点转到 A 点。因此，关断轨迹 *CAPA* 得到改善。

LCD 无损关断缓冲电路参数设计时，必须确保功率器件在工作点 W 的最大电流应力 $I_{1max}<I_{CM}$、P 点的电压应力 $U_{CEP}<U_{CEO}$、最大瞬时功率小于 P_{CM}。设 L_{lk} 的能量全部转移到电容 C_s 上，则有

$$C_sU_i^2/2+L_{lk}I_{1p}^2/2\leqslant(C_s/2)\left(U_i+U_oN_1/N_2\right)^2 \tag{12-34}$$

化简得

$$C_s \geqslant L_{lk} I_{1p}^2 \Big/ \left[2U_i U_o N_1 / N_2 + (U_o N_1/N_2)^2 \right] \tag{12-35}$$

设最小占空比为 $D_{\min}$，则缓冲电感 L_s 满足 $\pi\sqrt{L_s C_s} \leqslant D_{\min} T_s$，S 截止时承受的电压为

$$U_{CE} = U_o N_1/N_2 + U_i + I_{1p}\sqrt{L_{lk}/C_s} \leqslant U_o N_1/N_2 + 2U_i \tag{12-36}$$

如式(12-36)不成立，则应加大 C_s 的值。但 C_s 也不应太大，否则当 S 导通时 C_s 与 L_s 谐振增加的附加电流过大，很可能会超过 S 的最大允许电流。

12.4.3　开通与关断复合缓冲电路

复合缓冲电路将开通缓冲电路和关断缓冲电路有机地结合在一起，能同时改善器件开通和关断特性，但使电路变得复杂。两种典型的变换器功率开关 *LCRD* 开通与关断复合缓冲电路和开关过程，如图 12-22 所示。图 12-22(a)复合缓冲电路由有损开通缓冲电路(L_{s1}、D_{s1}、R_{s1})和有损关断缓冲电路(C_{s2}、D_{s2}、R_{s2})组成；图 12-22(b)复合缓冲电路由缓冲电感 L_s、缓冲电容 C_s、缓冲电阻 R_s 和二极管 D_s 组成。$L_{s1}(L_s)$与 S 串联用来整形开通负载线，开通缓冲电路给 S 的关断附加一电压；$C_{s2}(C_s)$与 S 并联用来整形关断负载线，关断缓冲电路给 S 的开通附加一电流。

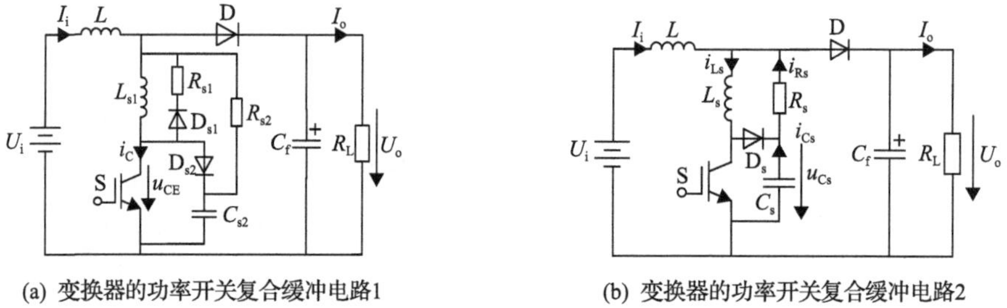

(a) 变换器的功率开关复合缓冲电路1　　(b) 变换器的功率开关复合缓冲电路2

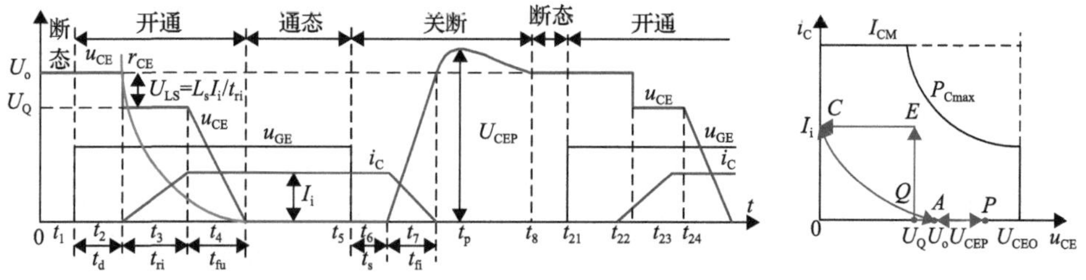

(c) 开关过程波形　　(d) 开关轨迹

图 12-22　变换器的功率开关 *LCRD* 复合缓冲电路与开关过程

复合缓冲电路设计时要两者同时考虑。开通缓冲电路的电感 $L_{s1}(L_s)$应考虑电

容 $C_{s2}(C_s)$附加的开通电流，因而电路损耗增加；关断缓冲电路的电容 $C_{s2}(C_s)$电压应包含电感 $L_{s1}(L_s)$的附加电压。该变换器的功率开关的开通轨迹为 *AQEC*，关断轨迹 *CAPA*。附加复合缓冲电路能显著地改善关断轨迹和极大地减小关断损耗，但不能显著地减小开通损耗。

总之，缓冲电路改善了功率器件的开关特性，使开关轨迹缩小在安全工作区内，减小了功率器件的功耗发热，降低结温和提高了可靠性。同时也要看到，附加缓冲电路增加了变换器电路结构的复杂性，有损缓冲电路本身也存在不小的损耗，有损缓冲电路只是把开关损耗从功率器件转移到缓冲电阻 R_s上，减小了功率器件本身的功耗发热和温升，变换器总体损耗不一定减小很多。

12.5　单相与三相基准正弦电路

12.5.1　模拟式基准正弦电路

1. 单相电路的构成

模拟单相基准正弦电路由振荡分频电路、阶梯波合成电路和有源滤波电路三部分构成，如图 12-23 所示。振荡分频电路由晶振和 4060 组成，用来产生频率稳定性高的时钟信号；阶梯波合成电路将振荡分频电路输出的时钟信号经循环移位和权电阻合成后输出 2*N* 块阶梯波，阶梯波经有源滤波电路后输出优质的基准正弦电压。这种模拟式基准正弦电路具有简单、低成本、性能优良等优点，适用于离网逆变器。

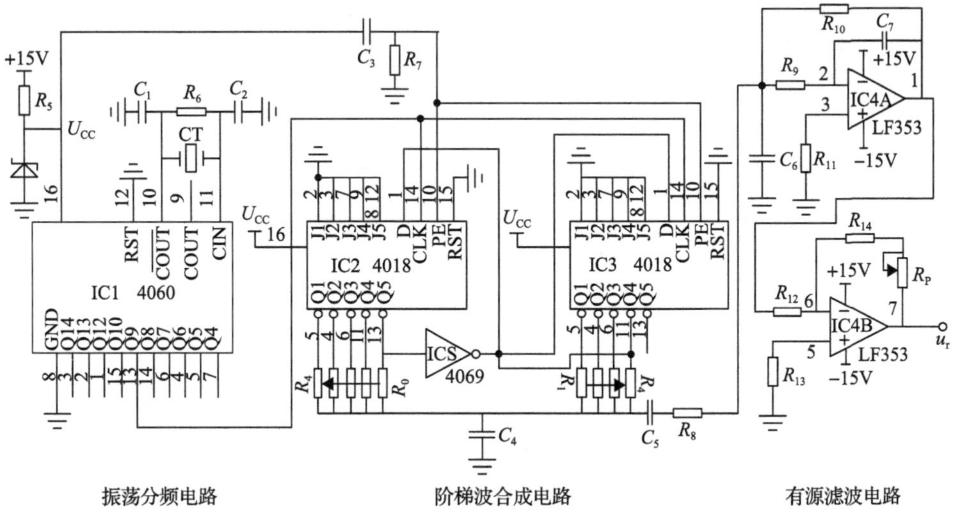

图 12-23　模拟单相基准正弦电路

2. 单相电路的设计

晶体振荡器是由 4060 内部的反相器、偏置电阻 R_6、电容 C_1 和 C_2、晶振 CT 构成，CT 和 C_1、C_2 构成的反馈网络工作在并联谐振频率的附近。R_6 足够大，确保反馈网络不成负载，但又要比 CMOS 电路的输入阻抗低得多，一般取几兆欧到几十兆欧。调整 C_1、C_2 值可将振荡器的频率调整到一个精确值，由于石英晶体具有负温度系数，而电容具有正温度系数，二者相互抵消，振荡器输出频率稳定。

设阶梯波的阶梯数为 2N、基准正弦波的频率为 f_o，则 4018 的时钟频率应为 2Nf_o。4060 对振荡器的输出信号分频后得到 4018 所需频率的时钟信号，不同的输出管脚 Q_i 对应不同的分频系数 2^i，如管脚 Q_9 对应的分频系数为 2^9。晶振的振荡频率 f 与分频系数 2^i 应满足

$$f / 2^i = 2Nf_o \tag{12-37}$$

例如，当 2N=18、f=3.6864MHz、f_o=50Hz 和 400Hz 时，对应的 4018 的管脚数分别为 i=12 和 9。

阶梯波合成电路由 2 个可预置计数器 4018、9 个权电阻 R_0～R_4 和一个反相器构成，其波形合成原理如图 12-24(a)所示。C_4 为滤波平滑电容，C_5 为隔直电容。4018 按移位计数器方式工作，每一个时钟脉冲计数器只有一个逻辑变数发生变化，它的每个缓冲输出端输出频率为 f_o 的方波，时钟信号使 9 个缓冲输出端 Q_1～Q_9 为高电平的端子依次增加至全“1”，然后逐次减小到全零。当各端子输出全为零时，阶梯波输出为 U_5=0；当 9 个端子输出全为“1”时，阶梯波输出为 $U_5'=U_{cc}=2U_5$。不同的时钟周期，9 个缓冲输出端子为“1”的个数不同。

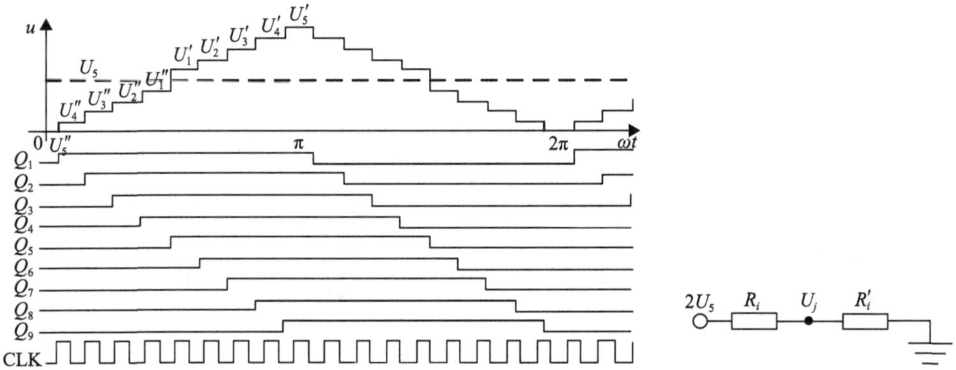

(a) 合成原理　　(b) 权电阻分压

图 12-24　阶梯波合成原理

设定合适的权电阻值可以得到不同阶高的阶梯波，阶梯数越多，则越接近正弦波，计数器的级数也越多。设置合适的权电阻可使阶梯波的谐波含量小，从而使基准正弦波的 THD 小。将正弦波半周内 N 等分并求正弦波在每等分内的平均值，为使阶梯波谐波含量较小，设置权电阻使阶梯波的阶高等于正弦波在每等分内的平均值，即

$$U_j = (N/\pi)\int_{(j-1)\pi/N}^{j\pi/N} \sqrt{2}U_{\mathrm{r}}\sin(\omega_0 t)\mathrm{d}(\omega_0 t) = \left[(\sin\theta_0)/\theta_0\right]\sqrt{2}U_{\mathrm{r}}\sin\left((2j-1)\theta_0\right) \quad (12\text{-}38)$$

式中，j=1, 2, ⋯, $(N+1)/2$；U_{r} 为基准正弦电压的有效值；U_j 为第 j 阶阶梯波的阶高；N 为权电阻的个数；$\theta_0 = \pi/(2N)$。U_5 为最高阶的阶高，$2U_5=U_{\mathrm{cc}}$ 为电源电压。由图 12-24 可得 $U_j' = U_5 + U_j$、$U_j'' = U_5 - U_j (j = 1,2,3,4,5)$。

阶梯波合成由图 12-24(b)所示电路完成，即电源电压 $U_{\mathrm{cc}}=2U_5$ 在电阻 R' 的分压。R 为 4018 输出为“1”端子所连权电阻的并联值，R' 为输出为“0”端子所连权电阻的并联值。不同的时钟脉冲时刻，电阻值 R、R' 不同、产生的分压值也不同，故产生了阶梯波。当 N=9 时，由电阻分压得

$$(U_5+U_1)/(2U_5) = r_1/(r_0+r_1) \quad (12\text{-}39\text{a})$$

$$(U_5+U_2)/(2U_5)=r_2/(r_2+r_0//R_1) \quad (12\text{-}39\text{b})$$

$$(U_5+U_3)/(2U_5) = r_3/(r_3+r_0//R_1//R_2) \quad (12\text{-}39\text{c})$$

$$(U_5+U_4)/(2U_5)=r_4/(r_4+r_0//R_1//R_2//R_3) \quad (12\text{-}39\text{d})$$

式中，$r_j=R_j//r_{j+1}$ (j=0, 1, 2, 3)、$r_4=R_4$。经运算得

$$R_j=2R_0U_j/(U_{j+1}-U_j) \quad (12\text{-}40)$$

将式(12-38)代入式(12-40)可得

$$R_j = \sqrt{2}U_{\mathrm{r}}R_0\sin(2i-1)\theta_0/[\theta_0\cos(2i\theta_0)] \quad (12\text{-}41)$$

式(12-40)和式(12-41)中，j=1, 2, 3, 4。权电阻应对称配置，设权电阻系数 $\alpha_5 = 1$，计算得 $R_0=\alpha_5 R_0=R_0$、$R_1=\alpha_4 R_0=1.064R_0$、$R_2=\alpha_3 R_0=1.305R_0$、$R_3=\alpha_2 R_0=2R_0$、$R_4=\alpha_1 R_0=5.759R_0$。

有源滤波器采用二阶无限增益多路反馈的低通滤波器，由运放、R_8～R_{11} 和电

容 C_6、C_7 组成，而由运放、R_{12}～R_{14} 和可调电位器 R_P 组成的比例放大电路用来调节基准正弦电压值。有源滤波器的传递函数为

$$G(s)=A_o\omega_n^2/(s^2+s\omega_n/Q+\omega_n^2) \tag{12-42}$$

式中，$\omega_n=1\Big/\sqrt{R_{10}R_9C_6C_7}$，$A_o=-R_{10}/R_8$，$Q=\sqrt{C_7}(R_{10}R_9+R_8R_{10}+R_8R_9)\Big/R_8\sqrt{R_{10}R_9C_6}$。

模拟单相 400Hz 基准正弦电路的实验波形，如图 12-25 所示。实验结果表明，该基准正弦电路性能优良，基准电压波形的 THD 仅为 0.109%。

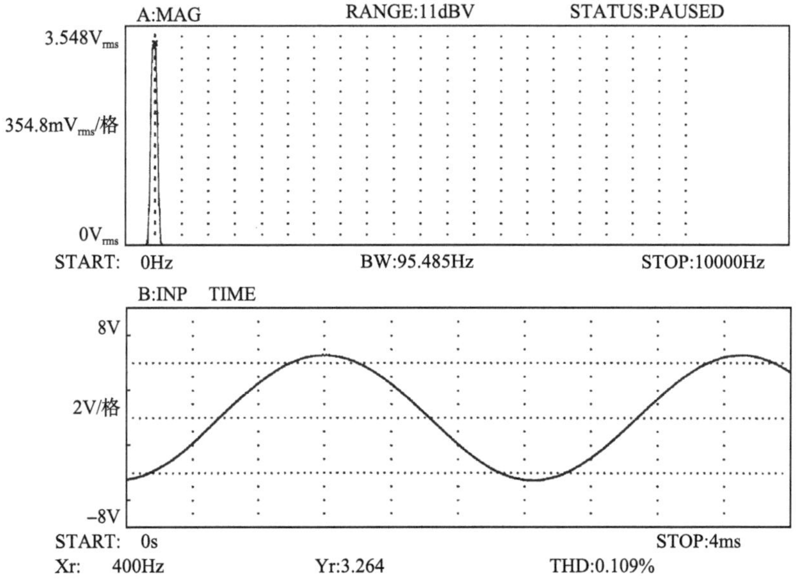

图 12-25　基准正弦电压的频谱图

3. 模拟三相电路的实现

模拟三相基准正弦电路，如图 12-26 所示。该模拟式三相基准正弦电路是由图 12-23 所示三个单相基准正弦电路构成的，利用 4018 的预置数功能实现相位差 120°的三相基准正弦波。当置数允许端 PE 为高电平时，4018 中的计数器置数并由 J_1～J_9 决定。电阻 R_7 和电容 C_3 构成微分电路，在电源接通时为 4018 的置数允许端 PE 提供初始置数脉冲。根据 $2N$ 块阶梯波对应 360°、三相基准正弦波的相位互差 120°，就可设定各相的预置数。各相预置数不唯一，只要符合相位关系即可，如表 12-1 所示。

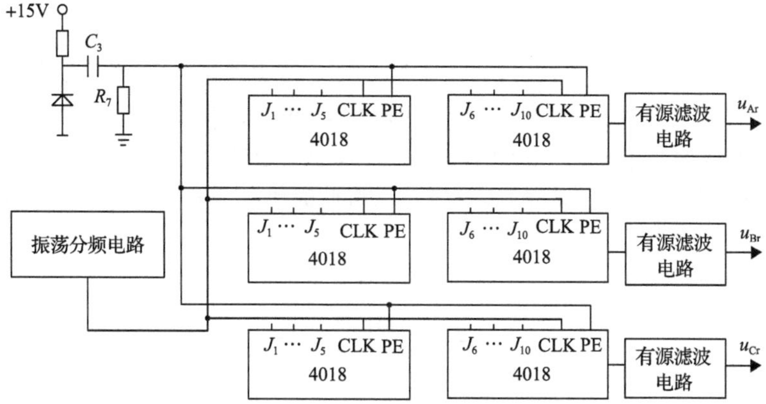

图 12-26　模拟三相基准正弦电路

表 12-1　三相基准电压预置数

各相		预置数									
		J_1	J_2	J_3	J_4	J_5	J_6	J_7	J_8	J_9	J_{10}
设置 I	A	1	1	1	1	1	0	0	0	0	x
	B	0	0	0	0	0	0	0	0	1	x
	C	0	0	1	1	1	1	1	1	1	x
设置 II	A	1	1	1	1	1	1	1	1	1	x
	B	1	1	1	0	0	0	0	0	0	x
	C	0	0	0	0	0	0	1	1	1	x

注：“x”表示任意值。

12.5.2　数字化基准正弦电路

1. 电路构成

与电网电压同步的数字化基准正弦电路由电网电压取样和正弦波/方波转换、时钟信号形成、相位同步、正弦波幅值和极性控制、正弦波产生等五部分电路单元构成，如图 12-27 所示。其基本思想是先将电网电压 u_L 变换成一个与其同步的基准电压方波信号并输入到锁相环，锁相环输出信号经 n 分频电路(如 450 分频)后再送回锁相环作为基准电压方波信号的比较信号。当锁相环处于锁定状态时，锁相环输出频率为基准电压方波信号 n 倍的时钟信号。该时钟信号送入地址发生器，然后依次读取出固化在 EPROM(可擦除可编程只读存储器)中的标准正弦信号，再经 D/A 转换、运放变换成与基准电压方波信号同频同相的基准正弦电压。

2. 电路单元

电网电压取样和正弦波/方波转换电路单元将电网电压经变压器取样、经过零比较器产生基准电压方波信号。

时钟信号形成电路单元，如图 12-28 所示。将基准电压方波信号输入锁相环，由锁相环输出电路所需的时钟信号。在锁相环的锁定状态下，该时钟信号频率为基准电压方波信号频率的 450 倍。该时钟信号经分频器 4520 和 40175 实现 450 分频，所得信号作为锁相环的比较信号。将此时钟信号送入地址发生器 4040。

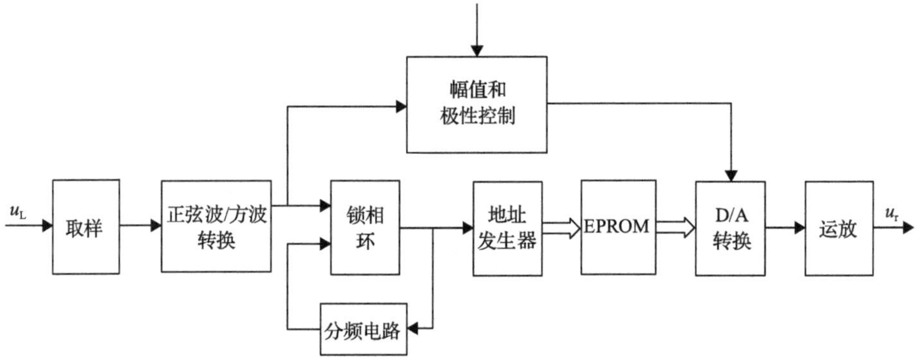

图 12-27 与电网电压同步的数字化基准正弦电路的构成(D/A 转换指数模转换)

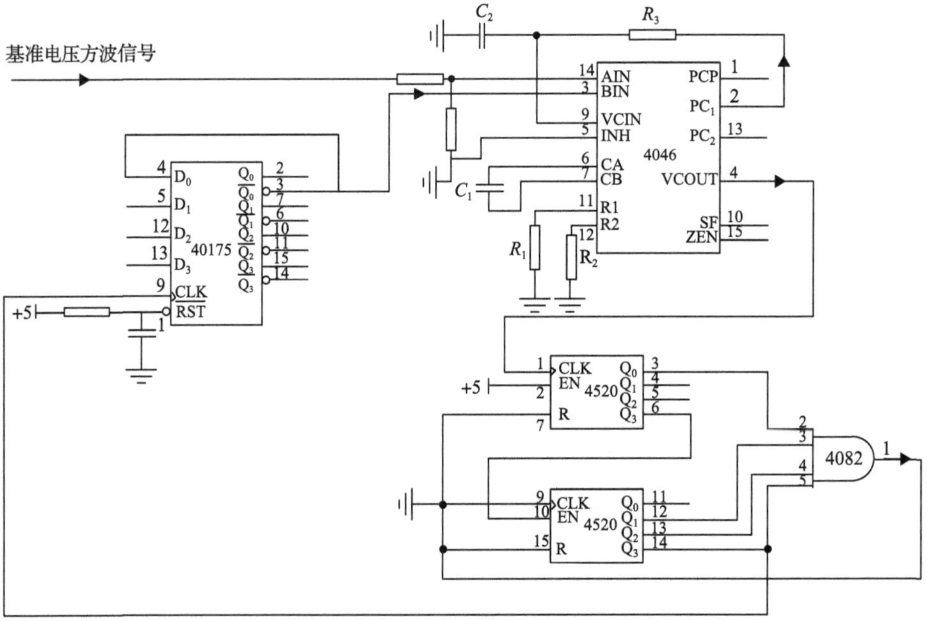

图 12-28 时钟信号形成电路单元

相位同步电路单元即 4040 清零信号的形成电路单元，如图 12-29 所示。在电网电压 u_L 过零时对地址发生器 4040 清零可严格确保最终所得基准正弦电压与电网电压同频同相。基准方波电压信号及其经与非门 4011 后的反相信号一起送入单稳态触发器 4528，经或门 4071 后得到 4040 的清零信号以实现 4040 的 225 分频计数，从而确保对 EPROM 中数据的正确读取，以及数据经 D/A 转换后与正弦波正负半周极性控制信号严格对应。

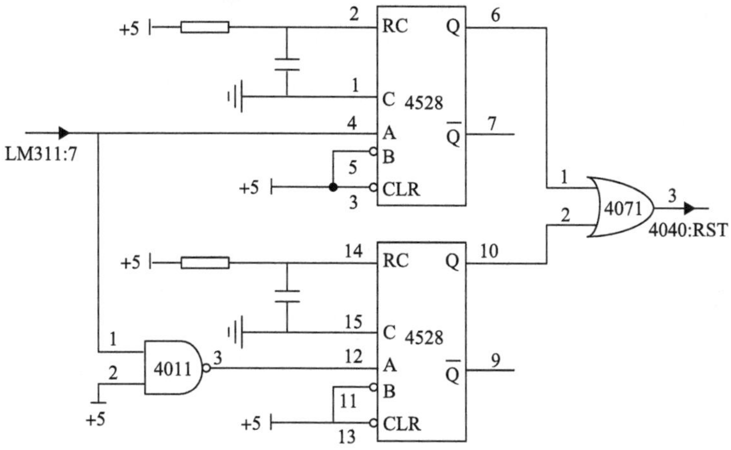

图 12-29　地址发生器 4040 清零信号形成电路单元

正弦波幅值和极性控制电路单元由运放 LF353 和模拟开关 4066 及外围电阻 R_4、R_5、R_6 组成，如图 12-30 所示。取 $R_4=R_5=R_6$，则该电路实质是一个单位增益放大器。4066 控制信号为基准电压方波信号，LF353 输出双极性方波信号。该双极性方波信号作为模数转换器 DAC0832 的参考电压信号，与所需产生的基准正弦电压同相，调节电位器可实现基准正弦电压幅值的调节。

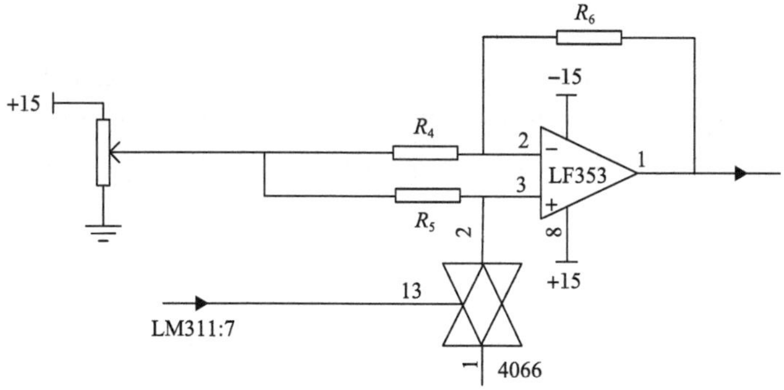

图 12-30　正弦波幅值与极性控制电路单元

正弦波产生电路单元由地址发生器 4040、EPROM27C64、DAC0832 和 LF353 组成，如图 12-31 所示。其核心是 EPROM27C64 和 DAC0832。

考虑到 DAC0832 的极性控制功能，可事先将半周期正弦波进行 225 分频离线采样，计算其幅值后按序排成数据表存入 EPROM 中。EPROM 中存入的数据表

的计算公式为

$$D_i = 255\sin\left(180°\cdot i/(225-1)\right) \tag{12-43}$$

式中，i=0, 1, 2, ⋯, 224；255 为 FFH 对应的十进制数。锁相环输出的时钟信号输入到地址发生器 4040，4040 顺序扫描存入 EPROM 中的数据表，则代表正弦波幅值的 8 位二进制数被送到 DAC0832，将数字量转换成模拟量输出。周而复始，产生一串阶梯正弦波形。由于 DAC0832 为电流型器件，故必须与运算放大器连接，构成 D/A 转换器。

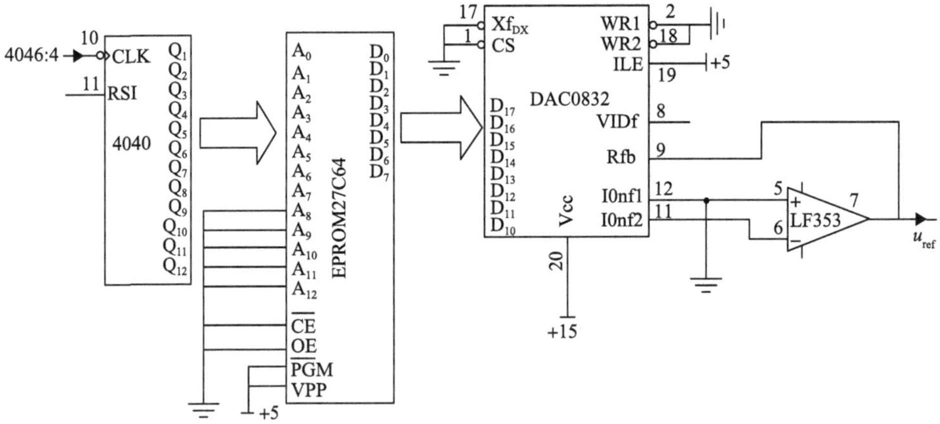

图 12-31　正弦波产生电路单元

3. 关键电路参数设计

锁相环 CD4046B 是整个电路的关键器件之一，其锁定范围和外围电阻 R_1、R_2 和电容 C_1 有很大关系，而 R_3 和 C_2 构成了锁相环 CD4046B 的外接低通滤波器。

当无须 R_2 的补偿，即 R_2 断开时，锁相环输出频率范围从零到最高输出频率 f_{omax}，且

$$f_{omax} = 1/[R_1(C_1+32\text{pF})] \tag{12-44}$$

此时 f_{omin}=0。在特定使用状态下，若要限制锁相环的输出频率范围，可通过 R_2 的补偿作用来实现。锁相环输出频率 f_o 的估算式为

$$f_o = (u_t - u_{GS})/(8C_1R_1) + (u_D - 2u_{TP})/R_2 \tag{12-45}$$

式中，u_t 的幅值正比于基准电压方波信号和锁相环比较信号之间的相位差；u_{GS} 和 u_{TP} 分别为锁相环内部 MOS 管的栅-源极压降；u_D 为锁相环工作电压。因为本电路要求锁相环的输出频率经过 450 分频后为 50Hz，即锁相环必须锁定在 22500Hz 附近，故可取 R_1=10kΩ，R_2=∞，C_1=1000pF。

适当选择 CD4046B 低通滤波器的 R_3 和 C_2，对改善环路捕捉性能和工作稳定性有很大作用。若取较大的时间常数 R_3C_2，则会使环路跟踪较快变化的输入频率时引起过度的延迟；若取较小的时间常数 R_3C_2，则会使环路跟踪快速变化的输入信号时，引起锁相环输出频率的反常变化。综合考虑，选择 R_3=100kΩ，C_2=2μF。

4. 实验结果

设计实例：电网电压=220(±10%)V(50Hz)，基准信号=0～15V(50Hz)，锁相环芯片 CD4046B，地址发生器 4040，EPROM27C64，数/模芯片 DAC0832，分频器 4520、40175，单稳触发器 4528，C_1=1000pF、C_2=2μF、R_1=10kΩ、R_2=∞、R_3=100kΩ、R_4=R_5=R_6=10kΩ。

与电网电压同步的数字化基准正弦电路的实验波形，如图 12-32 所示。由图可见，该基准正弦电路具有输出信号与电网电压同步、THD 小、幅值可调但不受电网电压波动的影响等优点，适用于并网逆变器。

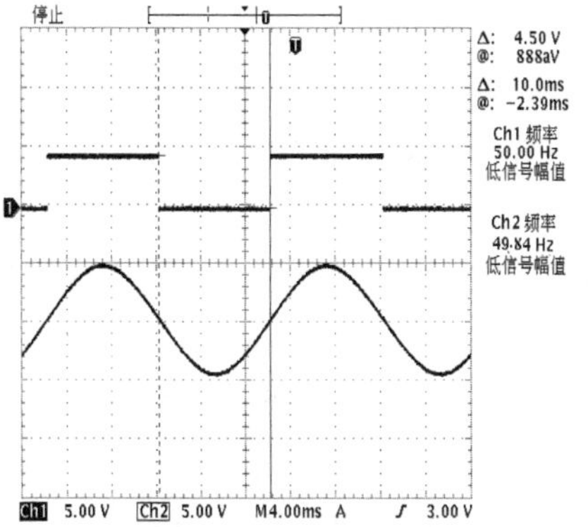

(a) 基准电压方波与基准正弦电压

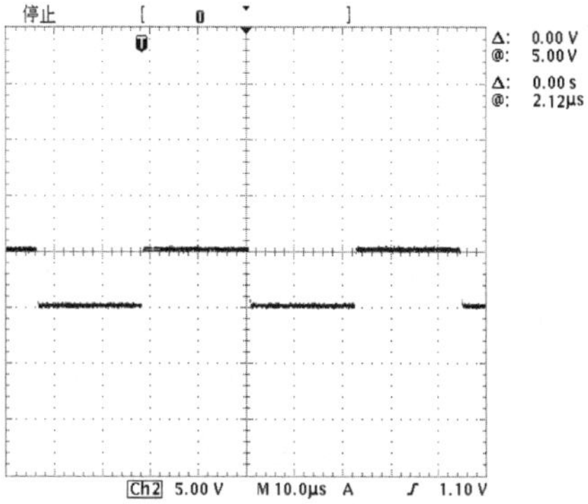

(b) 锁相环输出的时钟信号

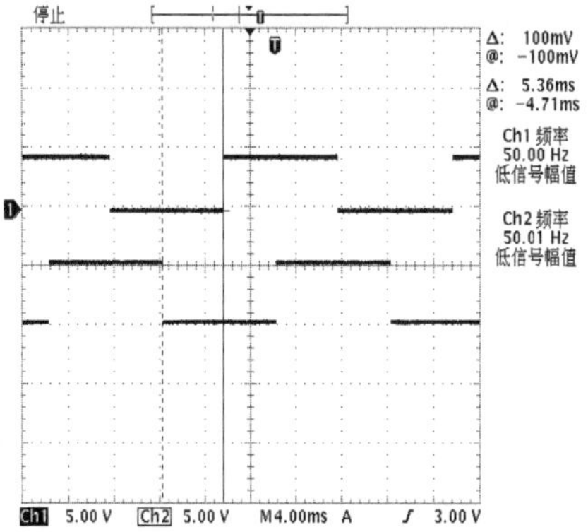

(c) 锁相环比较信号与基准电压方波

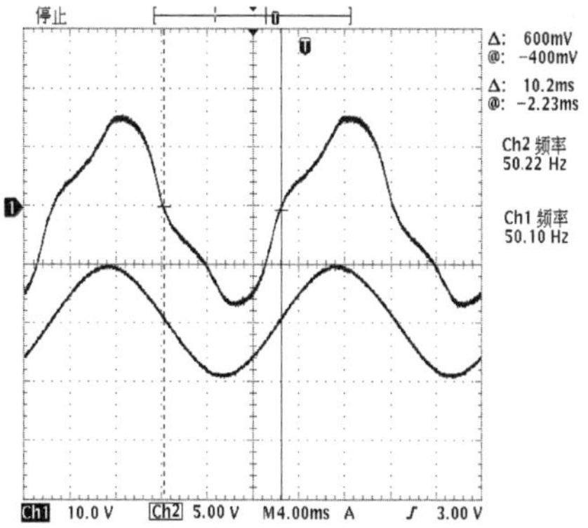

(d) 电网电压与基准正弦电压

图 12-32　与电网电压同步的数字化基准正弦电路实验波形

本 章 小 结

与电压型控制策略相比，电流型控制策略具有更优良的静态和动态性能。峰/谷值电流型与平均值电流型控制策略有各自的优缺点和不同的应用场合，其中，峰/谷值电流型控制策略包括恒定截止时间、恒定导通时间、恒定开通时刻、恒定关断时刻和恒定迟滞环宽五种。单周期控制策略进一步改善了电流型控制策略的动态响应速度，但稳态精度低。

驱动电路的设计与选用应从功率器件、电气隔离、开关信号和频率的类型四个方面加以综合考虑。电流控制型器件选用恒流驱动电路和比例驱动电路，分别适用于小功率和中大功率变换场合；电压控制型器件选用光耦隔离型和磁耦隔离型驱动电路，分别适用于开关频率较低和较高的信号驱动。对于频率变化范围很大(50Hz 至数百千赫兹)的 PFM 信号，只有选用调制解调式磁耦隔离型驱动电路。

变换器的功率开关附加缓冲电路是对负载线进行整形，即改变其端电压和流过的电流的轨迹并工作在安全工作区内，合理的缓冲电路降低了电力半导体器件的 du/dt、di/dt、开关损耗和 EMI，避免出现二次击穿现象。变换器的电力半导体器件的缓冲电路包括开通缓冲、关断缓冲和复合型缓冲三类电路，它们具有各自的特点和应用场合。

模拟式基准正弦电路是由振荡分频、阶梯波合成、有源滤波电路构成，具有幅值、频率、相位稳定，THD 小，幅值可调等优良性能，适用于离网逆变器；而数字化基准正弦电路是由电网电压取样和正弦波/方波转换、时钟信号形成、相位同步、正弦波幅值和极性控制、正弦波产生五部分电路单元构成，具有 THD 小、幅值可调但不受电网电压波动的影响、简单实用、价格低廉等优点，适用于并网逆变器。

参考文献

[1] 陈道炼. DC-AC 逆变技术及其应用[M]. 北京：机械工业出版社, 2003.

[2] 陈道炼，张杰，陈艳慧. 高频环节电力电子变换技术的发展与现状[J]. 电力电子技术, 2014, 48(6): 1-11.

[3] Espelage P M, Bose B K. High-frequency link power conversion[J]. IEEE Transactions on Industry Applications, 1977, 13(5): 387-394.

[4] Bose A G. A two-state modulation system[C]. Proceedings of American Western Electronics Show and Convention, 1963: 1-7.

[5] Froeschle T A. Current controlled two-state modulation: US4456872[P]. 1984-06-26.

[6] 陈道炼. 应用双环控制技术的开关型直流变换器的研究[D]. 南京：南京航空航天大学, 1989.

[7] Prakash S R N, Mohan P V A, Iyengar B S A. A new sinewave inverter with high frequency link and synchronous rectification using MOSFETS[C]. IEEE Power Electronics Specialists Conference, 1990: 723-728.

[8] 陈道炼，庄心复. 航空静止变流器两级 *LC* 输入滤波器设计[J]. 电工技术学报, 1991, 6(2): 39-43.

[9] 陈道炼，庄心复. 电流控制两态调制技术在开关型 DC/DC 变换器中的应用研究[J]. 电工技术学报, 1991, 6(3): 52-58.

[10] Redl R, Sokal N O. Current-mode control, five different types, used with the three basic classes of power converters: Small-signal AC and large-signal DC characterization, stability requirements, and implementation of practical circuits[C]. IEEE Power Electronics Specialists Conference, 1985: 771-785.

[11] Jalade J, Marpinard J C, Valentin M. New DC/AC high power cell structure improve performances for sine generator[C]. IEEE Power Electronics Specialists Conference, 1980: 326-331.

[12] 熊雅红，陈道炼. 新颖的双向功率流高频环节 DC/AC 逆变器[J]. 电力电子技术, 2000, 34(4): 10-12.

[13] 陈道炼. 软开关 PWM 组合式航空静止变流器研究[Z]. 航空科学基金申请书, 96F52056, 1996. 03.

[14] Chen D L, Yan Y G. Research on soft-switching PWM combined aeronautical static inverter[C]. IPEMC, 1997: 576-580.

[15] 陈道炼，熊雅红. 有源箝位正激式高频脉冲直流环节逆变器大信号特性[J]. 电工技术学报, 2002, 17(1): 35-39.

[16] Chen D L, Li L. Novel static inverters with high frequency pulse DC link[J]. IEEE Transactions on Power Electronics, 2004, 19(4): 971-978.

[17] 陈道炼，李旭，张蓉，等. 组合式三相高频脉冲直流环节逆变器研究[J]. 中国电机工程学报, 2005, 25(8): 75-79.

[18] 陈道炼，张蓉，王建华，等. 并联高频脉冲直流环节逆变器研究[J]. 电工技术学报, 2006, 21(1): 98-103.

[19] Li Q M, Lee F C, Jovanovic M M. Large-signal transient analysis of forward converter with active-clamp reset[J]. IEEE Transactions on Power Electronics, 2002, 17(1): 15-24.

[20] 张兰红，陈道炼，尹春. 电流控制型反激变换器分析与研究[J]. 电力电子技术, 2001, 35(3): 11-13.

[21] 林胜洋，陈道炼. 电力电子变换器机内辅助开关电源设计与实验[J]. 电力电子技术, 2002, 36(6): 58-60.

[22] Harada K, Sakamoto H, Shoyaraa M. Phase controlled DC-AC converter with high frequency switching[C]. IEEE Power Electronics Specialists Conference, 1987: 13-19.

[23] Yamato I, Tokunaga N, Matsuda Y, et al. New conversion system for UPS using high frequency link[C]. IEEE Power Electronics Specialists Conference, 1988: 658-663.

[24] Matsui M, Nagai M, Mochizuki M, et al. High-frequency link DC/AC converter with suppressed voltage clamp circuits-naturally commutated phase angle control with self turn-off devices[J]. IEEE Transactions on Industry

Applications, 1996, 32(2): 293-300.

[25] Zhou J H, Xu D M, Ma L, et al. High quality high frequency link DC-AC inverter[C]. IPEM, 1997: 44-47.

[26] Lai X D, Wu B F. SPWMPM DC-AC converter with high frequency link[C]. IPEMC, 1997: 316-319.

[27] 李磊, 陈道炼, 张友军, 等. 双极性移相控制高频脉冲交流环节逆变器研究[J]. 电工技术学报, 2002, 17(6): 33-37.

[28] 陈道炼, 张友军. 单极性移相控制高频脉冲交流环节逆变器研究[J]. 中国电机工程学报, 2003, 23(4): 27-30, 37.

[29] 宋海峰. 单极性移相控制双向电压源高频环节逆变器研究[D]. 南京: 南京航空航天大学, 2006.

[30] 陈道炼, 陈艳慧. 升压型高频链逆变器: CN200810070429.2[P]. 2010-07-21.

[31] 陈艳慧, 陈道炼. 全桥 Boost 型高频环节 DC-AC 变换器[J]. 电工电能新技术, 2009, 28(4): 32-36.

[32] 沙德尚. 三相 Boost 型高频交流环节并网逆变器[J]. 电力电子技术, 2014, 48(6): 18-21.

[33] 黄敏超. 高频链逆变技术的研究[D]. 杭州: 浙江大学, 1998.

[34] Huang M C, Lin W X, Ying J P. Novel current mode bi-directional high-frequency link DC/AC converter for UPS[C]. IEEE Power Electronics Specialists Conference, 1998: 1867-1871.

[35] 陈道炼, 陈兆岭. 推挽双向电流源高频环节航空静止变流器研究[J]. 电工技术学报, 2002, 17(4): 67-71.

[36] 陈道炼, 王国玲, 段燕斌. 差动正激直流变换器型高频环节逆变器[J]. 中国电机工程学报, 2010, 30(9): 20-26.

[37] 陈道炼, 陈艳慧, 李睿圆. 差动 Boost 直流变换器型高频环节逆变器[J]. 中国电机工程学报, 2010, 30(3): 8-13.

[38] 陈道炼, 陈亦文, 张灵改. 差动 Buck-Boost 直流变换器型高频环节逆变器[J]. 电机与控制学报, 2010, 14(11): 13-19.

[39] 王国玲, 陈道炼. 两种组合双向正激式高频环节逆变器的比较[J]. 电机与控制学报, 2011, 15(8): 39-46.

[40] 陈艳慧, 陈道炼. 三类组合直流变换器型高频环节逆变器的分析比较[J]. 电源学报, 2012, (6): 65-70.

[41] 陈艳慧, 陈道炼. 组合双向升压直流变换器型高频链逆变器[J]. 电工电能新技术, 2014, 33(3): 32-38, 43.

[42] Chen D L, Wang G L. Differential buck DC-DC chopper mode inverters with high-frequency link[J]. IEEE Transactions on Power Electronics, 2011, 26(5): 1444-1451.

[43] 王国玲, 陈道炼. Buck 型逆变器电流瞬时值反馈控制策略[J]. 中国电机工程学报, 2011, 31(36): 25-32.

[44] 陈道炼. 差动升降压直流斩波器型高频链逆变器: CN200810072268.0[P]. 2010-11-17.

[45] Chen D L, Chen S. Combined bidirectional Buck-Boost DC-DC chopper-mode inverters with high-frequency link[J]. IEEE Transactions on Industrial Electronics, 2014, 61(8): 3961-3968.

[46] 陈德灿. 单级组合反激式逆变器[M]. 福州: 福州大学, 2016.

[47] Tang Y, Bai Y, Kan J R, et al. Improved dual Boost inverter with half cycle modulation[J]. IEEE Transactions on Power Electronics, 2017, 32(10): 7543-7552.

[48] 蒿伟, 陈坚. SPWM 逆变器的并联运行[J]. 电力电子技术, 1997, 31(3): 30-33.

[49] Baker D E, Honigford E R. Parallel operation of VSCF electrical power generators[C]. SAE Technical Paper Series, SAE-881410, 1988.

[50] Tuladhar A, Jin H, Unger T, et al. Parallel operation of single phase inverter modules with no control interconnections[C]. IEEE Applied Power Electronics Conference, 1997: 94-100.

[51] Chen J F, Chu C L. Combination voltage-controlled and current-controlled PWM inverters for UPS parallel operation[J]. IEEE Transactions on Power Electronics, 1995, 10(5): 547-558.

[52] 邢岩. 逆变器并联运行系统的研究[D]. 南京: 南京航空航天大学, 1999.

[53] 陈伯时. 电力拖动自动控制系统: 运动控制系统[M]. 3 版. 北京: 机械工业出版社, 2003.

[54] 严仰光. 航空航天器供电系统[M]. 北京: 航空工业出版社, 1995.

[55] Jahns T M, de Doncker R W A A, Radun A V, et al. System design considerations for a high-power aerospace

resonant link converter[J]. IEEE Transactions on Power Electronics, 1993, 8(4): 663-672.
[56] 张海涛. 3kVA 三相高频脉冲直流环节航空静止变流器[D]. 南京: 南京航空航天大学, 2004.
[57] Yu Y, Bachmann M, Lee F C Y, et al. Formulation of a methodology for power circuit design optimization[C]. IEEE Power Electronics Specialists Conference, 1976: 35-44.
[58] Lee F C, Yu Y. Input-filter design for switching regulators[J]. IEEE Transactions on Aerospace and Electronic Systems, 1979, 15(5): 627-634.
[59] 陈道炼, 胡育文. 低损耗可控阻尼两级 LC 输入滤波器设计与仿真[J]. 电工技术学报, 2001, 16(1): 43-47.
[60] 张承志, 丁和生, 丘若波. 不间断供电系统[M]. 北京: 机械工业出版社, 1987.
[61] 张友军, 陈道炼. 新颖的可控谐振阻尼 LC 输出滤波器[J]. 电力电子技术, 2002, 36(3): 50-52, 42.
[62] Dixon L. Average current mode control of switching power supplies[J]. Unitrode Product & Applications Handbook, 1995, 96: 10-398-10-411.
[63] Smedley K M, Cuk S. One-cycle control of switching converters[J]. IEEE Transactions on Power Electronics, 1995, 10(6): 625-633.
[64] 陈道炼. 一种新型的 GTR 比例驱动电路[J]. 电力电子技术, 1991, 25(2): 14-16.
[65] 潘海朗, 陈道炼. 场控功率器件变频信号隔离式驱动电路应用[J]. 电工电能新技术, 2002, 21(4): 74-78.
[66] 李磊, 陈道炼, 李明珠, 等. 高频交流环节 AC/AC 同频变换系统基准正弦电路研究[J]. 电力电子技术, 2002, 36(1): 23-25.
[67] 陈道炼, 尹春. 高频交流环节 AC/AC 变频变换系统基准正弦电路研究[J]. 中国电机工程学报, 2003, 23(2): 5-8.
[68] 陈道炼. AC-AC 变换技术[M]. 北京: 科学出版社, 2009.
[69] 陈道炼. 新能源多输入逆变器[M]. 北京: 科学出版社, 2021.
[70] 赵修科. 实用电源技术手册 磁性元器件分册[M]. 沈阳: 辽宁科学技术出版社, 2002.
[71] 金属磁粉心产品目录[Z]. 深圳市铂科新材料股份有限公司, 2019.
[72] 软磁铁氧体铁心产品目录[Z]. 电子工业部南京金宁无线电器材厂, 1996.